国产高分定量遥感产品反演与信息提取技术

赵　祥　杨晓梅等　著

U0263734

科学出版社

北京

内 容 简 介

本书系统介绍国产高分定量遥感产品的反演和信息提取技术,内容涵盖多个关键领域。本书首先详细介绍定量遥感参数反演技术,包括基于高分数据的植被覆盖度、潜热通量和地表反照率产品的反演方法。之后,探讨典型要素提取的研究方法,包括多源土地覆被产品的一致性分析与评价、遥感影像分割尺度的优化与应用研究、多源信息协同的城镇用地提取、城市空间格局的多源遥感协同提取,以及遥感地学协同的地表要素提取技术体系和应用。

本书可供地理、遥感、资源环境等相关专业高年级本科生、研究生以及对相关领域感兴趣的读者参考阅读。

审图号:GS 京(2024)1672 号

图书在版编目(CIP)数据

国产高分定量遥感产品反演与信息提取技术 / 赵祥等著. -- 北京 : 科学出版社,2024.10. -- ISBN 978-7-03-078952-5

Ⅰ. TP701

中国国家版本馆 CIP 数据核字第 2024NY0901 号

责任编辑:董 墨 赵 晶 / 责任校对:郝甜甜
责任印制:赵 博 / 封面设计:图悦社

科 学 出 版 社 出版
北京东黄城根北街 16 号
邮政编码:100717
http://www.sciencep.com
北京富资园科技发展有限公司印刷
科学出版社发行 各地新华书店经销
*
2024 年 10 月第 一 版 开本:787×1092 1/16
2025 年 1 月第二次印刷 印张:24 1/2
字数:580 000
定价:289.00 元
(如有印装质量问题,我社负责调换)

前　言

目前，我国已经发射包括天绘系列、资源系列、高分系列、测绘系列等多个系列的高分辨率遥感卫星，可以及时迅速地获取大量的高分辨率卫星数据。针对如何利用国产高分辨率遥感影像进行资源要素提取与定量遥感反演，我国众多学者开展了全球土地覆盖与资源环境要素提取等相关研究，并取得了一定的成果。

近几年，我们基于遥感多尺度地学特征先验知识支持下的面向对象技术，发展境内外复杂环境下典型资源要素高精度遥感自动识别与快速提取技术。利用地面测量数据、模型模拟数据和通过算法集成反演的遥感数据产品，开展典型资源环境要素的遥感参数长时间序列特征分析与提取；建立全球资源要素的典型遥感特征背景场，突破地表典型要素多尺度表达及多源遥感数据协同解译等关键技术，实现地表典型要素的精细提取技术；基于地学特征提取、机器学习和地学认知交叉，实现资源环境格局判定和精细几何空间单元划分，发展背景场支持下的典型资源环境要素自动识别与快速提取技术；对水体、湿地、人造地表、耕地、冰川和永久积雪、森林、草地、灌木地、裸地等典型要素进行提取；开展人工地表的高分识别及其对自然保护区生态环境影响评估。

本书主要介绍近几年我们取得的一些成果，包括基于国产高分数据进行定量遥感反演的概念和原理、土地覆盖产品、多源信息提取、地表要素提取、土地覆盖分类、地表覆盖增量更新、自然保护区监测与评估等内容。各章的标题和作者如下表所示。

章号	章名	作者
1	基于 GF-1 和 MODIS 时空融合的时间序列植被覆盖度遥感估算	陶果丰、贾坤、王冰、姚云军
2	GF-1 卫星数据陆表植被覆盖度反演算法	贾坤、陶果丰、王冰、姚云军
3	基于 ESTARFM 的不同策略陆表潜热通量时空融合研究	贝相宜、姚云军、贾坤、赵祥
4	基于 GF-1 卫星数据的地表反照率反演算法	周红敏、王哲
5	多源遥感土地覆被产品一致性评价与分析	康军梅、杨晓梅
6	遥感影像分割尺度优选及应用研究	王志华、杨晓梅
7	多源信息协同的城镇用地提取	杨丰硕、杨晓梅
8	城市空间格局多源遥感协同提取	李治、杨晓梅
9	遥感地学协同的地表要素提取技术体系及应用	杨晓梅、刘彬、齐文娟
10	基于深度学习的长时间序列土地覆盖分类	王昊宇、石文西、赵祥

续表

章号	章名	作者
11	地表覆盖增量更新	朱凌
12	基于 LAI 分析我国三北地区植被生态变化趋势	胡云岗
13	融合多源数据的自然保护区监测与评估应用	付卓、刘晓龙、肖如林、闻瑞红、周春艳、侯静、刘涛、赵丽芳、吴佳琪

　　感谢所有作者对本书作出的重要贡献，感谢同事们为本书出版所做的辅助工作。其中，特别感谢宋柳霖在出版过程中一直帮助联系各章作者，管理所有文件，并为本书引用资料做了大量工作。没有他们的帮助，就没有本书的顺利完成。

　　本书的出版得到国家自然科学基金（42090012、42101383）、第三次新疆综合科学考察项目（2022xjkk0405）、国家重点研发计划项目（2016YFB0501404、2021YFB3900501）、遥感科学国家重点实验室和北京市陆表遥感数据产品工程技术研究中心等的共同资助。

目　　录

第1章

基于GF-1和MODIS时空融合的时间序列植被覆盖度遥感估算

由于受到技术限制、天气影响,利用单一遥感数据很难生产出时间连续的高时空分辨率植被覆盖度(fractional vegetation cover,FVC)数据,这影响了 FVC 数据的应用水平,难以满足地球系统科学等研究需求。因此,利用时空融合算法,探索基于国产卫星高分一号(GF-1)宽视场成像仪(wide field of view,WFV)数据的时间序列 FVC 反演算法,对改善当前 FVC 数据时空分辨率低、地表动态监测弱的现状具有重要意义。本章主要针对基于 GF-1 WFV 和 MODIS 数据时空融合的时间序列 FVC 遥感估算方法进行较为全面的介绍。本章利用增强型时空自适应反射率融合模型(enhanced spatial and temporal adaptive reflectance fusion model,ESTARFM)时空融合算法,采用先对反射率数据融合再估算 FVC 和先估算 FVC 再对 FVC 数据进行融合的两种融合策略,并对比二者的融合效果与精度。结果表明,ESTARFM 时空融合算法能够在融合 GF-1 WFV 和 MODIS 数据生成 FVC 产品中取得较好的效果,且先估算 FVC 再对 FVC 数据融合的策略能够取得更好的估算效果,同时,该策略不受 GF-1 WFV 传感器型号的限制且具有更高的运算效率。

1.1 引 言

1.1.1 研究背景

目前,遥感技术以其宽覆盖范围、连续观测的优势成为 FVC 估算的主要手段。当前,卫星遥感数据已被广泛用于开发大区域尺度 FVC 产品,如 POLDER、ENVISAT MERIS、SPOT VEGETATION 等遥感数据的 FVC 产品(Baret et al.,2007,2006;Roujean and Lacaze,2002)。这些 FVC 产品实现了全球或洲际范围的空间覆盖,且基本具有 10 天左右的时间分辨率,但是其空间分辨率从 300m 至 6km 不等,低空间分辨率的特征使得这些 FVC 产品在更为精细的陆表特征研究应用中受到限制。因此,需要利用更高空间分辨率的遥感数据来生产更精细分辨率的 FVC 产品。然而，由于技术限制，遥感数据很难做到时间与空间分辨率兼顾。中高空间分辨率遥感数据的重访周期普遍较长，如 Landsat 系列卫星和 SPOT 卫星的重访周期分别为 16 天和 26 天，难以满足植被生长关键时期遥感数据的高频次获取需求，若遇上云覆盖等较差的观测条件，中高空间分辨率遥感卫星对同一地理位置能够进行有效观测的时间间隔则会更长。

　　GF-1 WFV 可获取 16m 空间分辨率多光谱数据，为开展 FVC 精细监测提供有效的潜在数据源。然而，GF-1 WFV 数据易受到云污染影响，在植被生长周期内难以获取连续观测且质量较好的 GF-1 WFV 数据。MODIS 数据因其具有高时间分辨率而被广泛应用于时间序列陆表参数产品的生产，因此可利用遥感数据时空融合技术，综合 GF-1 WFV 的高空间分辨率优势和 MODIS 的高时间分辨率优势，构建高时空分辨率的时序 FVC 遥感估算方法，这对时间序列高时空分辨率 FVC 信息的获取具有实用价值。本研究将探究基于 GF-1 WFV 和 MODIS 数据时空融合获取时间序列高分辨率 FVC 数据的可行性，并评价其估算精度，为改善当前 FVC 数据时空分辨率低、地表动态监测弱的现状提供解决方案。

1.1.2　多源遥感数据时空融合方法研究现状

　　多源遥感数据时空融合，指对已知的高空间、低时间分辨率数据（如 GF-1 数据）与低空间、高时间分辨率数据（如 MODIS 数据）进行空间维度和时间维度的整合，从而得到同时具有高空间、高时间分辨率的数据。基于不同的算法原理，多源遥感数据时空融合方法主要有三类：基于变换模型的融合、基于像元重构模型的融合和基于学习模型的融合（刘建波等，2016）。基于变换模型的融合主要运用了小波变换的方法，也有部分研究运用了缨帽变换（Nunez et al.，1999）和主成分分析（Shevyrnogov et al.，2000）的方法。小波变换先对遥感数据进行小波分解，然后融合分解后的各层，再通过小波反变换实现数据融合。基于像元重构模型的融合方法应用最为广泛，其基本思想是：利用高、低分辨率遥感数据之间的光谱、时间关系，按照特定规则选取一些目标像元周围的像元参与目标像元的重构（董文全和蒙继华，2018）。应用最多的像元重构模型是 Gao 等（2006）提出的时空自适应反射率融合模型（spatial and temporal adaptive reflectance fusion model，STARFM），在此基础上又发展了 STAARCH（Hilker et al.，2009）、ESTARFM（Zhu et al.，2010）、STDFA（Wu et al.，2012）、STAIR（Luo et al.，2018）、FSDAF（Zhu et al.，2016）等多种时空融合方法。基于学习模型的融合方法是近年来逐渐发展起来的融合方法，主要运用压缩感知和稀疏表示的方法进行图像融合。遥感数据时空融合方法已在多个领域得到广泛应用，在植被遥感领域主要用于生成连续的长时间序列数据集，以达到持续观测、分析和反演的目的，生成的数据集主要为植被指数和植被生理参数。

　　在植被指数方面，可以从构建的时序植被指数中提取植被的物候特征，进而开展物候变化分析、植被类型识别等研究。Walker 等（2014）基于像元重构模型中的 STARFM

算法融合 Landsat 和 MODIS 数据，利用融合的反射率数据生成了 2005 年 4 月～2009 年 11 月的 30m 空间分辨率美国亚利桑那州长时间序列旱地植被地区的归一化植被指数（NDVI）和增强型植被指数（EVI）数据集，并分析了该地区的植被物候变化。Meng 等（2013）利用 STAVFM 方法融合了 HJ-1 CDD 的 NDVI 数据和 MODIS 的 NDVI 数据，并将其应用于作物生物量的估算中，取得了较好的估算效果。谢登峰等（2015）利用时空融合算法 STDFA，以 Landsat 8 和 MODIS 为数据源，构建了时序 NDVI 数据集，进而根据时序 NDVI 提取的物候数据进行了秋粮作物的识别。在植被生理参数方面，Dong 等（2016）利用 STARFM 算法和 ESTARFM 算法融合 Landsat 8 和 MODIS 数据，得到了高时空分辨率的 LAI 产品，进而将融合产品带入相关模型进行产量估算。Singh（2011）基于 STARFM 算法融合 Landsat ETM+ 和 MODIS 数据，利用融合得到的合成 Landsat ETM+ 反射率数据估算总初级生产力（GPP）。

　　综合目前研究现状，可以发现多源遥感数据时空融合的理论方法及其应用研究大多是基于 Landsat 和 MODIS 高低分辨率数据的组合，利用国产卫星数据开展的研究较少。另外，时空融合技术虽然在植被物候监测、植被指数估算、植被类型识别等植被遥感领域开展了广泛应用，但是其在植被参数融合方面研究较少，且还没有应用于 FVC 估算的相关研究。综上，目前缺乏应用 GF-1 WFV 与 MODIS 数据融合来生成高时空分辨率 FVC 数据集的研究，且大部分融合应用采用的是先融合反射率数据再估算相关植被参数的方法，直接融合植被参数的研究较少。因此，本研究利用时空融合技术，基于空间分辨率为 16m 的国产 GF-1 WFV 数据与空间分辨率为 500m 的 MODIS 数据，研究高时空分辨率 FVC 数据生成方法，并且比较先融合反射率数据再估算 FVC 和直接融合 FVC 数据这两种策略的精度。

1.2　基于时空融合的时间序列 FVC 估算

　　本研究基于 ESTARFM 模型，利用 MODIS 地表反射率数据（MOD09A1）及全球陆表特征参量数据产品 GLASS 中的 FVC 产品、GF-1 WFV 地表反射率数据，探究时空融合方法应用于时间序列高时空分辨率 FVC 遥感估算的可行性及其精度，并采用两种融合策略：融合 MODIS 和 GF-1 WFV 地表反射率数据，基于融合后的高时空分辨率地表反射率数据估算 FVC（策略 FC，Fusion_then_FVC），以及直接融合 MODIS 的 FVC 产品（GLASS FVC 产品）和 GF-1 WFV FVC 数据，生成高时空分辨率的 FVC 数据（策略 CF，FVC_then_Fusion）。本研究分别利用这两种策略进行多源遥感数据的时空融合，将融合生成的 FVC 数据与真实 GF-1 WFV 数据估算的 FVC 和实地测量数据进行量化比较，评价、对比两种融合策略的精度，为生产长时间序列的高时空分辨率的 FVC 数据奠定基础，具体研究流程如图 1.1 所示。

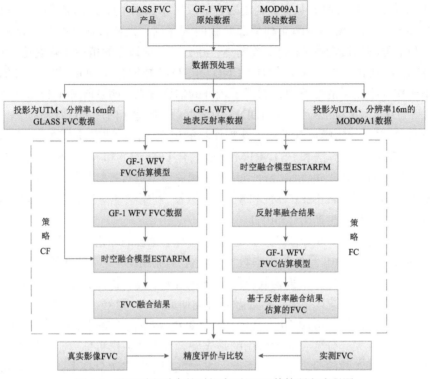

图 1.1　基于时空融合的时间序列 FVC 估算研究流程图

1.2.1　时空融合算法

本研究采用 Zhu 等（2010）提出的 ESTARFM 开展 GF-1 WFV 和 MODIS 数据时空融合研究，ESTARFM 算法实现流程如图 1.2 所示。

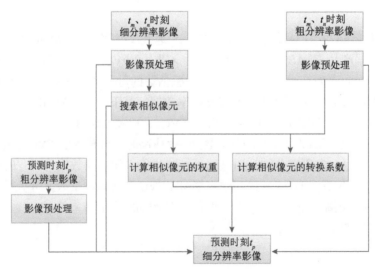

图 1.2　ESTARFM 算法实现流程

ESTARFM 算法将具有高时间分辨率、低空间分辨率的影像称为粗分辨率影像（coarse-resolution image），将具有低时间分辨率、高空间分辨率的影像称为细分辨率影像（fine-resolution image）。ESTARFM 算法利用两对不同时刻（分别为预测时刻前后）的粗分辨率影像（在本研究中指 MOD09A1/GLASS FVC 数据）和细分辨率影像（在本研究中指 GF-1 WFV 及其 FVC 数据）以及预测时刻的粗分辨率影像，充分考虑光谱差异、空间距离、时间距离三个维度的影响，推导出高、低空间分辨率影像像元值之间的关系，进而模拟出预测时刻的高空间分辨率影像。

该算法的基本思想是：假设一个混合像元的像元值是其像元内各端元光谱值的线性组合，且细分辨率像元值在已知时刻 t_m 与 t_n 之间是线性变化的，当传感器性能稳定且在 t_m 与 t_n 之间土地覆盖类型无明显变化时，细分辨率像元与其对应的粗分辨率像元在 t_m 与 t_n 之间的变化存在一个固定的转换关系，且这个转换系数在 t_m 与 t_n 之间是稳定不变的。当已知 t_0 时刻的粗、细分辨率影像和 t_p 时刻的粗分辨率影像时，t_p 时刻的细分辨率像元值可由公式（1.1）表示：

$$F(x,y,t_p) = F(x,y,t_0) + v(x,y) \times \left[C(x,y,t_p) - C(x,y,t_0) \right] \tag{1.1}$$

式中，F、C 分别为细分辨率和粗分辨率像元值；(x, y) 表示像元位置；$v(x, y)$ 为 (x, y) 位置处粗细分辨率像元之间的转换系数。由于仅利用单对像元的信息难以得到可靠的预测结果，ESTARFM 算法定义了一个移动窗口，整合移动窗口中与目标像元相似的像元信息，以降低预测结果的不确定性，其计算公式如公式（1.2）所示：

$$F(x_{w/2}, y_{w/2}, t_p) = F(x_{w/2}, y_{w/2}, t_0) + \sum_{i=1}^{N} W_i \times V_i \times \left[C(x_i, y_i, t_p) - C(x_i, y_i, t_0) \right] \tag{1.2}$$

式中，w 为移动窗口大小；$(x_{w/2}, y_{w/2})$ 表示移动窗口的中心像元（目标像元）；N 为移动窗口中与中心像元相似的邻近像元个数；(x_i, y_i) 表示第 i 个相似像元的位置；W_i、V_i 则分别为第 i 个相似像元的权重和转换系数。按照式（1.2），若已知 t_0 和 t_p 时刻之间的转换系数，根据一对已知时刻的粗细分辨率影像和一幅预测时刻的粗分辨率影像，即可估算预测时刻的细分辨率影像。分别以 T_m、T_n 两个时刻的粗细分辨率影像为基准，可在预测时刻 t_p 得到两个不同的细分辨率影像 $F_{m,p}$、$F_{n,p}$。ESTARFM 算法通过为 $F_{m,p}$、$F_{n,p}$ 赋予时间权重，以将这两个预测结果结合起来。时间权重的赋值是根据 t_p 时刻的粗分辨率像元值与 t_m、t_n 两个时刻的粗分辨像元值差异来定义的，差值越小则时间权重越大。最终的预测时刻 t_p 的细分辨率像元值表示方式如下：

$$F(x,y,t_p) = T_m(x,y) \times F_{m,p}(x,y,t_p) + T_n(x,y) \times F_{n,p}(x,y,t_p) \tag{1.3}$$

式中，T_m、T_n 分别为 $F_{m,p}$、$F_{n,p}$ 的时间权重，每一个像元最终的预测结果都是基于式（1.3）计算得到的。

在 ESTARFM 算法的实现中，有如下几个关键步骤：

1）搜索相似像元

在细分辨率影像的移动窗口中，和中心像元属于同一土地覆盖类别的像元被认为是中心像元的相似像元，其判别主要基于像元之间的光谱差异。对于获取于时刻 t_k 的细分辨率影像，某一目标像元 $(x_{w/2}, y_{w/2})$ 在其搜索窗口中选择相似像元的标准如下：

$$\left| F(x_i, y_i, t_k, B) - F(x_{w/2}, y_{w/2}, t_k, B) \right| \leqslant \sigma(B) \times 2/m \qquad (1.4)$$

式中，$\sigma(B)$ 为波段 B 的标准差；m 为估计的类别数，m 越大对相似像元的筛选越严格。ESTARFM 算法分别对 t_m、t_n 两个时刻的细分辨率影像进行相似像元搜索，最终取两者的交集作为移动窗口内最终的相似像元。在本研究中，移动窗口大小设为 51×51 个细分辨率像元，需要搜索的相似像元个数设为 20 个，由于研究区内的土地覆盖主要有居民地、水体（坑塘）、生长旺盛的耕地、收割后或刚播种的耕地，因此将类别数 m 设为 4。

2）计算各相似像元的权重

移动窗口内相似像元权重的计算，考虑了粗细分辨率像元之间的光谱相似性和相似像元与中心像元之间的空间距离，具有更高的光谱相似性和更小的空间距离的相似像元被认为对中心像元的取值有更大的影响，因此被赋予更高的权重。对于第 i 个相似像元，其粗细分辨率像元之间的光谱相似性基于式（1.5）计算，与中心像元的地理距离按式（1.6）定义。式（1.7）将两者结合，得到该相似像元的最终权重。

$$R_i = \frac{E\left[(F_i - E(F_i))(C_i - E(C_i))\right]}{\sqrt{D(F_i)} \times \sqrt{D(C_i)}} \qquad (1.5)$$

式中，R_i 为第 i 个相似像元粗细分辨率之间的光谱相关系数；$E(\cdot)$ 为期望；$D(\cdot)$ 为方差；F_i 和 C_i 分别为第 i 个相似像元的细分辨率、粗分辨率的光谱向量。

$$d_i = 1 + \sqrt{(x_{w/2} - x_i)^2 + (y_{w/2} - y_i)^2} \Big/ (w/2) \qquad (1.6)$$

式中，d_i 为第 i 个相似像元与中心像元的地理距离；w 为移动窗口大小。

$$W_i = \frac{1/(1 - R_i) \times d_i}{\sum_{i=1}^{N} 1/(1 - R_i) \times d_i} \qquad (1.7)$$

式中，W_i 为第 i 个相似像元的权重，最终用于式（1.2）的计算。

3）计算转换系数

对于一个细空间分辨率像元 i，其转换系数可以定义为

$$V_i = \frac{F_{in} - F_{im}}{C_{in} - C_{im}} \qquad (1.8)$$

式中，F_{im} 和 F_{in} 分别为像元 i 在 t_m 和 t_n 时刻的像元值；C_{im} 和 C_{in} 分别为像元 i 对应的粗分辨率像元在 t_m 和 t_n 时刻的像元值。为了减少预测结果的不确定性，ESTARFM 算法并不是直接根据式（1.8）计算每个像元的转换系数，而是通过线性拟合综合了多个相似像元的信息。在同一个粗分辨率像元内，相似像元具有相似的光谱特性。因此，ESTARFM 算法认为，同一粗分辨率内部的相似像元的转换系数相同。基于这些相似像元的粗细分辨率像元在两个已知时刻的像元值，可以构建线性回归模型，得到的线性拟合方程的斜率即这些相似像元的转换系数。

1.2.2　融合策略

ESTARFM 算法对输入的待融合影像的波段数没有限制，因此，既可以对 GF-1 WFV 和 MODIS 的多个反射率波段进行融合，也可以将 GF-1 WFV 和 MODIS 估算的 FVC 以单个波段的形式进行融合。因此，利用 ESTARFM 算法得到高时空分辨率的 FVC 的融合策略有两种：一种是融合 MODIS 和 GF-1 WFV 地表反射率数据，基于融合后的高时空分辨率地表反射率数据估算 FVC[在后文中以"策略 FC"（Fusion_then_FVC）表示]；另一种是直接融合 MODIS 的 FVC 产品（GLASS FVC 产品）和 GF-1 WFV FVC 数据，生成高时空分辨率的 FVC 数据[在后文中以"策略 CF"（FVC_then_Fusion）表示]。

在 MODIS 时间序列中，有时无法找到与 GF-1 WFV 数据获取日期正好匹配的 MODIS 数据，考虑到本研究所用的 MOD09A1 是 8 天合成地表反射率产品，因此可依据 GF-1 WFV 数据所在的合成时间段选择与其融合的 MODIS 数据。例如，某一 GF-1 WFV 数据的成像日期为 2017 年 5 月 12 日，该日期对应的年积日为第 132 天，对照 MODIS 数据的时序表，可知该日期在第 129～第 136 天的合成时间段内，因此可选择第 129 天的 MODIS 地表反射率与该 GF-1 WFV 数据融合。

为了定量地评价、比较两种融合策略，以实现更为科学、准确的结果分析，本研究引入了决定系数（R^2）和均方根误差（RMSE）两个定量评价指标，其计算公式如下：

$$R^2 = 1 - \frac{\sum_{i=1}^{N}(x_i - \widehat{x_i})^2}{\sum_{i=1}^{N}(x_i - \overline{x})^2} \tag{1.9}$$

$$\text{RMSE} = \sqrt{\frac{1}{N}\sum_{i=1}^{N}(x_i - \widehat{x_i})^2} \tag{1.10}$$

式中，N 为样本数；x_i 为样本 i 的估算结果（融合结果）；$\widehat{x_i}$ 为样本 i 的真实值；$\overline{x}$ 为所有样本真实值的平均值。通过计算融合结果与参考的 FVC 真值之间的 R^2 和 RMSE，来对两种融合策略开展精度评价。

1.3 精度验证与质量评价

1.3.1 研究区与地面实测数据

本研究选取的研究区位于河北省衡水市（115°10′~116°34′E，37°03′~38°23′N），其地理位置如图 1.3（a）所示。研究区属于大陆性季风气候区，为温暖半干旱型，四季分明，冷暖干湿差异较大，多年平均降水量约为 522.5mm。该地区地势平坦，处于河北冲积平原，平均海拔 23m，耕地和居民地是主要的土地覆盖类型。主要农作物包括冬小麦和玉米，其中冬小麦在 10 月开始播种，12 月进入越冬期，次年 3 月开始返青生长，6月中旬以前完成收割，玉米则从 6 月中旬开始播种一直生长至 9 月下旬。

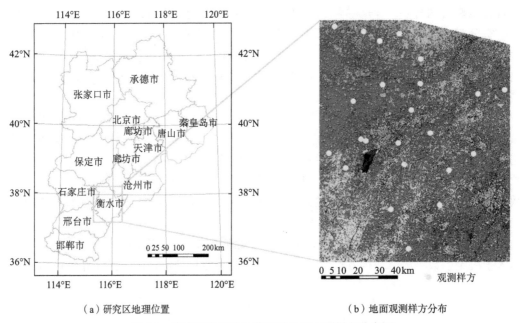

（a）研究区地理位置 　　　　　　　　　　　（b）地面观测样方分布

图 1.3　衡水研究区地理位置及地面观测样方分布图

地面实测数据采样点分布于衡水市 11 个县（市、区）的耕地区，其空间分布如图1.3（b）所示。实测数据包含冬小麦和玉米四个不同生长季的 FVC 观测数据，每次观测时间持续 2~3 天（表 1.1）。每个县（市、区）设有两个 100m×100m 的样方，样方内有5 个 30m×30m 相对匀质的采样点，四个采样点分别位于样方的四个角上，一个采样点位于样方中心。因此，每一观测时期内，共有 110 个地面采样数据。在每个采样点内，以垂直向下的观测方式用数码相机拍摄 5 张照片，提取的 FVC 的平均值即该采样点的 FVC 地面观测值。

表 1.1　地面实测数据观测时间

作物种类	观测起止时间
冬小麦	2017 年 3 月 29 日～4 月 1 日
冬小麦	2017 年 5 月 4～6 日
玉米	2017 年 7 月 5～8 日
玉米	2017 年 7 月 29～31 日

从数码照片中提取 FVC，实际上是提取照片中植被像元占全部像元的比例。为了消除照片边缘的透视畸变和失真引起的系统性偏差，提取 FVC 时裁剪掉照片边缘的 25%。照片 FVC 的提取采用一种自动抑制阴影的分割算法（SHAR-LABFVC），该算法通过引入色调、饱和度、亮度（hue，saturation，intensity，HSI）颜色空间增强图像背景部分的亮度，使得在 FVC 高、背景较深的区域，能够准确地提取照片 FVC（Song et al.，2015）。SHAR-LABFVC 算法将图像从 RGB 色彩空间转换至 LAB 色彩空间，其中绿度分量($A*$)用于区分绿色植被和背景，采用对数正态分布函数分别拟合绿色植被和背景在绿度分量上的分布情况，然后自动选择阈值对植被和背景进行分割。该算法对拍摄的冬小麦照片的 FVC 提取效果如图 1.4 所示。

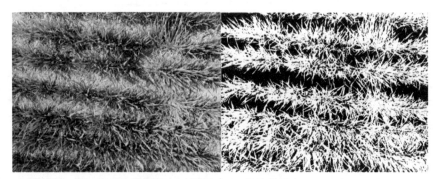

图 1.4　照片 FVC 提取效果

1.3.2　遥感数据及其预处理

1. GF-1 WFV 数据

根据研究需求，获取了 2017 年覆盖研究区的 9 个时相 GF-1 WFV 影像，其详细信息如表 1.2 所示。

表 1.2　获取的 GF-1 WFV 影像的信息表

采集日期	卫星载荷	景序列号	用途
2017-03-08	WFV4	3411993	作为融合算法的基准影像
2017-03-12	WFV4	3420332	作为融合算法的基准影像

续表

采集日期	卫星载荷	景序列号	用途
2017-04-01	WFV3	3502340 3502339	验证 FVC 估算模型精度
2017-04-18	WFV3	3566875	作为融合算法的基准影像
2017-04-26	WFV4	3595448	验证融合结果精度、 作为融合算法的基准影像
2017-05-12	WFV3	3650209	作为融合算法的基准影像
2017-06-26	WFV1	3810592	作为融合算法的基准影像
2017-07-08	WFV2	3856572	验证 FVC 估算模型精度、 作为融合算法的基准影像
2017-08-10	WFV3	3977545	作为融合算法的基准影像

GF-1 WFV 数据的预处理主要包括大气纠正和几何纠正。大气纠正是消除大气和光照等因素对地物反射的影响，将影像的 DN 值转化为真实地表反射率，这一过程所需要的 2017 年 GF-1 WFV 数据的绝对辐射定标系数如表 1.3 所示。几何纠正是消除影像的几何畸变，使其地理定位精度提高，能够匹配实际地物的位置。

表 1.3   2017 年 GF-1 WFV 数据的绝对辐射定标系数 ［单位：W/（m²·sr·μm）］

卫星 载荷	波段 1		波段 2		波段 3		波段 4	
	增益	偏移量	增益	偏移量	增益	偏移量	增益	偏移量
WFV1	0.2165	0	0.1685	0	0.1354	0	0.1507	0
WFV2	0.2097	0	0.1630	0	0.1339	0	0.1521	0
WFV3	0.1870	0	0.1619	0	0.1295	0	0.1383	0
WFV4	0.1770	0	0.1521	0	0.1322	0	0.1349	0

2. MOD09A1 数据与 GLASS FVC 数据

本研究选用 MODIS 系列产品中的 MOD09A1 地表反射率产品、GLASS 中的 FVC 产品，分别作为地表反射率融合和 FVC 融合的粗分辨率数据源。MOD09A1 是 Terra MODIS 数据集中的 8 天合成地表反射率产品，为 Level 3 级别产品，已经过几何校正和大气校正，其空间分辨率为 500m，数据从美国国家航空航天局（NASA）网站（http://ladsweb.nascom.nasa.gov）获取。MOD09A1 产品的每个像元反射率是综合考虑云量和观测角等条件后，选取 8 天合成周期内每次观测数据的最优值得到的。MOD09A1 产品包含 13 个数据层，其中包括 7 个波段反射率数据层、3 个角度信息（太阳天顶角、观测天顶角和相对方位角）数据层和 3 个数据质量信息数据层，7 个波段反射率中的绿（波段 4）、红（波段 1）和近红外（波段 2）波段用于地表反射率的融合。MOD09A1 与 GF-1 WFV 数据用于融合的绿、红、近红外波段的波长范围对比如表 1.4 所示。

表 1.4　MOD09A1 与 GF-1 WFV 融合波段范围对比　　（单位：nm）

波段	MOD09A1 波段范围	GF-1 WFV 波段范围
绿波段	545～565	520～590
红波段	620～670	630～690
近红外波段	841～876	770～890

　　GLASS FVC 产品是全球陆表特征参量产品 GLASS 系列产品之一，由时空滤波处理后的 MOD09A1 地表反射率结合机器学习算法生成，具有与 MOD09A1 一致的时空分辨率（8 天时间分辨率、500m 空间分辨率）。广义回归神经网络（general regression neural networks，GRNNs）（Jia et al.，2015）是最初用于生产 GLASS FVC 产品的机器学习算法，但由于该算法在生产长时间序列全球覆盖的 FVC 产品时计算效率较低，Yang 等（2016）在对比反向传播神经网络（back-propagation neural networks，BPNNs）、GRNNs、支持向量回归（support vector regression，SVR）和多元自适应回归样条（multivariate adaptive regression splines，MARS）四种机器学习方法的精度与运算效率后，最终选择与 GRNNs 精度相当但运算效率更高的 MARS 算法生产 GLASS FVC 产品（Wang et al.，2018）。GLASS FVC 产品与 GEOV1 FVC（SPOT VEGETATION FVC）产品的比较结果表明，GLASS FVC 产品和 GEOV1 FVC 产品精度相当，但 GLASS FVC 产品具有更好的时空连续性（Jia et al.，2015）。

　　本研究选取的 MOD09A1 和 GLASS FVC 数据的瓦片编号和时相信息如表 1.5 所示。

表 1.5　研究获取的粗分辨率数据信息

瓦片编号	时相/年积日（DOY）
H27V05	DOY65、DOY89、DOY105、DOY113、DOY117、DOY121、DOY129、DOY185、DOY209、DOY217

　　MOD09A1 与 GLASS FVC 数据具有相同的预处理过程，主要包括重投影、裁剪和重采样。MOD09A1 和 GLASS FVC 数据投影均为 Sinusoidal，首先利用 MODIS 重投影工具（MODIS reprojection tool，MRT）将其重投影为与 GF-1 WFV 数据预处理后一致的 WGS84（UTM 50N）坐标系，并将数据文件格式从 HDF 转换为 GeoTiff。最后，按照研究区范围对重投影后的数据进行裁剪，使用三次卷积法把像元大小重采样至 16m，以便按照融合算法的需求实现对 MODIS 和 GF-1 WFV 的时空融合。

1.3.3　影像整体融合效果与精度检验

　　时空融合选取的 GF-1 WFV 与 MODIS 数据的时相信息，以及用于精度检验的真实影像日期如表 1.6 所示。选取研究区内大小为 1590 × 1351 个像元的区域用于影像整体融合效果评价与精度检验。

表 1.6　时空融合影像时相信息

	GF-1 WFV 数据	MODIS 数据	融合预测日期	真实影像
日期	2017-04-18	DOY105	DOY113	2017-04-26
	2017-05-12	DOY129		

首先，采用策略 FC 进行时空融合。图 1.5 为策略 FC 的地表反射率时空融合结果，左侧为真实的 GF-1 WFV 影像，右侧为时空融合算法预测影像，均以标准假彩色合成的形式显示。整体上看，真实的 GF-1 WFV 影像与融合结果无明显差别，融合结果较好地还原了地表空间细节信息。该区域内有众多零星分布的农村居民地、坑塘、纵横交错的道路，以及不同作物类别、处于不同生长物候期的耕地，虽然地表信息复杂，但主要地物的轮廓和形状在融合影像中都得到了较好的反映。地表反射率融合结果输入至 GF-1 WFV FVC 估算模型，得到的 FVC 预测影像如图 1.6 所示。

（a）GF-1 WFV 真实影像　　　　　　（b）地表反射率融合结果

图 1.5　策略 FC 地表反射率时空融合结果

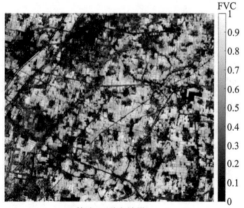

(a)策略FC融合结果　　　　　　(b)策略FC融合结果局部放大

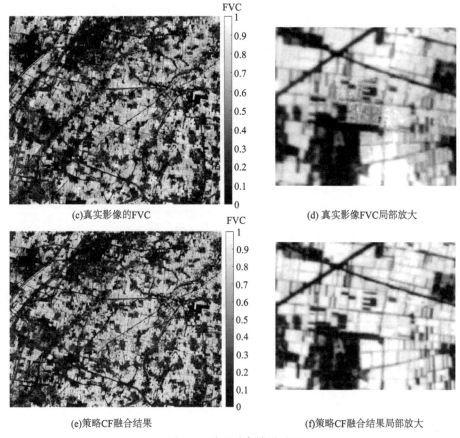

(c)真实影像的FVC

(d) 真实影像FVC局部放大

(e)策略CF融合结果

(f)策略CF融合结果局部放大

图 1.6　时空融合效果对比

　　由图 1.6 展示的真实影像估算的 FVC 与策略 FC、策略 CF 融合效果对比可以发现，两种策略得到的时空融合结果与真实影像估算的 FVC 空间一致性好，策略 CF 的预测结果与真实 FVC 更为接近。两种时空融合结果在耕地与居民地交界地带容易出现 FVC 预测值偏低、边界较为模糊的斑块，但策略 FC 的结果更为明显且斑块范围更大。产生这种现象的可能原因为：耕地与居民地的 FVC 差异较大，交界地带的 MODIS 像元为混合像元，当像元中居民地的光谱或 FVC 信息贡献占比更大时，该 MODIS 混合像元的光谱或 FVC 值对比耕地区域是偏低的，因此交界地带在融合时容易产生预测值偏低的斑块区域。

　　在影像细节放大区域，可以看到两种结果在部分区域均存在不同程度的失真，但策略 CF 取得了更好的预测效果，与真实影像的 FVC 估算更为接近。对于策略 FC，可以看到融合结果存在明显的噪点，且在放大区域的中心位置[图 1.6（b）]，有一块耕地的 FVC 形成了明显偏低的预测结果，与真实 FVC 估算有较大差异；对于策略 CF，可以看到该区域中几乎没有噪点，但是位于图 1.6（f）右上角的一片耕地存在预测结果偏大的现象，导致该区域的田埂、部分面积较小的低 FVC 的耕地信息丢失。

　　策略 FC 和策略 CF 得到的预测 FVC 与真实影像 FVC 的差值图和差值直方图如图 1.7 所示。策略 FC 和策略 CF 的差值直方图曲线均在 0 左右达到了峰值，大部分像元的差值都处于–0.1～0.1，策略 FC 和策略 CF 的均值分别为–0.0087 和 0.0111。因此，可以认为在一定误差范围内，时空融合的结果整体是合理、有效的。经统计，策略 FC 差值分布在–0.1～0.1 的像元数占总像元数的比例为 84%，而策略 CF 占比为 92%，策略 CF 的预测结果与真实影像估算的 FVC 之间的差异更小。在差值图[图 1.7（a）和图 1.7（c）]中，颜色偏蓝表示预测结果偏高，偏红则表示预测结果偏低，颜色越深偏差越大。对比图 1.7（a）和图 1.7（c）可以发现，策略 FC 差值图中存在较大偏差的区域明显多于策略 CF，且这些偏差较大的区域往往以较大的斑块状存在，在空间上呈相互交错的形式分布。其中，预测偏高的区域主要是一些非植被的建筑区、低 FVC 的耕地，而预测偏低的区域主要是距离建筑区较近的高 FVC 的耕地。

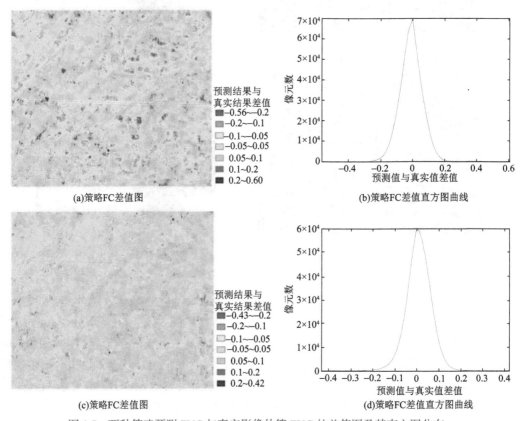

图 1.7 两种策略预测 FVC 与真实影像估算 FVC 的差值图及其直方图分布

本研究进一步分别对策略 FC 和策略 CF 得到的 FVC 预测结果进行全局精度检验，以 GF-1 WFV 真实影像估算的 FVC 值为横轴，以融合预测的 FVC 值为纵轴，绘制散点密度图，结果如图 1.8 所示。两种策略在整体上均表现出较好的预测精度，但策略 CF 的精度（R^2=0.9580、RMSE=0.0576）要优于策略 FC（R^2=0.9345、RMSE=0.0719）。图 1.8 中，两种策略的散点整体上均沿 1:1 参考线分布，且距离参考线越近，其分布密度越大，表明大部分样本点都集中在 1:1 参考线附近，但策略 FC 的散点比策略 CF 的散点分布得更散。在图 1.8（a）横坐标为[0.0，0.2]和[0.8，0.9]的区间内，分别有一团预测值明显偏高的散点和一团预测值明显偏低的散点，这一现象与图 1.7 所示的信息一致，即策略 FC 的预测结果中偏差较大的像元更多，预测偏高的大多为一些非植被的建筑区、低 FVC 的耕地，预测偏低的大多为高 FVC 的耕地。对比两种策略的拟合线，策略 CF 的拟合线斜率为 1.017，几乎与 1∶1 参考线重合，而策略 FC 的拟合线斜率为 0.9229，由此也可发现策略 CF 的预测效果更好。

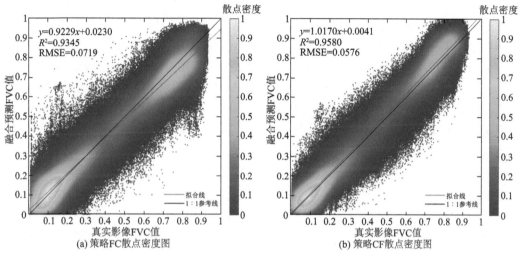

图 1.8　融合预测 FVC 值与真实影像 FVC 的散点密度图

1.3.4　地面实测数据的精度验证

用于本节精度验证的实验数据信息如表 1.7 所示。其中，在进行第 4 组实验时，由于 GF-1 WFV 数据的缺失，第二幅输入至融合算法的基准细分辨率数据由第 3 组实验的融合结果代替。由于融合输入的 GF-1 WFV 数据在地面实测站点处容易受到云覆盖，因此并不是所有的实测数据都被选择用于精度验证。

表 1.7　实验数据信息

实验组号	GF-1 WFV 数据日期	MODIS 数据日期	融合预测日期	地面验证数据日期
1	2017-03-08 2017-03-12 2017-04-26	DOY65 DOY113	DOY89	2017 年 3 月 29 日～4 月 1 日
2	2017-04-18 2017-05-12	DOY105 DOY129	DOY121	2017 年 5 月 4 日～6 日
3	2017-07-08 2017-08-10	DOY185 DOY217	DOY209	2017 年 7 月 29 日～31 日
4	2017-06-26 DOY209 （实验 3 融合结果）	DOY117 DOY209	DOY185	2017 年 7 月 5 日～8 日

图 1.9 展示了实测 FVC 与融合得到的 FVC 的散点图，图中四种不同颜色的菱形表示四个不同测量时期的数据。基于地面实测数据的精度检验结果表明，策略 CF 具有明显的精度优势（策略 CF：R^2=0.8138，RMSE=0.0985；策略 FC：R^2=0.7173，RMSE=0.1214）。策略 FC 中四个测量时期的样本点相对于 1∶1 参考线存在着不同程度的偏移，其中 3 月 29 日～4 月 1 日和 5 月 4～6 日这两个时期的数据偏移最明显，出现了实测值为 0.65、0.95 而融合值分别为 0.95、0.4 的"极端"情况，这也与上述分析中策略 FC 更容易出现大偏差的融合结果相一致。在 7 月 5～8 日地面实测数据中，有一个样本点分布在横轴上，其坐标为（0.1，0），说明经过反射率融合后，该位置处的像元被预测为非植被地物类型（建筑物或者裸土），因此该像元在 FVC 估算模型中估算为 0 值。上述结果均表明，策略 FC 具有不稳定性，预测值出现较大偏差的概率大。而策略 CF 的融合效果较好[图 1.9（b）]，样点基本较密集地分布在 1∶1 参考线附近，与测量值偏差较大（差值绝对值大于 0.2）的点仅有 2 个。

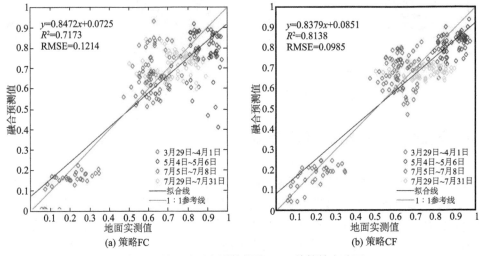

图 1.9 基于地面实测数据的 FVC 估算精度验证

本研究结果表明，无论是与真实影像估算的 FVC 数据对比，还是与地面实测数据进行验证，直接融合粗、细分辨率 FVC 产品的方法精度都要比先融合地表反射率数据再估算 FVC 的方法精度更高，而且前者在结合地面实测数据的精度验证中表现出更明显的优势。策略 FC 比策略 CF 融合效果差的主要原因是策略 FC 在实现中有一个误差传递的过程，在融合反射率数据时，由传感器、影像预处理以及融合算法本身带来的误差，在经过融合后会进一步传递到 FVC 的估算，在误差传递的过程中会产生一定的不确定性。虽然策略 CF 在估算 FVC 后也会传递一定的误差给 FVC 数据的融合，但是相比于策略 FC 融合 3 个反射率波段，策略 CF 仅需融合一个 FVC 波段，误差对最终预测结果的影响可能会更小一些。策略 FC 除了预测结果不确定性更大、异常预测值出现的概率更高外，在应用时还会受到传感器类型的限制。因为 GF-1 有四个 WFV 传感器，每个传感器具有不同的光谱响应函数，因此在构建 GF-1 WFV 数据的 FVC 估算模型时，需要根据传感器型号构建 4 个不同的模型。当选用两个不同 WFV 传感器采集的 GF-1 数据作为两个高空间分辨率基准影像时，虽然它们都在大气校正后被统一校正成地表反射率数据，但是其融合得到的反射率数据在选择 FVC 估算模型时会存在一定问题，无论选择两个估算模型中的哪一个，可能都会给最终结果带来影响。另外，策略 FC 由于需要融合三个反射率波段，所需运算时间是策略 CF 的 3 倍左右，在计算效率方面策略 CF 也是明显优于策略 FC。

　　此外，在应用 ESTARFM 算法时，需要注意两组基准影像的日期应与预测日期处于同一个作物生长季内。若以一组冬小麦生长期内的数据和一组玉米生长期内的数据来预测某一时期高空间分辨率的玉米 FVC，由于冬小麦和玉米具有不同的光谱特征，跨作物生长周期的融合方案会给预测结果引入不确定性，从而降低预测结果的质量。因此，在进行时空融合时，需要考虑基准影像是否和预测影像在同一作物生长周期内，且前后两组基准影像所对应的作物生长状态尽量不要相差太大。

1.4　总结与展望

　　研究基于 ESTARFM 时空融合算法，利用 GF-1 WFV 数据和 MODIS 数据进行时空融合，得到同时具有 GF-1 WFV 数据的高空间分辨率特征和 MODIS 数据高时间分辨率特征的 FVC 数据。研究在融合时分别探讨了采用策略 FC 和策略 CF 两种策略，并对比分析了 FVC 预测的效果与精度，主要结论如下：

　　（1）ESTARFM 时空融合算法能够应用于 GF-1 WFV 数据与 MODIS 数据的融合，并取得了较好的 FVC 融合效果，为利用 GF-1 WFV 数据与 MODIS 数据融合生成长时间序列的高时空分辨率 FVC 数据集奠定了良好的基础。

　　（2）策略 CF 相比策略 FC 具有更好的融合效果。此外，策略 CF 不受 GF-1 的 WFV 传感器型号的限制，且具有更高的运算效率，因此，策略 CF 相比于策略 FC 具有更广泛的适用性。

　　另外，研究也存在一些不足之处，今后可着眼于以下几个方面进行扩展与完善：

　　（1）研究区的植被类型主要为农作物，植被类型较为单一，今后可在具有更丰富植被类型的研究区展开融合实验，探究不同植物类型的融合精度差异。

　　（2）ESTARFM 算法在进行大范围的融合时，运算效率较低，若要开展大范围的长时间序列高时空分辨率 FVC 产品生产，则需考虑对融合算法进行并行化改进，以提高产品生产效率。

　　（3）除 ESTARFM 算法外，还有 STAARCH、STDFA、STAIR、FSDAF 等多种时空融合算法，今后可对比这不同融合算法的融合效果及其适用性。

参 考 文 献

董文全, 蒙继华. 2018. 遥感数据时空融合研究进展及展望. 国土资源遥感, 30(2): 1-11.

刘建波, 马勇, 武易天, 等. 2016. 遥感高时空融合方法的研究进展及应用现状. 遥感学报, 20(5): 1038-1049.

谢登峰, 张锦水, 潘耀忠, 等. 2015. Landsat 8 和 MODIS 融合构建高时空分辨率数据识别秋粮作物. 遥感学报, 19(5): 791-805.

Baret F, Hagolle O, Geiger B, et al. 2007. LAI, FAPAR and FCOVER CYCLOPES global products derived from VEGETATION: Part 1: principles of the algorithm. Remote Sensing of Environment, 110(3): 275-286.

Baret F, Pavageau K, Béal D, et al. 2006. Algorithm Theoretical Basis Document for MERIS Top of Atmosphere Land Products (TOA_VEG). Avignon: INRA-CSE.

Dong T, Liu J, Qian B, et al. 2016. Estimating winter wheat biomass by assimilating leaf area index derived from fusion of Landsat-8 and MODIS data. International Journal of Applied Earth Observation and Geoinformation, 49: 63-74.

Gao F, Masek J, Schwaller M, et al. 2006. On the blending of the Landsat and MODIS surface reflectance: Predicting daily Landsat surface reflectance. IEEE Transactions on Geoscience and Remote sensing, 44(8): 2207-2218.

Hilker T, Wulder M A, Coops N C, et al. 2009. A new data fusion model for high spatial-and temporal-resolution mapping of forest disturbance based on Landsat and MODIS. Remote Sensing of Environment, 113(8): 1613-1627.

Jia K, Liang S, Liu S, et al. 2015. Global land surface fractional vegetation cover estimation using general regression neural networks from MODIS surface reflectance. IEEE Transactions on Geoscience and Remote Sensing, 53(9): 4787-4796.

Luo Y, Guan K, Peng J. 2018. STAIR: a generic and fully-automated method to fuse multiple sources of optical satellite data to generate a high-resolution, daily and cloud-/gap-free surface reflectance product. Remote Sensing of Environment, 214: 87-99.

Meng J, Du X, Wu B. 2013. Generation of high spatial and temporal resolution NDVI and its application in crop biomass estimation. International Journal of Digital Earth, 6(3): 203-218.

Nunez J, Otazu X, Fors O, et al. 1999. Multiresolution-based image fusion with additive wavelet decomposition. IEEE Transactions on Geoscience and Remote Sensing, 37(3): 1204-1211.

Roujean J L, Lacaze R. 2002. Global mapping of vegetation parameters from POLDER multiangular measurements for studies of surface-atmosphere interactions: a pragmatic method and its validation. Journal of Geophysical Research: Atmospheres, 107(D12): ACL-6.

Shevyrnogov A, Trefois P, Vysotskaya G. 2000. Multi-satellite data merge to combine NOAA AVHRR efficiency with Landsat-6 MSS spatial resolution to study vegetation dynamics. Advances in Space Research, 26(7): 1131-1133.

Singh D. 2011. Generation and evaluation of gross primary productivity using Landsat data through blending with MODIS data. International Journal of Applied Earth Observation and Geoinformation, 13(1): 59-69.

Song W, Mu X, Yan G, et al. 2015. Extracting the green fractional vegetation cover from digital images using a shadow-resistant algorithm (SHAR-LABFVC). Remote Sensing, 7(8): 10425-10443.

Walker J, de Beurs K, Wynne R. 2014. Dryland vegetation phenology across an elevation gradient in Arizona, USA, investigated with fused MODIS and Landsat data. Remote Sensing of Environment, 144: 85-97.

Wang B, Jia K, Liang S, et al. 2018. Assessment of Sentinel-2 MSI spectral band reflectances for estimating fractional vegetation cover. Remote Sensing, 10(12): 1927.

Wu M, Niu Z, Wang C, et al. 2012. Use of MODIS and Landsat time series data to generate high-resolution temporal synthetic Landsat data using a spatial and temporal reflectance fusion model. Journal of Applied

Remote Sensing, 6(1): 063507.

Yang L, Jia K, Liang S, et al. 2016. Comparison of four machine learning methods for generating the GLASS fractional vegetation cover product from MODIS data. Remote Sensing, 8(8): 682.

Zhu X, Chen J, Gao F, et al. 2010. An enhanced spatial and temporal adaptive reflectance fusion model for complex heterogeneous regions. Remote Sensing of Environment, 114(11): 2610-2623.

Zhu X, Helmer E H, Gao F, et al. 2016. A flexible spatiotemporal method for fusing satellite images with different resolutions. Remote Sensing of Environment, 172: 165-177.

第 2 章

GF-1卫星数据陆表植被覆盖度反演算法

植被覆盖度（FVC）通常被定义为绿色植被在地面的垂直投影面积占统计区总面积的百分比（Gitelson et al., 2002）。植被覆盖度是刻画地表植被覆盖的一个重要参数，也是指示生态环境变化的基本、客观指标，在大气圈、土壤圈、水圈和生物圈的研究中都占据着重要的地位（秦伟等，2006）。本章主要针对 GF-1 WFV 数据的植被覆盖度遥感反演算法进行较为全面的介绍。GF-1 WFV 数据的植被覆盖度反演算法在冠层辐射传输模型模拟构建训练样本集的基础上，研究基于神经网络算法的植被覆盖度估算方法。研发的植被覆盖度反演算法经地面观测数据的直接验证结果表明，本研究提出的估算方法可以取得令人满意的植被覆盖度估算精度，具有在大区域尺度、中等空间分辨率估算高质量植被覆盖度的潜力。

2.1 引　言

2.1.1 研究背景

植被是陆地生态系统中最基础的组成部分，所有其他生物都依赖于植被而生。植被覆盖度在土壤-植被-大气传输模型模拟地表和大气边界层交换中是一个重要的生物物理参数（Chen et al., 1997），在地表过程和气候变化、天气预报数值模拟中需要给予准确的估算（Zeng et al., 2000）。另外，从一般的应用层面看，植被覆盖度在农业、林业、资源环境管理、土地利用、水文、灾害风险监测、干旱监测等领域都有广泛的应用（Gao et al., 2020；Zeng et al., 2000；赵少华等，2015）。遥感技术能够提供地表的多源多维多时相信息，为陆表植被覆盖度估算提供有效手段。目前，部分遥感卫星数据已经提供了大区域范围的植被覆盖度产品，但是目前所有全球植被覆盖度产品的空间分辨率一般集中在公里级或更低，而很多行业部门的遥感应用需要更高空间分辨率的植被覆盖度数据。

　　GF-1 卫星是我国高分辨率对地观测系统重大专项的首发星，其搭载的 4 台宽视场成像仪（WFV）可以获取 16m 空间分辨率、4 天重访周期和 800km 幅宽的多光谱数据（王利民等，2015）。GF-1 WFV 数据实现了高空间分辨率、多光谱与高时间分辨率相结合的光学遥感技术，为各种定量化应用奠定了基础，是高空间分辨率植被覆盖度快速、动态监测的有效数据源。但目前较为成熟和广泛应用的高空间分辨率遥感数据植被覆盖度反演算法多为经验性方法，不同的区域需要建立不同的反演模型，不利于推广和满足业务化产品生产需要。本研究提出一种适用于 GF-1 WFV 数据的自动化植被覆盖度反演算法，在 GF-1 卫星植被覆盖度产品生成中具有较大的应用潜力，可以为基于国产高分辨率卫星进行陆表植被状况监测提供技术支持。

2.1.2　植被覆盖度遥感估算方法研究现状

　　遥感技术的发展为区域及全球植被覆盖度信息的获取提供了有效的技术手段。植被覆盖度遥感估算方法也取得了长足发展。目前，常用的植被覆盖度遥感估算方法主要包括经验模型法、混合像元分解法和物理模型法。

1. 经验模型法

　　经验模型法通过统计回归分析建立植被覆盖度与遥感数据之间的经验关系模型，其中遥感数据既可以是单一波段反射率、多个波段反射率的组合，也可以是由遥感数据计算得到的植被指数（Carlson and Ripley，1997）。应用最广泛的植被指数为归一化植被指数（NDVI），土壤调节植被指数（SAVI）、增强型植被指数（EVI）等也常被用于植被覆盖度的遥感估算（Purevdorj et al.，1998）。

　　根据回归方法的不同，经验模型可以分为线性模型和非线性模型两种（贾坤等，2013）。线性模型法通过建立植被覆盖度与遥感数据光谱信息之间的线性关系来进行参数估算。Graetz 等（1988）基于实测植被覆盖度与 Landsat MMS 第 5 波段反射率建立了线性回归模型，估算澳大利亚半干旱地区的植被覆盖度。Shoshany 等（1996）选用 Landsat TM 数据的 1～4 波段反射率，建立了植被覆盖度与波段反射率之间的多元线性回归模型，估算了地中海地区的植被覆盖度，并分析了该地区植被覆盖度的时空变化。Senseman 等（1996）将 Landsat TM 数据计算得到的植被指数与地面实测植被覆盖度数据进行线性回归，证实了两者之间存在线性相关性，且 5 月的相关性强于 8 月，不同植被指数对相关性的影响不大。Xiao 和 Moody（2005）利用美国新墨西哥州地区的 Landsat ETM+数据，构建了 NDVI 与植被覆盖度的线性回归模型，并将模型应用于区域植被覆盖度的估算。非线性模型是指建立植被覆盖度与遥感信息之间的非线性关系。Purevdorj 等（1998）分别建立 NDVI、SAVI、修正型土壤调节植被指数（MSAVI）和转换型土壤调节植被指数（TSAVI）与植被覆盖度之间的二阶多项式回归方程，用于估算不同密度下草地的植被覆盖度，结果表明，TSAVI 和 NDVI 的估算精度最好。

经验模型法简单易实现，在小范围的研究区域内具有较高的估算精度。但由于地表空间异质性的普遍存在，各地区间的植被类型、生长状况存在差异，而经验模型法的回归关系是基于特定地点与时间的数据建立得到的，因此针对某一研究区和研究时段构建的经验模型并不一定适用于其他地区和研究时段。同时，经验模型法往往需要大量的实测数据，在大范围研究区内实施存在困难。因此，经验模型法的普适性不高，在大范围研究区内应用效果不佳且存在较大的局限性。

2. 混合像元分解法

混合像元分解法假设一个像元由多个对遥感传感器采集到的信息有贡献的组分构成，将遥感信息分解建立混合像元分解模型，可得到各组分在混合像元中的占比，其中，植被组分的占比即该像元的植被覆盖度（Jiapaer et al., 2011; Jiménez-Muñoz et al., 2009; Phinn et al., 2002; 黄健熙等，2005; 贾坤等，2013）。按原理不同，混合像元分解模型主要包括线性混合像元分解模型、几何光学模型、模糊模型和随机几何模型等（程红芳等，2008; 马超飞等，2001）。线性混合像元分解模型是最常见的混合像元分解模型，其假设每个像元信息是各组分信息通过线性组合得到的，即每个光谱波段中单一像元的反射率值表示它的端元组分特征反射率值与它们各自丰度的线性组合（程红芳等，2008）。

像元二分模型是线性混合像元分解模型中最简单常用的模型，其假设像元仅由植被和非植被两种组分构成，像元的光谱信息也只由这两个组分因子线性合成，其中植被覆盖地表占像元的百分比即该像元的植被覆盖度（廖春华等，2011）。像元二分模型一般以如下形式表达（Carlson and Ripley, 1997; Gutman and Ignatov, 1998; Zeng et al., 2000）：

$$FVC=（NDVI–NDVI_{soil}）/（NDVI_{veg}–NDVI_{soil}）$$

式中，$NDVI_{soil}$ 和 $NDVI_{veg}$ 分别为纯裸土像元、纯植被像元的 NDVI 值。穆少杰等（2012）采用基于 NDVI 的像元二分模型估算了 2001~2010 年内蒙古地区的植被覆盖度，进而分析了该地区植被覆盖度的空间格局和变化规律。Zhang 等（2013）利用 HJ-1 高光谱数据，基于像元二分模型，估算了新疆石河子地区干旱与半干旱环境下的植被覆盖度，验证结果表明，HJ-1 卫星数据估算的植被覆盖度与实测数据具有很好的一致性（R^2=0.86）。Mu 等（2018）提出了一种 MultiVI 的改进方法，从两个观测角度获得的角度植被指数（vegetation index, VI）定量地估算 VI_{soil}、VI_{veg}，估算得到的植被覆盖度与参考值（全球分布的 34 个站点数据）验证精度较高（R^2=0.866），提高了像元二分模型的区域适用性。

因为像元二分模型形式简单且具有一定的物理意义，该方法被广泛应用于植被覆盖度的遥感估算。对于基于 VI 的像元二分模型，纯植被像元和纯裸土像元的植被指数（VI_{veg}、VI_{soil}）是两个需要确定的关键参数，这两个参数一般通过时间和空间上的 VI 数据统计分析来获取，如以时间序列上或者空间范围内的 VI 最大值、VI 最小值分别作为 VI_{soil}、VI_{veg} 的取值。然而，由于地表的复杂性以及粗分辨率遥感数据的纯像元极少，单一选取 VI 的两个极值点会对植被覆盖度的估算造成很大的不确定性，因此限制了像元二分模型的大范围应用。

3. 物理模型法

物理模型法通过植被冠层辐射传输模型来建立冠层反射率与植被覆盖度之间的关系（Jia et al.，2015）。由于物理模型法涉及较为复杂的物理机制，如叶片层的反射和吸收等辐射传输过程，很难直接反演植被覆盖度，一般通过查找表或者机器学习法简化反演过程（Kimes et al.，2000）。例如，POLDER、ENVISAT MERIS 和 SPOT VEGETATION（VGT）等卫星数据均基于物理模型模拟冠层光谱数据，进而利用这些模拟数据训练机器学习算法，实现植被覆盖度反演估算方法。又如，POLDER 植被覆盖度产品算法采用的物理模型为 Kuusk 辐射传输模型、ENVISAT MERIS 和 VGT 植被覆盖度产品采用的是 PROSPECT+SAIL（PROSAIL）模型（Baret et al.，2007，2006；Roujean and Lacaze，2002）。

植被覆盖度估算采用的机器学习算法主要包括神经网络（neural networks，NNs）、支持向量回归（support vector regression，SVR）、随机森林回归（random forest regression，RFR）等。其中，神经网络算法应用最为广泛（Duveiller et al.，2011；Si et al.，2012；Verger et al.，2011），POLDER、ENVISAT MERIS 和 VGT 的植被覆盖度产品生产均采用神经网络算法（Bacour et al.，2006；Baret et al.，2007；Roujean and Lacaze，2002），但其训练参数的调整会影响模型的稳健性（Verrelst et al.，2012）。支持向量回归在植被覆盖度遥感估算中也取得了较好的应用效果，且多应用于高光谱遥感数据的植被覆盖度估算（Schwieder et al.，2014；Tuia et al.，2011）。随机森林回归具有对噪声或过拟合不敏感、与神经网络和支持向量回归算法相比参数少等优势（Li et al.，2016），在一些应用中表现出较高的植被覆盖度估算精度（Campos-Taberner et al.，2018；Wang et al.，2018）。

物理模型具有明确的物理意义，建立了光学信号与植被生理参数之间的物理关系，理论上可以涵盖不同的情况，具有较强的普适性。但是物理模型法需要大量的数据，现有遥感数据在应用时需要考虑时间、空间、角度、光谱响应等，往往数据不足。另外，如何选择模型存在着较大问题，如果模型复杂则待估算参数多，难于反演，反之模型自身存在较大误差。

2.2　GF-1 卫星数据植被覆盖度反演算法

GF-1 WFV 数据陆表植被覆盖度反演算法的研究目的是提供一种基于 GF-1 WFV 数据的自动化植被覆盖度反演算法。该算法在利用冠层反射率模型和 GF-1 WFV 传感器光谱响应函数模拟冠层反射率的基础上，构建模拟的植被覆盖度样本数据集，利用模拟的光谱反射率数据训练和检验神经网络模型，生成基于 GF-1 WFV 反射率数据的神经网络模型，具体算法流程如图 2.1 所示。

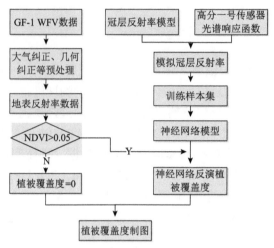

图 2.1　GF-1 WFV 数据植被覆盖度反演算法流程图

N: No，表示菱形框中的条件（NDVI>0.05）不成立；Y: Yes，表示菱形框中的条件（NDVI>0.05）成立

2.2.1　基于冠层反射率模型的训练样本集构建

　　冠层反射率模型定量表达了植被覆盖度与冠层反射率之间的物理依赖关系。研究采用广泛应用的 PROSPECT+SAIL（PROSAIL）耦合的辐射传输模型模拟植被冠层波谱。PROSPECT 模型是基于平板模型的辐射传输模型（Jacquemoud and Baret，1990），通过叶片的生物化学特性来模拟叶片 400～2500nm 的上行和下行辐射通量而得到叶片的光学特性，即叶片的半球反射率和透射率。PROSPECT 模型的输入参数有叶绿素含量（C_{ab}）、等效水厚度（C_w）、干物质含量（C_m）、类胡萝卜素含量（C_{ar}）、黄色素含量（C_{brown}）和叶片结构参数（N），输出参数为叶片的半球反射率和透射率，二者也是 SAIL 模型的输入参数。SAIL 模型是冠层二项反射率模型（Verhoef，1984），描述了在水平均匀冠层中直射和上行下行散射光通量的辐射传输过程。当给定冠层结构参数和环境参数时，SAIL 模型可以计算任何太阳高度和观测方向的冠层反射率。SAIL 模型的主要输入参数包括叶片的反射率和透射率、叶面积指数（LAI）、叶倾角分布（ALA）、太阳天顶角和方位角、观测天顶角和方位角等。在混浊介质假设情况下，LAI 和 ALA 之间具有经典的间隙率关系，植被覆盖度可以基于天顶观测的 LAI 和 ALA 之间的间隙率关系得到。因此，PROSAIL 耦合模型实现从地表植被理化、几何参数和光谱特性获得植被冠层反射率，而遥感数据通过大气纠正也可以得到地表植被冠层反射率，从而将遥感数据与植被覆盖度通过物理过程联系起来。已有研究结果表明，模型的输入参数在一定的合理误差范围内是允许的，并且不会降低参数反演的精度（Goel and Strebel，1983；Qu et al.，2012）。因此，结合已有研究结果，设置 PROSAIL 耦合模型的输入参数，如表 2.1 所示。

表 2.1　PROSAIL 耦合模型输入参数表

参数	单位	值域范围	步长
LAI	m^2/m^2	$0 \sim 7$	0.5
ALA	(°)	$30 \sim 70$	10
N	—	$1 \sim 2$	0.5
C_{ab}	$\mu g/cm^2$	$30 \sim 60$	10
C_m	g/cm^2	$0.005 \sim 0.015$	0.005
C_{ar}	$\mu g/cm^2$	0	—
C_w	cm	$0.005 \sim 0.015$	0.005
C_{brown}	—	$0 \sim 0.5$	0.5
Hot	—	0.1	—
太阳天顶角	(°)	$25 \sim 55$	10

　　土壤反射率数据是 PROSAIL 耦合模型的另一个重要输入参数。本研究中土壤反射率来源于国际土壤信息中心（http://www.isric.org）提供的全球范围内的土壤光谱库。该土壤反射率数据包含多种具有不同属性的土壤类型，具有很好的代表性。中国区域具有包含 47 个采样位置的 245 条土壤光谱反射率数据。为了消除相似土壤反射率数据中的冗余信息，需要选择具有代表性的土壤光谱反射率。本研究中，利用光谱角相似性去除相似土壤光谱反射率的冗余信息。假设两个具有 n 波段的光谱向量 $X = (x_1, x_2, \cdots, x_n)$ 和 $Y = (y_1, y_2, \cdots, y_n)$，可以采用光谱角度匹配方法测量光谱间的差异性，如下式：

$$\alpha = \arccos \left\{ \sum_{i=1}^{n} x_i y_i \Big/ [(\sum_{i=1}^{n} x_i^2)^{1/2} (\sum_{i=1}^{n} y_i^2)^{1/2}] \right\}$$

式中，α 为两个光谱向量之间的角度，α 值域为 $0 \sim \pi/2$，当 $\alpha = 0$ 时表示两个光谱完全相似，而当 $\alpha = \pi/2$ 时则两个光谱完全不同，在 $0 \sim \pi/2$，α 值越大表示两个光谱之间差异越大。本研究中，如果两个土壤反射率之间的光谱角小于 0.05，则认为两个反射率是相似的，把所有相似的光谱反射率进行平均得到一条代表性的光谱反射率曲线。最后，13条光谱反射率曲线(图 2.2)被确定代表土壤光谱反射率曲线的可能范围而作为 PROSAIL 耦合模型的输入。

　　对于不同输入参数的每一组不同组合，分别利用 PROSAIL 模型模拟植被冠层反射率，并利用 GF-1 WFV 光谱响应函数重采样为 GF-1 WFV 光谱反射率。模型模拟生成了包含 842400 条记录的 GF-1 WFV 模拟光谱反射率及其对应植被覆盖度的训练样本数据集。最终，模拟的光谱反射率值加入了信噪比为 100 的高斯白噪声，以模拟模型和卫星观测的不确定性。

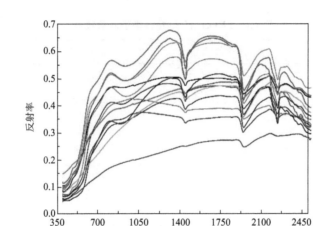

图 2.2　PROSAIL 耦合模型中输入的 13 种代表性土壤光谱反射率曲线

2.2.2　神经网络模型训练

　　神经网络算法是用计算机模拟人类学习的过程，建立输入和输出数据之间联系的方法。由于神经网络对于噪声数据具有很好的鲁棒性和能够近似多变量之间的非线性关系（Ahmad et al.，2010），因此广泛应用于遥感数据的陆表参数反演（Baret et al.，2013；Jia et al.，2015）。目前，应用和研究最多的是利用反向传播算法（BP 算法）训练权值的多层前馈神经网络。该网络的学习训练过程由正向传播和反向传播组成，在正向传播过程中，输入信息从输入层经隐含层逐层处理，并传向输出层，若在输出层得不到期望的输出，则输入反向传播，将误差信号沿原路返回，通过修改各层神经元间的权值，达到误差最小。本研究所选用的神经网络结构如图 2.3 所示。神经网络的输入层包括 GF-1 WFV 数据的绿波段、红波段和近红外波段地表反射率数据，输出层为对应的植被覆盖度值，隐含层设置为 6 个节点。神经网络的隐含层和输出节点的激活函数分别设置为"signoid"和"tansig"，训练函数设置为莱文贝格–马夸特最小化算法。上述训练样本集随机分成两份，

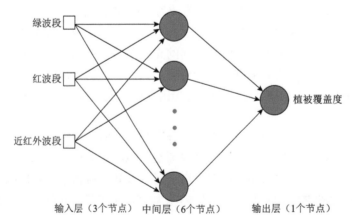

图 2.3　GF-1 WFV 卫星数据植被覆盖度反演算法神经网络结构图

其中 90%用于神经网络的训练，剩余 10%用于神经网络训练过程中的精度检验。神经网络训练截止的精度指标为均方根误差小于 0.005。最后，经过 414 次迭代训练，神经网络的训练精度达到预期目标，生成用于 GF-1 WFV 数据的植被覆盖度神经网络反演模型。

2.2.3　GF-1 卫星数据陆表植被覆盖度反演

利用红波段和近红外波段计算得到的 NDVI 是指示植被生长状况的一个重要指标，被经常用来与植被覆盖度进行回归而得到小区域范围的植被覆盖度估算结果。因此，本研究首先利用 NDVI 指标把遥感数据分成植被和非植被像元分别进行植被覆盖度反演，这样可以有效抑制非植被像元造成神经网络反演的异常值出现。本研究采用 NDVI 阈值 0.05 作为植被和非植被像元的判定阈值。NDVI 小于 0.05 的像元判定为非植被，植被覆盖度设置为 0，反之若像元判定为植被像元，则植被覆盖度利用神经网络模型进行反演。

2.3　精度验证与质量评价

2.3.1　研究区及地面实测数据

为了验证 GF-1 WFV 数据植被覆盖度反演算法精度，本研究在河北围场塞罕坝实验区（图 2.4）开展了地面观测实验。塞罕坝实验区位于我国北方地区，在气候区类别划分上

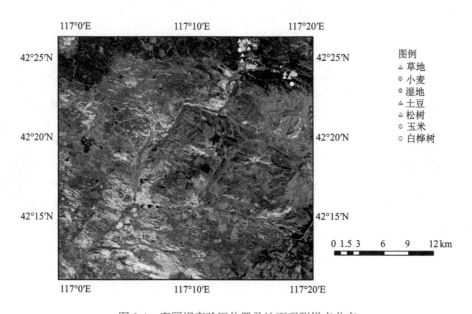

图 2.4　塞罕坝实验区位置及地面观测样点分布

属于草原气候区，其多年平均气温为 3.3℃，多年平均降水量为 430 mm。塞罕坝实验区地表植被种类丰富，常绿林、落叶林交错分布，此外还包括一些耕地以及植被覆盖度较高及较低的草地等，对于植被覆盖度反演算法精度检验具有一定的代表性。

与卫星数据获取时间同步，地面实测数据采集时间为 2014 年 7 月 23～27 日，每个采样样方的大小为 30m×30m。采样样方覆盖的植被类型包括草地、玉米、小麦、土豆、湿地、松树和白桦等，相同植被类型的采样样方植被的生长状况尽量不同，最终选取样方数量为 3 个土豆地、3 个玉米地、2 个小麦地、8 个草地、3 个湿地、3 个草和灌木混合地、13 个松林、3 个白桦林和 2 个松树与白桦混合林。每个采样样方中心经纬度坐标由手持 GPS 接收器测定（设备的系统误差为 ±3m）。在每个采样样方拍摄 5 张数码照片，除采样样方中心外，另外 4 张在沿着采样样方对角线等距离的四个采样点的位置拍摄。若采样点主要覆盖植株高度较低的植被（如草地和耕地），则拍摄方法为自距离地表 2m 处向下垂直拍摄；而对于植被覆盖主要为树木（如松树、白桦等）的采样点，则同时采用自地面向上拍摄的方式捕获树木冠层覆盖度信息，以及自距离地表 2m 处向下垂直拍摄的方式捕获地面植被覆盖度信息。为减轻数码照片的畸变效应，拍摄的所有数码照片均通过裁剪去掉可能发生扭曲变形的边缘部分。照片通过在 $L^*a^*b^*$（L^* 指颜色亮度；a^* 指颜色从绿色到红色的分量；b^* 指颜色从蓝色到黄色的分量）颜色空间的一种高斯模拟和分割算法得到植被和非植被像元点，进而估算照片的植被覆盖度（图 2.5）。但是，从分割的结果来看，林地样点照片植被覆盖度的提取明显存在低估现象，主要原因是树干和茂密的树枝会遮挡绿色树叶，造成绿色树叶的提取比实际偏小，这种显现对于松树尤其明显。因此，对于所拍摄的植被类型为松树的数码照片，采用最大似然分类的方法（王增林和朱大明，2010）替代植被覆盖度自动提取算法计算植被覆盖度。同时这种分割方法在茂密的玉米地也存在轻微的低估现象，主要是玉米底部的叶片易处于上部叶片的阴影中，造成底部叶片不能被有效提取。

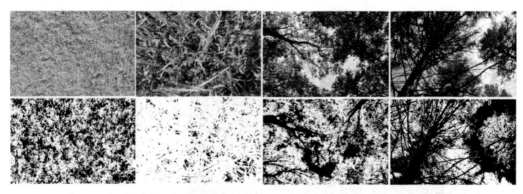

图 2.5　从照片中提取植被覆盖度的示例（上部为原始照片，下部为分割结果）

2.3.2　遥感数据及其预处理

GF-1 卫星于 2013 年 4 月发射成功，是中国高分辨率对地观测系统的第一颗卫星。

GF-1 卫星采用太阳同步轨道，轨道高度为 645km，搭载了两台全色/多光谱（panchromatic/multi-spectral，PMS）相机和四台宽视场成像（wide field view，WFV）相机。GF-1 WFV 相机提供 16m 空间分辨率的多光谱数据，观测波段范围为 450～890nm，包含三个可见光波段（蓝、绿、红）和一个近红外波段。GF-1 搭载了四个 WFV 传感器，分别为 WFV1、WFV2、WFV3、WFV4。虽然 GF-1 WFV 设定的重访周期为 4 天，但是中国资源卫星应用中心（https://www.cresda.com）提供的 GF-1 WFV 数据无法构成 4 天步长的时间序列数据，有时会出现半个月左右的数据缺失，加之云覆盖的影响，能够对同一区域进行连续、有效观测的高质量数据（云量少于 10%）较少。

本研究获取了 GF-1 卫星于 2014 年 7 月 27 日拍摄的覆盖实验区的 WFV 影像，其预处理主要包括辐射定标、大气校正和几何校正。首先，需要对原始数据进行辐射定标。辐射定标是指将影像 DN 值转换为大气顶层的辐射亮度值，其计算公式为

$$L_e = \text{Gain} \times \text{DN} + \text{Offset}$$

式中，L_e 为转换后的辐射亮度值，W/（m^2·sr·μm）；DN 为卫星载荷观测值；Gain 和 Offset 分别为 GF-1 WFV 的定标系数增益、偏移量，W/（m^2·sr·μm）。Gain 和 Offset 值可从中国资源卫星应用中心（https://www.cresda.com）获取。

利用 FLAASH 大气校正模块，基于成像时间与成像环境设置相关参数，根据中国资源卫星应用中心提供的 GF-1 WFV 光谱响应函数，完成对辐射定标后的 GF-1 WFV 数据的大气校正，获得了 GF-1 WFV 地表反射率数据。在几何校正中，首先需要参照 GMTD2010 的 DEM 高程并且利用 GF-1 WFV 数据的有理多项式系数（RPC）来完成正射校正，之后需要对 GF-1 WFV 数据进行几何精校正。Landsat 8 影像的地理坐标与 GPS 的测量值具有很好的一致性，因此，本研究选择质量高且可覆盖 GF-1 WFV 影像的 Landsat 8 数据作为基准影像来完成几何精校正，最终获得了精确几何定位的 16m 空间分辨率 GF-1 WFV 地表反射率数据。之后，根据研究需求对几何精校正后的影像进行掩膜裁剪，以提取出需要的研究区域。

2.3.3　GF-1 数据反演植被覆盖度精度验证

GF-1 WFV 数据植被覆盖度反演精度评价采用了间接评价和直接评价两种方法。间接评价方法采用对比植被覆盖度与 NDVI 的关系，因为植被覆盖度与 NDVI 有很强的统计学关系，而且 NDVI 经常通过与植被覆盖度的回归关系在小区域尺度进行植被覆盖度的估算，精度较高。因此，反演的植被覆盖度如果与相应的 NDVI 具有很强的相关关系，就能间接证明反演的植被覆盖度是可靠的。直接评价方法采用提取地面观测点位置处 GF-1 WFV 数据反演的植被覆盖度，并与地面观测值进行直接对比。

图 2.6 展示了实验区利用 GF-1 WFV 数据和本研究方法反演的植被覆盖度及其与 NDVI 的关系。目视来看，GF-1 WFV 数据反演的植被覆盖度高值主要分布在林区和耕地区，低值分布在草地区，表明反演的植被覆盖度具有合理性。同时，反演的植被覆盖

度与研究区的 NDVI 具有高度的空间一致性[图 2.6（a）和图 2.6（b）]，而且从密度散点图可以发现两者之间具有高度的相关性。这从侧面证明了本研究提出的 GF-1 WFV 数据植被覆盖度反演算法是合理的、可靠的，能够用于 GF-1 WFV 数据植被覆盖度的反演。

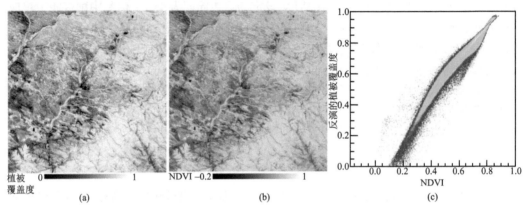

图 2.6　实验区利用 GF-1 WFV 数据反演的植被覆盖度（a）、NDVI（b）以及反演的植被覆盖度与 NDVI 的散点密度（c）图

　　直接比较地面照片提取的植被覆盖度与 GF-1 WFV 数据反演的植被覆盖度是另外一种评价本研究方法可靠性的手段。从地面照片提取和 GF-1 WFV 数据反演的植被覆盖度的散点密度图（图 2.7）可以看出，两者具有较好的线性关系（$R^2 = 0.790$，RMSE = 0.073）。在松林样点位置，本研究方法利用 GF-1 WFV 数据反演的植被覆盖度主要集中在 70%～85%，这是一个合理的分布，主要原因是该地区松树基本上是人工种植林，林分密度和树冠结构相似，因此植被覆盖度相似并主要集中在一个较高水平，所以本研究估算的松林区植被覆盖度能反映实际的植被覆盖度状况。同样，在玉米和土豆耕地区，两种作物都处于生长的旺盛期，具有非常高的植被覆盖度，从 GF-1 WFV 数据反演的植被覆盖度可以体现这种生长状况，植被覆盖度都集中在 90%左右。但是部分地面照片提取的植被覆盖度却存在明显的低估现象，主要原因是茂盛叶片的相互遮挡，导致位于上部叶片阴影区的下方叶片无法在照片提取植被覆盖度时被正确提取出。草地区域的草叶非常细小因而易于在照片提取植被覆盖度时被忽略，但仍然对卫星接收信号有影响，因此，草地区域 GF-1 WFV 数据反演植被覆盖度略高于地面照片提取值也是可以理解的。

　　总之，在不考虑地面照片提取植被覆盖度不确定性的情况下，GF-1 WFV 数据反演和地面照片提取的植被覆盖度的差值绝大部分在–10%～10%的误差区间内。同样，根据所有地面观测样点位置处对应的 NDVI 与 GF-1 WFV 数据反演植被覆盖度之间的关系[图 2.7（b）]，发现两者具有很好的线性关系（$R^2 = 0.978$），进一步证明了本研究方法的可靠性和合理性，可以有效地利用 GF-1 WFV 数据进行植被覆盖度反演，并且其由于自动化运算的特点而适用于利用 GF-1 地表反射率数据进行业务化生产植被覆盖度产品。

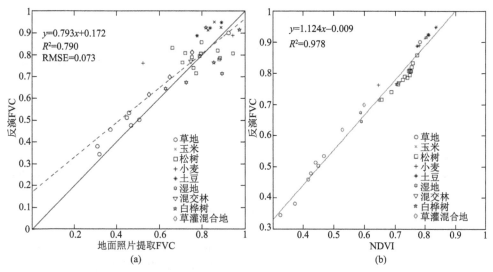

图 2.7　GF-1 WFV 数据反演植被覆盖度（FVC）与地面照片提取植被覆盖度散点图（a）以及 GF-1 WFV 数据反演植被覆盖度与 NDVI 关系（b）

2.4　总结与展望

本章主要介绍了目前植被覆盖度遥感估算的常用方法及其优缺点，提出了 GF-1 WFV 数据的植被覆盖度反演算法。本研究提出的算法通过物理模型模拟生成植被覆盖度及其对应地表反射率的样本数据集，训练神经网络模型，得到 GF-1 WFV 数据的陆表植被覆盖度估算方法，地面观测数据验证表明，该算法能够取得较好的植被覆盖度估算效果。本研究方法充分利用了辐射传输模型和人工智能学习算法，比目前经验回归模型法、混合像元分解法等植被覆盖度算法具有更强的稳定性和适用性，并且自动化程度高，为基于国产卫星数据的大区域尺度、中高空间分辨率、高质量植被覆盖度数据集生成奠定了良好的技术基础。

另外，本研究也存在一些不足之处，今后可着眼于以下几个方面进行扩展与完善：

（1）算法精度的广泛验证。目前，植被覆盖度的地面观测数据有限，对于算法精度的验证存在一定局限性。后续的研究需要大量收集地面观测数据或利用无人机采集植被覆盖度验证样本，对算法精度开展广泛的验证。

（2）探索多源植被覆盖度融合方法。考虑到不同植被覆盖度算法和不同遥感数据具有各自的优缺点，尝试通过融合多源数据提高植被覆盖度数据的时空分辨率和精度，生成时间序列、中高空间分辨率的植被覆盖度产品。

参 考 文 献

程红芳, 章文波, 陈锋. 2008. 植被覆盖度遥感估算方法研究进展. 国土资源遥感, (1): 13-18.

黄健熙, 吴炳方, 曾源, 等. 2005. 水平和垂直尺度乔、灌、草覆盖度遥感提取研究进展. 地球科学进展, (8): 871-881.

贾坤, 姚云军, 魏香琴, 等. 2013. 植被覆盖度遥感估算研究进展. 地球科学进展, 28(7): 774-782.

廖春华, 张显峰, 孙权, 等. 2011. 基于 HJ-1 高光谱数据的植被覆盖度估测方法研究. 遥感信息, (5): 65-70.

马超飞, 马建文, 布和敖斯尔. 2001. USLE 模型中植被覆盖因子的遥感数据定量估算. 水土保持通报, (4): 6-9.

穆少杰, 李建龙, 陈奕兆, 等. 2012. 2001-2010 年内蒙古植被覆盖度时空变化特征. 地理学报, 67(9): 1255-1268.

秦伟, 朱清科, 张学霞, 等. 2006. 植被覆盖度及其测算方法研究进展. 西北农林科技大学学报(自然科学版), 34(9): 163-170.

王利民, 刘佳, 杨福刚, 等. 2015. 基于 GF-1 卫星遥感的冬小麦面积早期识别. 农业工程学报, 31(11): 194-201.

王增林, 朱大明. 2010. 基于遥感影像的最大似然分类算法的探讨. 河南科学, 28(11): 1458-1461.

赵少华, 王桥, 游代安, 等. 2015. 高分辨率卫星在环境保护领域中的应用. 国土资源遥感, 27(4): 1-7.

Ahmad S, Kalra A, Stephen H. 2010. Estimating soil moisture using remote sensing data: a machine learning approach. Advances in Water Resources, 33(1): 69-80.

Bacour C, Baret F, Béal D, et al. 2006. Neural network estimation of LAI, FAPAR, FCOVER and LAI×Cab, from top of canopy MERIS reflectance data: principles and validation. Remote Sensing of Environment, 105(4): 313-325.

Baret F, Hagolle O, Geiger B, et al. 2007. LAI, FAPAR and FCOVER CYCLOPES global products derived from VEGETATION: Part 1: principles of the algorithm. Remote Sensing of Environment, 110(3): 275-286.

Baret F, Pavageau K, Béal D, et al. 2006. Algorithm Theoretical Basis Document for MERIS Top of Atmosphere Land Products (TOA_VEG). Avignon: INRA-CSE.

Baret F, Weiss M, Lacaze R, et al. 2013. GEOV1: LAI and FAPAR essential climate variables and FCOVER global time series capitalizing over existing products. Part1: principles of development and production. Remote Sensing of Environment, 137: 299-309.

Campos-Taberner M, Moreno-Martínez Á, García-Haro F, et al. 2018. Global estimation of biophysical variables from google earth engine platform. Remote Sensing, 10(8): 1167.

Carlson T N, Ripley D A. 1997. On the relation between NDVI, fractional vegetation cover, and leaf area index. Remote Sensing of Environment, 62(3): 241-252.

Chen T H, Henderson-Sellers A, Milly P C D, et al. 1997. Cabauw experimental results from the project for intercomparison of land-surface parameterization schemes. Journal of Climate, 10(6): 1194-1215.

Duveiller G, Weiss M, Baret F, et al. 2011. Retrieving wheat Green Area Index during the growing season from optical time series measurements based on neural network radiative transfer inversion. Remote Sensing of Environment, 115(3): 887-896.

Gao L, Wang X, Johnson B A, et al. 2020. Remote sensing algorithms for estimation of fractional vegetation cover using pure vegetation index values: a review. ISPRS Journal of Photogrammetry and Remote Sensing, 159: 364-377.

Gitelson A A, Kaufman Y J, Stark R, et al. 2002. Novel algorithms for remote estimation of vegetation fraction. Remote Sensing of Environment, 80(1): 76-87.

Goel N S, Strebel D E. 1983. Inversion of vegetation canopy reflectance models for estimating agronomic variables. I. problem definition and initial results using the Suits model. Remote Sensing of Environment,

13(6): 487-507.

Graetz R, Pech R P, Davis A. 1988. The assessment and monitoring of sparsely vegetated rangelands using calibrated Landsat data. International Journal of Remote Sensing, 9(7): 1201-1222.

Gutman G, Ignatov A. 1998. The derivation of the green vegetation fraction from NOAA/AVHRR data for use in numerical weather prediction models. International Journal of Remote Sensing, 19(8): 1533-1543.

Jacquemoud S, Baret F. 1990. PROSPECT: a model of leaf optical properties spectra. Remote Sensing of Environment, 34(2): 75-91.

Jia K, Liang S, Liu S, et al. 2015. Global land surface fractional vegetation cover estimation using general regression neural networks from MODIS surface reflectance. IEEE Transactions on Geoscience and Remote Sensing, 53(9): 4787-4796.

Jiapaer G, Chen X, Bao A. 2011. A comparison of methods for estimating fractional vegetation cover in arid regions. Agricultural and Forest Meteorology, 151(12): 1698-1710.

Jiménez-Muñoz J C, Sobrino J A, Plaza A, et al. 2009. Comparison between fractional vegetation cover retrievals from vegetation indices and spectral mixture analysis: case study of PROBA/CHRIS data over an agricultural area. Sensors, 9(2): 768-793.

Kimes D S, Knyazikhin Y, Privette J, et al. 2000. Inversion methods for physically-based models. Remote Sensing Reviews, 18(2-4): 381-439.

Li W A, Zhou X, Zhu X, et al. 2016. Estimation of biomass in wheat using random forest regression algorithm and remote sensing data. Crop Journal, 4(3): 212-219.

Mu X, Song W, Gao Z, et al. 2018. Fractional vegetation cover estimation by using multi-angle vegetation index. Remote Sensing of Environment, 216: 44-56.

Phinn S, Stanford M, Scarth P, et al. 2002. Monitoring the composition of urban environments based on the vegetation-impervious surface-soil (VIS) model by subpixel analysis techniques. International Journal of Remote Sensing, 23(20): 4131-4153.

Purevdorj T, Tateishi R, Ishiyama T, et al. 1998. Relationships between percent vegetation cover and vegetation indices. International Journal of Remote Sensing, 19(18): 3519-3535.

Qu Y, Zhang Y, Wang J. 2012. A dynamic Bayesian network data fusion algorithm for estimating leaf area index using time-series data from in situ measurement to remote sensing observations. International Journal of Remote Sensing, 33(4): 1106-1125.

Roujean J L, Lacaze R. 2002. Global mapping of vegetation parameters from POLDER multiangular measurements for studies of surface‐atmosphere interactions: a pragmatic method and its validation. Journal of Geophysical Research: Atmospheres, 107(D12): ACL-6.

Schwieder M, Leitao P J, Süß S, et al. 2014. Estimating fractional shrub cover using simulated EnMAP data: a comparison of three machine learning regression techniques. Remote Sensing, 6(4): 3427-3445.

Senseman G M, Bagley C F, Tweddale S A. 1996. Correlation of rangeland cover measures to satellite-imagery-derived vegetation indices. Geocarto International, 11(3): 29-38.

Shoshany M, Kutiel P, Lavee H. 1996. Monitoring temporal vegetation cover changes in Mediterranean and arid ecosystems using a remote sensing technique: case study of the Judean Mountain and the Judean Desert. Journal of Arid Environments, 33(1): 9-21.

Si Y, Schlerf M, Zurita-Milla R, et al. 2012. Mapping spatio-temporal variation of grassland quantity and quality using MERIS data and the PROSAIL model. Remote Sensing of Environment, 121: 415-425.

Tuia D, Verrelst J, Alonso L, et al. 2011. Multioutput support vector regression for remote sensing biophysical parameter estimation. IEEE Geoscience and Remote Sensing Letters, 8(4): 804-808.

Verger A, Baret F, Camacho F. 2011. Optimal modalities for radiative transfer-neural network estimation of canopy biophysical characteristics: evaluation over an agricultural area with CHRIS/PROBA observations. Remote Sensing of Environment, 115(2): 415-426.

Verhoef W. 1984. Light scattering by leaf layers with application to canopy reflectance modeling: the SAIL model. Remote Sensing of Environment, 16(2): 125-141.

Verrelst J, Muñoz J, Alonso L, et al. 2012. Machine learning regression algorithms for biophysical parameter retrieval: opportunities for Sentinel-2 and-3. Remote Sensing of Environment, 118: 127-139.

Wang B, Jia K, Liang S, et al. 2018. Assessment of Sentinel-2 MSI spectral band reflectances for estimating fractional vegetation cover. Remote Sensing, 10(12): 1927.

Xiao J, Moody A. 2005. A comparison of methods for estimating fractional green vegetation cover within a desert-to-upland transition zone in central New Mexico, USA. Remote Sensing of Environment, 98(2): 237-250.

Zeng X B, Dickinson R E, Walker A, et al. 2000. Derivation and evaluation of global 1-km fractional vegetation cover data for land modeling. Journal of Applied Meteorology, 39(6): 826-839.

Zhang X, Liao C, Li J, et al. 2013. Fractional vegetation cover estimation in arid and semi-arid environments using HJ-1 satellite hyperspectral data. International Journal of Applied Earth Observation and Geoinformation, 21: 506-512.

第3章

基于ESTARFM的不同策略陆表潜热通量时空融合研究

3.1 引　言

陆表潜热通量（latent heat flux，LE）是陆表土壤表面水分蒸发、水体蒸发、冰雪升华植被蒸腾以及冠层截留水分蒸发过程中传输到大气中热量通量的总和，是地球系统能量循环、水分循环、碳循环的重要过程变量（Yao et al.，2015；梁顺林等，2016；张荣华等，2012）。潜热通量的单位为 W/m^2，在水文学和微气象学中通常用水分的变化来表示，又被称为蒸散或蒸散发（ET），单位为 mm。潜热通量占地表净辐射能量的一半以上，且潜热发生过程中常伴随着能量吸收和地表的降温，对于维持全球能量收支平衡、更新陆地淡水资源、预测气候变化模式有着重要的作用（Liang et al.，2010）。而高时空分辨率的潜热通量是探究区域水循环和能量传输不可或缺的数据，也是研究区域辐射能量平衡的重要基础（Yao et al.，2017a）。因此，高时空分辨率陆表潜热通量的准确估算对于监测作物生长状况、提升区域尺度水资源利用效率以及调节区域气候变化有着重要的科学意义和实用价值（Fisher et al.，2017；李晓媛和于德永，2020）。

随着卫星技术的日趋成熟，为遥感估算区域陆表潜热通量在理论和应用上进一步发展提供了数据支撑（张圆等，2020；赵少华等，2015a）。目前已发展了多种遥感陆表潜热通量估算模型，并且基于这些模型发布了众多的陆表潜热通量产品，如 MOD16（0.5km 空间分辨率和 8 天时间分辨率）（Mu et al.，2011）、GLEAM（0.25°，逐日）（Yang et al.，2018）、GLASS（5km，8 天）（Liang et al.，2013）、ETWatch（1km，逐月）（Wu et al.，2012）等。然而，现有潜热产品的存在时间分辨率和空间分辨率相互制约的问题，在地表异质性强、快速变化的精细区域应用受到阻碍，限制了其广泛应用。由于卫星成像原理和硬件技术的限制，现有卫星传感器同时获取高空间分辨率、时间序列密集的遥感数据集还存在困难。尽管一些新发射的卫星系统在理论上具有较高的空间分辨率和频繁的重访周期，如中国 GF-1 卫星（16m，4 天）、Sentinel-2（10m，10 天）可以提供价值较高的数据来源和补充信息（Zhao et al.，2015），然而云雨等气候因素极大地干扰图像采集，导致获取数据的时间频率稀疏，不能对陆表信息连续捕捉和动态监测（黄波和赵涌泉，2017）。因此，挖掘现有数据集的有效信息，弥补遥感数据"时空矛盾"，不仅可以扩大多源遥感数据应用范围，而且可以提升数据的科学价值。

近些年，遥感时空融合得到国内外学者的广泛关注，获取时间和空间连续的且质量较高的陆表潜热通量数据集可以满足实际应用需求（Cammalleri et al.，2014；Yao et al.，2014）。Anderson 等（2011）综合利用多平台、多波段的遥感卫星数据 GOES、Landsat 和 MODIS 的陆表反射率，结合 STARFM 时空融合框架，绘制了区域尺度的 10m 逐日潜热通量，为各个地区农业灌溉管理、气象干旱监测以及水文决策提供了重要的参考价值。Ke 等（2017）发展了一种随机森林和 STARFM 算法耦合的流程框架，使用 MODIS 和 Landsat 数据融合出 8 天 30m 的陆表潜热通量，与地面验证站点比较，融合精度较高，R^2 为 0.52~0.97，均方根误差为 0.47~3.0mm/8 d。Ma 等（2018）首先利用 ESTARFM 算法融合了植被指数（NDVI、LAI、FVC）和反照率，进而结合 SEBS 模型估算百米级逐日田块尺度的地表潜热通量，这对于中国黑河地区耕地干湿状况和灌溉事件能够很好的捕捉，为区域水资源利用效率评价提供了数据支撑。

遥感影像时空融合作为新兴研究课题已取得很大的进展，然而现有研究仍存在一些亟须探索的问题（黄波，2020）。一方面，融合数据源较为单一。现有的时空融合研究使用的数据源多是 MODIS 和 Landsat 遥感卫星数据，开发的算法也多适用于以上特定的两种数据源。近些年，随着国产系列卫星的升空，具有高空间分辨率和大幅宽优势的中国高分系列卫星数据作为较高价值的数据源却很少被使用。中国 GF-1 卫星具有 16m 的高空间分辨率，对于监测陆表潜热通量时空变化有较大潜力，然而现有基于高分系列卫星的业务化、专业化的开发应用程度较低（赵少华等，2015b）。倘若将高分系列的遥感卫星数据应用到多源时空融合技术中，充分利用国产卫星的优势，从中挖掘有用信息，将极大地提高我国资源环境遥感监测的定量化和精细化水平。

另一方面，最优融合策略尚未统一。现有的对陆表潜热通量的时空融合策略有数种，一种是对输入参数（反射率、植被指数）的融合，另一种是针对高级潜热通量产品的直接融合，研究表明，二者均可以获取良好的融合效果。然而，目前仍缺少针对以上策略的全面比较。根据潜热通量产品估算过程，制定不同的融合策略，探索符合潜热通量时空变化特征的最优融合策略，可以为遥感数据的实际应用提供参考依据（Bei et al.，2020）。

本研究基于以上背景，拟在总结现有研究的基础上，针对 GF-1 和 MODIS 数据开展不同策略陆表潜热通量的时空融合研究，旨在获取高时空分辨率、高质量且时空连续的潜热通量产品。探索不同融合策略对融合产品精度的影响，可以利用优选的融合策略获取精度较高、时空分布连续的区域陆表潜热通量产品。

3.2　研　究　数　据

3.2.1　研究区概况

研究选取位于中国北部的河北省怀来县官厅水库附近 14km×11km 的研究区进行案例学习,研究区概况见图 3.1。研究区位于北京市和河北省怀来县的交界处,属于大陆性季风气候,年平均气温约 10.4℃,年平均降水量为 350～500mm,且降雨主要集中在夏季的 6～8 月。这里的土地覆盖类型复杂多样,包括耕地、森林、草地、灌丛、湿地、水域、建筑用地和裸土。研究区异质性强的土地覆被对于验证潜热通量产品融合估算精度提供了挑战。使用的土地覆被类型产品是 FROM_GLC30（Gong et al., 2013）,具有 30m 的空间分辨率。

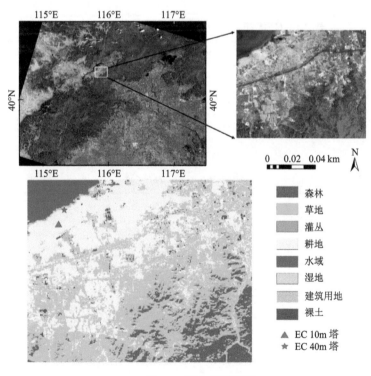

图 3.1　研究区概况图

3.2.2　遥感数据

中国 GF-1 卫星是中国高分辨率对地观测系统发射的第一颗卫星,携带 6 个相机,包括 2 个 2m/8m 空间分辨率全色多光谱 PMS 相机和 4 个 16m 分辨率 WFV 相机。本研究选取了 2014～2017 年晴好日（云层覆盖小于 10%）的 GF-1 WFV 光谱反射率产品共 19 景，时间跨度为 2014 年 1 月～2017 年 12 月。GF-1 数据预处理包括辐射定标、大气校正和几何校正。本研究选用 6S 模型进行大气校正，基于 RPC 模型进行正射校正，并下载了同期的 Landsat 8 数据作为基准图影像，对 GF-1 的每一景影像做几何精纠正，以保证 GF-1 数据的几何定位精度。

MODIS 光谱反射率产品 MOD09GA 提供了 500m 逐日的 7 个波段的陆表反射率以 1km 及观测角度等信息，并且针对大气状况、气溶胶影响等因素进行大气校正。MODIS 的反射率图层也被广泛用作生产 MODIS 高级陆地产品的源数据。为了和 GF-1 光谱数据相匹配，本章选取了波段 1（红）、波段 2（近红外）、波段 3（蓝色）、波段 4（绿色）四个光谱波段对其重新排序，并采用时空滤波器的方法对影像实现去云处理。我们使用 MODIS 官方推荐的重投影工具 MRT，将 MODIS 文件格式统一（HDF-EOS）转换为 GeoTIFF，将投影转换为横轴墨卡托投影（UTM）坐标系，利用双线性内插方法将影像重采样到 16m 以满足模型输入需要。表 3.1 列举了 GF-1 和 MODIS 反射率产品的详细信息。

表 3.1   GF-1 和 MODIS 反射率产品的详细信息

遥感产品	传感器	编号	波段名称	波段范围/nm	空间分辨率/m	重访周期
GF-1	PMS	1	全色	450～900	2	4 天
		2	蓝光	450～520	8	
		3	绿光	520～590		
		4	红光	630～690		
		5	近红外	770～890		
	WFV	1	蓝光	450～520	16	
		2	绿光	520～590		
		3	红光	630～690		
		4	近红外	770～890		
MOD09GA	MODIS/Terra	1	红光	620～670	500	逐日
		2	近红外	841～876		
		3	蓝光	456～479		
		4	绿光	545～565		

3.2.3 观测数据

本研究选取了海河流域多尺度地表通量与气象要素观测数据集中的涡动相关仪

（EC）实测数据，对潜热通量产品融合前后进行估算和验证。站点位于河北省怀来县东花园镇，下垫面为水浇地玉米（Liu et al.，2016）。观测站点是 EC 10m 塔（115.7880°E，40.3491°N）和 EC 40m 塔（115.7923°E，40.3574°N），海拔为 480m。我们将 2014～2017 年的 30min 的通量数据整合成逐日 EC 数据。为了克服能量不闭合的问题（Wilson et al.，2002），利用 Twine 等（2000）提出来的方法对 EC 观测值进行纠正。

$$\mathrm{LE_{cor}} = \frac{R_\mathrm{n} - G_\mathrm{s}}{\mathrm{LE_{obs}} + H_\mathrm{obs}} \times \mathrm{LE_{obs}} \tag{3.1}$$

式中，$\mathrm{LE_{cor}}$ 为经过校正的潜热通量；$\mathrm{LE_{obs}}$ 和 H_obs 分别为观测的潜热通量和显热通量。

该数据集还包含自动气象站（AWS）观测数据，分别获取了气温（T_a）、风速（W_s）、相对湿度（RH）、土壤热通量（G_s）、短波辐射（R_s）。所有气象数据均每隔 10min 测量一次，我们定义若当天的数据缺失超过 20%，则该天数据无效，剔除部分无效值后，分别整合为逐日和 8 天平均观测值（Liu et al.，2011）。

3.2.4　辅助数据

本研究获取了 GLASS 反照率数据作为计算潜热通量的辅助数据，基于 AVHRR 和 MODIS 数据生成的分辨率为 5km/8d 的反照率不仅具有较好的时空连续性，而且相较于 MODIS 数据具有较高的精度和较低的均方根误差（He et al.，2012）。数字高程模型使用的是 SRTM3 数据，空间分辨率为 90m，在本研究中用于计算地表净辐射（Wang and Liang，2008）。

3.3　研　究　方　法

3.3.1　三种不同融合策略设计

对于目前较常使用的时空融合模型，ESTARFM 结合了像元解混和时间变化率的概念，增强了模型在异质性强、地形复杂的下垫面的适用性，可以保留更多影像细节，进一步提升融合精度。许多学者利用 ESTARFM 模型对不同地表参数进行时空融合研究，均证明了该方法的稳定性和可靠性（Bai et al.，2017；Knauer et al.，2016）。

因此，本研究选取 ESTARFM 方法开展不同策略陆表潜热通量时空融合研究，实验设计如图 3.2，策略一：融合 GF-1 和 MODIS 的陆表反射率数据，然后计算植被指数，最后基于 MS-PT 算法估算陆表潜热通量。策略二：融合 GF-1 和 MODIS 的植被指数，最后估算陆表潜热通量。策略三：直接融合 GF-1 和 MODIS 的潜热通量。最后对不同融合策略结果进行评价，探索符合陆表潜热通量时空演变特征的融合策略。为了确保

ESTARFM 模型的融合精度，使参与融合的影像间隔 t_m、t_n 尽可能的小。在每组影像的融合中，输入影像包括 t_m、t_n 日期的 MODIS 和 GF-1 数据以及额外一幅 t_p 日期的 MODIS 影像，将其输入 ESTARFM 模型中，即可得到 t_p 时刻的 GF-1 尺度的融合影像。需要特别注意的是，t_p 日期应在 t_m、t_n 日期之间。在研究中共使用了 7 组 GF-1 和 MODIS 数据参与融合，且每一组用于独立验证的 t_p 日期的 GF-1 数据不参与模型的输入。通过对三种融合策略进行比较，选取精度最高的融合策略生成 2017 年时间序列 LE 产品，最后利用 EC 观测数据评价融合后潜热通量产品精度。

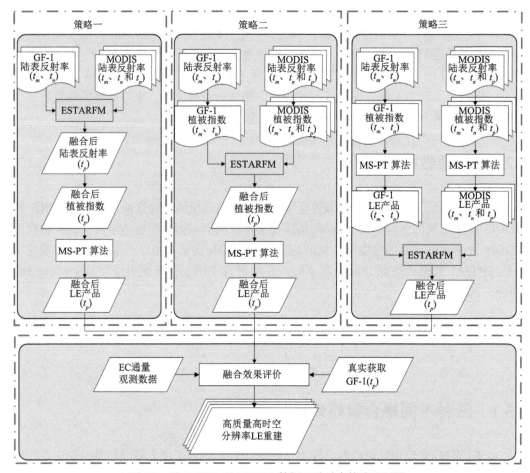

图 3.2 基于 GF-1 和 MODIS 数据三种融合策略流程图

3.3.2 改进的自适应反射率融合算法

改进的自适应反射率融合算法又称为 ESTARFM 算法，是在基于加权函数的时空融合算法基础上进一步改进的。其理论基础是在同一获取日期下，低分辨率遥感影像的像元值可以用高分辨率影像像元值面积比例的加权来计算（Gao et al., 2015, 2006），因此 GF-1 数据和 MODIS 数据存在如下转换关系：

$$G(x_i, y_i, t_0) = M(x_j, y_j, t_0) + \varepsilon_0 \qquad (3.2)$$

$$G(x_i, y_i, t_p) = M(x_j, y_j, t_p) + \varepsilon_p \qquad (3.3)$$

式中，G 代表 GF-1 数据；M 代表 MODIS 数据；(x_i, y_i) 代表遥感数据的像元位置；t_0 为遥感影像的获取日期；t_p 为融合数据的获取日期；ε_0、ε_p 分别为不同数据因波段响应差异或者卫星和太阳方位角的几何差异造成的误差。若假设两个时相内地物类型不发生变化且忽略系统误差，则可以得到：

$$G(x_j, y_j, t_p) = M(x_j, y_j, t_p) + G(x_i, y_i, t_0) - M(x_j, y_j, t_0) \qquad (3.4)$$

在实际预测中，MODIS 影像大多是地物类型多样的非匀质混合像元，土地覆被类型或者太阳方位角都会有一定程度的变化。通过引入预测像元周围邻近像元的信息，结合与中心像元之间的时间距离 T_{ijp}、空间距离 d_{ijp} 和光谱差异 S_{ijp} 来预测高分辨率像元值。

$$G(x_{w/2}, y_{w/2}, t_p) = \sum_{i=1}^{w}\sum_{j=1}^{w}\sum_{k=1}^{w} W_{ijp} \cdot \left[M(x_j, y_j, t_p) + G(x_i, y_i, t_0) - M(x_j, y_j, t_0) \right] \qquad (3.5)$$

$$T_{ijp} = \left| M(x_i, y_i, t_p) - M(x_j, y_j, t_0) \right| \qquad (3.6)$$

$$d_{ijp} = \sqrt{\left(X_{w/2} - X_i \right)^2 + \left(y_{w/2} - y_i \right)^2} \qquad (3.7)$$

$$S_{ijp} = \left| G(x_i, y_i, t_p) - M(x_j, y_j, t_p) \right| \qquad (3.8)$$

$$W_{ijp} = \left(1/M_{ijp} \right) / \sum_{i=1}^{w}\sum_{j=1}^{w}\sum_{p=1}^{w}\left(1/M_{ijp} \right) \qquad (3.9)$$

$$M_{ijp} = S_{ijp} \cdot T_{ijp} \cdot d_{ijp} \qquad (3.10)$$

为了提升其在异质性地表的适用性，Zhu 等（2010）在 STARFM 算法理论基础上引入转换系数来计算高低分辨率像元之间的变化率，并结合上述权重系数可以得到如下线性回归关系：

$$G(x_{w/2}, y_{w/2}, t_p) = G(x_{w/2}, y_{w/2}, t_0) + \sum_{i=1}^{N} W_i \cdot V_i \cdot \left[M(x_i, y_i, t_p) - M(x_j, y_j, t_0) \right] \qquad (3.11)$$

$$W_i = \left(1/D_i \right) / \sum_{i=1}^{N}\left(1/D_i \right) \qquad (3.12)$$

$$D_i = \left(1 - R_i \right) \cdot d_i \qquad (3.13)$$

$$d_i = 1 + \sqrt{\left(X_{w/2} - X_i \right)^2 + \left(y_{w/2} - y_i \right)^2} \cdot / \left(W/2 \right) \qquad (3.14)$$

$$R_i = \frac{E\left\{\left[G_i - E(G_i)\right]\left[M_i - E(M_i)\right]\right\}}{\sqrt{D(G_i)} \cdot \sqrt{D(M_i)}}$$ （3.15）

式中，W_i 为第 i 个相似像元的权重；V_i 为第 i 个相似像元的转换系数；R_i 为高分辨率与低分辨率影像的第 i 个像元的光谱相关系数；$D(G_i)$、$D(M_i)$ 分别为 G_i、C_i 的方差；W 为窗口大小。

ESTARFM 算法的具体实现步骤如下：①利用 t_m 到 t_n 日两幅 GF-1 影像筛选出窗口中心像元的相似像元；②加入 t_m、t_n 两幅 MODIS 影像，计算出窗口内各个相似像元的权重；③基于窗口内权重值，利用加权最小二乘法计算 GF-1 和 MODIS 影像的转换系数 V；④加入 t_p 日的 MODIS 影像计算出 t_p 日的 GF-1 中心像元的数值。虽然 ESTARFM 算法最初是利用 Landsat 和 MODIS 影像生成陆表反射率数据，但是 MODIS 和 GF-1 影像光谱覆盖范围相似，该算法同样可以扩展到这两种数据当中。

3.3.3　陆表潜热通量估算方法

本研究中 GF-1 和 MODIS 潜热通量产品基于 MS-PT 算法生成，是在 Priestley-Taylor（P-T）模型的基础上发展的。P-T 模型通过引入经验系数，简化了空气动力学阻抗和地表阻抗的参数化计算，P-T 模型的表达式如下：

$$\mathrm{LE} = a\frac{\Delta}{\Delta + \gamma}(R_n - G)$$ （3.16）

式中，LE 为潜热通量，W/m^2；Δ 为饱和水汽压与温度曲线的斜率；γ 为干湿球常数；R_n 为净辐射；G 为土壤热通量；a 为经验系数，在计算饱和下垫面时取 1.26。Fisher 等（2008）在此基础上引入大气参数和生态参数，提出了 PT-JPL 模型，将总潜热划分为土壤蒸发（LE$_s$）、植被蒸腾（LE$_c$）和截流蒸发（LE$_i$）三部分，为计算实际潜热通量提供了切实可行的方法。Yao 等（2013）利用表观热惯量即昼夜温差参数化了土壤水分限制因子，取代了相对湿度和饱和水汽压这两个气象要素，提出了改进的 P-T 算法，即 MS-PT 算法。该算法的输入参数仅需要空气温度、昼夜温差、植被指数以及净辐射，简化了遥感估算潜热通量的可操作性，进一步提升了潜热通量估算精度。MS-PT 算法分别计算了不饱和土壤蒸发量 LE$_s$、冠层蒸腾 LE$_c$、潮湿土壤蒸发（LE$_{ws}$）和冠层截流蒸发（LE$_{ic}$），具体公式如下：

$$\mathrm{LE} = \mathrm{LE}_s + \mathrm{LE}_c + \mathrm{LE}_{ic} + \mathrm{LE}_{ws}$$ （3.17）

$$\mathrm{LE}_s = (1 - f_{\mathrm{wet}})f_{\mathrm{sm}}a\frac{\Delta}{\Delta + \gamma}(R_{ns} - G)$$ （3.18）

$$\mathrm{LE}_c = (1 - f_{\mathrm{wet}})f_v f_{\mathrm{T}}a\frac{\Delta}{\Delta + \gamma}R_{nv}$$ （3.19）

$$LE_{ic} = f_{wet} a \frac{\Delta}{\Delta + \gamma} R_{nv} \tag{3.20}$$

$$LE_{ws} = f_{wet} a \frac{\Delta}{\Delta + \gamma} (R_{ns} - G) \tag{3.21}$$

$$f_{sm} = ATI^k = \left(\frac{1}{DT}\right)^{DT/DT_{max}} \tag{3.22}$$

$$f_{wet} = f_{sm}^4 \tag{3.23}$$

$$f_c = \frac{NDVI - NDVI_{min}}{NDVI_{max} - NDVI_{min}} \tag{3.24}$$

式中，f_{wet} 为相对表面湿度；f_{sm} 为土壤水分约束，土壤湿度反映在温度惯性中，而温度惯性和昼夜温差有关，因此由表观热惯量来定量；DT_{max} 为日最高气温，一般取最大值 40℃；f_T 为植物温度约束（$\exp\left[-(T_a - T_{opt})/T_{opt}\right]^2$），$T_{opt}$ 取适宜的温度 25℃；R_{ns} 为土壤净辐射 $[R_{ns} = R_n(1 - f_c)]$；R_{nv} 为植被净辐射（$R_{nv} = R_n f_c$）；f_v 为植被覆盖率；$NDVI_{min}$ 和 $NDVI_{max}$ 分别为 NDVI 的最小值和最大值。

MS-PT 算法输入参数较少，操作简单，一定程度上减少了误差的迭代，提升了估算精度，在各个植被类型中均取得了较为稳定可靠的估算结果，相较于 PT-JPL 算法，该算法在逐日的 LE 估算中可以降低约 5 W/m² 的误差（Yao et al., 2017a）。因此，在本章中选用 MS-PT 算法生产 GF-1 和 MODIS 潜热通量产品。

3.3.4　融合效果评价指标

本研究采用多种指标共同评价遥感影像融合效果。基于光谱信息定量评价指标选取决定系数（R^2）、均方根误差（RMSE）、相对百分比误差（rRMSE）和偏差（Bias）来评价融合的精度。R^2 表示预测模型对观测值的解释程度，又称作拟合优度。RMSE 是预测值与真实值的偏差。rRMSE 为相对误差，可以反映模型预测的异常值。Bias 表示预测值与真实值差异的平均值，反映了模型预测精度。评价指标计算公式如下：

$$R^2 = \left(\frac{\sum_{i=1}^{n}\left(LE_{obs,i} - \overline{LE_{obs}}\right)\left(LE_{pred,i} - \overline{LE_{pred}}\right)}{\sqrt{\sum_{i=1}^{n}\left(LE_{obs,i} - \overline{LE_{obs}}\right)^2 \sum_{i=1}^{n}\left(LE_{pred,i} - \overline{LE_{pred}}\right)^2}}\right)^2 \tag{3.25}$$

$$RMSE = \sqrt{\frac{\sum_{i=1}^{n}\left(LE_{obs,i} - LE_{pred,i}\right)^2}{n}} \tag{3.26}$$

$$rRMSE = \sqrt{\dfrac{\sum\limits_{i=1}^{n}\left(\dfrac{EE_{obs,i} - LE_{pred,i}}{LE_{obs,i}}\right)^2}{n}} \qquad (3.27)$$

$$Bias = \dfrac{\sum\limits_{i=1}^{n}\left(LE_{obs,i} - LE_{pred,i}\right)}{n} \qquad (3.28)$$

式中，LE_{obs} 为 EC 通量站点观测值；LE_{pred} 为模型预测值。

3.4 研究结果

3.4.1 两种潜热通量产品不确定性评价

首先利用 MS-PT 算法对 GF-1 和 MODIS 潜热通量（LE）产品进行估算，结合地面观测数据，评价两种 LE 产品的不确定性。图 3.3 显示了逐日 LE 与地面观测值比较结果。蓝色圆圈代表 MODIS LE 产品，红色菱形代表 GF-1 LE 产品，即使输入气象参数和估算模型均相同，二者之间仍存在一定的差异。在多数日期中，估算值与观测值分布在 1∶1 线附近，遥感估算 LE 产品精度较好。MODIS LE 产品与 EC 观测值的平均偏差为 11.1 W/m²，

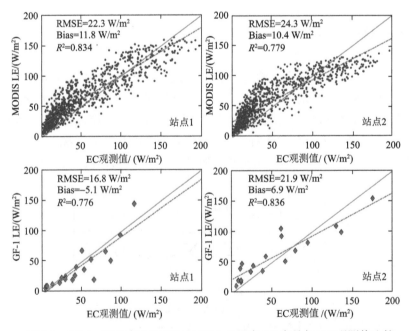

图 3.3 2014～2017 年 MODIS 和 GF-1 日尺度 LE 产品与 EC 观测值比较

RMSE 为 23.3W/m²，R^2 为 0.779～0.834。与 MODIS LE 产品相比，GF-1 LE 产品与 EC 观测值表现出更好的一致性，有更低的 RMSE 为 19.35 W/m² 和更高的 R^2 为 0.806。

为了更进一步探究两种 LE 产品的差异性，我们将逐日的估算值与观测值聚合为 8 天平均值进行验证对比。图 3.4 显示了两种 LE 产品和 EC 观测值随时间变化特征的比较。可以看出，LE 的年际变化呈规律性的单峰曲线，在夏季达到峰值，冬季下降到最低。两种 LE 产品与 EC 观测值的趋势线大致吻合，但是在某些时段仍然存在遥感估算偏差较大的情况。MODIS 数据在生长季存在估算结果偏低的情况，而在冬季时会存在比观测值偏高的现象，估算误差在 10～20 W/m²。同样地，GF-1 与 EC 观测值趋势吻合较好，对于 LE 的变化特征有较好的捕捉。但遗憾的是，由于大气状况和云层影响，仅有 19 景卫星影像可用（云层覆盖小于 10%）。验证结果表明，MS-PT 算法对于估算 MODIS LE 和 GF-1 LE 产品具有一定的可靠性和稳定性，为后续不同融合策略探究提供了数据支撑。两种产品在时间尺度上具有明显的互补性，因此可以结合两种数据的优势，得到时空连续的高分辨率的 LE 产品。

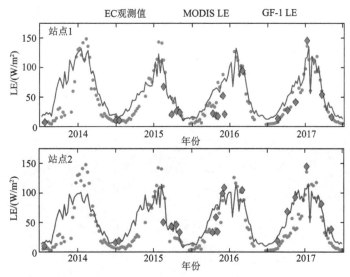

图 3.4　2014～2017 年 MODIS LE 和 GF-1 LE 产品 8 天平均值与 EC 观测值比较

3.4.2　三种不同策略的融合结果比较

图 3.5 为三种融合策略估算 LE 与相应日期 GF-1 LE 和 MODIS LE 空间特征比较。与 MODIS 影像相比，融合后的影像空间分布特征更明显，能够反映出不同地物类型的细微差别。整体来看，三种策略均能得到理想的融合结果，融合后的影像和 GF-1 影像有较好的一致性，河流、道路、耕地和植被等地物信息可以得到较好的重建。尤其是在生长季耕地和森林 LE 较大时，可以清晰看出区域道路、村镇等与灌区耕地的显著差异。融合结果发现，在 2017/193（指 2017 年第 193 天，即 2017 年 7 月 10 日）这一日期下，随着物候节律的变化，下垫面种植作物-玉米开始生长，随着灌溉水量的增加，耕地区域

LE 明显增大，而这些变化在 MODIS 影像中是很难捕捉到的。通过不同融合策略视觉效果对比，策略二融合的 LE 与 GF-1 影像时空变化特征更为一致，预测影像的空间细节和纹理结构也更加明显。然而，对于直接融合 LE 产品的策略三，其融合结果在不同的地物覆盖边界显得有些模糊，和 GF-1 影像相比有较为显著的斑块效应。在早期非生长季（2015/010、2016/121、2017/091），区域内各个地物类型 LE 分布较为均一，差异不是很大，因此我们绘制了其余 4 景融合影像和参考 GF-1 影像基于像素对比的散点图（图 3.6）。验证结果也表明融合策略二比其他方案更接近 1∶1 线，表现出较高的融合精度。融合策略二是根据单波段的反射率首先计算 NDVI 后融合，能够消除云和气溶胶产生的噪声与部分异常值，因此表现出较好的融合效果（Chen et al.，2018）。Tian 等（2013）也做过类似的研究，比较了基于 STARFM 模型的类似方法来预测时间序列的 NDVI 影像，证明策略二与策略一相比为单波段的融合，计算效率较高，误差传播较少，融合精度较高。

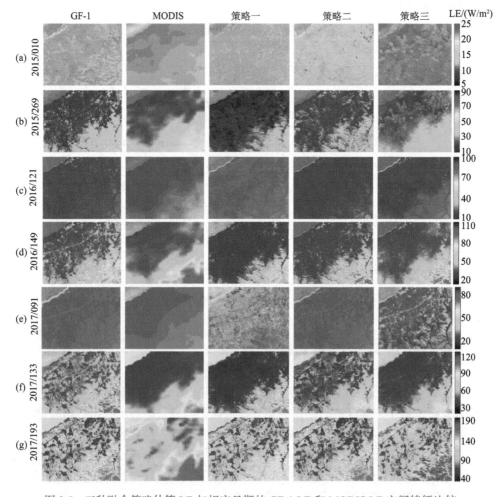

图 3.5　三种融合策略估算 LE 与相应日期的 GF-1 LE 和 MODIS LE 空间特征比较

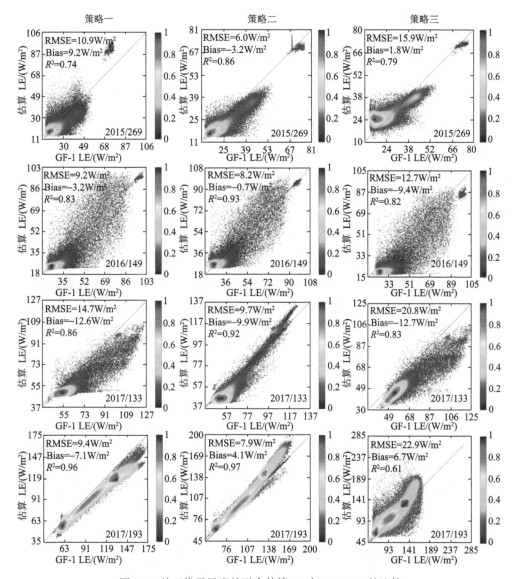

图 3.6　基于像元尺度的融合估算 LE 与 GF-1 LE 的比较

为了进一步量化融合效果，表 3.2 列出了三种融合策略估算 LE 精度统计结果。三种策略的融合影像与参考影像有较好的一致性，相对误差均在可接受的范围内。策略一的 rRMSE 为 0.07～0.36，策略二的 rRMSE 为 0.02～0.23，策略三的 rRMSE 为 0.11～0.38。验证结果表明，首先融合植被指数后计算 LE（策略二）的融合精度优于策略一和策略三，具有较高的 R^2 和较低的 rRMSE，R^2 为 0.86～0.98，RMSE 为 1.2～9.7 W/m²，rRMSE 为 0.02～0.23。Jarihani 等（2014）在融合植被指数时做过类似的探究，比较了两种融合策略"先计算植被指数后融合"和"先融合后计算植被指数"，研究发现，前者生成的植被指数产品有更高的精度，原因是首先计算植被指数会产生较少的误差传递，融合植被指数较为稳定。在遥感估算 LE 模型中，植被指数和 LE 相关程度较高，融合 NDVI 的精度越高，同理得到的 LE 的精度也越高。

表 3.2　三种融合策略估算 LE 精度统计表

日期	策略一				策略二				策略三			
	R^2	Bias/ （W/m²）	RMSE/ （W/m²）	rRMSE	R^2	Bias/ （W/m²）	RMSE/ （W/m²）	rRMSE	R^2	Bias/ （W/m²）	RMSE/ （W/m²）	rRMSE
2015/010	0.81	1.8	1.5	0.12	0.93	−1.0	1.2	0.1	0.8	−3.6	4.5	0.18
2015/269	0.74	9.2	10.9	0.36	0.86	−3.2	6.0	0.2	0.79	1.8	15.9	0.38
2016/121	0.92	2.9	5.1	0.23	0.95	1.9	3.8	0.18	0.87	4.6	7.3	0.32
2016/149	0.83	−3.2	9.2	0.2	0.93	−0.7	8.2	0.19	0.82	−9.4	12.7	0.31
2017/091	0.91	−6.7	3.4	0.13	0.98	−0.1	2.9	0.02	0.86	7.7	8.2	0.11
2017/133	0.86	−12.6	14.7	0.2	0.92	−9.9	9.7	0.23	0.83	−12.7	20.8	0.27
2017/193	0.96	−7.1	9.4	0.07	0.97	4.1	7.9	0.08	0.61	6.7	22.9	0.25

从图 3.7 可以看出，策略一和策略三的融合精度略低。ESTARFM 算法是基于 MODIS 和 Landsat 影像设计，将其拓展到 MODIS 和 GF-1 影像融合时，传感器接收光谱范围存在差异，因此策略一融合反射率会出现一定的误差，R^2 为 0.74～0.96，RMSE 为 1.5～14.7W/m²，rRMSE 为 0.07～0.36。在所有实验日期中，与参考 GF-1 数据相比，策略三的融合效果始终较差，R^2 为 0.61～0.87，RMSE 为 4.5～22.9W/m²，rRMSE 为 0.11～0.38。尤其是在生长季 2015/269 和 2017/193，土壤水分、植被分布的差异使整个区域的 LE

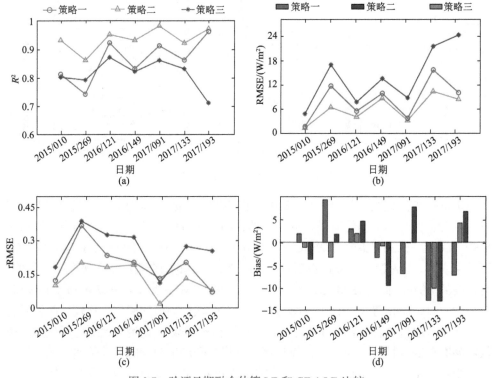

图 3.7　验证日期融合估算 LE 和 GF-1 LE 比较

时空异质性较大，此时融合策略三无法捕捉到显著的 LE 变化，使区域估算 LE 偏低。这种误差的原因是 2015/269 这一日期的 LE 是两对 GF-1 MODIS 影像在 2015/227 和 2015/285 日期融合出来的，中间有较长的时间跨度，在这期间陆表 LE 会产生实质的变化。同时，研究发现，当地表覆盖类型发生改变时，策略三依然不能准确预测细节信息，从而使地物类型边界变得模糊，产生较明显的斑块。研究结果表明，策略二（融合植被指数后计算 LE）融合精度最高，策略一（融合反射率后计算 LE）和策略三（直接融合 LE）精度次之。

3.4.3　融合结果的精度评价

根据三种不同融合策略的比较结果，我们选择最优的融合策略二来获取逐日高分辨率 LE 并进行融合精度评价。评价内容包括两部分：第一，将融合后的 16m 逐日的 LE 产品聚合到 MODIS 500m 尺度上，比较融合估算 LE 与 MODIS LE 时间变化的一致性。第二，融合估算 LE 与 EC 地面观测数据分别在日尺度和 8 天平均尺度验证比较。

融合后 LE 与 MODIS LE 时间变化比较如图 3.8 所示，重建时间序列的 LE 与 MODIS LE 具有较好的一致性，R^2 为 0.48～0.88，RMSE 为 0.5～27.6W/m^2，rRMSE 为 0.03～0.37。

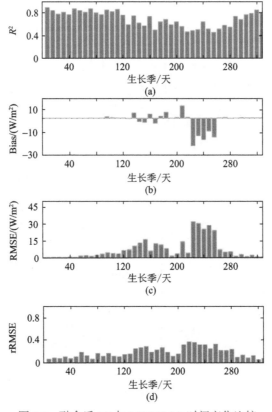

图 3.8　融合后 LE 与 MODIS LE 时间变化比较

从时间尺度来看，R^2 呈现先降低后增加的趋势，rRMSE 则呈现出先升高后降低的趋势。在生长季 200～280 天，融合 LE 与 MODIS LE 差异最大。这种差异产生的原因是可以解释的，在百米级尺度的 MODIS 像元中，村镇道路和耕地构成了高度异质性的混合像元，使不同尺度的 LE 估算值存在明显差异。前人做过类似的融合后不同尺度产品差异性研究，Ke 等（2016）将融合后 Landsat 尺度的 LE（30m）聚合到 MODIS 尺度（500m）后验证比较，平均相对误差在 25%左右。根据验证结果可知，基于 ESTARFM 算法融合的 GF-1 尺度的 LE 产品与 MODIS 产品一致性较高，有较高的实用价值。

为进一步探究融合结果与实测数据的差异，我们选取研究区内两组通量观测数据与融合估算 LE 分别在日尺度和 8 天平均尺度验证对比。图 3.9（a）和图 3.9（b）表示优选的策略二融合的 LE 与 MODIS LE、GF-1 LE，以及 EC 观测值的时间变化比较，并且加入降雨事件，以分析 LE 的变化特征。研究区具有典型温带大陆性季风气候特征，全年降水分布不均匀，且多集中在夏季。全年 LE 呈现出近似的双峰格局，在降雨前 2017/185 这一日期，LE 值较大，空间分布异质性特征明显，GF-1 LE 和融合后 LE 均有较好的捕捉。降雨期间，耕地区域 LE 发生明显下降，这种现象出现的原因是云层遮挡住了较多的太阳辐射，降低了区域的耗水量。随着天气转晴，LE 又逐步上升到高峰值。总体来说，从时间序列变化来看，融合后 LE 与观测数据更加吻合，可以准确捕获地表 LE 空间分布差异。

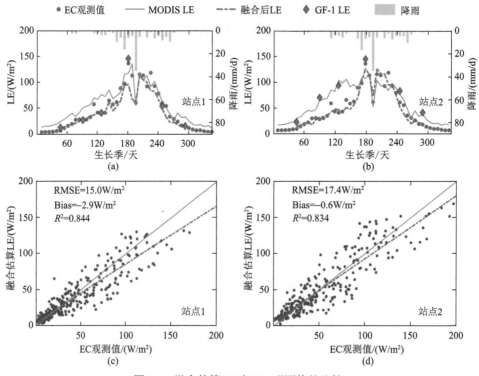

图 3.9 融合估算 LE 与 EC 观测值的比较
（a）和（b）8 天平均尺度；（c）和（d）逐日尺度

　　如图 3.9（c）和图 3.9（d）所示，融合的逐日 LE 与 EC 观测值有较好的一致性，大多数点分布在 1：1 线附近，其中站点 1（R^2=0.844，RMSE=15.0 W/m^2，Bias=−2.9 W/m^2），站点 2（R^2=0.834，RMSE=17.4 W/m^2，Bias=−0.6 W/m^2）。表 3.3 显示融合后的 R^2 有一定程度的提高，站点 2 从 0.779 增加到 0.834，RMSE 呈现显著的降低，从 21.9W/m^2 降低至 17.4 W/m^2，融合精度显著提升。由于高分数据在该年缺失程度较高，我们仅使用 6 景不同时间跨度的高分数据对 LE 进行重建，因此对于复杂地表下 LE 的细节刻画程度是有限的。然而，融合后 MODIS LE 高估值在引入 GF-1 数据时得到明显改善，可以有效结合两种数据的优势，从而得到更加理想的融合精度。

表 3.3　融合前后 LE 与 EC 观测值的比较

	站点 1			站点 2		
	R^2	RMSE/（W/m^2）	Bias/（W/m^2）	R^2	RMSE/（W/m^2）	Bias/（W/m^2）
MODIS LE	0.834	22.3	11.8	0.779	24.3	10.4
GF-1 LE	0.776	16.8	−5.1	0.83	21.9	6.9
融合后 LE	0.844	15.0	−2.9	0.834	17.4	−0.6

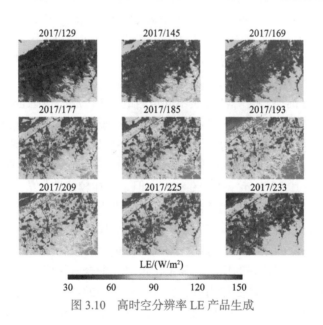

图 3.10　高时空分辨率 LE 产品生成

　　我们选取优选的融合策略二计算了 2017 年怀来地区的高空间分辨率、时间序列密集的 LE 产品（图 3.10）。选取了生长季 4～9 月部分 LE 估算结果进行时空特征分析。整体来看，随着 4～9 月作物物候期的变化，下垫面的土壤水分、植被生长状况、气象要素的改变，研究区的 LE 在时空上有较为明显的变化特征。从 2017/129～169 天 LE 分布来看，研究区内整体 LE 不高，各个地物差异不是很大，原因是耕地作物还没有耕作，下垫面普遍为裸露的地表。在 2017/177 天耕地区域与周边道路、村镇 LE 差异显著增加。随着季节节律变化，太阳辐射能量增加，水汽潜热交换加强。在 2017/185～209 天，耕地区域的 LE 增幅明显。因为在此时，耕地下垫面作物-水浇地玉米开始大面积生长，随着灌溉水量的增加，整个耕地区域的 LE 显著增加。可以看出，在 7 月时，整个研究区的 LE 达到了全年最大月份。怀来地区的 LE 空间分布特征也清楚地反映了植被生长的地表干湿状况，为地表水资源精细化管理和引水灌溉信息提供了必要的数据支撑。

3.5　总结与展望

3.5.1　主要结论

高空间分辨率且时间序列密集陆表 LE 产品对于监测地表能量平衡和区域水资源管理具有重要的实用价值。现有的遥感估算陆表 LE 产品的时空分辨率往往相互制约，制约了其广泛应用（武夏宁等，2006）。近些年，遥感时空融合技术应运而生，克服了单一传感器获取数据源的局限性，结合多源遥感数据各自优势，获取高空间分辨率、时间序列密集、时空完整且质量较高的遥感产品。然而，现有针对 LE 产品时空融合研究仍存在一些亟须探索的问题，如融合数据源单一、最优融合策略尚未统一以及融合精度有待提升。

针对当前潜热通量产品融合估算存在的问题以及高时空分辨率遥感产品的迫切需求，针对 GF-1 和 MODIS 数据开展不同策略、不同方案陆表 LE 的时空融合研究，旨在获取高精度、高时空分辨率的 LE 产品。主要结论如下：

利用 ESTARFM 时空融合算法开展不同策略的 LE 产品时空融合研究。首先，评价了融合前 MODIS 和 GF-1 两种 LE 产品的不确定性。验证结果表明，MODIS LE 产品可以提供较密集的时间信息，Bias 为 11.1 W/m^2，RMSE 为 23.3W/m^2，R^2 为 0.779~0.834。GF-1 LE 产品有更高的空间分辨率，与观测值表现出更好的一致性，有更低的 RMSE 和更高的 R^2（RMSE = 19.35 W/m^2，R^2 = 0.806），但是存在较多缺失值。两种 LE 产品与地面观测数据相比均展示出较好的相关性，在时空尺度上具有优势互补特征。

其次，提出三种策略分别估算陆表 LE 并分析对比。结果表明，三种策略融合后的影像均可以反映出良好的空间细节特征，与 GF-1 影像有较好的一致性。道路、耕地、村镇等地物信息可以得到较好的反映。其中，策略二融合效果优于策略一和策略三，预测影像的空间细节和纹理结构更加明显。通过三种策略的融合精度统计，策略二（融合 NDVI）精度最好，R^2 为 0.86~0.98，RMSE 为 1.2~9.7 W/m^2，rRMSE 为 0.02~0.23。其次是策略一（融合反射率），R^2 为 0.74~0.96，RMSE 为 1.5~14.7W/m^2，rRMSE 为 0.12~0.36。策略三（直接融合 LE）精度次之，R^2 为 0.61~0.87，RMSE 为 4.5~22.9W/m^2，rRMSE 为 0.11~0.38。

最后，选取最优的融合策略（策略二），重建了高时空分辨率（16m，逐日）的 LE 产品。结果表明，融合后 LE 产品和 MODIS LE、EC 观测值相比均表现出较好的一致性。融合后 LE 产品不仅提升了时空分辨率，而且提高了产品精度，R^2 从 0.78 增加到 0.84，RMSE 从 21.9W/m^2 降低至 16.2 W/m^2。

3.5.2　存在问题

高空间分辨率且时间序列密集的 LE 产品是研究地表时空特征变化以及精细化定量遥感应用的基础。遥感时空融合技术可以突破不同传感器获取数据时空维度的限制，充分利用多源遥感数据优势，成为获取高时空分辨率产品的有效技术手段。本章利用 GF-1 和 MODIS 数据，开展不同策略、不同方案的时空融合研究，获取了高时空分辨率（16m，逐日）的潜热通量产品，但仍然存在一些问题需要进一步探讨。

（1）融合数据源的不确定性。由于地表变化和大气状况的影响，GF-1 和 MODIS 数据获取存在光谱分辨率、辐射定标精度和几何定位的差异。即使在应用前进行一系列的数据预处理，融合数据源的不一致性仍然存在，可能会给融合结果带来误差（Semmens et al.，2016）。对于不同产品预处理的步骤不同，如改变投影、重采样、插补缺失值，也会影响时空融合精度。另外，本研究仅使用两种数据源进行时空融合，没有充分利用多源遥感数据的优势，融合产品的适用范围受到限制。因此，发展多种类、多平台遥感数据的融合算法，充分挖掘低、中、高分辨影像的有用信息，对于提升融合精度和影像质量有重要的实用价值。

（2）融合方法的不确定性。对于 ESTARFM 融合方法，融合效果会受到移动窗口大小设置、相似像元的判定、权重系数计算的影响，增加了融合结果的不确定性。倘若异质性较强的研究区内土地覆盖类型发生快速变化和扰动，该方法也很难在融合影像中预测到这些变化信息，方法固有的局限性进一步增加了融合的不确定性。同时，该方法构建模型时需要两对高低分辨率影像作为输入，才能保证模型融合精度，这给高分辨率影像不足的区域研究带来挑战。该模型是对高时空分辨率影像重建，平均计算一幅影像需要花费近 15min，运算效率较慢，推广至大范围区域融合应用时，还存在一定的局限性。

（3）精度评价的不确定性。评价算法的融合精度可以从不同维度比较，基于光谱信息维度或基于空间信息维度（王恩鲁和汪小钦，2017）。遥感融合影像评价指标的选取对于融合精度也有一定程度的影响。本研究选取的评价指标功能较为相似，种类略为单一。因此，在评价融合影响时，更要选用多种评价指标关注影像的细节信息和纹理特征，结合目视效果的定性评价和统计指标的定量评价，获取可靠性强、稳健性好的融合算法，从而满足实际应用需要。

参 考 文 献

黄波. 2020. 时空遥感影像融合研究的进展与趋势. 四川师范大学学报(自然科学版), 43(4): 427-434, 424.

黄波, 赵涌泉. 2017. 多源卫星遥感影像时空融合研究的现状及展望. 测绘学报, 46(10): 1492-1499.

李晓媛, 于德永. 2020. 蒸散发估算方法及其驱动力研究进展. 干旱区研究, 37(1): 26-36.

梁顺林, 赵祥, 肖志强. 2016. 全球陆表特征参量产品生成系统与产品生产. 科技资讯, 14(34): 253.

刘佳, 王利民, 杨玲波, 等. 2015. 基于 6s 模型的 gf-1 卫星影像大气校正及效果. 农业工程学报, 31(19): 159-168.

王恩鲁, 汪小钦. 2017. 遥感影像融合评价定量指标选取问题. 遥感信息, 32(6): 14-21.

武夏宁, 胡铁松, 王修贵, 等. 2006. 区域蒸散发估算测定方法综述. 农业工程学报, (10): 257-262.

张荣华, 杜君平, 孙睿. 2012. 区域蒸散发遥感估算方法及验证综述. 地球科学进展, 27(12): 1295-1307.

张圆, 贾贞贞, 刘绍民, 等. 2020. 遥感估算地表蒸散发真实性检验研究进展. 遥感学报, 24(8): 975-999.

赵少华, 王桥, 游代安, 等. 2015a. 高分辨率卫星在环境保护领域的应用. 国土资源遥感, 27(4): 1-7.

赵少华, 王桥, 游代安, 等. 2015b. 卫星红外遥感技术在我国环保领域中的应用与发展分析 地球信息科学学报, 17(7): 855-861.

Anderson M C, Kustas W P, Norman J M, et al. 2011. Mapping daily evapotranspiration at field to continental scales using geostationary and polar orbiting satellite imagery. Hydrology and Earth System Sciences, 15(1): 223-239.

Bai L, Cai J, Liu Y, et al. 2017. Responses of field evapotranspiration to the changes of cropping pattern and groundwater depth in large irrigation district of yellow river basin. Agricultural Water Management, 188: 1-11.

Bei X, Yao Y, Zhang L, et al. 2020. Estimation of daily terrestrial latent heat flux with high spatial resolution from modis and chinese Gf-1 Data. 20(10): 2811.

Cammalleri C, Anderson M C, Kustas W P. 2014. Upscaling of evapotranspiration fluxes from instantaneous to daytime scales for thermal remote sensing applications. Hydrology and Earth System Science, 18(5): 1885-1894.

Chen X, Liu M, Zhu X, et al. 2018. "Blend-then-index" or "index-then-blend": a theoretical analysis for generating high-resolution NDVI time series by STARFM. Photogrammetric Engineering & Remote Sensing, 84(2): 65-73.

Fisher J B, Tu K P, Baldocchi D D. 2008. Global estimates of the land-atmosphere water flux based on monthly avhrr and islscp-ii data, validated at 16 fluxnet sites. Remote Sensing of Environment, 112(3): 901-919.

Fisher J B, Melton F, Middleton E, et al. 2017. The future of evapotranspiration: global requirements for ecosystem functioning, carbon and climate feedbacks, agricultural management, and water resources. Water Resources Research, 53(4): 2618-2626.

Gao F, Masek J, Schwaller M, et al. 2006. On the blending of the landsat and modis surface reflectance: predicting daily landsat surface reflectance. IEEE Transactions on Geoscience and Remote Sensing, 44(8): 2207-2218.

Gao F, Hilker T, Zhu X, et al. 2015. Fusing landsat and modis data for vegetation monitoring. IEEE Geoscience and Remote Sensing Magazine, 3(3): 47-60.

Gong P, Wang J, Yu L, et al. 2013. Finer resolution observation and monitoring of global land cover: first mapping results with landsat tm and etm+ data. International Journal of Remote Sensing, 34(7): 2607-2654.

He L, Qin Q, Liu M, et al. 2012. Validation of glass Albedo products using ground measurements and Landsat TM data. Geoscience Remote Sensing Symposium, 22(8): 1116.

Jarihani A A, McVicar T R, van Niel T G, et al. 2014. Blending landsat and modis data to generate multispectral indices: a comparison of "index-then-blend" and "blend-then-index" Approaches. 6(10): 9213-9238.

Ke Y, Im J, Park S, et al. 2016. Downscaling of modis one kilometer evapotranspiration using landsat-8 data and machine learning approaches. Remote Sensing, 8: 215.

Ke Y, Im J, Park S, et al. 2017. Spatiotemporal downscaling approaches for monitoring 8-day 30 m actual evapotranspiration. ISPRS Journal of Photogrammetry and Remote Sensing, 126: 79-93.

Knauer K, Gessner U, Fensholt R, et al. 2016. An estarfm fusion framework for the generation of large-scale time series in cloud-prone and heterogeneous landscapes. Remote Sensing, 8(5): 425.

Kong F, Li X, Wang H, et al. 2016. Land cover classification based on fused data from gf-1 and modis ndvi time series. Remote Sensing, 8(9): 741.

Liang S, Wang K, Zhang X, et al. 2010. Review on estimation of land surface radiation and energy budgets from ground measurement, remote sensing and model simulations. IEEE Journal of Selected Topics in Applied Earth Observations and Remote Sensing, 3(3): 225-240.

Liang S, Zhao X, Liu S, et al. 2013. A long-term global land surface satellite (glass) data-set for environmental studies. International Journal of Digital Earth, 6(sup1): 5-33.

Liu S, Xu Z, Song L, et al. 2016. Upscaling evapotranspiration measurements from multi-site to the satellite pixel scale over heterogeneous land surfaces. Agricultural and Forest Meteorology, 230-231: 97-113.

Liu S M, Xu Z W, Wang W Z, et al. 2011. A comparison of eddy-covariance and large aperture scintillometer measurements with respect to the energy balance closure problem. Hydrology and Earth System Sciences, 15(4): 1291-1306.

Ma Y, Liu S, Song L, et al. 2018. Estimation of daily evapotranspiration and irrigation water efficiency at a landsat-like scale for an arid irrigation area using multi-source remote sensing Data. Remote Sensing of Environment, 216: 715-734.

Mu Q, Zhao M, Running S W. 2011. Improvements to a modis global terrestrial evapotranspiration algorithm. Remote Sensing of Environment, 115(8): 1781-1800.

Semmens K A, Anderson M C, Kustas W P, et al. 2016. Monitoring daily evapotranspiration over two california vineyards using landsat 8 in a multi-sensor data fusion approach. Remote Sensing of Environment, 185: 155-170.

Tian F, Wang Y, Fensholt R, et al. 2013. Mapping and evaluation of ndvi trends from synthetic time series obtained by blending landsat and modis data around a coalfield on the loess plateau. Remote Sensing, 5(9).

Twine T E, Kustas W P, Norman J M, et al. 2000. Correcting eddy-covariance flux underestimates over a grassland. Agricultural and Forest Meteorology, 103(3): 279-300.

Wang K, Liang S. 2008. Estimation of Surface Net Radiation from Solar Shortwave Radiation measurements2008: IEEE.

Wilson K, Goldstein A, Falge E, et al. 2002. Energy balance closure at fluxnet sites. Agricultural and Forest Meteorology, 113(1-4): 223-243.

Wu B, Yan N, Xiong J, et al. 2012. Validation of etwatch using field measurements at diverse landscapes: a case study in hai basin of china. Journal of Hydrology, 436-437: 67-80.

Yang X, Yong B, Yin Y, et al. 2018. Spatio-temporal changes in evapotranspiration over china using gleam_V3.0a products (1980　2014). Hydrology Research: nh2018173.

Yao Y, Liang S, Cheng J, et al. 2013. Modis-driven estimation of terrestrial latent heat flux in china based on a modified priestley-taylor algorithm. Agricultural and Forest Meteorology, 171: 187-202.

Yao Y, Liang S, Li X, et al. 2014. Bayesian multimodel estimation of global terrestrial latent heat flux from eddy covariance, meteorological, and satellite observations. Journal of Geophysical Research-Atmospheres, 119(8): 4521-4545.

Yao Y, Liang S, Li X, et al. 2015. A satellite-based hybrid algorithm to determine the priestley–taylor parameter for global terrestrial latent heat flux estimation across multiple biomes. Remote Sensing of Environment, 165: 216-233.

Yao Y, Liang S, Li X, et al. 2017a. Improving global terrestrial evapotranspiration estimation using support vector machine by integrating three process-based algorithms. Agricultural and Forest Meteorology, 242: 55-74.

Yao Y, Liang S, Li X, et al. 2017b. Estimation of high-resolution terrestrial evapotranspiration from landsat data using a simple taylor skill fusion method. Journal of Hydrology, 553: 508-526.

Zhang L, Xu S, Wang L, et al. 2017. Retrieval and validation of aerosol optical depth by using the gf-1 remote sensing Data. IOP Conference Series: Earth and Environmental Science, 68: 012001.

Zhao S, Wang Q, You D, et al. 2015. Application of high resolution satellites to environmental protection. Remote Sensing for Land & Resources, (4):1-7.

Zhu S, Wan W, Xie H, et al. 2018. An efficient and effective approach for georeferencing avhrr and gaofen-1 imageries using inland water bodies. IEEE Journal of Selected Topics in Applied Earth Observations and Remote Sensing, 11(7): 2491-2500.

Zhu X, Chen J, Gao F, et al. 2010. An enhanced spatial and temporal adaptive reflectance fusion model for complex heterogeneous regions. Remote Sensing of Environment, 114(11): 2610-2623.

第4章
基于GF-1卫星数据的地表反照率反演算法

地表反照率是短波波段地表向各个方向反射的辐射与入射辐射的比值，是表征地球表面反射太阳辐射能力的一个物理量。它决定着地球表面与大气之间辐射能量的分配过程，对生态系统中如地表温度、蒸腾、能量平衡、光合及呼吸作用等一系列物理、生理和生物化学过程有着重要影响（Dickinson，1983）。

卫星遥感观测覆盖范围广，可以提供全球和区域尺度时间连续的对地观测数据。为了满足全球尺度生态环境和变化监测需求，已有多种全球尺度的地表反照率遥感数据产品生产和发布。这些产品的空间分辨率从250m到20km，时间分辨率从1天到30天不等（Zhou et al.，2022）。

为了满足区域尺度气候变化模拟和应用需求，生成更高分辨率的地表反照率产品变得越来越迫切。研究者们尝试用Landsat数据生成30m空间分辨率的地表反照率产品（He et al.，2018；Shuai et al.，2011），由于Landsat是近天顶观测，且是单一角度观测，因此很难利用不同角度的观测信息提取地表的二向反射信息，进而估计地表反照率。于是利用MODIS纯像元提供地表的二向反射分布信息，利用方向反射与反照率的比值得到Landsat反照率估算结果，该方法由于依赖于不同地类MODIS纯像元的二向反射分布信息提取，因此限制了其在更大范围的应用。He等（2015）与Zhou等（2016）分别利用直接估算法生成HJ-1和Landsat 30m反照率数据，以用于区域尺度研究和作为低空间分辨率产品验证的中间尺度数据，但没有针对最新国产传感器的遥感估算研究，且对复杂地形环境影响没有进行考虑。随着区域和局地应用需求不断细化，对遥感产品的时间和空间分辨率提出了更高的要求，我国《国家中长期科学和技术发展规划纲要（2006—2020年）》确定将中国高分辨率对地观测系统作为重大专项之一，在此专项支撑下，发射了一批高空间分辨率遥感卫星。发展基于国产卫星数据的高级遥感产品估算方法将有效提高国产卫星应用能力，支持农业生态、资源环境、公共信息等应用。

4.1 基于 GF-1 WFV 的反照率估算方法

基于GF-1 WFV数据的地表反照率估算流程包括三个步骤：①根据地表方向反射特

征和大气等信息模拟大气层顶方向反射率；②根据地表方向反射特征信息估算宽波段地表反照率；③建立查找表。各部分关系如图 4.1 表示。

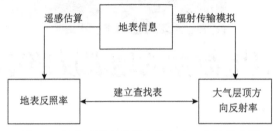

图 4.1　地表反照率估算查找表建立方法示意图

其中基于辐射传输模型的模拟是关键，模拟流程如图 4.2 所示。

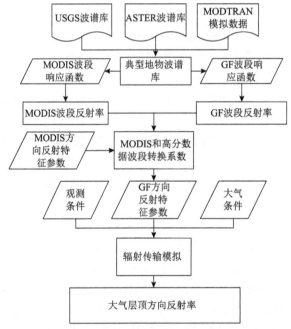

图 4.2　基于 6S 辐射传输模型模拟的具体步骤

4.1.1　基于辐射传输方程模拟大气层顶方向反射率

采用 6S 模型正向模拟大气层顶的方向反射率，考虑地表二向反射分布函数（BRDF）特征，采用 BRDF 模型模拟。输入参数主要包括：观测条件参数、大气条件参数、地表信息等。为了模拟不同条件下大气层顶方向反射率，将输入参数整理成输入文件，循环调用进行不同条件下的大气层顶方向反射率模拟。

观测条件参数主要包括：观测几何参数、传感器高度和光谱等参数。其中，观测几何参数根据 GF-1WFV 传感器的实际扫描范围确定。GF-1 由四个多光谱相机组合而成，观测天顶角为 0°～40°，最大太阳天顶角设置为 75°，相对方位角为 0°～180°。模拟时太阳天顶角、观测天顶角和相对方位角以 5°为步长进行模拟，模拟采样角度如表 4.1 所示。

表 4.1　6S 模型模拟输入参数

输入参数	取值范围
太阳天顶角/(°)	0, 5, 10, …, 75
观测天顶角/(°)	0, 5, 10, …, 40
相对方位角/(°)	0, 30, 60, …, 180
大气模式	热带大气、中纬度夏季、中纬度冬季、亚北极区夏季、亚北极区冬季、美国标准大气
气溶胶类型	大陆型气溶胶
气溶胶光学厚度	0.05, 0.1, 0.2, 0.25, 0.3, 0.35, 0.4

　　大气条件参数包括：大气模式、气溶胶类型、气溶胶光学厚度、大气订正方式等，其中大气模式分别考虑热带大气、中纬度夏季、中纬度冬季、亚北极区夏季、亚北极区冬季、美国标准大气等类型；由于该方法主要用于估算陆地表面地表反照率，因此选用大陆型气溶胶；气溶胶光学厚度设置为 0.05～0.4。

　　地表信息主要指地表方向反射类型。自然界地表多为具有方向反射特征的非朗伯体，为了使模拟尽量接近地表真实情况，在模拟时考虑了地表的方向反射特征。由于模拟的地表类型多样，选用自定义的方向反射模式。

　　波段转换基于高光谱数据库进行。从 USGS 波谱库、ASTER 波谱库和 MODTRAN 模拟数据选取了 245 条高光谱地物波谱数据，同样包括不同地表类型。分别根据 MODIS 和 GF-1 WFV 的波段响应函数（图 4.3），计算得到不同波段的反射率，计算方法如式（4.1）所示。

$$\rho_\lambda = \int_{\lambda_1}^{\lambda_2} f_i \rho_i \mathrm{d}\lambda_i \qquad (4.1)$$

式中，λ 为传感器的波段设置；f_i 为传感器的波段响应函数；ρ_i 为波段响应范围内的高光谱反射率。

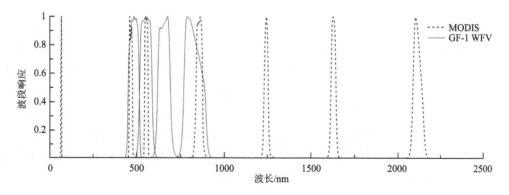

图 4.3　MODIS 和 GF-1 WFV 波段响应函数

根据计算得到的 MODIS 和 GF-1 WFV 各个波段对应的反射率，利用最小二乘法得到两个传感器之间的波段转换系数，如表 4.2。

表 4.2　MODIS 和 GF-1 WFV 波段转换系数

传感器和波段	MODISb1	MODISb2	MODISb3	MODISb4	MODISb5	MODISb6	MODISb7	偏差
GF1-WFV1-b1	0.020658	−0.022008	0.871463	0.126543	0.007873	0.004235	−0.003502	0.000716
GF1-WFV1-b2	0.084125	−0.008055	0.095824	0.823900	0.012172	−0.012718	0.006473	0.000782
GF1-WFV1-b3	1.020992	0.018103	−0.005118	−0.033132	−0.007866	0.018849	−0.009392	−0.000708
GF1-WFV1-b4	−0.046859	1.031795	−0.039427	0.099816	−0.074942	0.017655	0.011467	−0.000546
GF1-WFV2-b1	0.022013	−0.027772	0.822645	0.178221	0.011630	0.003454	−0.003957	0.000940
GF1-WFV2-b2	0.115406	−0.006635	0.059467	0.828667	0.010604	−0.014377	0.007470	0.000799
GF1-WFV2-b3	1.024441	0.017976	−0.004178	−0.037712	−0.007582	0.019271	−0.009604	−0.000731
GF1-WFV2-b4	−0.040795	1.039829	−0.034911	0.090094	−0.091245	0.027112	0.008683	−0.001068
GF1-WFV3-b1	0.017386	−0.024995	0.831289	0.171878	0.010472	0.002601	−0.002753	0.000792
GF1-WFV3-b2	0.170340	−0.005451	0.029080	0.803709	0.010228	−0.017617	0.009060	0.000898
GF1-WFV3-b3	1.040827	0.032475	−0.038057	−0.033561	−0.014576	0.030990	−0.017950	−0.000876
GF1-WFV3-b4	−0.054761	1.036835	−0.043214	0.112658	−0.083020	0.018843	0.013174	−0.000374
GF1-WFV4-b1	0.023865	−0.023965	0.863700	0.132725	0.008718	0.005092	−0.004730	0.000839
GF1-WFV4-b2	0.148917	−0.009994	0.073766	0.783493	0.013046	−0.017189	0.008547	0.000942
GF1-WFV4-b3	1.042176	0.032263	−0.038401	−0.034479	−0.014400	0.030937	−0.017978	−0.000869
GF1-WFV4-b4	−0.045277	1.024831	−0.037415	0.093653	−0.059549	0.010675	0.012493	−0.000497

　　根据表 4.2 的波段转换系数，将 MODIS 波段的地表方向反射特征参数转换到 GF-1 WFV 波段，得到 GF-1 WFV 各个波段的方向反射特征参数，作为 6S 模拟的地表方向反射模式输入参数。基于 6S 模型模拟 GF-1 WFV 各个波段大气层顶方向反射率。

4.1.2　宽波段地表反照率计算

　　利用辐射传输模拟方法，我们从地表方向反射特征信息出发，模拟得到了不同大气和观测条件下的大气层顶方向反射率。为了建立宽波段地表反照率估算的查找表，接下来，我们需要根据地表的方向反射特征参数，用遥感方法估算地表的宽波段反照率。为了保证模拟的大气层顶方向反射率和遥感估算的地表反照率的对应，我们采用辐射传输模拟中使用的 1000 条地表方向反射特征参数，计算不同地表的宽波段黑/白空反照率。

　　MODIS BRDF 模型参数（MCD43A2）产品提供了 7 个波段的线性核驱动模型系数，这些模型系数表征了地表的方向反射特征。利用线性核驱动模型，可以根据模型系数利用（Schaaf et al.，2002）提供的公式和系数计算得到每个波段的黑天空和白天空反照率，具体如式（4.2）所示。

$$
\begin{aligned}
\alpha_{bs}(\theta, \lambda) = & f_{iso}(\lambda)(g_{0iso} + g_{1iso}\theta^2 + g_{2iso}\theta^3) \\
& + f_{vol}(\lambda)(g_{0vol} + g_{1vol}\theta^2 + g_{2vol}\theta^3) \\
& + f_{geo}(\lambda)(g_{0geo} + g_{1geo}\theta^2 + g_{2geo}\theta^3)
\end{aligned}
\tag{4.2}
$$

其中式中系数如表 4.3 中所列。

表 4.3　地表反照率估算系数表

参数名称	$k=\mathrm{iso}$	$k=\mathrm{vol}$	$k=\mathrm{geo}$
g_{0k}	1	−0.007574	−1.284909
g_{1k}	0	−0.070987	−0.166314
g_{2k}	0	0.307588	0.041840

根据估算得到的窄波段的反照率，经过窄波段到宽波段转换，得到短波宽波段地表反照率遥感估算结果，以用于查找表的建立。波段转换参考 Liang（2000）提供的 MODIS 波段转换系数，具体如式（4.3）所示。

$$
\alpha_{short} = 0.160\alpha_1 + 0.291\alpha_2 + 0.243\alpha_3 + 0.116\alpha_4 + 0.112\alpha_5 + 0.0817\alpha_7 - 0.0015
\tag{4.3}
$$

4.1.3　查找表建立

根据估算的宽波段地表反照率和 GF-1 WFV 各波段大气层顶方向反射率，建立根据大气层顶方向反射率估算地表反照率的查找表。查找表的建立主要根据反照率估算时的输入参数确定，查找的输入信息必须是遥感观测数据可获取的。在本研究采用的模拟模型中，输入数据主要包括观测几何信息、大气信息和地表信息，考虑到在遥感观测可获取的参数只有观测几何信息，因此本研究对查找表的建立主要根据观测几何信息。研究具体采用太阳天顶角和观测天顶角以 5°为间隔建立查找网格，相对方位角以 30°为间隔建立查找网格，根据表 4.1 的角度设置，共有 15 个太阳天顶角采样，9 个观测天顶角采样，7 个相对方位角采样，因此建成 15×9×7 的三层查找表。利用线性回归方法计算每个网格的查找系数。每个网格分别建立 GF-1 WFV 四个波段大气层顶反射率与宽波段地表反照率的线性回归关系，查找表中存储线性回归的回归系数。实际估算地表反照率时，根据观测到的 GF-1 WFV 四个波段的大气层顶方向反射率，再根据观测天顶角、太阳天顶角和相对方位角定位到网格，以及该网格的回归系数，计算该条件下的宽波段地表反照率。

为了检验每个查找网格的线性回归模型精度，本节分别计算了观测角度最小（天顶观测，太阳天顶角为 0°、观测天顶角为 0°、相对方位角为 0°，记为 0°-0°-0°）和观测角度最大（太阳天顶角为 75°、观测天顶角为 40°、相对方位角为 180°，记为 75°-40°-180°）

时线性回归模型的拟合精度。图 4.4 和图 4.5 分别是最小太阳-观测角度和最大太阳-观测角度网格的线性回归模型拟合结果，横坐标是根据地表方向反射特征参数遥感估算得到的地表真实反照率，纵坐标是根据地表方向反射特征拟合得到的黑/白天空反照率，以此来评价每个网格拟合系数的精度。从结果可见，对于天顶观测（图 4.4）黑/白天空反照率的拟合精度很高，决定系数高于 0.995，RMSE 低于 0.02。随着太阳和观测角度增大，拟合的精度随之下降，当太阳天顶角为最大 75°、观测天顶角为 GF-1 WFV 最大观测角度 40°、相对方位角为 180°时，拟合精度下降（图 4.5），黑/白天空反照率拟合决定系数均为 0.964 左右，RMSE 均在 0.05 左右。图 4.6 显示了拟合决定系数随角度的变化情况，随着太阳角度变大，拟合精度呈下降趋势，整体拟合精度高，查找表精度可以满足估算要求。

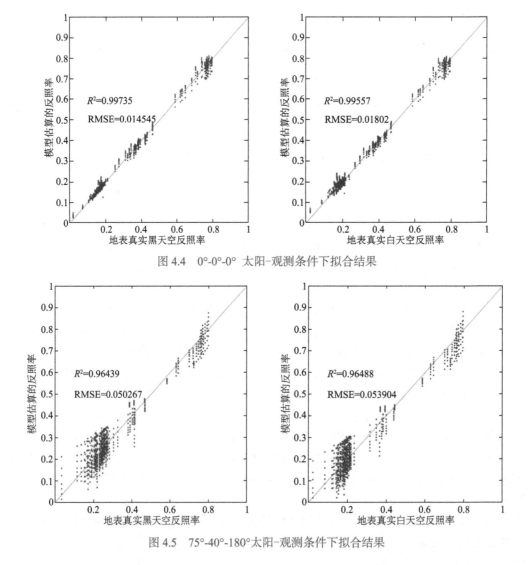

图 4.4   0°-0°-0° 太阳-观测条件下拟合结果

图 4.5   75°-40°-180°太阳-观测条件下拟合结果

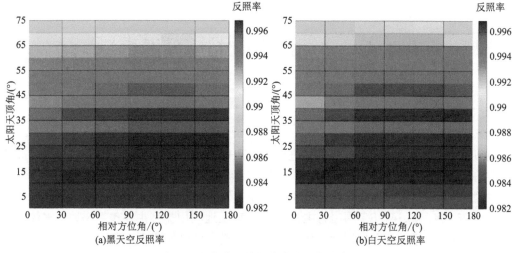

图 4.6　查找表网格拟合决定系数分布图

4.1.4　考虑地形因素的直接估计方法

受地形起伏影响，在非平地情况下，太阳入射与观测方向会发生变化（Gu and Gillespie，1998），在本研究中，我们采用一种简单的地形校正方法消除地形起伏引起的太阳-观测几何变化。

研究区地形数据主要包括坡度和坡向数据，从 ASTER 30m 空间分辨率 DEM 数据中提取得到。

对于平坦地表，假定太阳天顶角和方位角分别为 θ_i、ϕ_i，观测天顶角和方位角分别为 θ_v、ϕ_v，坡度和坡向分别为 θ_s、ϕ_s。

不考虑地形校正后树冠的方向问题，把坐标系调整到坡面，在新的坐标系下，太阳天顶角和方位角公式分别为式（4.4）和式（4.5）：

$$\theta_i{}' = \arcsin\left[\sqrt{1-(\cos\theta_i\cos\theta_s)^2}\right] \tag{4.4}$$

$$\phi_i{}' = \arcsin\left[\sin\theta_i\sin\phi_i\cos\phi_s\cos\theta_s \big/ \sqrt{1-(\cos\theta_i\cos\theta_s)^2}\right] \tag{4.5}$$

观测天顶和方位角公式分别为式（4.6）和式（4.7）：

$$\theta_v{}' = \arcsin\left[\sqrt{1-(\cos\theta_i\cos\theta_s)^2}\right] \tag{4.6}$$

$$\phi_v{}' = \arcsin\left[\sin\theta_v\sin\phi_v\cos\phi_s\cos\theta_s \big/ \sqrt{1-(\cos\theta_v\cos\theta_s)^2}\right] \tag{4.7}$$

根据地形校正后的太阳和观测角度，用上述查找表的方法，利用大气层顶方向反射率估算地表反照率。

4.2   应用效果和精度分析

4.2.1   研究区概况

精度评价在我国三个典型研究区进行，分别是河北怀来、内蒙古根河、甘肃张掖甘州。河北怀来研究区位于华北平原农牧交错带南缘坝上草原区向华北平原农区过渡带，处于中温带半干旱区，属温带大陆性季风气候。研究区以中国科学院怀来遥感综合试验站（115.784°N，40.349°E）周边为主，土地覆盖/土地利用类型主要包括耕地、水体、湿地等，并包括少量林地和居民地。研究区地理位置和场景如图4.7所示。

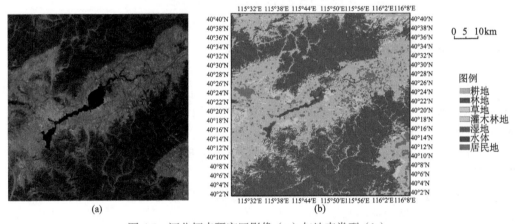

图 4.7   河北怀来研究区影像（a）与地表类型（b）

研究区有高架车、高架塔吊等观测系统，安装有40m通量观测塔和10m气象要素观测塔，包括气象、辐射、蒸渗、土壤参数与植被结构参数等观测仪器。地表反照率观测位于通量观测塔，仪器为荷兰Kipp&Zonen公司生产的CNR4净辐射计，架设高度为4m，代表地面观测范围约90m×90m，采样时间间隔为10min（杨光超等，2015）。地面获取的测量数据为计算短波宽波段反照率所需的短波上下行辐射，数据预处理参考梁顺林等（2013）。

内蒙古根河研究区位于内蒙古根河市呼伦贝尔市北部，属寒温带湿润型森林气候，并具有大陆季风性气候的某些特征，寒冷湿润，冬长夏短，春秋相连，雨季为每年7~8月。研究区森林覆盖率75%以上，属典型的国有林区。植被分为森林植被和草原植被，并以森林植被为主，主要树种为兴安落叶松、白桦、樟子松，其次为杨、柳等。研究区位于内蒙古大兴安岭生态站周边（121.509°E，50.939°N），地形起伏，属于典型的复杂地形。研究区位置和土地利用/土地覆盖信息如图4.8所示。

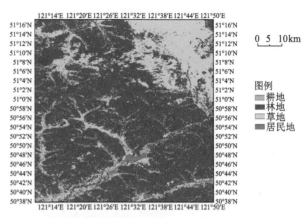

图 4.8　内蒙古根河研究区影像与地表类型

在研究区设有 65m 通量塔，设有气象、辐射、蒸渗、土壤参数与植被结构参数等观测仪器。地表反照率观测仪器为荷兰 Kipp&Zonen 公司生产的 CNR4 净辐射计，架设高度为 65m，树高约 30m，反照率表采集数据所代表的地面观测范围约 400m×400m，采样时间间隔为 1min。我们从站点获得四分量观测值，其中短波上下行辐射数据用于地表反照率地面测量值的计算。地面数据处理方法与河北怀来研究区数据处理方法相同。

甘肃张掖甘州研究区地处黑河流域中游，属于河西走廊中段，东邻山丹县，西到临泽县，南靠民乐县、肃南裕固族自治县、北依合黎山、龙首山，与内蒙古自治区阿拉善右旗接壤，介于 100°6′E～100°52′E、38°39′N～39°24′N，是张掖市政治、经济、文化中心，也是古代丝绸之路上的重镇之一。境内地势平坦，平均海拔 1474 m，黑河、酥油口河、大磁窑河、山丹河等河流贯穿全境，是典型的绿洲农业区。该区属温带大陆性气候，干燥少雨，年均降水量 113～312mm，蒸发量 2047mm，年日照时数 3085h，昼夜温差大，年平均无霜期 150 天，年均气温 7.1℃，≥10℃的年均积温 1837～2810℃。研究区地表分类如图 4.9 所示。

我们在研究区范围内选取了 6 个站点，包含四种土地覆盖类型：草地、荒漠、耕地（玉米）和湿地。站点设有通量观测塔和气象塔，可观测站点的温度、湿度、降水、气压、风速、土壤和辐射等。其中，用于观测辐射的是四分量辐射仪，采样间隔为 10min，不同站点的辐射仪设置于不同的高度。我们根据测得的四分量辐射仪中的数据，计算上行和下行短波辐射数据的比值，即可得到对应时间的地表反照率。地面观测数据从国家青藏高原科学数据中心（https://data.tpdc.ac.cn/zh-hans/）下载。

4.2.2　与地面测量结果的比较

根据上述方法估计得到河北怀来研究区周边 2014 年高空间分辨率地表反照率，与地面测量结果直接进行比较，结果如图 4.10 所示。估算得到的宽波段反照率与地面测量结果一致性较好，R^2 为 0.705，RMSE 为 0.031。

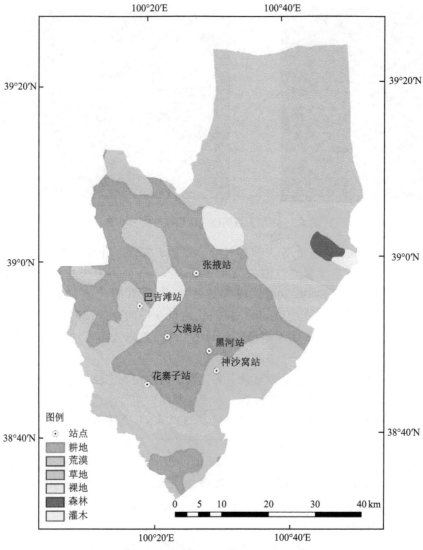

图 4.9　甘肃张掖甘州研究区地表类型

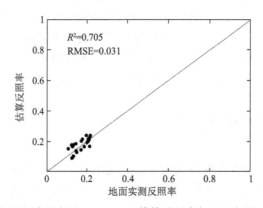

图 4.10　河北怀来研究区 GF-1 WFV 估算反照率与地面实测反照率结果比较

内蒙古根河研究区地面观测仪器架设在树冠上距地面约 35m 的距离，代表地面观测范围约 400m×400m，GF-1 WFV 像元为 16m×16m，将估算结果聚合到 400m 范围与地面观测结果比较，结果如图 4.11 所示。R^2 为 0.787，RMSE 为 0.037。估计精度比河北怀来研究区略差，可能是由于该地区为山地地形起伏较大。

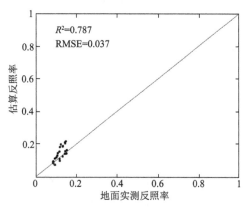

图 4.11　内蒙古根河研究区 GF-1 WFV 估算反照率与地面实测反照率结果比较

甘肃张掖甘州研究区辐射计架设高度各不相同，根据辐射计高度和观测视场角计算得到每个站点地面测量数据的空间代表范围，将估算得到的 GF-1 WFV 地表反照率值根据站点观测的有效代表范围进行聚合，将聚合结果与地面测量值进行直接验证，结果如图 4.12 所示。从散点图可以看出，所有站点的结果显示出较高的决定系数（R^2=0.849）和较好的均方根误差（RMSE=0.026）。

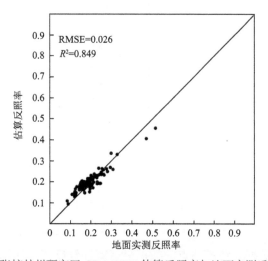

图 4.12　甘肃张掖甘州研究区 GF-1 WFV 估算反照率与地面实测反照率结果比较

由于不同土地覆盖类型对地表反照率有明显的区别，因此有必要对不同地表类型的站点分别讨论。研究区的 6 个站点中包括草地、荒漠、湿地、耕地（玉米）4 种地表覆盖类型。根据直接估算方法，估算各土地覆被类型站点研究区周围的高空间分辨率地表反照率,并将结果与地面测量结果直接对比,如图 4.13 所示。土地覆盖类型为湿地的站点是张掖站,该站点位于张掖国家湿地公园。与其他土地覆盖类型相比,湿地站点的估算结果相对较差,R^2 和 RMSE 分别为 0.631 和 0.027。并且从图 4.13(a)中可以看出,反照率估算结果中高估的情况占大多数。湿地站点的地表反照率整体维持在 0.1~0.25,说明湿地站点的反照率随季节变化不明显,整体比较稳定。

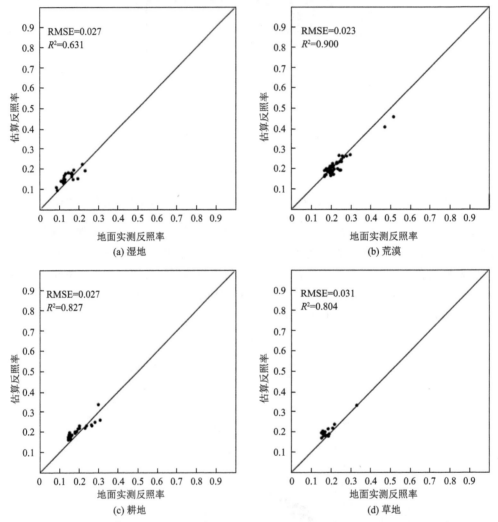

图 4.13　甘肃张掖甘州研究区不同土地覆盖类型 GF-1 WFV 估算反照率与地面实测反照率结果比较

　　研究区的 6 个站点中有 3 个站点的土地覆盖类型为荒漠,因此荒漠站拥有四种土地覆盖类型当中最多的数据。荒漠站点的数据最多就导致反照率估算结果的可靠性更高。荒漠站点的反照率估算结果在四种土地覆盖类型当中是最好的,它拥有最高的决定系数(R^2=0.900),以及最低的均方根误差(RMSE=0.023)。图 4.13(b)中反照率估算结果较大(>0.4)是由于采集时间为冬季且有降雪,地面有积雪从而反照率大大增加。我们还可以发现,荒漠站点的整体反照率略高于其他三种土地覆盖类型,这是由于荒漠大多为裸地，植被覆盖面积非常少，因此反照率偏大。

耕地站点主要种植的作物为玉米，因此该站点地表反照率的变化与作物生长规律有非常大的关联。例如，农作物开始生长时，反射率下降；农作物成熟收获时，地表为裸土，反射率上升。该站点的反照率估算结果较好，RMSE 和 R^2 分别为 0.027 和 0.827。从图 4.13（c）中可以看出，地表反照率变化较大，在 0.15～0.35 发生变化，这可能与作物的生长和收割相关，这将在后续的研究中进行具体的讨论。

草地站点的反照率变化波动较小，整体反照率围绕 0.2 上下浮动。草地站点的 RMSE 和 R^2 相较于荒漠和耕地的结果较差（RMSE=0.031，R^2=0.804），这是因为草地站点的数据量较少，导致反照率结果具有较大的不稳定性。一般来说，随着植被覆盖的增大，反照率会逐渐下降。虽然草地站点的数据较少，但是与地面观测数据的拟合程度仍然非常好，说明估算结果的准确性。

4.2.3　与 Landsat 估算结果的比较

用类似方法估算 Landsat 地表反照率，与 GF-1 WFV 估算结果进行比对，以此检验该方法的稳定性。由于 Landsat 7 有明显的条带，面上估计结果主要与同时期的 Landsat 8 估算结果进行比较。

1. 河北怀来研究区

在将 GF-1 WFV 估算结果与 Landsat 估算结果进行面上比较之前，我们先对 Landsat 估计结果进行精度检验，将 Landsat 7 和 Landsat 8 的估算结果作为整体与地面测量数据进行比较。在这里，地面观测数据选用 Landsat 卫星过境时刻前后半小时的数据进行比对。图 4.14 是 Landsat 8 估算结果与地面测量结果的散点图，整体上 Landsat 8 较地面测量结果高，相关性较 GF-1 WFV 数据稍高，决定系数 R^2 为 0.857，可以认为该精度满足地表反照率应用需求。

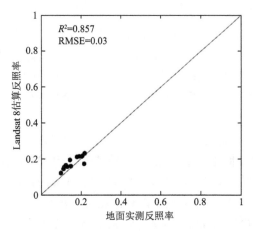

图 4.14　河北怀来研究区 Landsat 8 估算反照率与地面实测反照率结果比较

选取晴朗无云污染的数据进行比对，分别选取了 2014 年 4 月 3 日（DOY=93 天）的 GF-1 WFV 数据估算结果与 2014 年 4 月 4 日（DOY=94）Landsat 8 的估算结果进行面上比较，比较范围为地面观测塔为中心的 6km×6km 区域。比较结果如图 4.15、图 4.16 所示。

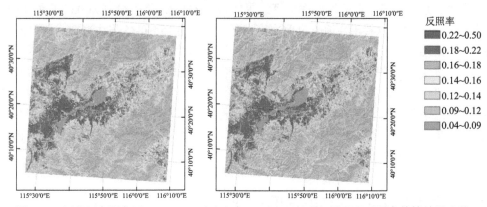

图 4.15　河北怀来研究区 GF-1 WFV（左）与 Landsat 8（右）黑天空反照率估算结果比较

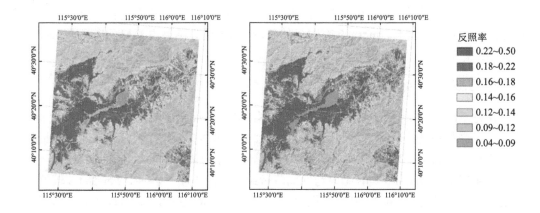

图 4.16　河北怀来研究区 GF-1 WFV（左）与 Landsat 8（右）白天空反照率估算结果比较

从比较结果可见，GF-1 WFV 和 Landsat 8 估计结果在空间上一致性较好，水体（官厅水库）区反照率最低，周边耕地区由于尚未播种，以裸露的土壤为主，反照率较高，在 0.2 左右，左上角和右下角为山地林区，反照率比裸土低，在 0.1 左右。我们将 GF-1 WFV 估算结果与 Landsat 8 的估算结果进行差值计算，并绘制差值分布直方图，如图 4.17 和图 4.18 所示。

从图 4.17 可见，在晴朗无云条件下，利用 GF-1 WFV 和 Landsat 8 两种传感器数据估算得到地表反照率在空间上一致性很好，差值整体小于 0.05，从差值分布直方图可见，两者的差值集中在 0 左右，GF-1 WFV 反照率结果比 Landsat 8 的结果略高。

从比较结果分布散点图 4.19 来看，两者的相关系数很高，均大于等于 0.9411，对于黑天空反照率，GF-1 WFV 比 Landsat 8 估算结果略高；白天空反照率 GF-1 WFV 比 Landsat 8 略低。

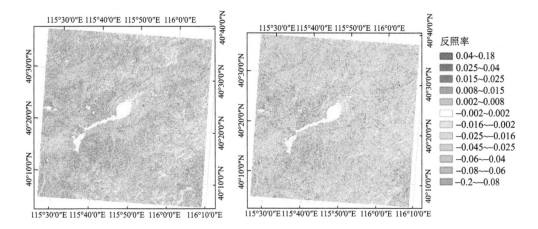

反照率
- ■ 0.04~0.18
- ■ 0.025~0.04
- ■ 0.015~0.025
- ■ 0.008~0.015
- ■ 0.002~0.008
- □ −0.002~0.002
- □ −0.016~−0.002
- □ −0.025~−0.016
- ■ −0.045~−0.025
- ■ −0.06~−0.04
- ■ −0.08~−0.06
- ■ −0.2~−0.08

图 4.17　河北怀来研究区 GF-1 WFV（左）和 Landsat 8（右）反照率差值空间分布

左图为黑天空反照率；右图为白天空反照率

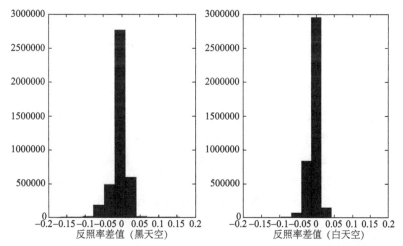

图 4.18　河北怀来研究区差值直方图黑天空及白天空反照率差值空间分布与直方图

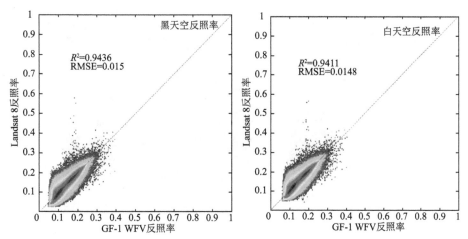

图 4.19　河北怀来研究区 GF-1 WFV 和 Landsat 8 反照率散点图

2. 甘肃张掖甘州研究区

我们首先检验 Landsat 8 估计结果的精度。将该研究区 Landsat 8 的估计结果汇总后与地面测量结果进行比较并绘制散点图，结果如图 4.20 所示。该站点地面测量数据与 Landsat 8 估计结果一致性很好，RMSE 为 0.02，说明该算法对 Landsat 8 估算结果很好。

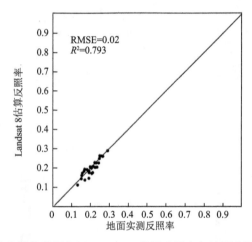

图 4.20　甘肃张掖甘州研究区 Landsat 8 估算反照率与地面实测反照率结果比较

选取成像日期相近的 GF-1 WFV 和 Landsat 8 数据分别估计得到相应空间分辨率的黑、白天空地表反照率进行比较。GF-1 WFV 成像时间是 2015 年 2 月 23 日（DOY=54），Landsat 8 成像时间是 2015 年 2 月 24 日（DOY=55），黑天空和白天空的估算结果如图 4.21 所示。从图 4.21 可见，两种传感器数据估算结果在空间上具有很强的一致性，散点图（图 4.22）显示，白天空反照率的一致性较黑天空反照率的一致性更高，这可能是两者的成像时间不一致、太阳角度不同，而太阳入射角度对黑天空反照率的影响较白天空反照率更大造成的。

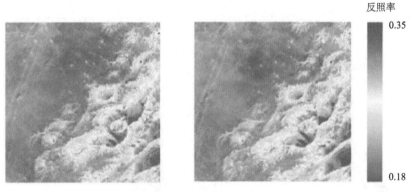

(a) 黑天空反照率

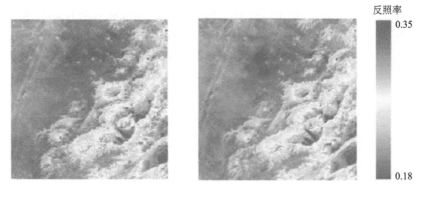

(b) 白天空反照率

图 4.21 甘肃张掖甘州研究区 GF-1 WFV（左）和 Landsat 8（右）反照率差值空间分布

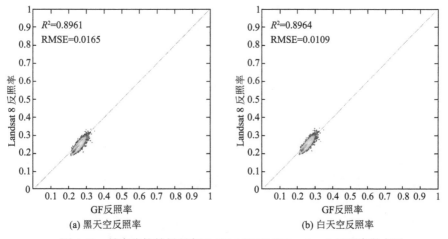

(a) 黑天空反照率　　　　　　　　(b) 白天空反照率

图 4.22 甘肃张掖甘州研究区 GF-1 WFV 和 Landsat 8 反照率散点图

3. 内蒙古根河研究区

与前两个研究的分析方法类似，我们首先检验 Landsat 8 估计结果的精度。将该研究区 Landsat 8 的估计结果与地面测量结果进行比较，绘制散点图，结果如图 4.23 所示。该站点地面测量数据与 Landsat 8 估算结果一致性很好，说明该算法对 Landsat 8 估算结果很好。

选取晴朗无云时期的两组影像进行对比分析，选定 2014 年第 16 天的 Landsat 8 数据和 2014 年 1 月 18 日（DOY=18）的 GF-1 WFV 数据进行比对，由于该地区位于 Landsat 影像的边缘，因此裁定观测塔周边 3km×3km 区域进行比对，两者的黑天空反照率对比如图 4.24 所示，白天空反照率对比如图 4.25 所示。结果可见，GF-1 WFV 和 Landsat 8 估算结果在空间上具有很好的一致性，由于该时期为冬季，根河研究区纬度较高，地面有少量积雪（图 4.26），整体上在有积雪的区域，地表反照率明显高于非积雪区，且积雪区空间分布一致性较好。Landsat 8 估算结果中积雪区面积稍大，且反照率值更高（图 4.24、图 4.25 右图中红色区域面积较大且颜色较深），是由于 GF-1 WFV 和 Landsat 8 采样时间相差两天，Landsat 8 数据为 2014 年第 16 天获取，GF-1 WFV 数据为 2014 年第 18 天获取，从图 4.26 可见，在相隔的两个时期，地表无新降雪，一般来说，新雪反照率较旧雪反照率高，因此 Landsat 8 估算得到地表反照率较 GF-1 WFV 数据估算得到的反照率高。

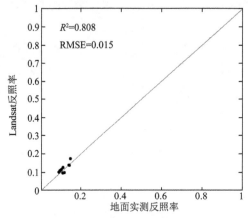

图 4.23　内蒙古根河研究区 Landsat 8 估算反照率与地面实测反照率结果比较

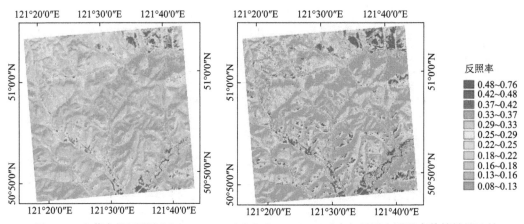

图 4.24　内蒙古根河研究区 GF-1 WFV（左）和 Landsat 8（右）黑天空反照率估算结果比较

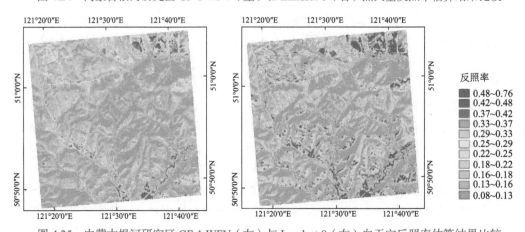

图 4.25　内蒙古根河研究区 GF-1 WFV（左）与 Landsat 8（右）白天空反照率估算结果比较

图 4.26　GF-1 WFV（左）和 Landsat 8（右）内蒙古根河研究区真彩色合成图

在非积雪区，地表反照率值较低，该区域为大兴安岭林区，地表类型以林地为主，如图 4.26 所示。由于该地区为山区，地形起伏较大，从图中可见地形对估算结果的影响明显，估算结果具有很明显的地形痕迹。

从 GF-1 WFV 和 Landsat 8 反照率的差值分布图（图 4.27）和差值直方图（图 4.28）来看，两种产品估算得到的黑、白天空反照率具有较好的一致性，差值集中在-0.1～0.1，差值直方图呈较好的正态分布。同时，从图 4.28 可以看出，两种产品估算结果差异的地形特征较为明显，与估算结果相对应的，地形轮廓清晰可见，由此判断在该地区，反照率估算结果受地形影响较大。由于地形变化，太阳和观测角度引起的地表反照率估算差异在起伏山区会更加显著，因此有必要在山区对估算方法进行改进。

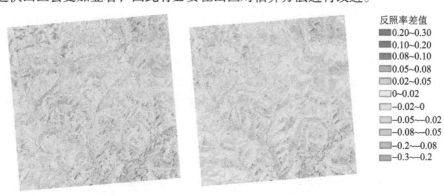

图 4.27　内蒙古根河研究区 GF-1 WFV 和 Landsat 8 黑天空（左）和白天空（右）反照率差值空间分布

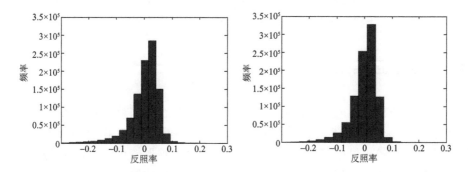

图 4.28　GF-1 WFV 与 Landsat 8 黑（左）白（右）天空反照率差值直方图

绘制 GF-1 WFV 和 Landsat 8 黑白天空反照率的散点图，如图 4.29 所示。与河北怀来研究区相比，两种反照率产品的散点图分布更离散一些，相关系数也有所下降，黑天空反照率的决定系数为 0.8762，白天空反照率的决定系数为 0.8783。

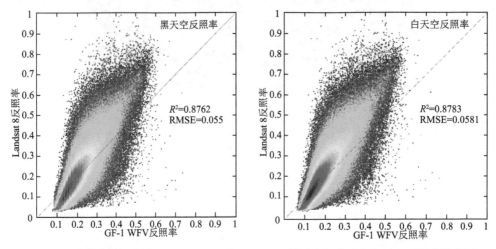

图 4.29　内蒙古根河研究区 GF-1 WFV 和 Landsat 8 黑（左）白（右）天空反照率散点图

从整体上可以看到，在河北怀来和内蒙古根河研究区，直接估算方法可以得到较高精度的地表反照率估算结果，且对于不同的卫星数据具有很强的适用性，是一种推广性比较高的地表反照率估算方法。将 GF-1 WFV 数据估算得到的反照率与 Landsat 8 估算得到反照率进行对比验证时，由于两种传感器观测数据具有一定的时间差，因此会对估算结果有一定的影响。在河北怀来研究区，选取的 GF-1 WFV 数据为 2014 年第 93 天，Landsat 8 数据为 2014 年第 94 天，该时间农作物生长缓慢，地表变化不剧烈，因此两者的比较差异较小。而在内蒙古根河研究区，选取的 GF-1 WFV 数据为 2014 年第 18 天，Landsat 8 数据为 2014 年第 16 天，该时间为冬季，从地表情况（图 4.26）来看，该时间地表有积雪，且在相邻两天无新增降雪，一般来说，新雪的反照率比旧雪的反照率高，因此 Landsat 8 估算得到地表反照率较 GF-1 WFV 数据估算得到的反照率高些。

同时，从内蒙古根河研究区的分析中也可以看出，该方法在起伏山区精度有所下降，估算结果和偏差的空间分布具有明显的地形特征，与地面估算结果相比，内蒙古根河研究区的起伏山区估算结果较河北怀来研究区的平坦作物区精度低，原因是在整个模拟和估算过程中没有考虑地形影响，接下来我们尝试进行地形影响的校正。

4.2.4　地形校正结果

采用地形校正方法对内蒙古根河研究区进行地形校正，估算该研究区的高空间分辨率地表反照率。图 4.30 和图 4.31 是经过地形校正前后地表反照率的空间分布图。从对比图可以看出，地形校正可以消除一部分地形影响，经过地形校正之后，地表反照率的空间分布地形特征减弱，尤其在研究区中心区域，经校正后的黑、白天空反照率均呈现较好的异质性，地形特征消除明显，可见该方法可以消除一些地形引起的反照率估算差异。

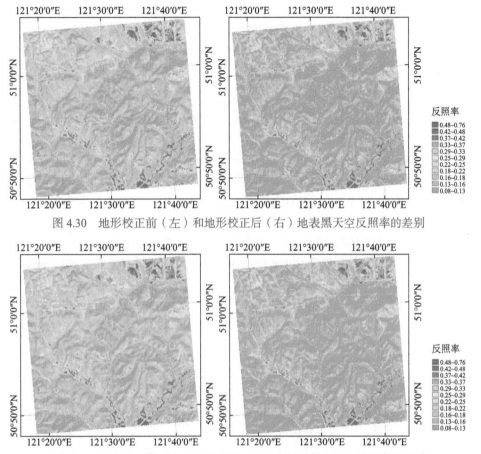

图 4.30　地形校正前（左）和地形校正后（右）地表黑天空反照率的差别

图 4.31　地形校正前（左）和地形校正后（右）地表白天空反照率的差别

将经地形校正后的估算结果与地面测量结果进行直接比对，绘制散点图，如图 4.32 所示。与未经地形校正的估算结果和地面测量比对结果相比，经过地形校正后，估算结果与地面测量值之间的 RMSE 从 0.037 下降为 0.03，估算结果具有较明显的改进。

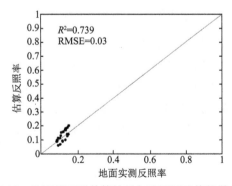

图 4.32　地形校正后估算结果与地面测量值的散点图

4.2.5   地表反照率时空变化特征分析

　　利用以上估计方法得到甘肃张掖甘州研究区四种土地覆盖类型 2014～2018 年日均地表反照率曲线，如图 4.33 所示（其中草地站点缺少 2014 年数据）。它们的多年平均值分别为耕地：0.2103，荒漠：0.2374，湿地：0.1795，草地：0.1895；标准差分别为耕地：0.0735，荒漠：0.0851，湿地：0.0824，草地：0.0713。在所有土地覆盖类型中，荒漠站的年均地表反照率值最大，湿地站的值最小。在研究时间范围内，每年年初与年末的反照率值均大于 0.4。地表反照率最大值在 2018 年，为 0.8327，最小值在 2016 年，为 0.0374。耕地地表反照率的最大值在 2018 年，为 0.7008，最小值在 2017 年，为 0.0944；荒漠的最大值在 2018 年，为 0.8327，最小值在 2016 年，为 0.0874；湿地的最大值在 2015 年，为 0.7679，最小值在 2016 年，为 0.0374；草地的最大值在 2018 年，为 0.7958，最小值在 2015 年，为 0.0862。从反照率的季节变化来看，冬季反照率变化剧烈，这主要与降雪天气有关，冬季降雪使得地表反照率迅速升高，融雪过程则降低地表反照率。春、夏、秋季的反照率变化波动较为平缓。2014 年冬季的反照率变化峰值较高，2016 年冬季反照率变化峰值则较低。

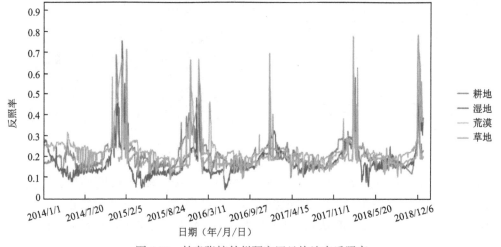

图 4.33   甘肃张掖甘州研究区日均地表反照率

　　采用一元线性回归法逐像元拟合甘肃张掖甘州研究区年均地表反照率的年际变化速率（图 4.34），结果表明，高原年均地表反照率的年际变化存在明显的空间差异，大部分地区的年均地表反照率呈增大趋势，增大速率约为 $2.4 \times 10^{-3} a^{-1}$，约占总面积的 64.4%。年均地表反照率增大较快的地区主要分布在东部森林地区、北部荒漠地区和南部草地地区，这些地区的增大速率超过 1.0×10^{-2}/a。在河流地区，年均地表反照率呈缓慢减小的趋势，减小速率超过 1.5×10^{-2}/a。

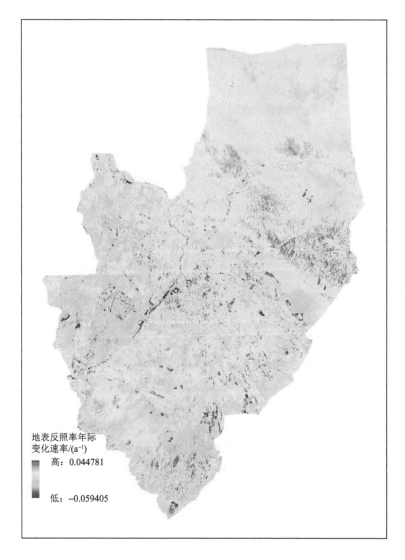

图 4.34　甘肃张掖甘州研究区年均地表反照率的年际变化速率

　　由于每年年末和年初均会出现积雪导致反照率异常高的情况，因此本研究选择每年 7 月的植被生长季进行年际变化分析。由图 4.35 可见，基于 GF-1 WFV 数据计算得到的甘肃张掖甘州研究区 2014～2018 年 7 月平均地表反照率在空间分布上有明显的地域差异。反照率总体上呈现北部和西南部高、中部低的分布特征，这一特征与甘州研究区的地理空间分布特征十分吻合。其中，北部荒漠地区是地表反照率的高值中心，一般超过 0.4；森林地区位于反照率最低的东北部分；甘州研究区中部地表反照率较低，一般小于 0.1，这主要是因为当地大多为湿地和耕地，并且 7 月处于植被生长最旺盛的季节。这些都说明地表反照率的空间分布受地表覆盖的影响较大。分析年均地表反照率标准差的空间分布[图 4.35（b）]，结果表明，年均地表反照率标准差整体较小（小于 0.01），其中标准差较大的区域零星分布在甘州整个区域，这说明历年 7 月反照率变化幅度不大。其中，河流部分的标准差较大，这和河流区域反照率容易受降水等因素的影响有关。

图 4.35　甘肃张掖甘州研究区 2014～2018 年 7 月平均地表反照率（a）和标准差（b）的空间分布图

图 4.36 显示了甘肃张掖甘州研究区 2015 年地表反照率的空间分布，可以看出 2015 年地表反照率不同月份的变化情况。1 月东部草地、中部耕地和南部草地受冬季降雪的影响，反照率值偏高，平均反照率值大于 0.4。而北部的荒漠和中部的湿地无积雪覆盖反照率较低，平均反照率值分别小于 0.3 和 0.2。3 月积雪基本融化，东部和中南部的反照率减小，但整体反照率高于 1 月。5 月反照率比 3 月反照率再次下降，5 月植被和农作物开生长，植被覆盖程度逐渐增大，反照率下降。8 月反照率达到最低，其中甘州研究区中部的土地覆盖类型为耕地，8 月农作物达到生长最旺盛时期，因此植被覆盖最高，反照率则最低。到了 10 月农作物达到收获期，作物收获后地表呈现为裸土状态，因此反照率升高。12 月甘州研究区除了中部以外，南北部均有积雪，导致反照率高于 0.4，并且甘州研究区中部为主城区，一旦发生大面积降雪并产生积雪，为了保证交通出行以及人民安全等问题，会对积雪进行扫除等处理，因此反照率低于其他积雪地区。

(a) 2015年1月　　　　　　　(b) 2015年3月　　　　　　　(c) 2015年5月

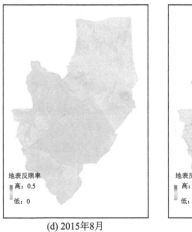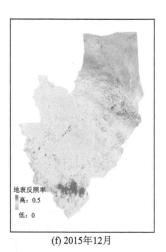

| (d) 2015年8月 | (e) 2015年10月 | (f) 2015年12月 |

图 4.36　甘肃张掖甘州研究区 2015 年地表反照率的空间分布

　　为了探究不同地表覆盖类型地表反照率月变化趋势，统计甘肃张掖甘州研究区不同地表覆盖类型地表反照率月平均值的年变化。由图 4.37 可以看出，耕地、湿地、荒漠和草地这 4 种地表覆盖类型地表反照率月平均值的年变化呈"U"形变化趋势，与 Liu 等（2008）对干旱半干旱区域耕地和退化草地下垫面地表反照率研究结果一致。裸地、荒漠和草地 1～8 月地表反照率呈明显的下降趋势，其中夏季 6～9 月反照率最低，这是因为夏天植被生长旺盛，降水量相对充足，土壤表层湿度较大。9 月后作物收割，地表植被覆盖逐渐降低，反照率开始上升。从图 4.37 中我们还可以发现，湿地的月均反照率大多低于其他 3 种地表覆盖类型的反照率，这可能是因为湿地植被覆盖高，且植物冠层相较草地和耕地更旺盛，土壤比较潮湿，从而导致反照率值低于其他土地类型。湿地 6 月的反照率最低（0.143），这可能与每年 6 月的降水量较多有关。1 月和 12 月反照率最高的是荒漠，并且荒漠的全年反照率几乎高于其他 3 种地表覆盖类型，这是因为荒漠的地表为裸土，地表植被覆盖度非常低，因此反照率偏高。冬季发生降雪后，荒漠积雪的可能性也比其他土地类型更大，符合图 4.33 展示的现象。由此可见，复杂多变的地表下垫面使得甘州研究区地表反照率具有明显季节性差异，春季土壤覆盖为主，反照率高；夏季植被生长、降水量增加，降低地表反照率；冬季地表裸露，反照率增加。

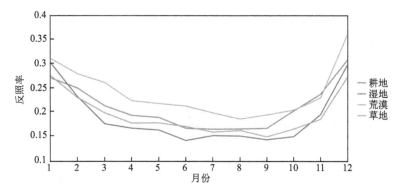

图 4.37　甘肃张掖甘州研究区不同地表覆盖类型反照率月平均值的变化

4.3　总　　结

本章提出了一种针对国产 GF-1 WFV 数据的高时空分辨率地表反照率的估算方法。该方法以辐射传输模拟为基础，利用 MODIS 地表二向反射特征参数代表非朗伯地表的真实情况，利用 6S 辐射传输模拟方法模拟大气层顶方向反射率，与通过地表二向反射特征估算的地表反照率建立回归模型，构建基于 GF-1 WFV 数据的地表反照率估算模型。分别在河北怀来、内蒙古根河和甘肃张掖甘州研究区对该方法进行检验，结果显示，该方法与地面实测结果具有很好的一致性；用相同的方法估算得到 Landsat 8 地表反照率数据，与 GF-1 WFV 数据估算结果进行比较，发现该方法的适用性广，可以应用于不同类型的传感器，两者估算结果的差异小。

同时发现该方法在起伏山区估算结果受地形影响较大，对该方法进行修正，利用研究区 DEM 数据，考虑地形引起的几何差异，通过校正这种差异，试图对该方法进行改进。结果显示，这种方法可以消除一部分地形引起的差异，经地形校正后的结果一致性明显高于地形校正前。

最后，利用 GF-1 WFV 数据高频率的重返能力，分析了 2014～2018 年甘肃张掖甘州研究区地表反照率的时空分布和动态变化特征，为区域尺度环境变化研究提供了支持。

参 考 文 献

梁顺林, 李小文, 王锦地. 2013. 定量遥感: 理念与算法. 北京: 科学出版社.

杨光超, 朱忠礼, 谭磊, 等. 2015. 怀来地区蒸渗仪测定玉米田蒸散发分析. 高原气象, 34(4): 1095-1106.

Dickinson R E. 1983. Land surface processes and climate-surface albedos and energy balance//Barry S. Advances in Geophysics, 25: 305-353.

Gu D, Gillespie A. 1998. Topographic normalization of Landsat TM images of forest based on subpixel sun-canopy-sensor geometry. Remote Sensing of Environment, 64(2): 166-175.

He T, Liang S, Wang D, et al. 2015. Land surface albedo estimation from Chinese HJ satellite data based on the direct estimation approach. Remote Sensing, 7(5): 5495-5510.

He T, Liang S, Wang D, et al. 2018. Evaluating land surface albedo estimation from Landsat MSS, TM, ETM+, and OLI data based on the unified direct estimation approach. Remote Sensing of Environment, 204: 181-196.

Liang S. 2000. Narrowband to broadband conversions of land surface albedo I: algorithms. Remote Sensing of Environment, 76(2): 213-238.

Liu H, Tu G, Wenjie D. 2008. Surface albedo variations are different in semi-arid region. Chinese Science Bulletin, 53(10): 1220-1227.

Schaaf C B, Gao F, Strahler A H, et al. 2002. First operational BRDF, albedo nadir reflectance products from MODIS. Remote Sensing of Environment, 83(1-2): 135-148.

Shuai Y, Masek J G, Gao F, et al. 2011. An algorithm for the retrieval of 30m snow-Free albedo from Landsat surface reflectance and modis brdf. Remote Sensing of Environment, 115(9): 2204-2216.

Zhou H, Wang Z, Ma W, et al. 2022. Land surface albedo estimation with Chinese GF-1 WFV data in Northwest China. IEEE Journal of Selected Topics in Applied Earth Observations and Remote Sensing, 15: 849-861.

Zhou Y, Wang D, Liang S, et al. 2016. Assessment of the Suomi NPP VIIRS land surface albedo data using station measurements and high-resolution albedo maps. Remote Sensing, 8(137): 1-16.

第 5 章

多源遥感土地覆被产品一致性评价与分析

随着遥感技术的发展，航空航天数据为地表覆被制图提供了便利，全球及区域尺度的土地覆被产品陆续出现，如国际地圈生物圈计划数据和信息系统覆盖（International Geosphere Biosphere Programme Data and Information System Cover，IGBP DISCover）（Loveland et al.，2000）、2000 年全球土地覆盖（Global Land Cover 2000，GLC2000）（Bartholome and Belward，2005）、国家测绘组织的全球土地覆盖（Global Land Cover by National Mapping Organizations，GLCNMO）（Tateishi et al.，2011）等土地覆被产品，这些土地覆被产品的制作在全球及区域生态系统的反演、陆面过程模拟、农业等研究中具有重要意义。然而，多样化的数据源、分类系统、制图手段等的差异，导致现有土地覆被产品难以在全球或区域尺度上实现完全的一致性。这种差异主要体现在土地覆被类型数量的差异、空间分布的差异等，使得用户在利用具体的土地覆被数据完成自身的业务需求时，存在难以预知的不确定性，特别是针对一些最新制作的中高分辨率土地覆被产品，其产品的准确性未经充分分析和验证，如何选择合适的数据以及选择的数据能够多大程度上满足用户的研究需求，是土地覆被使用者面临的挑战，降低了现有土地覆被数据资源的利用。因此，对现有多源遥感土地覆被产品进行评价分析对产品使用者和制作者极其重要。

本章主要针对几种中分辨率土地覆被产品展开多层次、多视角的评价分析介绍。本章利用面积比较、空间叠加、混淆矩阵、景观指数等理论方法，从定性和定量角度综合评价分析了几种中分辨率土地覆被产品，深入挖掘和分析不同产品的一致性、精度、优缺点以及不一致性的影响因素。研究结果不仅为未来土地覆被制图质量的提高提供必要的先验知识，亦可为全球气候变化、全球生态环境变化等研究选择合适的土地覆被数据提供重要参考。

5.1 引　言

5.1.1 研究背景

地表覆被数据及其动态变化规律是环境建模、水土流失等研究领域的重要基础数据

（Holmberg et al.，2019）。然而，传统的地表覆被数据往往以实地勘察为主，耗时费力而且成本较高，已难以适应当前行业的业务需求。随着遥感技术的发展，低成本、周期性快速获取地表覆被信息成为现实（Chen et al.，2019；Wang et al.，2018），目前已有多套全球及区域尺度的土地覆被产品。但是，不同产品在数据源选择、制图方法等方面存在较大的差异，使得土地覆被产品的应用价值受到一定程度的制约。

在现实需求和理论研究的综合推动下，已有学者对多源遥感土地覆被产品进行全球或区域尺度的评价分析研究。然而，现有多源遥感土地覆被产品的评价分析研究主要是在行政区划上对比了不同产品间的精度及一致性，却较少关注不一致性背后分布的规律性。事实上，在不同分区（如生态分区）下的地表覆被，有一些类型因认知的标准和地物空间格局的复杂性，精度较差。当前不断开展的大区域甚至全球尺度的中高分辨率土地覆被产品制作，需要我们针对不同分区，能较为精细地掌握易混淆类型及其所处的地理位置，用以指导优化开展土地覆被自动化分类工作中分区分层或样本选择等策略。另外，现有的多源遥感土地覆被产品一致性分析研究缺乏定量化的空间格局一致性对比分析，同时，存在的产品一致性研究中采用的数据源主要集中在空间分辨率较粗的产品间。然而，像 MODIS、CCI_LC2000、GLC2000 等粗分辨率的土地覆被数据用于生态环境变化、全球变化等领域的研究时具有一定的局限性。因此，亟待对当前开展的中高分辨率土地覆被产品进行评价分析研究。本研究将评价分析几种中分辨率土地覆被产品全要素和专题要素（耕地类型）的精度和一致性，并从地理学、制图技术等视角综合探讨分析产品产生差异的原因，从而为未来高精度土地覆被制图提供指导。

5.1.2　多源遥感土地覆被产品

随着遥感软硬件技术的飞速发展，一些土地覆被制作机构纷纷致力于开发全球及区域尺度的土地覆被产品，不同空间分辨率的土地覆被产品如雨后春笋般涌现。目前，较为常用的几种土地覆被产品如下。

1）马里兰大学（University of Maryland，UMD）数据

为了满足一些气候模型研究的需要，美国马里兰大学地理系于 1998 年建立了全球 1km 土地覆盖数据 UMD（Hansen et al.，2000），该数据建立在马里兰大学早期的 8km 全球土地覆盖数据基础之上。UMD 制作时通过 1992~1993 年的 1km AVHRR1~5 波段数据和 NDVI 重新组合，利用监督分类方法进行分类，该数据共分为 14 类。UMD 数据生产者使用 Landsat MSS 和 De Fries 等（1998）解译数据样本点验证了产品的精度，结果表明，UMD 数据的总体精度为 69%。

2）全球土地覆盖表征（global land cover characterization，GLCC）数据

GLCC 数据制作的目的是满足国际地圈生物圈计划（International Geosphere Biosphere Programme，IGBP）核心科学计划，是美国地质勘探局（United States Geological Survey，USGS）、内布拉斯加大学林肯分校（University of Nebraska-Lincoln，UNL）和欧盟委员会-联合研究中心（European Commission-Joint Research Centre，EC-JRC）承担

的基于 AVHRR 全球 1km 土地覆盖数据项目而建立的土地覆被产品。GLCC 数据制作时以洲为单元，以 1992～1993 年 1km AVHRR 最大值合成的 12 个月 NDVI（Zhu and Yang，1996）为数据源，采用非监督分类方法进行土地覆被分类；使用 DEM 数据、生态地理分区数据、区域及洲际的植被图和土地覆盖图等辅助数据进行精细的分类后处理。将 Landsat TM 和 SPOT 影像作为参考数据，采用分层随机采样方法采集验证样本并对其进行精度评价（Loveland and Belward，1997）。结果表明，GLCC 产品的总体精度为 66.9%。

3）MODIS 土地覆被（moderate-resolution imaging spectroradiometer land cover，MODIS LC）数据

MODIS LC 是波士顿大学制作的全球地表覆被产品，制作时采用 500m 分辨率 Terra MODIS L2 和 MODIS L3 的 16 天合成的表面反射率数据、EOS 陆地/水体掩膜数据、每 16 天的 MODIS EVI、每 8 天的 MODIS 陆表温度以及地形数据，通过决策树和神经网络分类方法进行分类，而后借助 Landsat 训练样点数据进行分类后处理，得到最终的土地覆被产品（Muchoney et al.，2000）。以高分辨率影像作为参考，通过分层随机采样获取验证样本并进行精度评价得到，MODIS LC 产品的总体精度为 75%（Friedl et al.，2010）。

4）全球土地覆被（GlobCover）

GlobCover 是欧洲空间局（European Space Agency，ESA，简称欧空局）与 IGBP、联合国环境规划署（United Nations Environment Programme，UNEP）、联合国粮食及农业组织（Food and Agriculture Organization，FAO）等组织于 2005 年 4 月共同合作的欧空局–全球土地覆盖（ESA-GlobCover）项目而建立的土地覆被产品。GlobCover 产品制作时，先将研究区划分成 22 个子区域，然后结合监督和非监督分类方法进行土地覆被制图。该产品采用的数据源是 ESA 环境卫星（ENVISAT）多时相 300m 空间分辨率的 MERIS L1B 遥感数据（Bicheron et al.，2008）。用于评价 GlobCover 产品的验证样本由 16 位专家结合 SPOT-VEGETATION NDVI 数据、谷歌地球等辅助资料采集，经验证，GlobCover 产品的总体精度为 67.1%（Strahler et al.，2008）。

5）全球 30m 土地覆盖数据（GlobeLand30）

GlobeLand30 是国家基础地理信息中心制作的覆盖全球尺度的土地覆被产品，该产品的空间分辨率为 30m，目前共有 2000 年、2010 年和 2020 年三期数据。GlobeLand30 产品以 Landsat TM 5、ETM+以及中国环境减灾卫星（HJ-1）为数据源，以 MODIS NDVI、DEM、专题覆盖产品等多种数据为辅助，采用逐类型、逐层次分类策略得到最终分类结果，该产品采用的是 WGS 84 坐标系、UTM 投影。经绝对精度评价，GlobeLand30-2010 产品的总体精度和 Kappa 系数分别为 83.51%和 0.78（陈军等，2014）。

6）全球粮食安全支持分析数据 2015 年东南亚和东北亚 30m 耕地范围（global food security-support analysis data cropland extent 2015 southeast and northeast asia 30m，GFSAD30SEACE）

GFSAD30SEACE（https://lpdaac.usgs.gov/products/gfsad30seacev001/）数据是由 USGS

牵头，与新罕布什尔大学、威斯康星大学麦迪逊分校等单位合作制作的产品，目的是协助解决 21 世纪的全球粮食和水安全问题。GFSAD30SEACE 数据以 Landsat 7 和 Landsat 8 时间序列为数据源，通过随机森林分类方法获取 2015 年 30m 分辨率的耕地专题产品，数据采用 WGS 84 坐标系。该数据集共分成 3 类，分别为水体、非耕地和耕地。通过验证样本的绝对精度评价表明，GFSAD30SEACE 产品的总体精度为 88.6%，制图精度为 81.6%，用户精度为 76.7%（Oliphant et al.，2019）。

7）2015 年全球 30m 地表覆盖精细分类产品（global land cover product with fine classification system in 30m for 2015，GLC_FCS30-2015）

GLC_FCS30-2015（http://data.casearth.cn/sdo/detail/5d904b7a0887164a5c7fbfa0）数据是由中国科学院遥感与数字地球研究所制作的时间为 2015 年的 30m 地表覆被产品。首先，该产品制作时协同时序 MCD43A4 反射率产品以及 CCI_LC2015 地表覆被产品，在全球尺度上按照 1.43°×1.43°地理网格、8 天的时间间隔构建全球时空图像波谱库；其次，利用图像波谱库中的波谱反射率与对应的地理位置信息，构建了时序 Landsat 8 地表反射率产品逐瓦片的训练分类模型；最后，结合多时相分类模型与时序反射率数据集，生产了 2015 年全球尺度的 30m 地表覆盖产品。GLC_FCS30-2015 数据产品的总体精度为 81.4%（Zhang et al.，2019）。

8）全球土地覆盖的精细分辨率观测与监测（fine resolution observation and monitoring of global land cover，FROM_GLC）

FROM_GLC 数据由清华大学宫鹏老师团队制作，目前该产品包括空间分辨率为 30m 的 2010 年、2015 年、2017 年共 3 期全球土地覆被产品以及空间分辨率为 10m 的 2017 年全球土地覆被产品（Gong et al.，2013）。30m 空间分辨率产品制作时采用的数据源均为 Landsat 系列卫星遥感影像，而 10m 高分辨率产品采用的数据源为 Sentinel-2 遥感影像。在制作 10m 分辨率产品时，研究者利用样本迁移方法，将 2015 年的训练样本应用于 2017 年的 Sentinel-2 影像中，采用随机森林分类的方法获得共 10 种类型的土地覆被信息。经验证后，10m 分辨率 FROM_GLC2017 产品的总体精度为 72.35%。

9）湄公河（SERVIR Mekong）土地覆盖数据

SERVIR Mekong 是由美国国际开发署（United States Agency for International Development，USAID）、美国国家航空航天局（National Aeronautics and Space Administration，NASA）及其他团队共同制作的空间分辨率为 30m 的区域土地覆被数据（Potapov et al.，2019；Saah et al.，2020），该数据使用了 USGS Landsat 表面反射产品。此外，为了捕获时间的变化，将获取的影像合成为三个季节，包括干热、干冷和雨季。SERVIR Mekong 产品制作时用于分类的训练样本通过实地考察和高分辨率卫星影像获取，分类时采用的指数特征包括归一化水指数（NDWI）、归一化燃烧指数（NBR）、归一化土壤指数（NDSI）和归一化植被指数（NDVI），最终采用机器学习中的支持向量机和随机森林分类器进行训练分类。目前，该产品的总体精度尚未公布。

5.1.3 多源遥感土地覆被产品一致性评价分析研究现状

目前，国内外已有大量学者对全球及区域尺度的土地覆被产品进行了一致性分析和评价研究。戴昭鑫等（2017）以南美洲为实验区，通过混淆矩阵、空间叠加、面积构成相似性方法，分析了 5 种土地覆被产品的一致性，结果表明，选取的土地覆被产品的空间一致性在 42.27%～87.59%。Yang 等（2017）分析了 7 种全球土地覆被数据集在中国区域的精度和一致性，结果表明，这些土地覆被数据在类型面积和空间分布上存在明显差异。Liang 等（2019）对 4 种全球土地覆被数据集在北极的精度和一致性研究表明，CCI_LC2000 数据的总体精度最高，为 63.5%，MODIS 数据的总体精度最低，仅为 29.5%。Xu 等（2019）用验证样本和 FAO 统计数据对覆盖非洲地区的 3 种数据集进行的评价分析表明，选取的数据集的准确率均在 60% 以上，且 CGLS_LC100 数据与 FAO 统计数据间的一致性最好。Heiskanen（2008）以野外调查数据为参考，对 GLC2000、MODIS 及 MODIS 三种产品的植被类型数据进行评价，结果表明，MODIS 产品一级类林地总体精度较高，但其精细类型精度显著较低。Tchuenté 等（2011）以非洲为实验区，对 GLC2000、GlobCover、MODIS 及 ECOCLIMAP 产品进行评价，得到这些产品的空间一致性为 56%～69%。Herold 等（2008）对 IGBP DISCover、UMD、MODIS 和 GLC2000 产品进行评价分析得到，常绿阔叶林、冰雪和裸地 3 种类型的精度及一致性较好。上述多源遥感土地覆被产品的评价分析研究对环境变化、土地资源调查、生态系统循环等领域的研究具有重要的参考价值。

目前，对于多源遥感专题要素耕地及其精细类型数据集的评价和一致性研究是非常有限的。Vancutsem 等（2012）先对覆盖非洲区域的 10 种土地覆被数据融合得到分辨率为 250m 的耕地数据，然后将其与空间分辨率为 1km 的 2 种耕地数据进行比较分析，结果表明，融合后的耕地数据的精度高于其他 2 种耕地数据。Vancutsem 的研究揭示了可通过多种现有耕地数据的空间组合来获得准确性更高的耕地数据。Chen 等（2017）对全球土地覆被数据 MODIS2010、GlobCover2009、FROM_GLC2010 和 GlobeLand30-2010 中的单要素耕地类型开展了评价分析，结果表明，4 种耕地数据的总体精度在 61.26%～80.63%，其中 GlobeLand30-2010 数据耕地类型的准确性最高。Wei 等（2018）以非洲为研究区，比较了时间约为 2010 年包含耕地类型的 5 种土地覆被数据的面积和空间位置准确性。结果表明，GlobeLand30-2010 产品的准确性较高，GlobCover 和 CCI 土地覆被产品的准确性较低。上述关于耕地数据集的评价和一致性研究为耕地资源监测、粮食安全评估等领域的研究提供了重要的参考信息。

然而，不论是全球尺度还是区域尺度，已有的多源遥感土地覆被产品全要素或单要素（耕地类型）的一致性评价及分析研究主要集中在粗分辨率数据集间，而对于目前公布的中高分辨率土地覆被数据集的评价分析研究较少。另外，针对专题耕地类型开展的不同产品的评价分析研究极少，并且忽略了精细耕地类型（如水田）在粮食安全评估、农业监测等研究中的重要性。综上所述，中高分辨率土地覆被产品全要素和专题要素的一致性评价分析研究很有必要，以支持其在各研究领域中的应用。

5.2　土地覆被产品评价指标及方法

5.2.1　面积构成相似性

土地覆被数据的面积蕴涵着重要的信息，为了定量分析不同覆被产品之间各覆被类型面积构成的相似程度，对选取的每套覆被数据分别统计各类型面积，并在此基础上计算得到土地覆被类型面积相关系数，数学表达如式（5.1）（徐泽源等，2019）：

$$R_i = \frac{\sum_{i=1}^{n}\left(X_i - \bar{X}\right)\left(Y_i - \bar{Y}\right)}{\sqrt{\sum_{i=1}^{n}\left(X_i - \bar{X}\right)^2 \sum_{i=1}^{n}\left(Y_i - \bar{Y}\right)^2}} \tag{5.1}$$

式中，R_i 为两种数据的面积相关系数；i 代表覆被类型；X_i 为数据集 X 中类型 i 的总面积，km^2；Y_i 为数据集 Y 中类型 i 的总面积，km^2；$\bar{X}$ 为数据集 X 中所有类型总面积的平均值，km^2；$\bar{Y}$ 为数据集 Y 中所有类型总面积的平均值，km^2；n 为土地覆被类型总个数。

5.2.2　空间叠加法

为了能够直观地表达不同土地覆被产品空间格局一致性的特征，本研究基于 ArcGIS 软件，采用空间叠加方法逐像素统计各个栅格点上不同土地覆被数据的一致性。假设对 4 种土地覆被产品进行空间格局一致性分析，在此以耕地类型为例阐明具体计算方法。首先，采用 0 和 1 编码对 4 种数据进行重分类，其中耕地类型标记为 1，非耕地类型标记为 0。然后，利用 ArcGIS 软件中的栅格计算器对 4 种数据进行逐像元叠加计算，在输出的结果中，若某一个栅格点上的像素值为 4，则表示该栅格点上 4 种数据均定义为耕地；若某一个栅格点上的像素值为 3，则表示该栅格点上任意 3 种数据定义为耕地；若某一个栅格点上的像素值为 2，则表示该栅格点上任意两种数据定义为耕地；若某一个栅格点上的像素值为 1，则表示该栅格点上 4 种数据均不是耕地。最后，根据逐像元统计的耕地类型定义相同的个数，将一致性程度从低到高划分为 4 个等级（示意图如图 5.1 所示），即①完全不一致：4 种土地覆被数据在某一个栅格点上显示的类型均不相同；②低度一致：2 种土地覆被数据在某一个栅格点上显示的类型相同；③高度一致：3 种土地覆被数据在某一个栅格点上显示的类型相同；④完全一致：4 种土地覆被数据在某一个栅格点上显示的类型均相同。

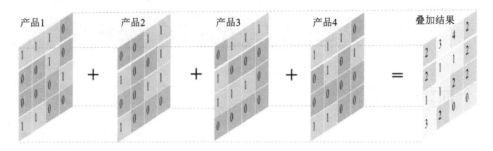

土地覆被类型: 1-耕地; 0-非耕地
叠加结果: 1-完全不一致; 2-低度一致; 3-高度一致; 4-完全一致

图 5.1 空间叠加示意图

5.2.3 混淆矩阵

混淆矩阵是通过矩阵的形式来统计样本的分类结果与地表真实类别的一致性，是目前常用的精度评价方法（Canters，1997；Clark et al.，2010）。通过混淆矩阵可以推算出评价总体及特定类别精度的相关指标，包括总体精度（overall accuracy，OA）、制图精度（producer's accuracy，PA）、用户精度（user's accuracy，UA）以及 Kappa 系数（Kappa coefficient），表 5.1 为不同的 Kappa 系数所表示的分类精度（朱述龙，2006），各评价指标计算如式（5.2）～式（5.5）所示（Janssen and Wel，1994；Story and Congalton，1986）：

$$OA = \frac{\sum_{i=1}^{n} x_{ii}}{n} \times 100\% \quad\quad (5.2)$$

$$PA = \frac{x_{ii}}{x_{+i}} \times 100\% \qu\quad\quad (5.3)$$

$$UA = \frac{x_{ii}}{x_{i+}} \times 100\% \qu\quad\quad (5.4)$$

$$Kappa = \frac{n \cdot \sum_{i=1}^{r} x_{ii} - \sum_{i=1}^{r} \left(x_{i+} \cdot x_{+i} \right)}{n^2 - \sum_{i=1}^{r} \left(x_{i+} \cdot x_{+i} \right)} \qu\quad (5.5)$$

式中，n 为研究区内总像元数；r 为土地覆被类型个数；x_{ii} 为 i 覆被类别正确分类的像元数；x_{+i} 为参考数据中 i 类别的像元总数；x_{i+} 为需要评价数据中 i 类别的像元总数。

表 5.1　**Kappa 系数同分类精度间的对应关系**

Kappa 系数	分类精度
<0.00	很差
0.00~0.20	差
0.20~0.40	一般
0.40~0.60	好
0.60~0.80	很好
0.80~1.00	极好

5.2.4　景观指数

景观指数能够定量描述景观的结构组成、景观的空间配置等特征，是景观格局定量化描述中广泛使用的方法，也是定量分析地表覆被数据景观格局及其动态变化的重要手段（Fan and Ding，2016；Sun and Zhou，2016）。随着理论研究的不断深入，景观指数的类型也越来越广泛，对景观格局特征的刻画也越来越精确，目前研究采用多个景观指标来刻画景观格局特征，以避免单一指标刻画存在的失真现象（Ren and Yuan，2005；Peng et al.，2007）。在分析现有各景观指数的生态学意义的基础上，选择适用于本研究区特性的景观格局衡量指标开展一致性评价分析，所选指标包括斑块数量（number of patches，NP）、斑块密度（patch density，PD）、景观形状指数（landscape shape index，LSI）和聚集度指数（aggregation index，AI）。选取的各景观指标通过 Fragstats4.2 软件计算得到，各指标计算公式及表示的生态学意义如下：

（1）斑块数量（NP）。NP 指景观中斑块的数量，是衡量景观异质性的重要指标之一。NP 指数与景观破碎度之间存在明显的正相关关系；通常而言，NP 越多则景观破碎度越高。NP 的计算如式（5.6）所示：

$$\mathrm{NP} = N, \mathrm{NP} \geqslant 1 \tag{5.6}$$

式中，N 为景观中的斑块总数。

（2）斑块密度（PD）。PD 是景观破碎化程度的衡量指标，能较好地反映景观异质性特征；较小的 PD 对应较小的景观异质性和破碎程度。另外，景观要素间相互作用的强度以及广泛性也可通过 PD 间接反映，景观生态过程越活跃，PD 值越高。PD 的计算如式（5.7）所示：

$$\mathrm{PD} = \frac{N}{A}, \mathrm{PD} > 0 \tag{5.7}$$

式中，N 为景观中的斑块总数；A 为总景观面积。

（3）景观形状指数（LSI）。LSI 主要是基于景观的形状进行景观格局特征描述的景观指数，景观的形状简单，代表 LSI 值接近 1；若能够使用正方形来描述景观形状，则 LSI 值为 1；若景观形状与正方形的偏差越大，则 LSI 值越大。LSI 的计算如式（5.8）所示：

$$\text{LSI} = \frac{0.25E}{\sqrt{A}}, \text{LSI} > 1 \tag{5.8}$$

式中，E 为景观中全部斑块边界的总长度；A 为总景观面积。

（4）聚集度指数（AI）。AI 是从景观斑块间连通性高低角度衡量景观异质性的重要指标，AI 值小代表景观中的斑块较离散且破碎；反之，AI 值大代表景观中同一类型的斑块高度连接或该景观以少数大斑块为主。AI 的计算如式（5.9）所示：

$$\text{AI} = \left[\frac{g_{ii}}{\max g_{ii}}\right] \times 100, 0 \leqslant \text{AI} \leqslant 100 \tag{5.9}$$

式中，g_{ii} 为斑块类型 i 像素间的相似连接数。

5.3　多源遥感土地覆被产品全要素的一致性评价分析

5.3.1　基于景观指数的一致性评价分析

1. 研究区域

本研究以热带季风气候为主的老挝北部地区为研究区进行一致性评价分析。老挝是我国重要的邻国，全境面积为 236800km^2，其概况如图 5.2 所示。中南半岛独特的地形特征，造就了老挝山地与高原为主的地貌特征，林地是其重要的地表覆被类型。老挝的雨季和旱季分别是 5～10 月、11 月至次年 4 月，雨季全境降水量充沛，旱季受东北季风影响降水较少。老挝独特的气候和地形特征造就了该国以发展农业为主的国民经济特征，农作物种植类型主要有水稻、甘蔗、玉米等。

2. 研究数据及预处理

本研究选取了覆盖研究区的 3 套中分辨率土地覆被产品进行空间一致性分析，分别为国家基础地理信息中心制作的 GlobeLand30-2010 产品、清华大学制作的 FROM_GLC2010 产品以及 USAID、NASA 等团队联合生产的 SERVIR Mekong2010 产品。几种土地覆被产品的主要参数信息见表 5.2。

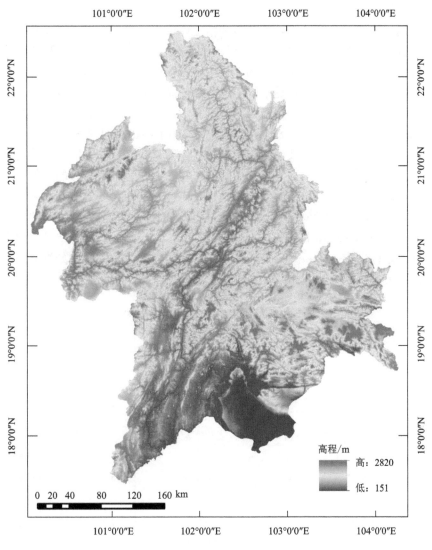

图 5.2　研究区概况

表 5.2　各产品的主要参数信息

产品名称	分辨率/m	分类数	年份	分类方法	总体精度/%	生产机构	数据源
GlobeLand30-2010	30	10	2010	POK（基于像元-对象-知识）分类技术	80.3	国家基础地理信息中心	Landsat TM/ETM+、HJ-1A/B
FROM_GLC2010	30	28	2010	随机森林	64.9	清华大学	Landsat TM/ETM+
SERVIR Mekong2010	30	21	2010	支持向量机和随机森林	未发布	USAID、NASA	Landsat TM/ETM+

　　不同机构制作土地覆被产品时，选择的数据源、分类方法、分类体系等不同，因此，为了实现不同土地覆被产品的一致性分析和精度评价，需对原始土地覆被数据进行预处理，包括研究区裁剪、数据坐标系统一和不同产品分类体系的归一化。本研究采用 ArcGIS 软件并结合研究区矢量边界，对选取的 3 种土地覆被产品进行裁剪，生成具有一致边界的覆被数据集。一致的空间参考是不同土地覆被产品空间叠加和对比分析的基础，通过调研目前已有土地覆被产品所采用的参考信息和学术界对该问题研究已取得的成果（宋宏利等，2014），本研究将 WGS 84 基准面、阿尔伯斯（Albers）等积投影坐标系作为分析的空间框架。不同的土地覆被产品制作机构，由于其研究目的不同，不同覆被产品制定的分类体系存在一定差异，这为各产品间的一致性比较带来了极大的不便。因此，在不同土地覆被产品之间建立一致的分类体系，是进行数据间比较分析的关键和基础性工作，也是确保研究结果准确性和科学性的重要保障。本研究参考土地覆盖分类体系（Land Cover Classification System，LCCS）（Jansen and Groom，2004），将各产品的分类体系进行归并处理，最终形成一个新的分类体系。3 种土地覆被产品的原始分类体系及预处理后的分类体系分别见表 5.3 和表 5.4。

表 5.3　各产品的原始分类体系和编码

编码	GlobeLand30-2010	编码	FROM_GLC2010	编码	SERVIR Mekong2010
10	耕地	11	水田	0	其他
20	林地	12	温室栽培	1	地表水
30	草地	13	其他耕地	2	冰雪
40	灌木	21	天然阔叶林	3	红树林
50	湿地	22	针叶林	4	沼泽森林
60	水体	23	混合林	5	落叶林
70	苔原	24	果园	6	果园或人工林
80	人造地表	31	牧草	7	高山常绿阔叶
90	裸地	32	其他草原	8	常绿阔叶林
100	永久冰雪	40	灌木	9	常绿针叶林
		51	沼泽地	10	常绿混交林
		52	泥滩	11	常绿阔叶与落叶阔叶混交林
		61	湖泊	12	城市与建筑
		62	坑塘	13	耕地
		63	河流	14	水田
		64	海洋	15	滩涂和潮间带
		71	灌木和灌木苔原	16	矿区
		72	草本苔原	17	裸地
		81	高不渗透地表	18	湿地

编码	GlobeLand30-2010	编码	FROM_GLC2010	编码	SERVIR Mekong2010
		82	低不渗透地表	19	草地
		91	干盐滩	20	灌木
		92	沙区		
		93	裸露的岩石		
		94	草本耕地		
		95	干河/湖底		
		96	其他贫瘠的土地		
		101	雪		
		102	冰		
		120	云		

表 5.4　覆盖研究区的不同产品分类体系的归并和对应关系

类型	GlobeLand30-2010	FROM_GLC 2010	SERVIR Mekong2010
耕地	10	11、12、13	13、14
林地	20	21、22、23、24	5、8、9、10、11
灌木	40	40	无
草地	30	32	无
湿地	50	51、52	4
水体	60	61、62、63、64	1
人造地表	80	81、82	12
裸地	90	91、92、93、94、95、96	17
其他	无	101	0

3. 结果分析

1）空间叠加一致性

为了直观地分析多源遥感土地覆被产品在空间上的一致性分布特征，采用空间叠加方法获得 3 种土地覆被产品的空间一致性分布图谱。根据空间叠加结果，将一致性程度划分为三个级别，分别是完全不一致：3 种土地覆被数据在某一个栅格点上显示的类型均不相同；基本一致：2 种土地覆被数据在某一个栅格点上显示的类型相同；完全一致：3 种土地覆被数据在某一个栅格点上显示的类型均相同。

由图 5.3 可得，3 种产品完全一致区域面积占比为 67.83%，完全一致区域在研究区分布较为广泛，且呈现出以林地为主的地表覆被格局，其他类型相对较少；完全一致区域土地覆被类型较单一，地表空间异质性较低。3 种产品基本一致区域面积占比为 26.54%，其空间分布符合土地覆被类别的区域变化特点，在研究区南部、西部分布较密集，中部、东部分布较分散，耕地与林地为主要的地表覆被类型。3 种产品完全不一致区域面积占比为 5.63%，在研究区的东、南、中部地区均有分布，这些地区覆被类型复杂，地表异质性较高，裸地、耕地、林地、灌木、草地类型交错分布。

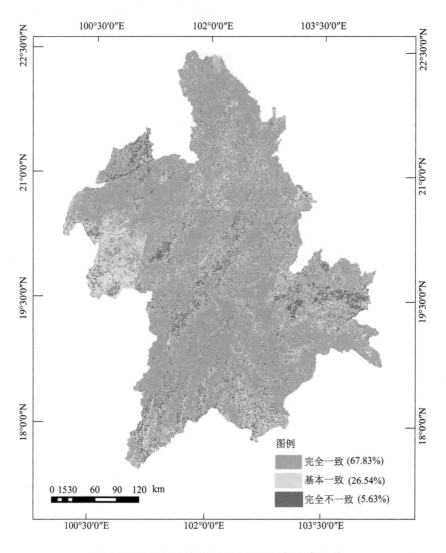

图 5.3   不同土地覆被产品空间一致性分布图谱

2）基于景观指数的原始尺度下空间格局比较

表 5.5 为 3 种土地覆被产品各类型的景观指数值。对于耕地景观，3 种数据的空间格局存在一定差异，FROM_GLC2010 数据的 NP、PD、LSI 值最大，AI 值最小，表明FROM_GLC2010 数据中耕地景观的斑块破碎化程度以及空间异质性较高，斑块形状较复杂，斑块间聚集度较低。GlobeLand30-2010 数据中耕地景观破碎化程度低，斑块形状简单，斑块之间呈现出高度连接的状态。通过各指数对比得到，GlobeLand30-2010 和SERVIR Mekong2010 数据间耕地类型格局差异较小。

表 5.5　不同产品各类型景观指数

类型	产品	NP	PD/km^{-2}	LSI	AI
耕地	G	2983	0.0256	114.4704	95.9898
	F	836198	7.1813	899.8113	73.2971
	S	335045	2.8772	562.8378	98.5
林地	G	81487	0.6998	263.8612	97.4524
	F	238426	2.0476	416.6991	95.8093
	S	39282	0.3373	163.4867	98.5
灌木	G	41268	0.3544	206.8584	66.6069
	F	286287	2.4586	581.6292	29.5878
	S	—	—	—	—
草地	G	399254	3.4287	690.6286	81.1601
	F	624280	5.3613	974.7675	61.6149
	S	—	—	—	—
湿地	G	40	0.0003	8.9149	88.4842
	F	30	0.0003	5.3077	11.1111
	S	4815	0.0413	73.7366	20.7533
水体	G	7672	0.0659	81.0065	92.0437
	F	19356	0.1662	110.4954	88.6749
	S	13989	0.1201	104.936	88.9963
人造地表	G	176	0.0015	15.8153	94.4346
	F	12847	0.1103	115.84	55.9537
	S	36606	0.3145	196.337	66.3918
裸地	G	157	0.0013	13.3778	42.3992
	F	381621	3.2774	652.7455	80.7655
	S	58487	0.5023	243.0855	56.7812

注："—"代表无数据；G 代表 GlobeLand30-2010；F 代表 FROM_GLC2010；S 代表 SERVIR Mekong2010。

　　林地是研究区主要的土地覆被类型，3 种数据都呈现出较高的聚集度，即林地斑块之间高度连接，且斑块自相似性强。3 种数据对林地斑块破碎化程度、形状的复杂度刻画存在一定差异，FROM_GLC2010 表现出最大的破碎和复杂程度；SERVIR Mekong2010 数据则相反。对于灌木和草地景观，不同数据间的一致性较低；FROM_GLC2010 数据的灌木和草地景观的破碎度和空间异质性较高，景观斑块的形状较复杂，斑块间聚集度较低，在研究区呈零散、小规模分布。

　　湿地景观在研究区占比较小，GlobeLand30-2010 和 FROM_GLC2010 数据中斑块的破碎度、空间异质性以及斑块形状的复杂度基本一致，但 GlobeLand30-2010 数据中斑块之间连通性较其他两种数据好。对于水体景观，3 种数据空间格局差异较小，尤其是FROM_GLC2010 和 SERVIR Mekong2010 数据，各景观指数一致性较高。3 种土地覆被产品中，GlobeLand30-2010 数据的水体景观离散程度较小。

　　针对人造地表景观，GlobeLand30-2010 数据的斑块破碎度以及斑块形状复杂度较小，斑块间较聚集。SERVIR Mekong2010 数据斑块破碎度和斑块形状复杂度较高，斑块间的聚集程度较 FROM_GLC2010 好。对于裸地景观，3 种数据各景观指数表现出较大的差异，FROM_GLC2010 数据有较好的斑块聚集性，但斑块的破碎程度、形状复杂性较高，GlobeLand30-2010 数据则相反。

通过引入景观指数对空间分布进行定量化比较后，可以发现很多细微的差别。例如，SERVIR Mekong2010 产品中将灌木和草地主要判定为林地，因此林地景观斑块间连通性增强，斑块间聚集的更加紧密，AI 值会逐渐增大，因此灌草的缺失对林地景观指标 AI 的计算产生了一定影响。这些现象对生态系统的稳定性、生物多样性保护、动物繁殖活动范围、生物资源管理等方面的研究有一定的影响。本研究选择的几种指数对生态系统的功能都有警示意义，如决定景观中各种物种及其次生种的空间分布特征，改变物种间相互作用和协同共生的稳定性等，因此在选择多源遥感土地覆被产品进行相关研究时，不仅要考虑面积一致性和定性的空间格局一致性，还要考虑定量化的空间格局分布，尤其是对生态系统及其功能方面的研究。

3）基于景观指数的不同尺度下空间格局比较

由于空间格局分析的结果严重依赖于空间尺度，这方面有一个非常著名的问题，叫可变面元问题，即当分析的单元大小和分区不相同时，分析得到的结果很可能会不一致（Fu et al.，2011）。因此，为了全面比较不同产品间的空间格局一致性，本研究通过尺度推译对 3 种土地覆被数据开展不同空间尺度上的对比分析。在景观生态学中，尺度推译包括上推和下推两种情况，本研究讨论的是尺度上推。参考已有研究（Fang et al.，2017），选择合适尺度大小进行分析。本研究基于 ArcGIS 软件，通过众数采样法对原始 3 种土地覆被数据进行重采样，实现空间分辨率在 30～300m 以 30m 为尺度间隔、300～600m 以 50m 为尺度间隔、600～1000m 以 100m 为尺度间隔的共 20 个不同尺度大小的土地覆被数据集。

图 5.4 是耕地类型各景观指数的尺度变化效应曲线。随着尺度增加，NP、PD、LSI 值逐渐趋于一致，而 AI 值仍存在一定差异。在 30～60m 尺度范围，FROM_GLC2010 和 SERVIR Mekong2010 数据的 NP、PD 和 LSI 值快速下降，大于 60m 时缓慢降低，而尺度变化对 GlobeLand30-2010 数据的 NP、PD、LSI 值影响极小。当尺度为 60m 时，FROM_GLC2010 和 SERVIR Mekong2010 数据的 AI 值骤增，其余尺度范围 3 种数据均呈降低趋势。

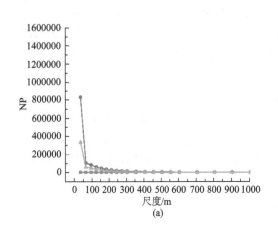

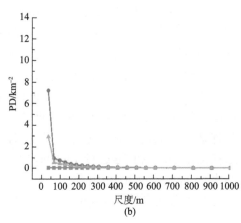

(a)   (b)

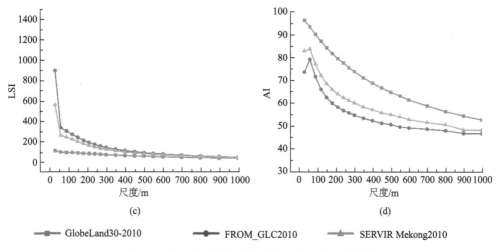

(c)　　　　　　　(d)

■— GlobeLand30-2010　　　　●— FROM_GLC2010　　　　▲— SERVIR Mekong2010

图 5.4　耕地类型各景观指数的尺度变化效应曲线

图 5.5 是林地类型各景观指数的尺度变化效应曲线，3 种数据各指数变化趋势基本一致。当尺度为 60m 时，NP、PD、LSI 值骤减，AI 值骤增。同耕地景观一样，随空间尺度增加，NP、PD、LSI 值逐渐趋于一致，而 AI 值仍存在一定差异。

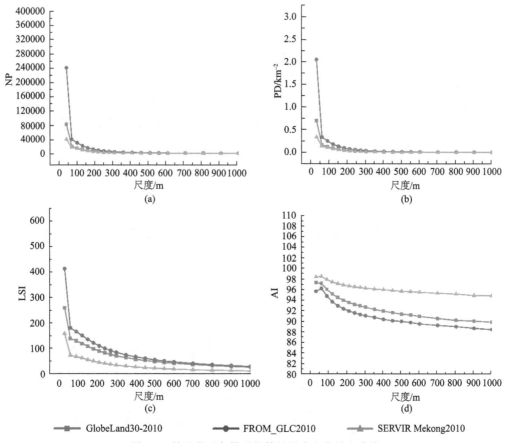

(a)　　　　　　　(b)

(c)　　　　　　　(d)

■— GlobeLand30-2010　　　　●— FROM_GLC2010　　　　▲— SERVIR Mekong2010

图 5.5　林地类型各景观指数的尺度变化效应曲线

　　湿地类型景观指数的尺度变化效应曲线如图 5.6。随尺度增加，FROM_GLC2010 和 GlobeLand30-2010 湿地类型的 NP、PD 值在整个尺度范围变化趋势一致性较高，且尺度大小对其影响极小；对于 LSI 值，随尺度增加，3 种数据尺度效应差异较小，AI 值的尺度效应差异较大，整个尺度范围虽呈下降趋势，但都有波动现象。

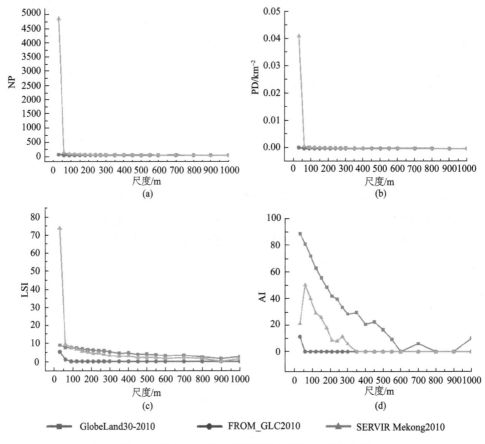

图 5.6　湿地类型各景观指数的尺度变化效应曲线

　　图 5.7 是水体类型各景观指数的尺度变化效应曲线。对于水体景观，3 种数据各景观

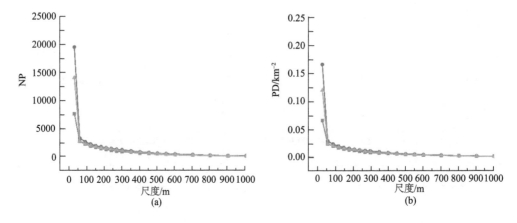

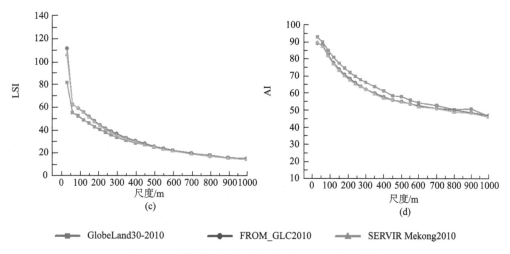

图 5.7　水体类型各景观指数的尺度变化效应曲线

指数尺度效应变化趋势一致性较好，当尺度为 60m 时 NP、PD、LSI 值骤降，其他尺度范围逐渐降低。同时，随尺度的增加，各指数值逐渐趋于一致。

人造地表类型各景观指数的尺度变化效应曲线见图 5.8。人造地表景观的 NP、PD

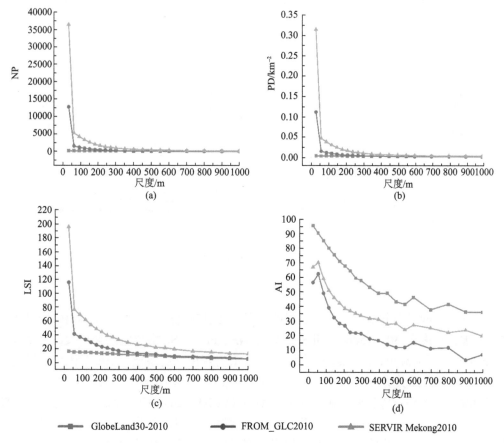

图 5.8　人造地表类型各景观指数的尺度变化效应曲线

和 LSI 值变化趋势与耕地类型一致。对于 AI 值，尺度为 60m 时，FROM_GLC2010 和 SERVIR Mekong2010 数据值骤增，其他尺度范围 3 种数据的 AI 值呈下降趋势，但有较小波动现象。

裸地类型各景观指数的尺度变化效应曲线如图 5.9。3 种数据的 NP、PD 和 LSI 值变化趋势与耕地类型一致。对于 AI 值，3 种数据的变化趋势之间存在一定差异，尺度为 30～150m 时，GlobeLand30-2010 数据的 AI 值快速下降，尺度大于 150m 时趋于稳定；尺度 60m 是 SERVIR Mekong2010 数据的转折点；而 FROM_GLC2010 数据在整个尺度范围内变化缓慢。

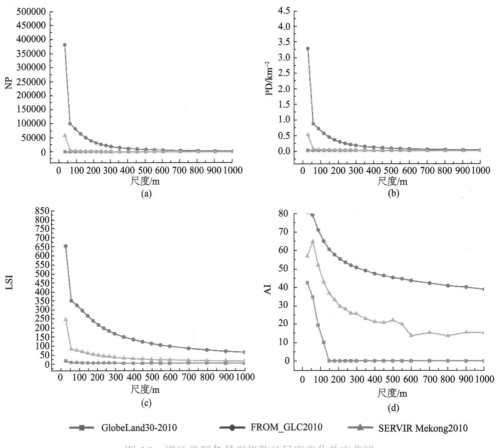

图 5.9 裸地类型各景观指数的尺度变化效应曲线

尺度是空间格局分析的一个重要影响因子。通过三种产品不同尺度空间格局对比，结果发现，尺度在 30～150m 时几种产品的 NP、PD、LSI 指数值差异较大，尺度大于 150m 时差异逐渐减小，最终趋于一致，但 AI 值仍存在一定差异。主要是因为，尺度为 30m 时，几种产品分类方法与分类体系不同，导致各指数差异较大，随着尺度逐渐增加，小斑块融入大斑块，各类型斑块数逐渐减小，导致 NP、PD 值逐渐减小；失去原有形状的斑块，经过不断破碎、融合，最后新的形状则趋于规则，导致 LSI 值也逐渐减小，因此几种产品间的差异也将逐渐缩小。但当尺度增加时，三种产品的 AI 值仍存在一定差异，因为 AI 值受到结构组成成分的丰富度和其空间配置的双重影响，当尺度增大时，栅格细胞聚合造成的新的斑块空间配置关系可能导致几种产品 AI 值仍存在较大差异。因此，当重点关注生态系统的连通性时，无论在何种尺度上，需关注不同产品之间的差异性。

5.3.2　生态分区下的一致性评价分析

1. 研究区域

为了突出不同生态分区下不同土地覆被产品一致性分布规律，本节选择高程差异性、气候差异性等不明显的巴基斯坦信德省为研究区。巴基斯坦信德省位于南亚次大陆的西南角，印度河下游，面积在巴基斯坦中占据第三，是该国重要的经济体。信德省夏天炎热，温度可达 46℃；冬天寒冷，温度低至 2℃，夏冬温差较大，西南季风对该省的影响显著。信德省地区的气候较干旱，年降水量为 180mm。信德省约 38%的土地用于种植农作物，与我国新疆类似，都是重要的棉花生产区。研究区地理位置如图 5.10 所示。

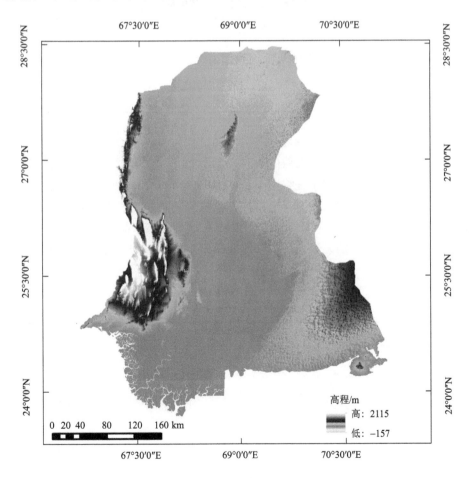

图 5.10　研究区概况

2. 研究数据及预处理

1）土地覆被产品

本研究选取的覆盖巴基斯坦信德省区域的土地覆被产品分别为 GlobeLand30-2010、FROM_GLC 和区域土地覆被（regional land cover，RLC）。虽然 GlobeLand30-2010 土地覆被产品代表的是 2010 年陆地表面的分布特征，但 Jung 等（2006）评价不同土地覆被产品时，认为在大尺度下，覆被产品之间的时相差异对覆被类型的变化影响不显著，在进行不同产品对比时，可以忽略这种较小的时间尺度导致的潜在误差。另外，在 Tchuenté 等（2011）开展的不同产品的比较分析研究中指出，通常在十年乃至更长的时间周期内自然生态系统才会发生较大变化。而在这样的时间尺度下，土地覆被短期的动态变化引起的误差远比覆被产品所选择的数据源、解译方法等引起的误差小。因此，获取的土地覆被数据可满足本研究。FROM_GLC 和 RLC 数据的主要参数信息见表 5.6，GlobeLand30-2010 数据的主要参数信息见本章 5.3.1 节。

表5.6　各产品主要参数信息

产品名称	分辨率/m	分类数	年份	分类方法	总体精度/%	生产机构	数据源
FROM_GLC	30	10	2017	随机森林	未公布	清华大学	Landsat TM/ETM+
RLC	16	10	2016	随机森林	85	中国科学院地理科学与资源研究所	GF-1

本节研究选取的土地覆被数据预处理内容和过程与本章 5.3.1 节一致，在此不再详细介绍。需要注意的是，本节研究选取的 3 种产品空间分辨率不同，我们采用众数重采样法统一尺度。该方法采样过程中是将窗口范围内出现频率最高的那个像元值赋予输出栅格，这种方法不仅可较好地保持原有栅格数据类型值，而且处理速度快，较适宜处理类似土地覆被这种离散的数据。FROM_GLC 和 RLC 土地覆被产品的原始分类体系以及本节预处理后的分类体系分别见表 5.7 和表 5.8，GlobeLand30-2010 数据原始分类体系见本章 5.3.1 节。

表5.7　各产品的原始分类体系和编码

编码	FROM_GLC	编码	RLC
1	耕地	10	耕地
2	林地	20	林地
3	草地	30	灌木
4	灌木	40	草地
5	湿地	50	湿地
6	水体	60	水体
7	苔原	70	人造地表

编码	FROM_GLC	编码	RLC
8	人造地表	80	裸地
9	裸地	90	永久积雪
10	雪/冰	100	冰

表 5.8　覆盖研究区的不同产品分类体系的归并和对应关系

类型	GlobeLand30-2010	FROM_GLC	RLC
耕地	10	1	10
林地	20	2	20
草地	30	3	40
灌木	40	4	30
湿地	50	5	50
水体	60	6	60
人造地表	80	8	70
裸地	90	9	80

2）全球陆地生态分区数据

全球陆地生态分区（terrestrial ecoregions of the world，TEOW）数据（https://www.worldwildlife.org/publications/terrestrial-ecoregions-of-the-world）是根据陆地生物多样性划分的生物地理区划。TEOW 的生物地理单位是生态区域，定义为相对较大的土地单元，其中包含自然群落和物种的独特集合，其边界近似于主要土地利用变化之前自然群落的原始范围。TEOW 共包含 867 个生态区，是基于 14 个生物群落（如森林、草原、沙漠等）和 8 个生物地理分区得到的，反映了从广阔的撒哈拉沙漠到较小的克利珀顿岛（东太平洋）到整个世界上各种动植物的分布（Olson et al.，2001）。TEOW 数据为理解和掌握全球生态资源以及保护生物多样性提供了一个良好的科学基础。

TEOW 数据以 6 位数字进行生态分区编码，各数字表示的含义为：前两位以大写英文字符编码，用以标识地理分区；居中两位则描述了该地理分区中所包含的生物群落信息，最后两位为覆被类型的自然属性标识。图 5.11 和表 5.9 分别为覆盖研究区的 5 个陆地生态分区位置以及编码、名称。PA1307 生态分区属于古北生物地理分区和沙漠、干燥灌木丛生物群落，以干旱的灌木林为主要类型，其他四个生态分区属于东亚、东南亚生物地理分区。IM1303 和 IM1304 生态分区属于沙漠、干燥灌木丛生物群落，以荆棘灌木林、稀疏的旱生草原类型为主；IM1403 生态分区位于印度河三角洲，青藏高原是其发源地，其流经印度西北部，进入巴基斯坦干旱的塔尔沙漠，最后流入阿拉伯海，IM1403 生态分区属于红树林生物群落；IM0901 生态分区位于卢尼河的尽头，卢尼河流经阿拉瓦利山，并继续向南流动，注入以该生态分区为代表的干燥干旱盐滩中。

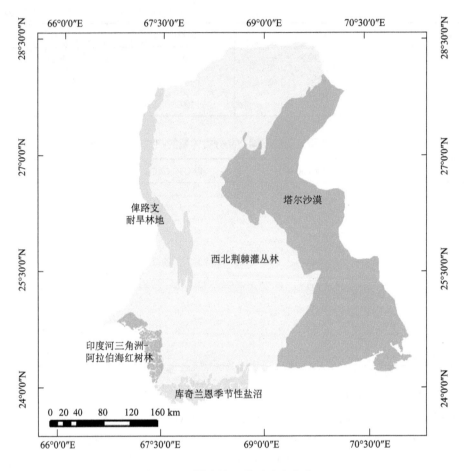

图 5.11　覆盖研究区的陆地生态分区

表 5.9　覆盖研究区的各陆地生态分区编码和名称

编码	名称
PA1307	俾路支耐旱林地
IM1303	西北荆棘灌丛林
IM1304	塔尔沙漠
IM1403	印度河三角洲-阿拉伯海红树林
IM0901	库奇兰恩季节性盐沼

3. 结果分析

1）空间叠加一致性

图 5.12 显示了 3 种产品在信德省的空间格局一致性。结果表明，在信德省印度河平原区域，3 种土地覆被数据具有较高的空间一致性，完全一致区域面积占比为 31.25%，主要覆被类型为耕地；3 种土地覆被数据基本一致区域主要分布在信德省东部塔尔沙漠

和西部平原区域，面积占比为 49.65%，灌木、裸地、草地为主要的覆被类型；3 种土地覆被数据完全不一致区域集中在信德省东南部的塔尔沙漠地区，面积占比为 19.10%，该区域的地表覆被类型有耕地、灌木、裸地、草地。总的来看，3 种土地覆被数据在研究区的整体一致性较低。

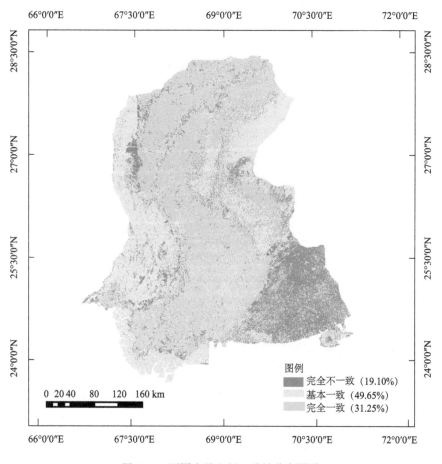

图 5.12　不同产品空间一致性分布图谱

2）TEOW 下的面积一致性

图 5.13 显示了 5 个陆地生态分区 PA1307、IM1303、IM1304、IM1403、IM0901 下的各类型面积构成。对于 PA1307 生态分区，草地和裸地为主要的土地覆被类型，3 种数据之间草地和裸地类型一致性较低，GlobeLand30-2010、FROM_GLC 和 RLC 数据中草地面积占 PA1307 分区总面积的比例分别为 12.52%、2.47%和 97.1%，裸地面积占 PA1307 生态分区总面积的比例分别为 80.3%、95.1%和 0.08%。GlobeLand30-2010 和 FROM_GLC 数据之间草地和裸地类型一致性较高。对于 IM1303 生态分区，耕地为主要的土地覆被类型，GlobeLand30-2010、FROM_GLC 和 RLC 数据耕地面积占 IM1303 生态分区总面积的比例分别为 69.38%、53.45%和 68.52%。3 种数据在 IM1303 生态分区内的草地、裸地类型差异较大，GlobeLand30-2010 与 FROM_GLC 数据裸地类型的面积均比草地类型

高，而 RLC 数据则相反。对于 IM1304 生态分区，3 种数据林地、湿地、水体以及人造地表类型一致性较高，其他类型一致性均较低，尤其是裸地类型，裸地面积占 IM1304 生态分区总面积的比例最大的是 FROM_GLC 数据，为 74.89%，其次为 GlobeLand30-2010 数据，为 46.76%，面积占比最小的为 RLC 数据，为 6.26%。对于 IM1403 和 IM0901 生态分区，3 种数据湿地类型一致性较低，GlobeLand30-2010 和 RLC 数据湿地面积远高于水体面积，两者之间一致性较高，而 FROM_GLC 数据湿地面积远小于水体面积，与其他 2 种数据之间一致性较低。

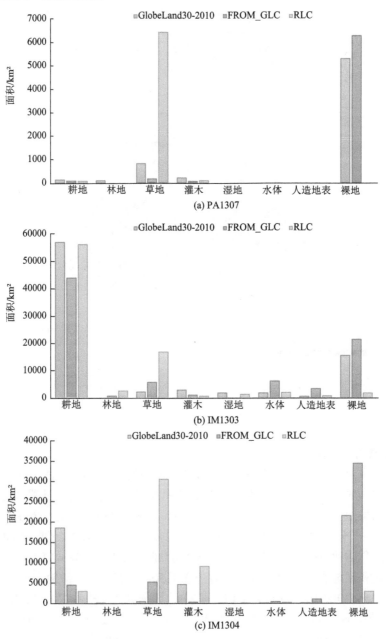

(a) PA1307

(b) IM1303

(c) IM1304

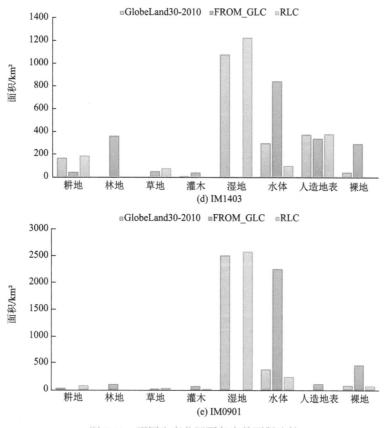

图 5.13　不同生态分区下各产品面积比较

3）TEOW 下的空间格局一致性

图 5.14 显示了 3 种土地覆被数据在 5 种陆地生态分区下的空间一致性。结果表明，不同的生态分区在整个信德省的一致性存在差异性。3 种土地覆被数据整体一致性最高区域分布在 IM1303 生态分区，主要是以耕地为优势覆被类型的印度河平原区；IM1304 分区下 3 种土地覆被数据整体一致性最低，主要分布在该生态分区的东南地区，以草地、耕地、裸地为主要的覆被类型；对于 PA1307、IM1403 以及 IM0901 生态分区，3 种土地覆被数据一致性较低，这些生态分区下大部分区域有 2 种土地覆被数据指示相同，主要覆被类型有裸地、湿地和水体。

5 个陆地生态分区整体一致性面积统计结果（图 5.15）表明，IM1303 分区完全一致区域面积占该分区总面积的 47.64%，高于基本一致和完全不一致区域面积，而其他生态分区与此相反。从图 5.15 得到，5 个陆地生态分区下，完全一致区域面积由高到低分别为 IM1303＞IM1304＞IM1403＞IM0901＞PA1307；基本一致区域面积由高到低分别为 IM1303＞IM1304＞PA1307＞IM0901＞IM1403；完全不一致区域面积由高到低分别为 IM1304＞IM1303＞PA1307＞IM1403＞IM0901。由此可见，不同生态分区下的空间一致性存在差异性。

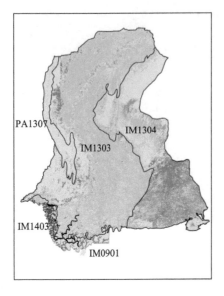
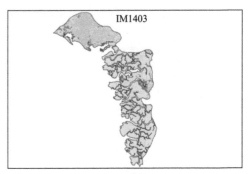
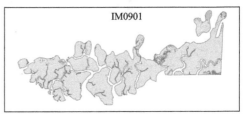

■ 完全不一致　　■ 基本一致　　■ 完全一致

图 5.14　不同生态分区下各产品空间一致性分布图谱

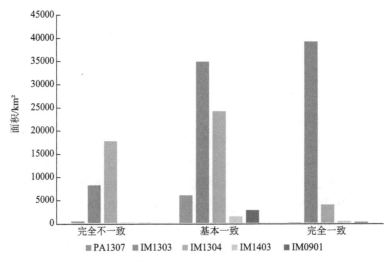

图 5.15　不同生态分区下各产品一致性面积统计

5.3.3　热带雨林气候区的一致性评价分析

1. 研究区域

热带雨林作为地球之肺，在控制温室效应、保持能量平衡等方面具有不可替代的作用，热带雨林的变化会对区域乃至全球气候产生不容忽视的极大影响。因此，热带雨林气候区的土地覆被及其变化对全球气候变化非常重要。为了给全球气候变化相关研究选择合适的土地覆被数据提供参考，对现有多源遥感土地覆被产品进行评价分析具有重要意义。

印度尼西亚作为世界上最大的群岛国家，因其处于太平洋到印度洋的咽喉要道，在全球经济发展、物资运输、安全稳定等方面具有十分重要的战略价值。印度尼西亚领土面积较大的岛屿主要有东部的巴布亚岛、西部的苏门答腊岛、北部的加里曼丹岛，各岛屿地貌以丘陵和山地为主，沿海区域分布有狭窄的平原；热带雨林气候造就了充沛的地表流量，为其农业、林业的发展提供了得天独厚的优势，也造就了其丰富的物产和复杂的覆被多样性特征。印度尼西亚年均温度在 25～27℃，这里由于季风，降水有季节性变化，平原区域的年降水量在 1780～3175mm，山区的年降水量最多达到 6100mm。研究区地理位置如图 5.16 所示。

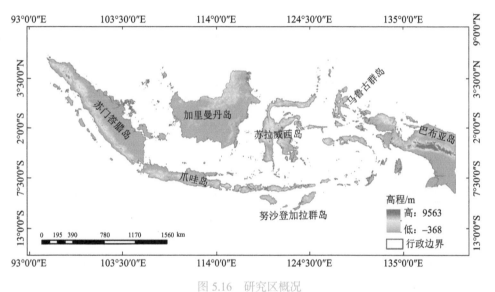

图 5.16　研究区概况

2. 研究数据及预处理

1）土地覆被产品

本研究选取的土地覆被产品分别是 GlobeLand30-2010、FROM_GLC2015 和 GLC_FCS30-2015。表 5.10 为选取的 FROM_GLC2015 和 GLC_FCS30-2015 产品的详细参数信息，GlobeLand30-2010 产品的详细参数信息见本章 5.3.1 节。本节研究选取的土地覆被数据预处理内容和过程与本章 5.3.1 节一致，在此不再详细介绍。FROM_GLC2015 和 GLC_FCS30-2015 土地覆被数据的原始分类体系以及本节预处理后的分类体系分别见表 5.11 和表 5.12。

表 5.10　各产品的主要参数信息

产品名称	分辨率/m	分类数	年份	分类方法	总体精度/%	生产机构	数据源
FROM_GLC2015	30	26	2015	随机森林	77.3	清华大学	Landsat TM/ETM+/OLI
GLC_FCS30-2015	30	30	2015	随机森林	81.4	空天信息创新研究院	Landsat OLI

表 5.11　各产品的原始分类体系和编码

编码	GLC_FCS30-2015	编码	FROM_GLC2015
10	旱作耕地	10	耕地
11	草本覆盖	11	水田
12	乔木或灌木覆盖（果园）	12	温室
20	灌溉耕地	13	其他
50	常绿阔叶林	14	果园
60	落叶阔叶林	15	裸地耕地
61	开放落叶阔叶林（$0.15 < fc < 0.4$）	20	林地
62	封闭落叶阔叶林（$fc > 0.4$）	21	常绿阔叶林
70	常绿针叶林	22	落叶阔叶林
71	开放常绿针叶林（$0.15 < fc < 0.4$）	23	常绿针叶林
72	封闭常绿针叶林（$fc > 0.4$）	24	落叶针叶林
80	落叶针叶林	25	常绿混合林
81	开放落叶针叶林（$0.15 < fc < 0.4$）	26	落叶混合林
82	封闭落叶针叶林（$fc > 0.4$）	30	草地
90	混交林（阔叶和针叶）	31	牧草地
120	灌木	32	天然草地
121	常绿灌木地	33	落叶草地
122	落叶灌木地	40	灌木
130	草地	41	常绿灌木地
140	地衣和苔藓	42	落叶灌木地
150	稀疏植被（$fc < 0.15$）	50	湿地
152	稀疏灌丛带（$fc < 0.15$）	51	沼泽地
153	稀疏的草本（$fc < 0.15$）	52	泥滩
180	湿地	53	落叶沼泽地
190	不渗透面	60	水体
200	裸地	70	苔原

编码	GLC_FCS30-2015	编码	FROM_GLC2015
201	巩固裸露区域	71	磨损和冲刷苔原
202	松散裸露区域	72	草本苔原
210	水体	80	不透水表面
220	永久的冰雪	90	裸地
250	填充值	100	雪/冰
		101	雪
		102	冰
		120	云

注：fc 代表植被覆盖度

表 5.12　覆盖研究区的不同产品分类体系的归并和对应关系

类型	GlobeLand30-2010	FROM_GLC2015	GLC_FCS30-2015
耕地	10	11、13、14、15	10、11、12、20
林地	20	21、22、23、24、25	50、60、62、70、80
草地	30	32、33	130
灌木	40	41、42	120、121、122
湿地	50	51、52、53	180
水体	60	60	210
人造地表	80	80	190
裸地	90	90	150、200

2）DEM 数据

本研究使用的 DEM 数据是先进星载热发射和反射辐射仪全球数字高程模型（advanced spaceborne thermal emission and reflection radiometer global digital elevation model version 2，ASTER GDEM V2）产品，该产品能够覆盖全球范围的中分辨率数字高程影像数据，目前已在各行业发挥极为重要的作用。本研究从地理空间数据云（http://www.gscloud.cn/）平台下载了覆盖印度尼西亚实验区的 30m 分辨率的 ASTER GDEM V2 数据，然后对该数据进行镶嵌、裁剪和统一投影预处理，为后续一致性分析研究做准备。

3. 结果分析

1）面积一致性

图 5.17 为 3 种土地覆被产品在印度尼西亚的面积统计结果。3 种产品对印度尼西亚的类型构成基本一致，即林地类型为研究区主要的覆被类型，耕地、草地、灌木等其他

类型分布较少。GlobeLand30-2010 和 FROM_GLC2015 产品的林地面积一致性较高，面积占比分别为 77.39%和 79.07%。3 种土地覆被产品间的水体和人造地表类型一致性较高，水体面积占比分别为 GlobeLand30-2010（1.31%）、FROM_GLC2015（1.26%）和 GLC_FCS30-2015（0.71%）；人造地表面积占比分别为 GlobeLand30-2010（0.85%）、FROM_GLC2015（1.13%）和 GLC_FCS30-2015（1.88%）。耕地、草地、灌木等其他类型 3 种产品一致性较低。通过计算 3 种土地覆被产品中任意 2 种产品的面积构成相关系数得到（表 5.13），GlobeLand30-2010 和 FROM_GLC2015 产品的面积构成相关系数最高，为 0.99，而 GLC_FCS30-2015 和 FROM_GLC2015 产品的面积构成相关系数最低，为 0.89。

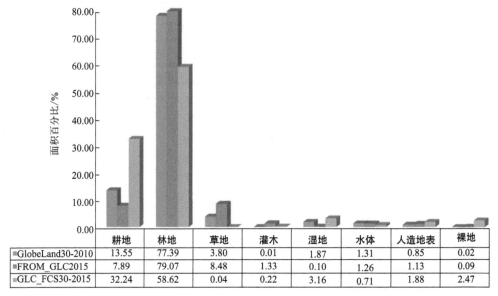

	耕地	林地	草地	灌木	湿地	水体	人造地表	裸地
GlobeLand30-2010	13.55	77.39	3.80	0.01	1.87	1.31	0.85	0.02
FROM_GLC2015	7.89	79.07	8.48	1.33	0.10	1.26	1.13	0.09
GLC_FCS30-2015	32.24	58.62	0.04	0.22	3.16	0.71	1.88	2.47

图 5.17　不同产品面积比较

表 5.13　不同产品间的面积相关系数

产品	GlobeLand30-2010	FROM_GLC2015	GLC_FCS30-2015
GlobeLand30-2010	1.00	0.99	0.93
FROM_GLC2015	0.99	1.00	0.89
GLC_FCS30-2015	0.93	0.89	1.00

2）空间格局一致性分析

本节研究根据空间叠加结果，将空间一致性划分为三个级别，分别是完全不一致、低度一致和完全一致。图 5.18 为 3 种土地覆被产品空间格局一致性分布，3 种土地覆被产品完全一致区域、低度一致区域和完全不一致区域面积占研究区总面积比例分别为 58.14%、33.25%和 8.61%；完全一致区域主要分布在以林地为主要覆被类型的巴布亚岛以及加里曼丹岛中部和北部区域，巴布亚岛和加里曼丹岛各自完全一致区域面积占研究区总面积的比例分别为 18.05%和 17.05%。而在加里曼丹岛的东部、南部和西北部，苏门答腊岛东部冲积平原以及爪哇岛区域，3 种土地覆被产品一致性较低，这些一致性较低区域主要的覆被类型为耕地、人造地表和草地。

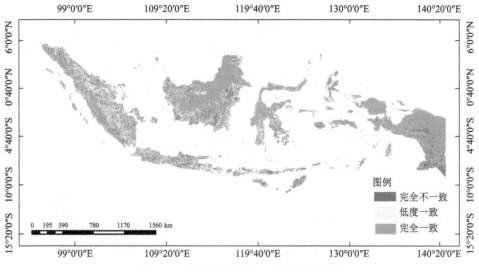

图 5.18　不同产品空间一致性分布图谱

3）地形因子下的空间不一致性

地形因子是驱动地表覆被变化的重要机制之一，对地表的农业、林业、城镇建设等影响巨大，同时在土地资源的开发及利用方面起着重要作用。本节引入地形因子中的高程信息来分析不同高程等级下多源遥感土地覆被产品不一致性分布规律。根据印度尼西亚研究区地形地貌特点，同时为了使土地覆被类型在高程分布上具有明显的梯度特征，将覆盖研究区的分辨率为 30m 的 DEM 数据划分为 5 个等级（表 5.14）。

表 5.14　研究区高程等级划分

等级	1	2	3	4	5
高程/m	< 200	200~500	500~1000	1000~2000	> 2000

采用空间叠加方法将多源遥感土地覆被产品空间一致性图谱与高程地形因子进行叠加，得到不同高程等级下 3 种覆被产品空间不一致性分布规律。图 5.19 是 3 种产品完全不一致区域在不同高程等级下的分布。对于整个印度尼西亚地区，完全不一致区域主要分布在高程小于 200m 的范围，完全不一致区域面积占总完全不一致区域面积的80.22%；完全不一致区域主要分布在苏门答腊岛、爪哇岛及加里曼丹岛，在这些区域不同产品间土地覆被类型差异较大，产品间的一致性较低。当高程大于 200m 时，3 种产品在整个研究区的不一致性显著降低，尤其是高程大于 2000m 时，完全不一致区域面积仅占总完全不一致区域面积的 1.50%，该区域范围内林地是主要的覆被类型。

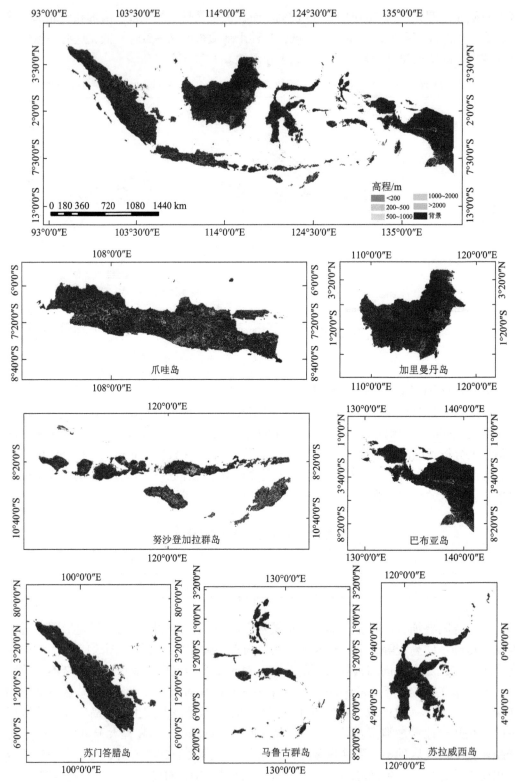

图 5.19 完全不一致区域在不同高程下的空间分布

4）基于实地考察数据的精度评价

本研究以 2018 年在印度尼西亚实地考察样本点为参考数据（图 5.20），通过 Google Earth 高分影像辅助采集样本，对多源遥感土地覆被产品进行定量评价。使用 Google Earth 高分影像进行样本采集时，样本的质量至关重要，需遵循科学合理的原则，才能减少定位及解译误差的不利影响。本研究遵循的原则如下：①鉴于土地覆被数据的空间分辨率（30m）同 Google Earth 样本的定位误差（约 15m）不同，为了减少定位误差对精度评价的影响，尽量在面积较大的类型斑块中采集样本；②选择与覆被产品时相一致的谷歌影像采集样本；③多人独立解译，避免个人选择样本存在的主观性局限，且当多人存在分歧意见时将舍弃该样本。通过上述方法和步骤，最终得到覆盖整个印度尼西亚研究区 2010 年 2188 个以及 2015 年 2232 个验证样本（图 5.21）。

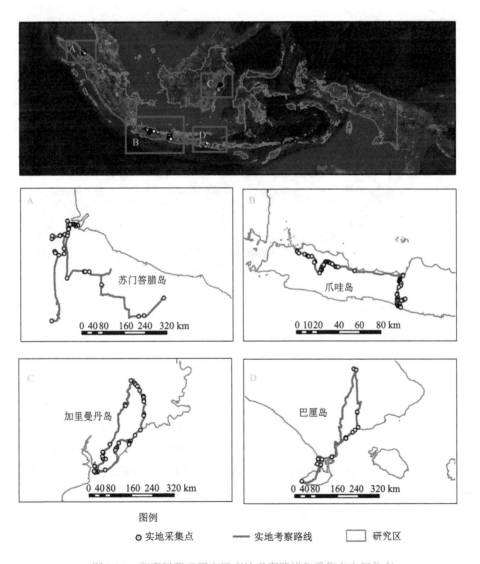

图 5.20　印度尼西亚研究区实地考察路线和采集点空间分布

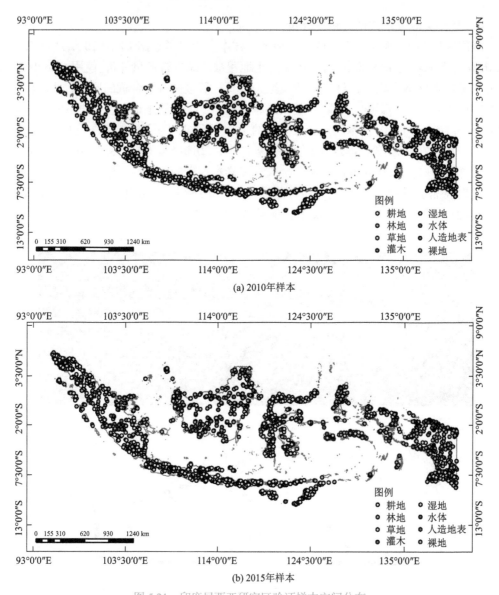

(a) 2010年样本

(b) 2015年样本

图 5.21　印度尼西亚研究区验证样本空间分布

利用采集的样本点对 3 种土地覆被产品进行绝对精度评价，实验结果表明，GLC_FCS30-2015 产品的 OA 和 Kappa 系数最高，分别为 65.59%和 0.55（表 5.15）；其次是 GlobeLand30-2010 产品，其 OA 和 Kappa 系数分别为 61.65%和 0.49（表 5.16）；而 FROM_GLC2015 产品的 OA 和 Kappa 系数最低，分别为 57.71%和 0.46（表 5.17）。根据 Kappa 系数值与分类精度的对应关系，GLC_FCS30-2015、GlobeLand30-2010 以及 FROM_GLC2015 产品在印度尼西亚地区取得了好的总体分类精度。针对各类型精度，GLC_FCS30-2015 产品的耕地、林地以及人造地表 3 种类型的制图精度较高，其精度在 83.21%～99.07%；而草地、灌木和裸地三种类型的制图精度较低，其精度低于 15%。对于 FROM_GLC2015 和 GlobeLand30-2010 产品，林地和人造地表两种类型的制图精度较高，其精度在 78.50%～96.25%；而草地、灌木、裸地和湿地 4 种类型的制图精度较低。

表 5.15 GLC_FCS30-2015 数据混淆矩阵

类型	耕地	林地	草地	灌木	湿地	水体	人造地表	裸地	UA/%
耕地	475	96	120	72	12	126	1	71	48.82
林地	14	555	7	64	2	24	0	3	82.96
草地	0	0	7	0	0	0	0	4	63.64
灌木	8	1	1	10	0	5	0	1	38.46
湿地	9	14	0	0	33	16	0	2	44.59
水体	5	0	0	0	1	260	0	0	97.74
人造地表	24	0	1	0	0	0	106	13	73.61
裸地	22	1	21	0	5	1	0	16	24.24
PA/%	85.28	83.21	4.46	6.85	62.26	60.19	99.07	14.55	
OA/%					65.59				
Kappa 系数					0.55				

表 5.16 GlobeLand30-2010 数据混淆矩阵

类型	耕地	林地	草地	灌木	湿地	水体	人造地表	裸地	UA/%
耕地	335	16	42	60	2	18	17	15	66.34
林地	147	633	73	43	16	135	5	64	56.72
草地	35	12	36	6	19	22	0	25	23.23
灌木	0	0	0	26	0	0	0	0	100.00
湿地	5	4	0	0	7	14	0	1	22.58
水体	4	1	1	0	9	228	1	0	93.44
人造地表	14	0	2	7	0	2	84	2	75.68
裸地	0	0	0	0	0	0	0	0	0.00
PA/%	62.04	95.05	23.38	18.31	13.21	54.42	78.50	0.00	
OA/%					61.65				
Kappa 系数					0.49				

表 5.17 FROM_GLC2015 数据混淆矩阵

类型	耕地	林地	草地	灌木	湿地	水体	人造地表	裸地	UA/%
耕地	182	16	8	4	0	17	1	13	75.52
林地	156	642	73	127	29	64	4	9	58.15

续表

类型	耕地	林地	草地	灌木	湿地	水体	人造地表	裸地	UA/%
草地	151	6	63	9	19	40	14	51	17.85
灌木	6	0	7	6	3	1	0	2	24.00
湿地	0	0	0	0	0	2	0	0	0.00
水体	10	2	1	0	5	296	1	14	89.97
人造地表	51	1	5	0	0	12	87	10	52.41
裸地	0	0	0	0	0	0	0	12	100.00
PA/%	32.73	96.25	40.13	4.11	0.00	68.52	81.31	10.81	
OA/%					57.71				
Kappa 系数					0.46				

5.3.4　不一致性因素探讨

上述多层次、多视角的一致性评价分析表明，选取的几种土地覆被产品在各自区域的空间一致性较低，这一发现并不令人惊讶。土地覆被数据生产者已建立的数据集开发规则，如分类体系、分类方法等，均可影响不同土地覆被产品间的一致性。

不同数据集选取的遥感影像源的差异可能对不一致性产生影响。本研究选取的土地覆被产品共存在三种类型的遥感影像，分别是 Landsat、HJ-1A/B 和 GF-1。GlobeLand30-2010 产品利用单时相 Landsat TM/ETM+结合 HJ-1A/B 遥感影像进行分类；RLC 产品基于 GF-1 卫星影像数据进行分类；其他3种产品 SERVIR Mekong、FROM_GLC 和 GLC_FCS30-2015 均以 Landsat 系列卫星影像为数据源进行分类。另外，许多土地利用类型的面积、光谱信息和其他特征会因季节变化而波动，土地覆盖数据生产机构采集的遥感影像在月份之间可能不一致。这些数据源带来的差异是不可忽略的一个因素。需注意，以巴基斯坦信德省和印度尼西亚为实验区开展的一致性分析中，选取的土地覆被产品间的时间差异也可能造成较小的误差，未来选择基准年相同的产品进行一致性评价分析将更具优势。

不同产品之间土地利用类型的分类体系和类型从属定义的差异是造成分类结果偏差的因素之一。例如，灌木类型的定义，SERVIR Mekong 产品定义时未明确规定植被覆盖度阈值、树高等要素值；GlobeLand30-2010 产品中将灌木类型定义为灌丛的覆盖度大于30%且在荒漠地区的覆盖度大于10%的土地；GLC_FCS30-2015 和 FROM_GLC2015 产品仅定义了常绿灌木林和落叶灌木林，也并未明确给出植被覆盖度、树高等要素值。因此，这些数据集的分类原则需要进一步研究，土地利用类型的内涵需要进一步修正，以减少分类体系引起的不确定性。

本研究获取的5种土地覆被产品采用不同的分类策略和方法。土地覆被生产者在制作 GlobeLand30-2010 产品时采用了"像元-对象-知识"的分类方法，即像元法分类、对象化过滤以及人工目视检查，融入了各种信息以及经验，该方法对"同物异谱"

和"异物同谱"现象导致的错误分类具有较好的抑制作用。但是，GlobeLand30-2010
产品制作时人力投入巨大，且人的主观性会直接影响分类结果的准确性。RLC 产品
制作时采用基于地学知识的多特征自适应分类模型，将 DEM、MODIS 及 NDVI 数据
作为辅助数据引入分类过程，然而地学知识的获取及准确性将会对分类结果产生影响。
GLC_FCS30-2015、FROM_GLC、SERVIR Mekong 产品制作时均采用了在全球土地覆被
制图中被评定为鲁棒性最好的随机森林分类算法：①GLC_FCS30-2015 数据处理过程包
括地形辐射 C 校正、结合 MODIS 大气产品和 6S 辐射传输模型的协同大气校正以及云与
阴影检测，该产品借助时序 MCD43A4（Friedl et al.，2010）反射率产品以及 CCI_LC2015
（Pettinari et al.，2016）地表覆盖产品构建全球时空地物波谱库（GSPECLib），并对满足
条件的地物波谱利用 CCI_LC 地表覆盖产品来赋予类别信息。GLC_FCS30-2015 数据采
用的分类策略和方法得到的地物空间分布格局连续并有效消除了单时相分类结果中的条
带问题。然而，辅助产品 MCD43A4 和 CCI_LC2015 的准确性会影响产品的分类结果。
②FROM_GLC 数据制作时，将全球先划分成 16 个区域后再通过首个全球多季节样本数
据（Li et al.，2017）进行逐景训练分类，并逐景拼接分类结果。此外，FROM_GLC 数
据引入了灯光数据来提高人造地表类型的精度。但是，分析发现，FROM_GLC 数据采
用的策略和方法获得的土地覆被产品条带现象较严重，这严重影响了最终的分类精度。
③对于 SERVIR Mekong 数据，土地覆被生产者通过实地采集与高分辨率卫星影像结合
获取训练样本；将 Landsat 地表反射率合成数据、地形数据以及全球地表水数据作为变
量进行模型训练分类；分类时采用的专题指数有 NDWI、NBR、NDSI 和 NDVI。SERVIR
Mekong 数据产品避免了条带问题。综上所述，不同的产品制作过程，如一些辅助数据、
分类特征选取、数据预处理等存在差异性，继而造成不同数据集间分类结果的偏差。

5.4 多源遥感土地覆被产品专题要素的一致性评价分析——以耕地为例

耕地作为土地利用/土地覆被变化中重要的地表类型，其动态变化对人类生存、粮食安
全、环境变化等至关重要（Lu et al.，2017），同时会影响全球变化过程（Cui et al.，2019）。
因此，准确的全球及区域专题耕地覆被数据在经济、社会可持续发展等研究中具有重要意义
（Delzeit et al.，2017）。目前，针对专题耕地类型开展的不同产品的评价分析研究较少。此外，
已有针对专题要素的不同产品一致性分析研究获取的数据源主要集中在空间分辨率较粗的
产品，并且忽略了精细耕地类型（如水田）对全球粮食安全评估等研究的重要性。

基于上述分析，本章以东南亚柬埔寨国家为研究区，以对人类极其重要的单要素耕
地类型为案例，深入分析了中分辨率土地覆被数据 GFSAD30SEACE、GLC_FCS30-2015、
FROM_GLC2015 和 SERVIR Mekong 单要素耕地类型的精度及一致性，并从地理学和制
图技术视角综合探讨分析不一致性的原因。对这些数据进行评价分析不仅为未来耕地及

其精细类型制图质量的提高提供指导，而且为耕地资源可持续分析、农业监测、粮食安全评估等研究选择合适的耕地数据提供重要参考。

5.4.1 研究区概况

柬埔寨位于中南半岛的南部地区，与其接壤的国家有泰国、老挝和越南。柬埔寨地势平坦区域主要分布在该国的中部与南部，东、北及西部主要分布有山地和高原，森林为柬埔寨主要的地表覆被类型。热带季风气候是柬埔寨典型的气候类型，5~10 月属于雨季，降水量较多且约占全年总降水量的 80%；11 月至次年 4 月属于旱季，全境降水量存在差异。湄公河与洞里萨湖分别是柬埔寨最大的河流和湖泊，洞里萨湖周边区域是柬埔寨重要的农作物种植区。柬埔寨属于传统的农业国，水稻作物是该国重要的粮食作物，其他农作物包括玉米、甘蔗等。研究区概况如图 5.22 所示。

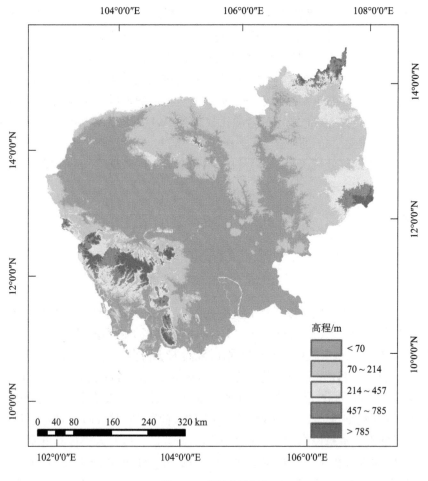

图 5.22　研究区概况

5.4.2　研究数据及预处理

1. 土地覆被产品

本研究对获取的 4 种覆盖研究区的耕地覆被产品进行一致性评价及精度分析，分别为 GFSAD30SEACE、GLC_FCS30-2015、FROM_GLC2015 和 SERVIR Mekong 产品。表 5.18 为 GFSAD30SEACE 产品的主要参数信息，SERVIR Mekong 产品的主要参数信息见 5.3.1 节，GLC_FCS30-2015 和 FROM_GLC2015 产品的主要参数信息见 5.3.3 节。

表 5.18　GFSAD30SEACE 产品的主要参数信息

产品名称	分辨率/m	分类数	年份	分类方法	总体精度/%	生产机构	数据源
GFSAD30SEACE	30	3	2015	随机森林	88.6	美国地质调查局、新罕布什尔大学、威斯康星大学麦迪逊分校等	Landsat ETM+/OLI

本研究选取的 4 种耕地覆被数据预处理内容和过程与 5.3.1 节一致，在此不再详细介绍。GFSAD30SEACE 产品原始分类体系以及本节预处理后的分类体系分别见表 5.19 和表 5.20，其他 3 种产品原始分类体系在本章前述内容已有详细介绍。

表 5.19　GFSAD30SEACE 产品原始分类体系和编码

编码	GFSAD30SEACE
0	水体
1	非耕地
2	耕地

表 5.20　覆盖研究区的不同产品分类体系的归并和对应关系

类型		GFSAD30SEACE	GLC_FCS30-2015	FROM_GLC2015	SERVIR Mekong
耕地		2	10、11、12、20	11、13、14、15	13、14
	水田	—	20	11	14
	果园	—	12	14	无
	其他	—	10、11	13、15	13
非耕地		1、0	50、60、70、80、120、121、130、150、180、190、210	21、22、23、2425、32、33、41、42、51、52、53、60、80、90	0、1、3、4、5、8、9、10、11、12、17、18、19

2. 验证样本数据

对不同耕地产品进行绝对精度评价时采用的验证样本的获取方式与 5.3.3 节一致，即以 2018 年在柬埔寨研究区实地考察采集的数据为参考，结合 Google Earth 高分影像采集最终用于验证的样本数据，详细的获取过程在此不再介绍。最终采集了覆盖整个研究区的 792 个验证样本（图 5.23）。

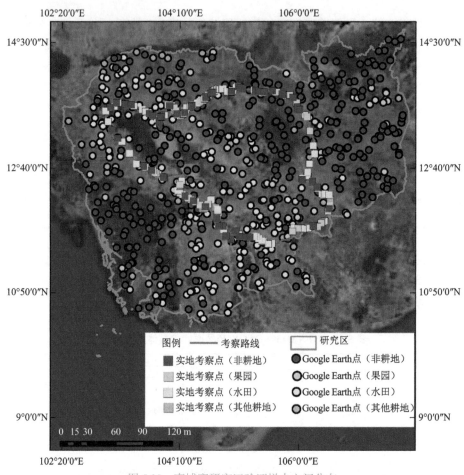

图 5.23 柬埔寨研究区验证样本空间分布

3. DEM 数据

本节研究使用的 DEM 数据分辨率大小为 30m，获取方式及其预处理与 5.3.3 节保持一致，在此不再详细介绍。

5.4.3 结果分析

本章通过不同耕地覆被产品间相应像元的一一比较计算进行评价分析，总体流程如图 5.24 所示。首先，计算和统计不同耕地产品的面积并进行面积一致性分析；其次，采用空间叠加方法逐像素统计分析不同耕地覆被数据的空间一致性，并在此基础上开展空间不一致性与地形因子相关性研究；再次，借助采集的对应时期的验证点，计算不同产品的 OA、PA、UA 和 Kappa 系数；最后，在以上分析的基础上总结各耕地产品的优劣，并从制图技术和地理学视角综合探讨分析不一致性的原因。

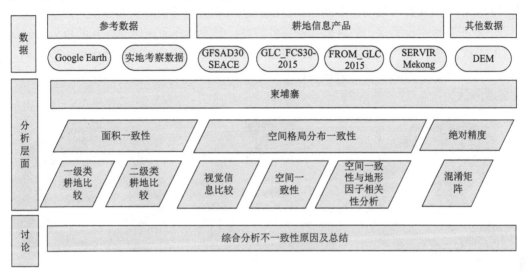

图 5.24　一致性分析总体流程

1. 面积一致性

图 5.25 是 4 种土地覆被数据一级类耕地面积提取结果,实验表明,GFSAD30SEACE、GLC_FCS30-2015 及 SERVIR Mekong 数据间耕地提取面积一致性较高,任意两者之间耕地提取面积占研究区总面积的百分数差值小于 0.35%。研究区总面积的百分比之差小于 0.35%。FROM_GLC2015 数据提取的耕地面积较其他几种数据小,与其他几种数据间的面积百分比之差小于 2%。因此,从面积统计结果分析,4 种土地覆被数据一级类耕地提取面积一致性较高。

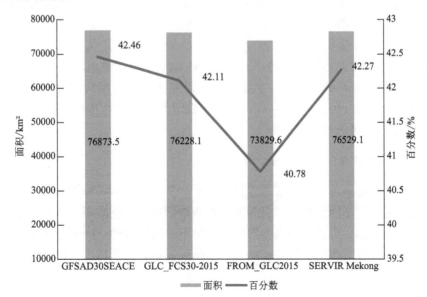

图 5.25　多源遥感土地覆被数据一级类耕地面积比较

通过统计 GLC_FCS30-2015、FROM_GLC2015 以及 SERVIR Mekong 数据耕地精细类型的面积（图 5.26）表明，不同数据提取的水田和果园类型面积差异较大，一致性均较低。对于其他耕地类型，3 种数据一致性较高，其面积占研究区总面积的百分比分别为 GLC_FCS30-2015（34.35%）、FROM_GLC2015（38.91%）和 SERVIR Mekong（26.78%）。综上所述，不同产品间虽一级类耕地提取面积一致性较高，但其二级类耕地类型的一致性显著降低。

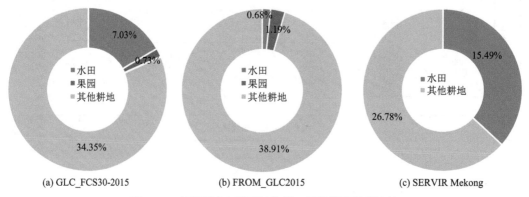

图 5.26　多源遥感土地覆被数据二级类耕地面积比较

2. 空间格局一致性

将 4 种耕地覆被数据进行空间叠加，得到不同数据的空间一致性分布图谱。由图 5.27 得到，不同产品一级类耕地完全一致区域面积占比为 22.53%，完全一致区域在研究区中部的洞里萨湖平原、南部洞里萨河及湄公河平原区域均有分布。4 种数据完全不一致区域面积占比为 14.13%，主要分布在柬埔寨东部的桔井省、蒙多基里省，东北部的腊塔纳基里省、上丁省，在柬埔寨北部山地、中部平原、西部狭窄的海岸平原区域则零散分布。图 5.28 为不同土地覆被数据二级类耕地空间一致性分布图谱。结果表明，不同数据精细耕地类空间一致性较低，尤其是水田和果园类型。GLC_FCS30-2015、FROM_GLC2015 以及 SERVIR Mekong 数据间水田完全一致区域面积仅占研究区总面积的 0.23%，主要分布在研究区南部的湄公河和洞里萨河周边。GLC_FCS30-2015 和 FROM_GLC2015 数据间果园类型一致性也极低，完全一致区域面积仅占研究区总面积的 0.01%。

3. 空间不一致性与地形因子的分析

本节分析地形地貌特征下多源遥感耕地覆被产品的空间不一致性分布规律，与 5.3.3 节一致，即以高程地形因子为例，将多源遥感耕地信息产品空间不一致性分布图谱与高程数据进行空间叠加，得到不同高程等级下耕地不一致区域的空间分布规律。同样，为使土地利用基于高程分布的梯度特征明显，根据柬埔寨研究区特点，将高程划分为 5 个等级（表 5.21）。

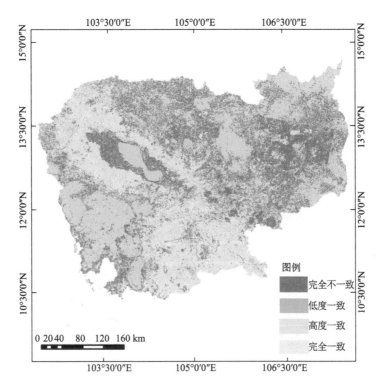

图 5.27　多源遥感土地覆被数据一级类耕地空间一致性分布图谱

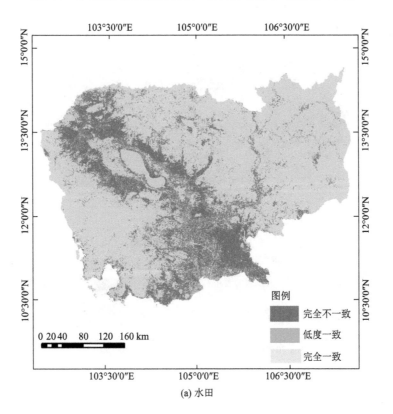

(a) 水田

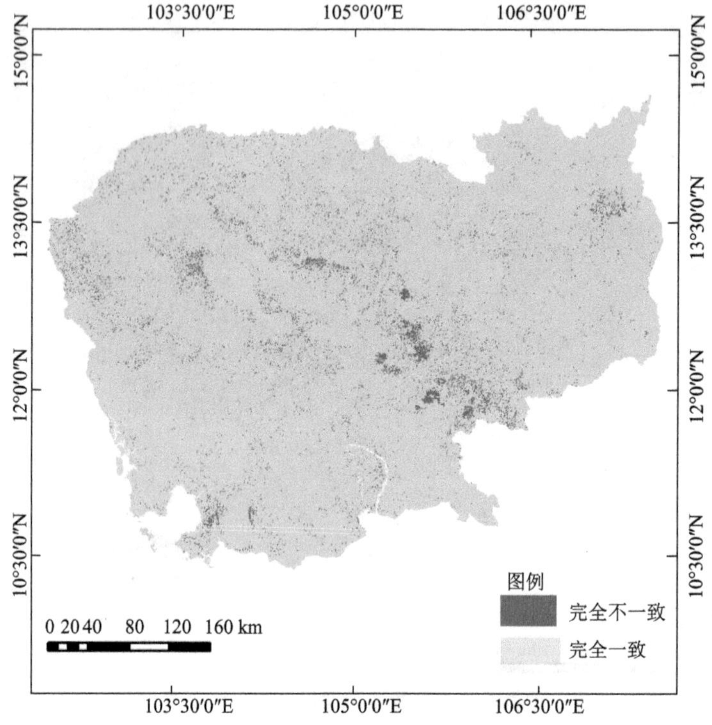

(b) 果园

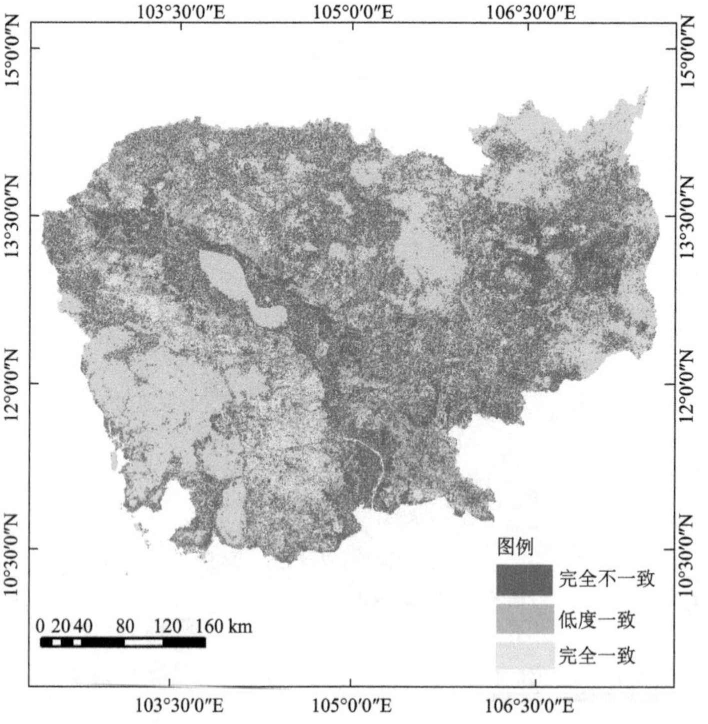

(c) 其他耕地

图 5.28 多源遥感土地覆被数据二级类耕地空间一致性分布图谱

表 5.21　研究区高程等级划分

等级	1	2	3	4	5
高程/m	< 50	50~100	100~200	200~300	> 300

图 5.29 为不同高程等级下不一致区域的空间分布和面积百分比统计结果。实验表明，4 种耕地数据间不一致区域主要分布在高程<50m 的范围，其面积百分比为 46.85%；其次是高程在 50~100m 和 100~200m 的范围，不一致区域面积百分比分别为 30.25%和18.02%；当高程>200m 时，不一致区域面积百分比显著降低。在空间位置上，不同产品耕地类型空间不一致区域主要分布在柬埔寨东、中、南部海拔较低的平原区域。综上分析，4 种耕地覆被数据的空间不一致性在不同海拔下的分布与面积占比存在差异性。因此，地形因子对单要素耕地覆被类型的分类精度有一定的影响。

4. 绝对精度评价

基于实地考察以及高分辨率 Google Earth 影像获得的验证样本对 4 种耕地数据集进行绝对精度评价。表 5.22~表 5.25 分别为 GFSAD30SEACE、GLC_FCS30-2015、SERVIR

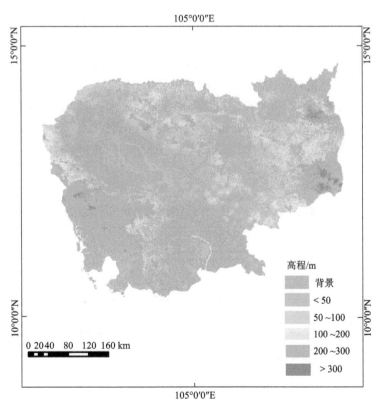

(a) 不一致区域在不同高程下的分布

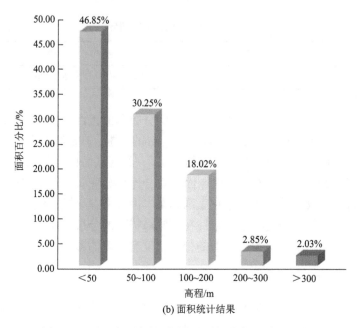

(b) 面积统计结果

图 5.29 不一致区域在不同高程下的分布和面积百分比

Mekong 及 FROM_GLC2015 数据一级类耕地混淆矩阵。实验结果表明，GFSAD30SEACE 数据一级类耕地提取的 OA 与 Kappa 系数值最高，分别为 87.25% 和 0.74，且耕地 PA 高达 88.99%，取得了很好的分类精度。GLC_FCS30-2015 和 SERVIR Mekong 数据的 OA 较 GFSAD30SEACE 数据略低，两者之间的差异较小，其 OA 分别为 82.20% 和 82.83%，Kappa 系数值分别为 0.64 和 0.65。根据 Kappa 系数值与分类精度的对应关系，GLC_FCS30-2015 和 SERVIR Mekong 两种数据也取得了很好的分类结果。FROM_GLC2015 数据一级类耕地类型的 OA 与 Kappa 系数值较低，分别为 72.35% 和 0.45，并取得了较好的分类结果。

表 5.22 GFSAD30SEACE 数据一级类耕地混淆矩阵

	非耕地	耕地	行和
非耕地	303	48	351
耕地	53	388	441
列和	356	436	792
PA/%	85.11	88.99	
UA/%	86.32	87.98	
OA/%		87.25	
Kappa 系数		0.74	

表 5.23　GLC_FCS30-2015 数据一级类耕地混淆矩阵

	非耕地	耕地	行和
非耕地	272	57	329
耕地	84	379	463
列和	356	436	792
PA/%	76.40	86.93	
UA/%	82.67	81.86	
OA/%		82.20	
Kappa 系数		0.64	

表 5.24　SERVIR Mekong 数据一级类耕地混淆矩阵

	非耕地	耕地	行和
非耕地	288	67	355
耕地	69	368	437
列和	357	435	792
PA/%	80.67	84.60	
UA/%	81.13	84.21	
OA/%		82.83	
Kappa 系数		0.65	

表 5.25　FROM_GLC2015 数据一级类耕地混淆矩阵

	非耕地	耕地	行和
非耕地	278	141	419
耕地	78	295	373
列和	356	436	792
PA/%	78.09	67.66	
UA/%	66.35	79.09	
OA/%		72.35	
Kappa 系数		0.45	

采用验证样本对 GLC_FCS30-2015、FROM_GLC2015 及 SERVIR Mekong 数据二级类耕地进行混淆矩阵计算（表 5.26～表 5.28）得到，SERVIR Mekong 数据二级类耕地 OA 和 Kappa 系数最高，分别为 74.87%和 0.61，取得了很好的分类结果；其次是 GLC_FCS30-2015 数据，其 OA 和 Kappa 系数分别为 49.49%和 0.31，数据分类结果一般；FROM_GLC2015 数据二级类耕地 OA 和 Kappa 系数最低，分别为 40.91%和 0.17，总体分类结果较差。一级类和二级类耕地绝对精度评价表明，不同覆被数据一级类耕地的 OA 较高，但精细二级类耕地 OA 显著下降，尤其是 GLC_FCS30-2015 和 FROM_GLC2015。

表 5.26 GLC_FCS30-2015 数据二级类耕地混淆矩阵

	非耕地	水稻	果园	其他耕地	行和
非耕地	272	28	18	11	329
水稻	16	44	6	5	71
果园	0	0	13	0	13
其他耕地	68	184	64	63	379
列和	356	256	101	79	792
PA/%	76.40	17.19	12.87	79.75	
UA/%	82.67	61.97	100.00	16.62	
OA/%			49.49		
Kappa 系数			0.31		

表 5.27 FROM_GLC2015 数据二级类耕地混淆矩阵

	非耕地	水稻	果园	其他耕地	行和
非耕地	278	43	61	37	419
水稻	0	2	0	0	2
果园	2	0	2	0	4
其他耕地	76	211	38	42	367
列和	356	256	101	79	792
PA/%	78.09	0.78	1.98	53.16	
UA/%	66.35	100.00	50.00	11.44	
OA/%			40.91		
Kappa 系数			0.17		

表 5.28 SERVIR Mekong 数据二级类耕地混淆矩阵

	非耕地	水稻	其他耕地	行和
非耕地	288	1	67	356
水稻	7	199	7	213
其他耕地	61	56	106	223
列和	356	256	180	792
PA/%	80.90	77.73	58.89	
UA/%	80.90	93.43	47.53	
OA/%		74.87		
Kappa 系数		0.61		

5.4.4　不一致性因素探讨

4 种多源遥感耕地覆被产品在东南亚柬埔寨国家的精度评价和一致性分析研究案例表明，不同耕地产品之间在面积、空间格局分布、准确性表达等方面存在差异性，主要包括以下两个方面因素。

1）地理学

不同耕地覆被数据间空间一致性存在差异，尤其是水田和果园类型的一致性较低，这些不一致区域主要分布在柬埔寨的东部和北部区域。以高程地形因子为例，统计不同高程下不一致区域 3 种产品覆盖的土地覆被类型（图 5.30）。结果表明，不一致性的主要原因包括两方面：第一，在高程小于 50m 的区域，地表类型较复杂，景观空间异质性较高，人类活动的影响较大；第二，在高程为 50~200m 的区域，耕地类型的光谱特征与其他植被类型（如林地、草地等）的光谱特征之间的差异较小，遥感影像上较难准确区分，导致这几种植被类型混淆现象严重。因此，未来为了进一步提高耕地及其精细覆被类型的制图精度，土地覆被生产者应重点关注和研究不一致性较高的区域以及易混淆类型的分类策略和方法。

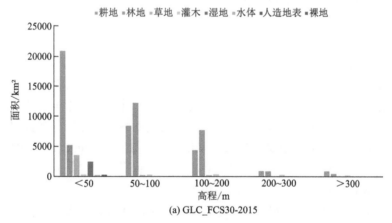

(a) GLC_FCS30-2015

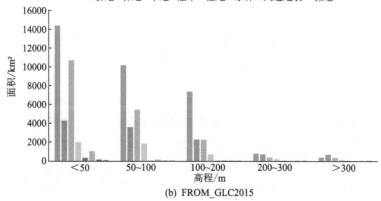

(b) FROM_GLC2015

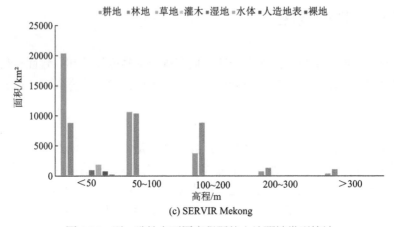

图 5.30 不一致性在不同高程下的土地覆被类型统计

2）遥感制图技术

通过遥感手段获取全球及区域土地覆被产品的基本步骤如下：遥感影像的收集、影像的预处理、基于影像的特征提取、模型训练分类和精度评价。不同产品在遥感制图过程中可能采用的卫星影像（如 Landsat、MODIS、GF 等）、分类技术、分类体系等不同，由此得到的土地覆被产品本身存在差异性。

（1）尺度大小。基于中分辨率 Landsat 影像可获取精度较高的一级类耕地类型。但是，对于更精细耕地类型，区域尺度 SERVIR Mekong 数据的总体精度较高，而 GLC_FCS30-2015 和 FROM_GLC2015 全球尺度覆被数据对于精细耕地类型的制图精度较低，表明制图尺度的大小也会影响分类精度的高低。此外，使用丰富的时序或更高分辨率的遥感数据（如 SAR、Sentinel、LiDAR）作为辅助数据或原始分类数据可能会提高精细地类的制图精度（Jafari et al., 2015；Villa et al., 2015；Yan et al., 2015），尤其东南亚国家这种具有多云多雨的复杂天气是高质量的遥感影像较难获取的区域。

（2）分类体系。不同研究目的可能导致不同土地覆被产品间的分类体系存在一定差异（Congalton et al., 2014）。本研究耕地的定义与 GFSAD30SEACE 数据耕地的定义相同，即包括所有种植作物（如水稻、玉米、甘蔗等）的耕地以及农田休耕地。除了上述定义的耕地类型外，GLC_FCS30-2015 产品的耕地定义中还包括草本覆盖的耕地，FROM_GLC2015 数据中包括温室种植的耕地，而 SERVIR Mekong 数据对于耕地的具体定义并未明确给出。这些不同数据集耕地定义的差异也会对一致性评价造成影响。因此，后续在制作土地覆被产品时，需对分类体系中各个类型给出明确的定义，以减少分类系统制定过程中的模糊概念而造成的一系列误差。

（3）分类策略和方法。4 种土地覆被数据都采用了随机森林分类方法，该方法在土地覆被分类方面具有一定的鲁棒性，但是它们的制作策略、过程存在一定的差异性。

GFSAD30SEACE 产品借助谷歌地球引擎（Google Earth Engine，GEE）平台获取 2013～2016 年所有可用的 Landsat 影像，然后进行预处理得到时序影像用于最终的影像分类，该产品通过参考多种数据，包括美国国家地理空间情报局（National Geospatial-Intelligence Agency，NGA）提供的 5m 高分辨率数据，有学者在泰国、缅甸、越南和印度尼西亚实地考察的数据（Gumma et al.，2018），以及其他合作者提供的在印度尼西亚、日本、韩国、泰国和越南实地考察的数据（Sharma et al.，2016），来获取可信度较高的分类和验证样本。GFSAD30SEACE 产品不仅制作效率高，而且获取了较高的耕地专题制图精度。

本研究在 5.3.4 节对全要素覆被类型不一致性原因探讨中已详细分析了 GLC_FCS30-2015、FROM_GLC2015 和 SERVIR Mekong 产品的分类策略和方法，分析结果表明，GLC_FCS30-2015 数据得到的地物空间分布格局连续并有效消除了单时相分类结果中的条带问题；FROM_GLC2015 数据采用的策略和方法获得的土地覆被产品条带现象较严重，这严重影响了最终的分类精度；SERVIR Mekong 数据通过获取不同季节的 Landsat 遥感影像，并结合一些特征指数和可信度较高的样本点在耕地制图精度方面取得了较好的效果。

综上分析，GFSAD30SEACE、GLC_FCS30-2015 和 SERVIR Mekong 产品采用的分类策略和方法提取的一级类耕地精度达 82%以上，土地覆被使用者可作为参考。然而，对于更精细的耕地类型，仅有 SERVIR Mekong 数据提取精度较好，总体精度为 74.87%，而 GLC_FCS30-2015 和 FROM_GLC2015 数据提取精度均低于 50%，不能满足相关研究的需求。因此，后续开展区域或全球尺度的耕地类型制图时，可采取 GFSAD30SEACE、GLC_FCS30-2015 和 SERVIR Mekong 数据的分类策略和方法；对于精细耕地类型制图，将 SERVIR Mekong 产品作为辅助数据，并且整合各产品分类方案的优势是很有必要的。

5.5　总结与展望

通过面积比较、空间叠加、嵌入景观指数以及基于混淆矩阵的绝对精度评价等方法，本章详细、全面地分析了已公布的中分辨率土地覆被产品（GlobeLand30-2010、GLC_FCS30-2015、FROM_GLC、SERVIR Mekong、RLC 和 GFSAD30SEACE）全要素和专题耕地要素的精度和一致性，明确了各土地覆被产品的可靠性及可用性，主要结论如下：

（1）多源遥感土地覆被产品全要素的一致性评价分析表明，通过景观格局研究生态系统功能时，应根据研究目的合理地选择土地覆被数据，且要重视尺度效应的影响。在地表异质性低、优势地类明显区域，上述土地覆被产品一致性较高；反之，在地表异质性高、景观明显破碎区域一致性相对较低。研究方法和结论可为后续提高土地覆被制图的质量提供指导，也可为全球气候变化、全球生态环境变化等研究选择合适的土地覆被数据提供参考。

（2）多源遥感土地覆被产品专题要素（耕地）的一致性评价分析表明，不同产品一级类耕地一致性较高，但二级类耕地一致性较低，尤其是水田和果园类型差异更为明显；在地形影响方面，高程在 50～200m 区域一致性较低，主要原因是在该区域内耕地与林地、草地、灌木类型的光谱特征相似，遥感影像上较难准确区分；高程和坡度因子与耕地不一致性显著相关，后续耕地及其精细类型制图时需考虑该因子对分类精度的影响。研究结果不仅为土地覆被使用者在耕地资源监测、耕地质量评价等研究选择合适的数据提供参考，也可为土地覆被生产者如何快速、准确地获取耕地及其精细类型数据提供指导。

另外，本研究也存在一些不足之处，今后可着眼于以下几个方面进行扩展与完善。

第一，进一步深入挖掘和探索可定量评价多源遥感土地覆被产品空间一致性的指标及方法，从不同角度反映各产品的精度及一致性，并在此基础上综合分析各产品在国家、区域、类别等尺度的优劣，继而指导未来更精确的土地覆被制图，同时为多源遥感土地覆被数据融合研究提供先验知识。

第二，本研究在处理、计算、分析不同产品的空间一致性时均以本地平台（ArcGIS）为主，导致运算效率较低。未来若要开展全球等大尺度的多源遥感土地覆被产品的一致性评价分析研究，则需要进一步研究基于一些云平台（如 GEE）在线处理并分析结果的技术方案。

参 考 文 献

陈军, 陈晋, 廖安平, 等. 2014. 全球 30m 地表覆盖遥感制图的总体技术. 测绘学报, 43(6): 551-557.

戴昭鑫, 胡云锋, 张千力. 2017. 多源卫星遥感土地覆被产品在南美洲的一致性分析. 遥感信息, 32(2): 137-148.

宋宏利, 张晓楠, 陈宜金. 2014. 证据理论的多源遥感产品土地覆被分类精度优化. 农业工程学报, 30(14): 132-139.

徐泽源, 罗庆辉, 许仲林. 2019. 新疆地区土地覆被遥感数据的一致性研究. 地球信息科学学报, 21(3): 427-436.

朱述龙. 2006. 遥感图像处理与应用. 北京: 科学出版社.

Bartholome E, Belward A S. 2005. GLC2000: a new approach to global land cover mapping from Earth observation data. International Journal of Remote Sensing, 26(9): 1959-1977.

Bicheron P, Defourny P, Brockmann C, et al. 2008. GLOBCOVER: products Description and Validation Report. http://www.esa.int/due/ionia/ globcover.[2019-6-6].

Canters F. 1997. Evaluating the uncertainty of area estimates derived from fuuy land-cover classification. Photogrammetric Engineering & Remote Sensing, 63(4): 403-414.

Chen J, Chen J, Liao A, et al. 2015. Global land cover mapping at 30 m resolution: a POK-based operational approach. ISPRS Journal of Photogrammetry and Remote Sensing, 103: 7-27.

Chen X, Lin Y, Zhang M, et al. 2017. Assessment of the cropland classifications in four global land cover datasets: a case study of Shaanxi Province, China. Journal of Integrative Agriculture, 16(2): 298-311.

Chen Z, Yu B, Zhou Y, et al. 2019. Mapping global Urban areas from 2000 to 2012 using time-series nighttime light data and MODIS products. IEEE Journal of Selected Topics in Applied Earth Observations and Remote Sensing, 12(4): 1143-1153.

Clark M L, Aide T M, Grau H R, et al. 2010. A scalable approach to mapping annual land cover at 250 m using MODIS time series data: a case study in the dry Chaco ecoregion of South America. Remote Sensing of Environment, 114(11): 2816-2832.

Congalton R G, Gu J, Yadav K, et al. 2014. Global land cover mapping: a review and uncertainty analysis.

Remote Sensing, 6(12): 12070-12093.

Cui Y, Liu J, Xu X, Dong J, et al. 2019. Accelerating cities in an unsustainable landscape: urban expansion and cropland occupation in China, 1990-2030. Sustainability, 11(8): 2283.

De Fries R S, Hansen M, Townshend J R G, et al. 1998. Global land cover classifications at 8 km spatial resolution: The use of training data derived from Landsat imagery in decision tree classifiers. International Journal of Remote Sensing, 19(16): 3141-3168.

Delzeit R, Zabel F, Meyer C, et al. 2017. Addressing future trade-offs between biodiversity and cropland expansion to improve food security. Regional Environmental Change, 17(5): 1429-1441.

Fan Q, Ding S. 2016. Landscape pattern changes at a county scale: a case study in Fengqiu, Henan Province, China from 1990 to 2013. Catena, 137: 152-160.

Fang S, Zhao Y, Han L, et al. 2017. Analysis of landscape patterns of arid valleys in China, based on grain size effect. Sustainability, 9(12): 2263.

Friedl M A, Sullamenashe D, Tan B, et al. 2010. MODIS Collection 5 global land cover: algorithm refinements and characterization of new datasets. Remote Sensing of Environment, 114(1): 168-182.

Fu B, Liang D, Lu N. 2011. Landscape ecology: coupling of pattern, process, and scale. Chinese Geographical Science, 21(4): 385-391.

Gong P, Wang J, Yu L, et al. 2013. Finer resolution observation and monitoring of global land cover: first mapping results with Landsat TM and ETM+ data. International Journal of Remote Sensing, 34(7): 2607-2654.

Gumma M K, Thenkabail P S, Charyulu D K, et al. 2018. Mapping cropland fallow areas in myanmar to scale up sustainable intensification of pulse crops in the farming system. Giscience & Remote Sensing, 55(6): 926-949.

Hansen M C, Defries R S, Townshend J R G, et al. 2000. Global land cover classification at 1 km spatial resolution using a classification tree approach. International Journal of Remote Sensing, 21: 1331-1364.

Heiskanen J. 2008. Evaluation of global land cover data sets over the tundra-taiga transition zone in northernmost Finland. International Journal of Remote Sensing, 29(13): 3727-3751.

Herold M, Mayaux P, Woodcock C, et al. 2008. Some challenges in global land cover mapping: an assessment of agreement and accuracy in existing 1 km datasets. Remote Sensing of Environment, 112(5): 2538-2556.

Holmberg M, Aalto T, Akujärvi A, et al. 2019. Ecosystem services related to carbon cycling-modeling present and future impacts in boreal forests. Frontiers in Plant Science, 10: 343.

Jafari M, Maghsoudi Y, Zoej M J V. 2015. A new method for land cover characterization and classification of polarimetric SAR data using polarimetric signatures. IEEE Journal of Selected Topics in Applied Earth Observations and Remote Sensing, 8(7): 3595-3607.

Jansen L, Groom G. 2004. Thematic harmonisation and analyses of Nordic data sets into Land Cover Classification System (LCCS) terminology. Developments in Strategic Landscape Monitoring for the Nordic Countries, 91-118.

Janssen L L F, Wel F J M. 1994. Accuracy assessment of satellite derived land-cover data: a review. Photogrammetric Engineering & Remote Sensing, 60(4): 426-479.

Jung M, Henkel K, Herold M, et al. 2006. Exploiting synergies of global land cover products for carbon cycle modeling. Remote Sensing of Environment, 101(4): 534-553.

Loveland T R, Reed B C, Brown J F, et al. 2000. Development of a global land cover characteristics database and IGBP DISCover from 1 km AVHRR data. International Journal of Remote Sensing, 21(6-7): 1303-1330.

Loveland T R, Belward A S. 1997. The international geosphere biosphere programme data and information system global land cover data set (DISCover). Acta Astronautica, 41: 681-689.

Li C, Gong P, Wang J, et al. 2017. The first all-season sample set for mapping global land cover with Landsat-8 data. Science Bulletin, 62(7): 508-515.

Liang L, Liu Q, Liu G, et al. 2019. Accuracy evaluation and consistency analysis of four global land cover products in the Arctic Region. Remote Sensing, 11(12): 1396.

Lu X, Shi Y, Chen C, et al. 2017. Monitoring cropland transition and its impact on ecosystem services value in developed regions of China: a case study of Jiangsu Province. Land Use Policy, 69: 25-40.

Muchoney D, Borak J S, Chi H, et al. 2000. Application of the MODIS global supervised classification model to vegetation and land cover mapping of Central America. International Journal of Remote Sensing, 21(2): 1115-1138.

Oliphant A J, Thenkabail P S, Teluguntla P, et al. 2019. Mapping cropland extent of Southeast and Northeast Asia using multi-year time-series Landsat 30-m data using a random forest classifier on the Google Earth Engine Cloud. International Journal of Applied Earth Observation and Geoinformation, 81(9): 110-124.

Olson D M, Dinerstein E, Wikramanayake E D, et al. 2001. Terrestrial ecoregions of the world: a new map of life on earth a new global map of terrestrial ecoregions provides an innovative tool for conserving biodiversity. BioScience, 51(11): 933-938.

Peng J, Wang Y, Ye M, et al. 2007. Effects of land-use categorization on landscape metrics: a case study in urban landscape of Shenzhen, China. Journal of remote sensing, 28(21): 4877-4895.

Pettinari M L, Chuvieco E, Alonso-Canas I, et al. 2016. ESA CCI ECV Fire Disturbance: Product User Guide, version 2.1.[2016-7-13]

Potapov P, Tyukavina A, Turubanova S, et al. 2019. Annual continuous fields of woody vegetation structure in the Lower Mekong region from 2000-2017 Landsat time-series. Remote Sensing of Environment, 232: 111278.

Ren B, Yuan H. 2005. A correlation analysis on landscape metrics. Acta Ecologica Sinica. 25(10): 2764-2775.

Saah D, Tenneson K, Poortinga A, et al. 2020. Primitives as building blocks for constructing land cover maps. International Journal of Applied Earth Observation and Geoinformation, 85: 101979.

Sharma R C, Tateishi R, Hara K, et al. 2016. Production of the Japan 30-m land cover map of 2013-2015 using a random forests-based feature optimization approach. Remote Sensing, 8(5): 429.

Strahler A, Boschetti L, Foody G, et al. 2008. Global Land Cover Validation: Recommendations for Evaluation and Accuracy Assessment of Global Land Cover Maps. Luxembourg: European Communities.

Story M, Congalton R G. 1986. Accuracy assessment: a user's perspective. Photogrammetric Engineering & Remote Sensing, 52(3): 397-399.

Sun B, Zhou Q. 2016. Expressing the spatio-temporal pattern of farmland change in arid lands using landscape metrics. Journal of Arid Environments, 124: 118-127.

Tateishi R, Uriyangqai B, Al-Bilbisi H, et al. 2011. Production of global land cover data-GLCNMO. International Journal of Digital Earth, 4(1): 22-49.

Tchuenté A T K, Roujean J L, De Jong S M. 2011. Comparison and relative quality assessment of the GLC2000, GLOBCOVER, MODIS and ECOCLIMAP land cover data sets at the African continental scale. International Journal of Applied Earth Observation and Geoinformation, 13(2): 207-219.

Vancutsem C, Marinho E, Kayitakire F, et al. 2012. Harmonizing and combining existing land cover/land use datasets for cropland area monitoring at the African continental scale. Remote Sensing, 5(1): 19-41.

Villa P, Stroppiana D, Fontanelli G, et al. 2015. In-season mapping of crop type with optical and X-Band SAR data: a classification tree approach using synoptic seasonal features. Remote Sensing, 7(10): 12859-12886.

Wang Z, Lu C, Yang X. 2018. Exponentially sampling scale parameters for the efficient segmentation of remote-sensing images. International Journal of Remote Sensing, 39(6): 1628-1654.

Wei Y, Lu M, Wu W. 2018. A comparative analysis of five cropland datasets in Africa. ISPRS - International Archives of the Photogrammetry, Remote Sensing and Spatial Information Sciences, 42: 1863-1870.

Xu Y, Yu L, Feng D, et al. 2019. Comparisons of three recent moderate resolution African land cover datasets: CGLS-LC100, ESA-S2-LC20, and FROM-GLC-Africa30. International Journal of Remote Sensing, 40(16): 6185-6202.

Yan W Y, Shaker A, Elashmawy N. 2015. Urban land cover classification using airborne LiDAR data: a review. Remote Sensing of Environment, 158(158): 295-310.

Yang Y, Xiao P, Feng X, et al. 2017. Accuracy assessment of seven global land cover datasets over China. Isprs Journal of Photogrammetry and Remote Sensing, 125: 156-173.

Zhang X, Liu L, Chen X, et al. 2019. Fine land-cover mapping in China using Landsat datacube and an operational SPECLib-based approach. Remote Sensing, 11(9): 1056.

Zhu Z, Yang L. 1996. Characteristics of the 1 km AVHRR data set for North America. International Journal of Remote Sensing, 17(10): 1915-1924.

第 6 章

遥感影像分割尺度优选及应用研究

随着高分卫星遥感和无人机遥感的快速发展，可以获取大量高分遥感影像数据，挖掘其中的信息成为应用的关键。相比中低分影像，高分影像光谱特征贫乏、空间特征丰富，传统基于像素解译的方法难以适用。为此，21 世纪初，国内外研究学者借鉴景观生态学、计算机视觉、机器学习等领域的理念，提出一种以对象为解译单元的面向对象解译范式（GEOBIA），有效促进了高分遥感影像解译以及与地理信息科学相融合的发展。其中，影像分割是后续面向对象特征提取和解译识别的基本单元，其好坏直接影响最终结果的精度，而分割尺度又决定着分割对象的大小，包括多尺度分割特征提取时的上下层次结构特征提取。如何自动化优选遥感影像的分割尺度成为面向对象解译的一项核心技术。

土地利用数据在土地资源管理、生态环境评价等多个方面都具有重要的应用价值。尽管相关管理部门已经建立了高分土地利用数据库，但随着时间的推移，这些数据库面临着更新的问题。将历史数据和高分遥感影像相结合的自动化更新是一种经济、高效的手段。但是在这个过程中，一个关键性的问题是地块的局部变化，这要求在历史土地利用数据的约束下，遥感影像能够以合适的尺度进行分割。因为过大的尺度难以检测出局部变化；过小的尺度会导致检测结果因为高分影像中的"同物异谱，异物同谱"问题，存在大量的伪变化或者漏检测。影像分割尺度优选研究恰好能够解决这一关键性问题。

6.1　多尺度分割的尺度优选与尺度采样

分割尺度参数的选择是面向对象解译中的一个关键性问题。等级结构决定了提取邻近对象构成的空间结构特征和上下父子对象构成的语义特征，进而直接影响到后续的解译精度。随着等级层次的升高，分割对象也在增大。分割对象的大小是准确构建这种等级结构的关键，进而也成为面向对象解译的关键。由于以往研究多关注尺度优选的指标，而对尺度采样关注较少，因此本节对此开展研究和对比，从而为尺度优选提供新思路。

6.1.1　引言

现有尺度参数选择方法分为两类：监督评价法和非监督评价法（Zhang，1996）。监督评价法，也称实证差异法或相关评价法，它将分割结果与专家通过目视解译所提供的分割参考结果进行对比统计，计算实际分割结果与理想分割结果的差别。该类方法目前已发展了多种成熟的监督评价法（Clinton et al.，2010；Liu et al.，2012；Marpu et al.，2010；Persello and Bruzzone，2010；Witharana and Civco，2014；Zhang et al.，2015a）。尽管这种方法最符合人们对于分割结果的评价标准，但是人工勾绘高空间分辨率遥感图像的参考分割结果成本高昂，且制作过程仍具备一定的主观性，不利于系统性的大规模图像分割。

非监督评价法，也称实证优度法或独立评价法。该方法无须参考分割图和其他先验知识即可评价分割结果，是通过建立一种基于人类认知的特定质量标准来评价分割结果。非监督评价法从图像分割结果自身出发，通过统计方法建立对象内部与对象之间的质量测度来定量地评价分割质量，可以实时地自动计算，有利于分割算法寻优时参数的动态调整。该类方法目前应用较为广泛的是融合分割对象内部均质性以及分割对象之间的异质性的图像分割评价指标方法（Espindola et al.，2006）。Radoux 和 Defourny（2008）联合归一化后的分割标准差和边界差异性评估农村地区影像的分割结果。Böck 等（2017）提出了一个替代的标准化方案，对目标函数法（Espindola et al.，2006）中的均质性和异质性测度进行优化，提高了全局指标的稳定性。非监督评价法是直接基于分割结果计算指标，不涉及参考数据，没有人工干扰因素，使得这种指标具有自适应性，在参考数据匮乏时同样可以使用，与具体的绘图人员背景知识无关，具有确定性，因此应用较为广泛。

此外，也还有其他能够度量分割对象之间异质性的指标用于尺度参数选择。Yang 等（2014）提出一种光谱角特征表示分割对象之间的光谱异质性，计算相邻尺度分割结果光谱异质性指标的变化率，通过分析变化率实现尺度参数自动选择的问题。Yang 等（2015）还提出一种邻近对象的边界加权光谱角异质性的非监督分割评价指标，进而实现尺度分割参数的自动选择。Troya-Galvis 等（2015）则利用异质性指标，如光谱角（Yang et al.，2014）和相应的阈值，先对局部对象进行欠分割和过分割评价，然后通过综合局部欠分割和过分割评价结果，实现全局的分割结果评价，进而用于检测能够综合权衡过分割和欠分割的分割结果。Ming 等（2015）基于地学统计中的半方差函数，首次提出无须试错分割就能够设定分割参数的概念和方法。

尺度参数选择包括尺度参数采样和分割结果指标计算两个关键部分，然而现有研究多集中在指标设计上，而默认线性采样方式，忽视了线性采样的弊端。本章首先从分析线性采样的弊端入手，然后推导验证尺度参数与分割对象数量的对数线性关系，为尺度参数采样提供数理基础，最后提出尺度参数的指数采样，并与线性采样进行实验对比分析。

尽管多数研究中尺度参数的线性采样也能够胜任目标，但是这种胜任的前提是极度地依赖专家知识。例如，分别采用步长为 2、5、10、25、100 的线性采样方式离散采样尺度参数。这种采样存在两大弊端：

（1）重复性分割。随着尺度参数的增大，会大量出现分割对象面积未发生变化的现象。此外，线性采样的步长越小，这种重复性分割越明显。很显然，这种重复性分割将会极大地降低效率。

（2）遗漏潜在重要尺度参数。虽然增加步长能够减少重复性分割，但也带来了遗漏潜在重要尺度参数的问题。

以上两个弊端是一对难以调和的矛盾。较大步长的线性采样固然减少了重复性分割，但是却容易遗漏潜在的小尺度参数；较小步长的线性采样虽然不会遗漏小尺度参数，但却容易出现重复性分割。这间接影响着使用非监督评价法选择尺度参数的效果，因为非监督评价法通常是通过对比相邻采样点的评价指标来确定极值点，进而根据这些极值点来选择尺度参数的。为了缓和这种矛盾，由专家经验或者试错分割后进行人工限定采样的范围和步长，或者使用多个采样步长是常用的手段。尺度参数与实际的斑块大小因不同景观、不同数据类型而异，导致这种专家经验设置在实践中需要极高的技巧和不断的试错，因此难以推广和自动化。

6.1.2　多尺度分割算法及尺度参数

分割尺度参数的定义因不同的分割算法而异。鉴于易康软件中的 MRS 分割算法在 GEOBIA 中被广泛使用，在绝大多数尺度参数研究文献中（Drăguţ et al.，2014，2010；Johnson and Xie，2011；Yang et al.，2017，2015；Zhang and Du，2016）提及的分割尺度参数指代的就是该算法的尺度参数，本章也遵守此规则，并以该算法的尺度参数为例进行分割尺度参数选择研究。从本质上看，MRS 分割算法的尺度参数是一种对象合并时"异质性变化" f 的阈值（Baatz and Schäpe，2000；Benz et al.，2004）。这种"异质性变化" f 是由光谱异质性变化 $\Delta h_{\mathrm{color}}$ 和形状异质性变化 $\Delta h_{\mathrm{shape}}$ 的加权和计算而来，具体公式如下所示：

$$f = w_{\mathrm{color}}\Delta h_{\mathrm{color}} + w_{\mathrm{shape}}\Delta h_{\mathrm{shape}} \tag{6.1}$$

式中，$w_{\mathrm{color}} \in [0,1]$；$w_{\mathrm{shape}} \in [0,1]$；$w_{\mathrm{color}} + w_{\mathrm{shape}} = 1$。当 w_{color} 偏大时，异质性变化 f 对光谱变化更敏感，从而导致分割结果更偏向于光谱上的差异性；相反，当 w_{shape} 偏大时，异质性变化 f 对对象的形状变化更敏感，从而导致分割结果更偏向于形状的差异性。光谱异质性变化 $\Delta h_{\mathrm{color}}$ 根据相邻对象合并前后的方差变化计算得到，具体公式如下所示：

$$\Delta h_{\mathrm{color}} = \sum_c w_c \left[n_{\mathrm{merge}}\sigma_{c,\mathrm{merge}} - (n_{\mathrm{obj\_1}}\sigma_{c,\mathrm{obj\_1}} + n_{\mathrm{obj\_2}}\sigma_{c,\mathrm{obj\_2}}) \right] \tag{6.2}$$

式中，w_c 为波段 c 的权重；σ_c 为对象在波段 c 的标准差；$n_{\mathrm{obj\_1}}$ 和 $n_{\mathrm{obj\_2}}$ 为对象 1 和对象 2 的像素个数；n_{merge} 为合并后对象的个数。

形状异质性变化 $\Delta h_{\mathrm{shape}}$ 根据相邻对象合并前后对象形状的光滑度变化 $\Delta h_{\mathrm{smooth}}$ 和紧致度变化 $\Delta h_{\mathrm{compt}}$ 计算而来，具体计算公式如下所示：

$$\Delta h_{\mathrm{shape}} = w_{\mathrm{compt}}\Delta h_{\mathrm{compt}} + w_{\mathrm{smooth}}\Delta h_{\mathrm{smooth}} \tag{6.3}$$

$$\Delta h_{\text{compt}} = n_{\text{merge}} \frac{l_{\text{merge}}}{\sqrt{n_{\text{merge}}}} - (n_{\text{obj\_1}} \frac{l_{\text{obj\_1}}}{\sqrt{n_{\text{obj\_1}}}} + n_{\text{obj\_2}} \frac{l_{\text{obj\_2}}}{\sqrt{n_{\text{obj\_2}}}}) \tag{6.4}$$

$$\Delta h_{\text{smooth}} = n_{\text{merge}} \frac{l_{\text{merge}}}{b_{\text{merge}}} - (n_{\text{obj\_1}} \frac{l_{\text{obj\_1}}}{b_{\text{obj\_1}}} + n_{\text{obj\_2}} \frac{l_{\text{obj\_2}}}{b_{\text{obj\_2}}}) \tag{6.5}$$

式中，l 为对象的周长；b 为对象与图像边缘平行的最小外接矩形的周长。从式（6.4）中可知，当合并对象的周长与等面积正方形的边长比增大，即合并后对象更接近正方形时，Δh_{compt} 比较敏感；从式（6.5）中可知，当合并后对象的周长与外接矩形的周长比增大，即边界更弯曲、狭长时，Δh_{smooth} 比较敏感。

当尺度参数 scale 设为 t 时，即相当于将对象合并时总体异质性变化 f 设定一个阈值 t。在即将执行相邻对象合并时，如果 f 小于 t，则执行当前合并；否则，合并结束。在实际应用中，地物复杂，形状多变，为突出光谱的重要性，通常将 Δh_{shape} 设为 0.1，而 Δh_{compt} 设为 0.5，w_c 设为 1，而尺度参数 scale 则依据影像实际情况和应用目标进行调整。

根据以上对尺度参数的剖析可知，当尺度参数 scale 设置较大，对象合并次数也较多时，所得对象也就越大。但由于 scale 仅与对象波段方差和对象形状变化有关系，与对象的大小没有直接关系，因此导致实际应用中不能准确计算 scale 与对象大小有关的函数关系，进而使 scale 参数设定十分困难。

6.1.3　尺度参数与分割对象数量的对数线性关系

1. 原理推导

在一些宽松的假设条件下，可以根据 MRS 分割算法的原理推导出尺度参数与分割对象数量的定量化关系。记尺度参数 S 分割影像后对象的数量为 N，任何相邻对象之间的异质性 f 都将会大于 S。同时，由于影像尺寸和像素值有限，任何相邻对象之间的异质性 f 还会存在最大值。因此，可以记这种最大值为 kS，其中 k 是一个大于 1 的常数。假设配对成功的 cN 对分割对象的异质性 f 平均分布于 S 和 kS 之间，那么根据 MRS 分割算法的原理可知，每当尺度参数增加 ΔS 时，将会导致 $cN\Delta S/(kS-S)$ 对分割对象合并，换而言之，分割对象数量的减少量 ΔN 可通过如下公式计算，即

$$\Delta N = \frac{cN}{kS - S} \Delta S \tag{6.6}$$

通常情况下，N 是一个较大的整数，这时 N 可以视为一个连续型变量，差值符号 Δ 也可以换为微分符号 d，对式（6.6）进行再次分析，即

$$dN = -K \frac{N}{S} dS \tag{6.7}$$

$$\ln N = -K \ln S + C \tag{6.8}$$

式中，C 为一个常量。以上公式表明，分割对象数量的对数与尺度参数的对数线性相关。本章将这种关系称为 log-log 线性相关（Wang et al.，2018b）。

2. 实验策略

根据式（6.8）可知，$\ln S$ 的线性增加同时也使得 $\ln N$ 的线性增加。进而，通过 $\ln S$ 的线性增加观察 $\ln N$ 是否同样线性增加，可以验证式（6.8）。设 $\ln S$ 以步长 p 增加，即 $\ln S_{i+1} = p + \ln S_i$，进而可以得到 $S_{i+1} = \mathrm{e}^p S_i$。此处，设置 $\mathrm{e}^p = \sqrt{2}$，即每两次增加 S 相当于对 S 进行翻倍，进而尺度参数可取值 $S = \left\{ S_i \mid S_i = \left(\sqrt{2}\right)^i, i = 0,1,2,\cdots,n-1 \right\}$，其中 n 是使得尺度参数为 $\left(\sqrt{2}\right)^n$ 时分割对象数量等于 1，但尺度参数为 $\left(\sqrt{2}\right)^{n-1}$ 时分割对象数量大于 1 的一个整数。为对以上方法生成的数据进行验证和衡量，采用如下方法：

（1）散点图目视。通过采样的尺度参数以及对应的分割结果，可以绘制 $\left(\ln S_i, \ln N_i\right)$ 的二维散点图，目视观察其是否呈直线特征。如果直线特征明显，则说明式（6.6）～式（6.8）推导中的假设合理，log-log 线性关系成立。

（2）回归分析。为辅助散点图的目视判断，可对 $\left(\ln S_i, \ln N_i\right)$ 进行线性回归。如果散点图中的数据点落在回归直线上，或者在其附近波段，表明 log-log 线性关系成立。回归公式如下：

$$\hat{K} = -\frac{\sum_{i=1}^{n}(x_i - \bar{x})(y_i - \bar{y})}{\sum_{i=1}^{n}(x_i - \bar{x})^2} \tag{6.9}$$

$$\hat{C} = \bar{y} + \hat{K}\bar{x} \tag{6.10}$$

式中，x 表示 $\ln S$；y 表示 $\ln N$；$\left(x_i, y_i\right)$ 表示 $\left(\ln S_i, \ln N_i\right)$ 的第 i 个数据点；$\bar{x}$ 和 $\bar{y}$ 分别为 x_i 和 y_i 的均值。

（3）相关系数法。为定量化描述 $\ln S$ 和 $\ln N$ 的线性关系，可计算 $\ln S$ 和 $\ln N$ 的线性相关系数 r。如果 r 越大，表明 $\ln S$ 和 $\ln N$ 的线性关系越强；反之亦然。相关系数 r 的计算公式如下：

$$r = \frac{\sum_{i=1}^{n}(x_i - \bar{x})(y_i - \bar{y})}{\sqrt{\sum_{i=1}^{n}(x_i - \bar{x})^2 \cdot \sum_{i=1}^{n}(y_i - \bar{y})^2}} \tag{6.11}$$

为验证 log-log 线性关系的普适性，采取的策略如下：

（1）相同数据源的不同景观对比。在 log-log 线性关系的推导过程中，并没有针对特定的景观进行假设。因此，从理论上讲，log-log 线性关系应与具体的景观类型无关。为排除数据源差异的影响，采用 2015 年 7 月 10 日中国山东省境内获取的同一景高分二号全色与多光谱融合的影像进行实验。一共选取 5 个典型景观实验区，分别为居民地、林地、耕地、水体和混合区域，分别记为 T_R、T_F、T_A、T_W 和 T_M，见图 6.1。其中，T_R、T_F、T_A、T_W 的尺寸为 256×256 像素，T_M 的尺寸为 1024×1024 像素。

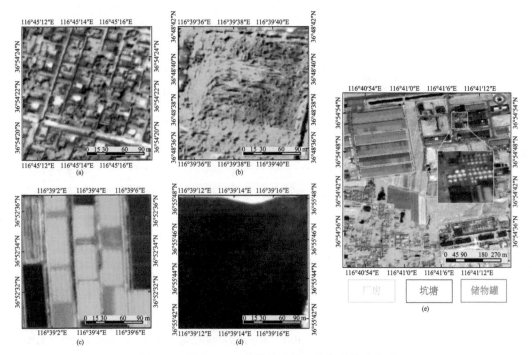

图 6.1　验证 log-log 线性关系的五种典型景观类型

（a）～（e）依次为居民地、林地、耕地、水体和混合区域

（2）不同分割参数组合。由尺度参数公式（6.6）可知，尺度参数还包括形状参数和紧致度参数。尽管在多数情况下，易康软件推荐设置为 0.1 和 0.5，但不同组合下这种 log-log 线性关系是否成立，需要实验验证。本研究中，选取三种形状参数（0.1，0.5，0.9），三种紧致度参数（0.2，0.5，0.8），共计 9 种组合参数。

3. 结果与分析

图 6.2 是 5 种典型景观分割的 log-log 散点图和回归直线图，其中图 6.2（a）～图 6.2（i）的形状参数和紧致度参数依次为（0.1，0.2），（0.1，0.5），（0.1，0.8），（0.5，0.2），（0.5，0.5），（0.5，0.8），（0.9，0.2），（0.9，0.5），（0.9，0.8）。表 3.1 是 log-log 线性关系的相关系数 r 以及 C 和 K 的线性回归结果。

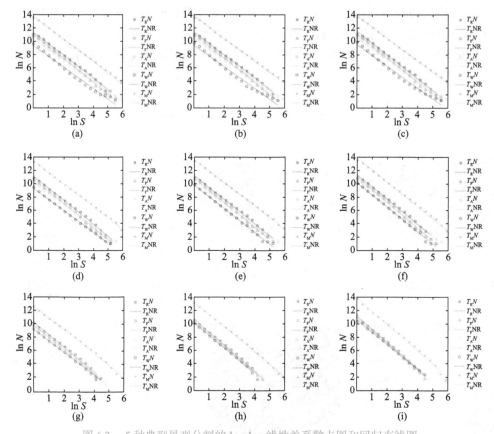

图 6.2　5 种典型景观分割的 log-log 线性关系散点图和回归直线图

（a）～（i）的形状参数和紧致度参数依次为（0.1, 0.2），（0.1, 0.5），（0.1, 0.8），（0.5, 0.2），（0.5, 0.5），
（0.5, 0.8），（0.9, 0.2），（0.9, 0.5），（0.9, 0.8）；其中 N 表示实际分割统计数据，NR 表示 N 的线性回归数据

从图 6.2 和表 6.1 可知，$\ln S$ 和 $\ln N$ 有很强的线性关系。很多 $(\ln S_i, \ln N_i)$ 点基本都处于回归线上，表明这种线性关系确实存在。这种 log-log 线性关系不仅存在于异质性景观 T_R 和匀质性景观 T_F 中[图 6.2（a）]，并且还存在于不同的形状参数和紧致度参数的组合情况，图 6.2（a）～图 6.2（i）明显地表明了这一点。但是也可以看到，实验获取的真实数据与回归数据之间并不是绝对的吻合，如图 6.2（a）中的 T_W，在 $\ln S$ 的取值范围为 4～6 时，$(\ln S_i, \ln N_i)$ 点与回归直线存在微小的差异，尤其是在尺度参数即将达到最大采样值时。这种微小差异的原因是：①在 log-log 线性关系的推导过程中，假设配对成功的分割对象之间的异质性平均分布，在实际中可能略有差异，这导致线性关系并不是严格的；②当尺度参数较大时，分割对象的数量较少，此时分割对象很难再视为一个连续性变量，这可能是尺度参数在接近最大采样值时线性关系差别较大的主要原因。尽管如此，$\ln S$ 和 $\ln N$ 的线性相关程度仍然很高，因为从表 6.1 可知，以上景观的线性相关系数 r 的绝对值都在 0.9900 以上。

表 6.1　log-log 线性关系的相关系数和线性回归结果

(W_{shape}, W_{compt})	T_R			T_F			T_A			T_W			T_M		
	$\hat{K}$	$\hat{C}$	r	$\hat{K}$	$\hat{C}$	r	$\hat{K}$	$\hat{C}$	r	$\hat{K}$	$\hat{C}$	r	$\hat{K}$	$\hat{C}$	r
(0.1, 0.2)	1.7114	11.3050	-0.9979	1.7834	10.9940	-0.9988	1.5518	10.3436	-0.9987	1.5936	9.2996	-0.9923	1.6912	13.7267	-0.9988
(0.1, 0.5)	1.7150	11.3263	-0.9986	1.8168	11.0733	-0.9993	1.5715	10.4177	-0.9988	1.6171	9.3606	-0.9918	1.6913	13.7504	-0.9990
(0.1, 0.8)	1.7757	11.4554	-0.9975	1.7970	11.0703	-0.9979	1.5974	10.5123	-0.9986	1.6266	9.4665	-0.9936	1.6994	13.8125	-0.9992
(0.5, 0.2)	1.7868	11.1162	-0.9963	1.8038	10.7042	-0.9982	1.6121	10.1732	-0.9990	1.6325	9.3030	-0.9991	1.7077	13.4626	-0.9986
(0.5, 0.5)	1.8047	11.2352	-0.9976	1.8529	10.9020	-0.9990	1.6922	10.4870	-0.9984	1.7685	9.8079	-0.9978	1.7345	13.6383	-0.9996
(0.5, 0.8)	1.8559	11.3875	-0.9968	1.9319	11.1232	-0.9989	1.7091	10.6602	-0.9986	1.8385	10.1914	-0.9979	1.8244	13.9258	-0.9980
(0.9, 0.2)	1.8510	10.2073	-0.9922	1.8187	9.8270	-0.9990	1.7755	9.7182	-0.9973	1.6908	9.1351	-0.9989	1.7722	12.7305	-0.9983
(0.9, 0.5)	1.9278	10.6214	-0.9943	1.8766	10.3410	-0.9995	1.8004	10.2183	-0.9992	1.8632	10.0786	-0.9991	1.8552	13.2334	-0.9987
(0.9, 0.8)	1.9599	10.9563	-0.9986	1.9854	10.8409	-0.9989	1.9181	10.7353	-0.9993	1.8367	10.3945	-0.9994	1.9734	13.7389	-0.9970

注：W_{shape} 代表形状参数；W_{compt} 代表紧致度参数。

从表 6.1 的对比中还可以看出线性相关系数 r 及线性回归系数 $\hat{K}$ 和 $\hat{C}$ 的一些规律。对于同样的一个景观，相关系数 r 在形状参数 W_{shape} 和紧致度参数 W_{compt} 增加时并没有显著的变化规律，如景观 T_R。也没有相关的结果能够表明混合的复杂景观就比非混合的单一景观在相关系数方面有强弱的区别。例如，当设置为（0.1，0.5）时，混合景观 T_M 的线性回归相关系数 r 比均质性景观 T_W 的要大，但却比另一均质性景观 T_F 的要小。这个不规则性表明，推导 log-log 线性关系时所作的假设成立，强弱具有一定的随机性。但对于同一个景观，回归系数 $\hat{K}$ 和 $\hat{C}$ 却呈现出明显的规律性。多数景观的回归系数在形状参数 W_{shape} 保持不变的情况下，随紧致度参数 W_{compt} 增加而增加，除了一些个例，如景观 T_F，这个规律同样适用于形状参数 W_{shape}。此外，回归系数 $\hat{K}$ 在紧致度参数 W_{compt} 保持不变的情况下，还随形状参数 W_{shape} 增加而增加。但很多景观的回归系数 $\hat{C}$ 在保持不变时却随 W_{compt} 的增加而减少。回归系数的这些变化表明这种具体的线性关系在同一景观中会随着不同的形状参数和紧致度参数而变化，具有明显的规律性，并且与具体的景观类型没有太大关系。另外，一个值得提及的是，对于景观 T_R、T_F、T_A、T_W，由于成像条件比较严格一致，如成像时间、传感器类型、图像大小，但是在相同的 W_{shape} 和 W_{compt} 条件下，回归系数 $\hat{K}$ 和 $\hat{C}$ 却不一样。这表明，$\hat{K}$ 和 $\hat{C}$ 具有表征不同景观类型的能力。

6.1.4　尺度参数指数采样

1. 原理推导

随着等级层次的线性变化，斑块数量呈现指数变化，这是理想的巢式等级结构固有的特征。以一个"二分"的巢式等级结构为例，每个斑块在邻近的下一层次中均有两个子斑块。很显然，对于一个空间范围固定的景观而言，设在等级层次为 i 时具有 N 个斑块，每升高一个等级，每两个斑块合并为一个斑块，其斑块数量将变为 $N/2$；相反，每降低一个等级，每个斑块将会分裂为两个斑块，其斑块数量将为 $2N$。在等级层次为 $i+j$ 时，斑块的数量为 $N/2j$，其中 j 是比等级 i 高的层次，j 为负数时，表示比层次 i 低。欲通过具有层次结构的分割算法建立这种多尺度-等级斑块结构模型，也必然要符合这种规律。在分割尺度参数介绍中提到，MRS 分割算法以两个对象合并的方式生成这种结构模型，故在提升层次时，对象的数量应该减半，即从层次 i 升到 $i+1$ 时，对象数量需从 N_i 减少为 $N_i/2$，即

$$N_{i+1} = N_i/2 \qquad (6.12)$$

根据 log-log 线性关系，尺度参数采样应呈指数型。由式（6.8）可知：

$$\ln N_{i+1} = -K \ln S_{i+1} + C \qquad (6.13)$$

$$\ln N_i = -K \ln S_i + C \qquad (6.14)$$

进而，由式（6.14）可知：

$$S_{i+1} = 2^{1/K} S_i \tag{6.15}$$

对于某一特定景观的特定成像数据，K 是一个常数。如此，式（6.15）表示尺度参数应呈指数采样，即 $\left\{ S_i = \left(\sqrt{2}\right)^i S_0 \mid i = 0,1,2,\cdots,n \right\}$。

2. 实验策略

尺度参数指数采样优势的总体验证策略是与常见的线性采样方式进行对比。在线性采样方式中，常使用的步长有 2（Tian and Chen，2007）、5（Weidner，2008）、10（Möller et al.，2007）、25（Montaghi et al.，2013），或者其他值（Neubert et al.，2008），常使用的尺度参数区间有[5，30]（Liu et al.，2012；Weidner，2008）、[10，100]（Möller et al.，2007）和[20，150]（Zhang et al.，2015a）。值得一提的是，Drăguţ 和 Eisank（2012）及 Drăguţ 等（2014）提出一种同时使用不同步长 1、10、100 获取最佳尺度参数的策略。为保证对比的公平性和实用性，采取统一标准的采样区间，即尺度参数最小值是各自的步长，最大值则是刚好使得分割结果为一个对象的尺度参数。具体而言，就是最后一个尺度须使得分割对象数量为 1，而倒数第二个尺度则不是。对于指数采样，根据不同景观的高分遥感影像分割实验，发现 K 在 1.5～2.0 波动。为便于计算，本章取 $K=2$。为了尽可能地使分割结果能够表示最小尺度和最大尺度，设置初始尺度，最后一个尺度 S_n 须使得分割对象数量为 1，而倒数第二个尺度则不是。因为此处重点比较的是不同的采样方式，所有的形状参数和紧致度参数均统一设置为 eCognition 软件中的默认值，即 0.1 和 0.5。具体对比内容有如下三项：

（1）采样的尺度参数的分割结果对比。重复性分割是尺度参数线性采样的主要问题之一。这种重复性采样对后续的分析是一种极度的浪费，应该在进入分析环节前尽可能避免。因此，本项对比主要比较不同采样方法所获取的尺度参数数量、用于分割的时间以及它们的有效率。实验选取的是图 6.2（f）混合景观。

（2）监督评价法尺度参数选择对比。尺度参数采样结果是否能够包含研究所需要的尺度参数是不同采样方式的基本要求。本项对比以监督评价法尺度参数选择为例，在参考数据的辅助下，对比以监督评价法指标从不同采样方式获取的分割结果中所能够选择的最佳分割结果。为排除监督评价法指标的有偏性，选择了两种不同机制的相似性评价指标，分别是 Zhang 等（2015b）提出的单尺度面积重叠率（SOA）和 Delves 等（1992）首先提出后被 Lucieer 和 Stein（2002）修正的 D 指标。指标 SOA 本质上是一种面积重叠度指标，计算方法是将参考分割对象与实际分割对象的重叠面积除以二者相并运算的面积，在多个重叠对象中，选择重叠面积最大的作为最终 SOA。过分割或者欠分割都会导致 SOA 偏小，完全重叠时 SOA 取值为 1。具体计算公式为

$$\text{SOA}_i = \max \left\{ \frac{2\left| R_i \cap S_j \right|}{\left| R_i \right| + \left| S_j \right|}, j = 1,2,\cdots,N \right\} \tag{6.16}$$

$$SOA = \frac{\sum_{i=1}^{\#R} \#R_i \cdot SOA_i}{\sum_{u \in R} \#R} \qquad (6.17)$$

式中，符号||表示一个区域的像素个数；R_i表示参考分割对象集R中的第i个分割对象；S_j表示分割对象集S中的第j个分割对象；N表示分割对象数量。指标D本质上是一种边缘匹配度指标，其计算原理是寻找参考对象的边缘像素与分割对象的边缘像素的最小距离。指标D越小，表示分割结果越好。具体计算公式为

$$D(B)_{cor} = \frac{|N - M|}{N} + D(B) \qquad (6.18)$$

式中，N表示参考分割影像的边缘像素个数；M表示当前分割影像的边缘像素个数；$D(B)$表示参考分割对象B与当前分割对象的边缘距离，计算公式为

$$D(B) = \frac{\sum_{boundarypixels} D(p)}{N} \qquad (6.19)$$

式中，p为参考分割对象的任一个像素；$D(p)$为参考分割对象的边缘像素距离分割对象边缘像素最近的一个距离。本项实验同样选择的是图 6.2（f）的影像；具体目标有储物罐、坑塘、厂房，其分别代表该景观中的小尺度（约 40 个像素）、中尺度（约 800 个像素）、大尺度目标（约 18000 个像素）；人工勾画的参考分割叠加在图 6.2（f）上，依次用红色、蓝色、青色边缘线表示。

（3）非监督评价法尺度参数选择对比。在现有的监督评价法尺度参数选择研究中，尺度参数采样是第一步，然而现有多数研究方法却直接默认线性采样，而忽视其影响。实验选取了 Espindola 等（2006）提出的$F(v,I)$指标，其目标是最大化对象内部的匀质性和对象之间的异质性。$F(v,I)$包括两个部分：测量对象内部匀质性的面积加权方差v和测量对象之间异质性的莫兰指数I，计算公式分别为

$$v = \frac{\sum_{i=1}^{n} a_i v_i}{\sum_{i=1}^{n} a_i} \qquad (6.20)$$

$$I = \frac{n \sum_{i=1}^{n} \sum_{j=1}^{n} w_{ij} (y_i - \bar{y})(y_j - \bar{y})}{\left(\sum_{i=1}^{n} (y_i - \bar{y})^2 \right) \left(\sum_{i \neq j} \sum w_{ij} \right)} \qquad (6.21)$$

式中，v_i为方差；a_i为对象i的面积；n为对象数量；y_i为区域的灰度均值；$\bar{y}$为影像的灰度均值；w_{ij}为空间邻接权重，当R_i和R_j相邻时，其他$w_{ij} = 0$。因为当尺度参数分割

结果与实际斑块的关键本征尺度相吻合时，会同时出现对象内匀质、对象间异质的情况，故 $F(v,I)$ 的公式为

$$F(v,I) = F(v) + F(I) \qquad (6.22)$$

其中，$F(v)$ 和 $F(I)$ 是由归一化函数得到的，公式为

$$F(x) = \frac{X_{\max} - X}{X_{\max} - X_{\min}} \qquad (6.23)$$

尽管在 Espindola 等（2006）的原文中可以选择一种全局性的最佳尺度参数，但这并不能满足复杂景观多尺度-等级斑块结构建模的需求。实际上，其他 $F(v,I)$ 的极大值点同样可以提供一些关键尺度的信息。因此，此处以寻找 $F(v,I)$ 随采样尺度参数增大的曲线的极大值点代替最大值点，并目视对比这些关键的尺度参数对应的分割结果。实验选取的景观位于北京西南的世纪森林公园，影像由高分二号卫星于 2015 年 2 月 17 日获取，尺寸为 412×416 像素，如图 6.3 所示。在该景观中，左边的水体和右边的陆地构成了大尺度的空间格局；在大尺度的陆地上，从中部至东南部亮绿的草地斑块、北部的暗色水体、东部深绿稀疏林以及裸地构成了稍小尺度的空间格局；草地与其内部高亮的裸地又构成了更小尺度的空间格局。这种多尺度的等级层次结构的景观为选择多个影像尺度参数构建多尺度-等级斑块结构提供了较好的检验数据。

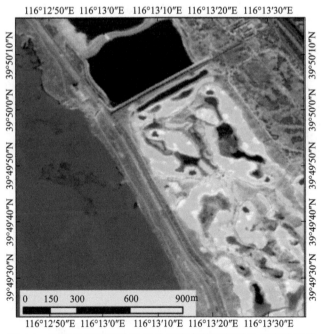

图 6.3　用于非监督评价法评价尺度参数选择对比的实验影像

3. 实验结果

根据以上实验策略，获取的三项对比结果如下：

1）分割结果的尺度参数采样对比

图 6.4 是线性采样和指数采样的分割结果有效性分布图，其中红色表示当前采样的尺度参数与前一个采样的尺度参数所对应的分割结果相同，绿色则表示不相同，总体统计结果见表 6.2。从分布图 6.4 中可以看到，对于所有步长的线性采样，重复性分割（即分割结果与前一个采样的尺度参数所对应的分割结果相同）都随着尺度参数的增加而增加。但是指数采样的尺度参数对应的分割结果却巧妙地避开了这些重复性分割。从图 6.4（b）中的放大图可以看到，这得益于指数采样在尺度参数较小时采样较密而尺度参数较大时采样稀疏。在所有的 18 个指数采样结果中，只有最后一个采样的尺度参数与其前一个采样拥有相同的分割结果。反观线性采样，有效分割率（即表 6.2 中的 r_D）在步长为 2 时仅有 17.99%，尽管随着步长增加，有效率分割率在步长为 100 时也只有 60.00%，这远低于指数采样的 94.44%。

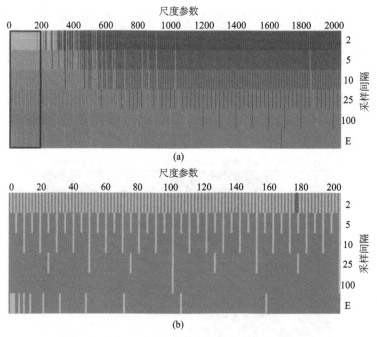

图 6.4 线性采样和指数采样的分割结果有效性分布图

表 6.2 采样后分割结果统计

步长	N	N_D	R	r_D/%
2	1023	184	839	17.99
5	409	99	310	24.21
10	204	61	143	29.90
25	81	32	49	39.51
100	20	12	8	60.00
E	18	17	1	94.44

注：E 表示指数采样；N 表示总体的尺度参数采样数量；N_D 表示分割结果与其他分割结果都不相同的尺度参数采样数量；R 表示分割结果与其他分割结果相同的尺度参数采样数量；r_D 表示 N_D 与 N 的百分比。

各个采样结果用于分割的时间统计见表 6.3。总体而言，线性采样结果需要的分割时间随着步长增加而减少，即从步长为 2 时的 187.28s 减少至步长为 100 时的 8.56s。值得注意的是，虽然指数采样只有 18 个结果，但是分割时间却需要 15.82s，比步长为 100 时的 8.56s 要少。这主要是因为指数采样在尺度较小时采样较密，其中一半以上的采样集中在 0~100，而尺度参数小时，分割对象数量较多，需要合并的对象数量也较多。但是指数采样的分割时间仍然比线性采样为步长 2、5、10、25 时少。另外，一个值得注意的是时间有效率的问题。由表 6.3 可知，步长为 2 时的线性采样结果在分割时共需 187.28s，但是其中只有 62.91s 的时间用于有效分割，时间的有效率只有 33.59%；尽管随着步长的增加，时间有效率在增加，但是仍显著低于指数采样的 98.48%。

表 6.3　采样后分割时间统计

步长	T/s	T_e/s	R_t/%
2	187.28	62.91	33.59
5	76.60	30.44	39.74
10	41.37	20.05	48.47
25	19.59	12.37	63.14
100	8.56	7.11	83.06
E	15.82	15.58	98.48

注：T 表示总体时间；T_e 表示有效分割的时间；R_t 是 T_e 与 T 的百分比。

2）监督评价对比结果

基于指标 SOA 和 D 的监督评价结果分别见图 6.5 和图 6.6，其中图 6.5（a）~图 6.5（e）和图 6.6（a）~图 6.6（e）的采样方式分别为步长为 2、5、10、25、100 的线性采样，图 6.5（f）和图 6.6（f）的采样方式为指数采样，注意图 6.5（f）和图 6.6（f）中的横坐标轴为对数步长。相应的最佳评价值和相应的尺度参数见表 6.4 和表 6.5。图 6.7 是最佳尺度参数对应的分割结果，其中图 6.7（a）~图 6.7（d）依次以储物罐为目标，尺度参数为 10、12、25、100；图 6.7（e）和图 6.7（f）以坑塘为目标，尺度参数依次为 71、100；图 6.7（g）和图 6.7（h）以厂房为目标，尺度参数依次为 345、512。

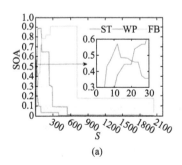

(a)

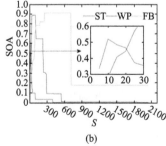

(b)

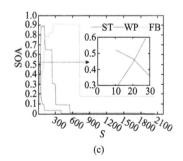

(c)

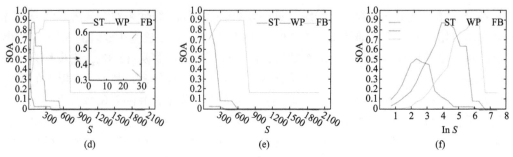

图 6.5　基于指标 SOA 的监督评价结果

（a）～（e）采样方式分别为步长 2、5、10、25、100 的线性采样；（f）采样方式为指数采样。ST 表示储物罐；WP 表示坑塘；FB 表示厂房。下同

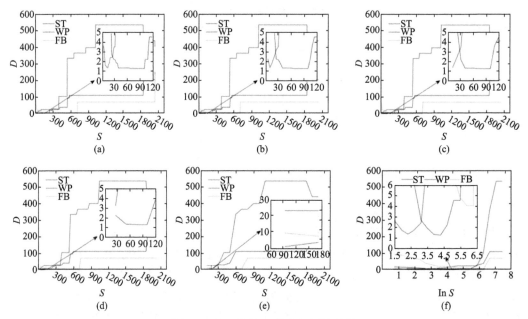

图 6.6　基于指标 D 的监督评价结果

（a）～（e）采样方式分别为步长 2、5、10、25、100 的线性采样；（f）采样方式为指数采样；S 表示分割尺度参数

表 6.4　基于指标 SOA 的监督评价结果统计

步长	储物罐		坑塘		厂房	
	OEV	CSP	OEV	CSP	OEV	CSP
2	0.5726	12	0.8887	66:2:100	0.9108	258:2:714
5	0.5208	10	0.8887	65:5:100	0.9108	260:5:715
10	0.5208	10	0.8887	70:10:100	0.9108	260:10:710
25	0.3740	25	0.8887	75:25:100	0.9108	275:25:700
100	0.0336	100:100:300	0.8887	100	0.9108	300:100:700
E	0.5208	10	0.8887	71	0.9108	345, 512

注：OEV 表示评价指标 SOA 所能达到的最佳值；CSP 表示在评价指标 SOA 达到最佳值时的尺度参数；$A:B:C$ 表示取值从 A 开始，止于 C，步长为 B。

表 6.5　基于指标 D 的监督评价结果统计

步长	储物罐		坑塘		厂房	
	OEV	CSP	OEV	CSP	OEV	CSP
2	1.3489	12	1.2922	66:2:100	4.0798	258:2:714
5	1.3785	10	1.2922	65:5:100	4.0798	260:5:715
10	1.3785	10	1.2922	70:10:100	4.0798	260:10:710
25	3.2016	25	1.2922	75:25:100	4.0798	275:25:700
100	23.4386	100:100:300	1.2922	100	4.0798	300:100:700
E	1.3785	10	1.2922	71	4.0798	345, 512

注：OEV 表示评价指标 D 所能达到的最佳值；CSP 表示在评价指标 D 达到最佳值时的尺度参数；$A{:}B{:}C$ 表示取值从 A 开始，止于 C，步长为 B。

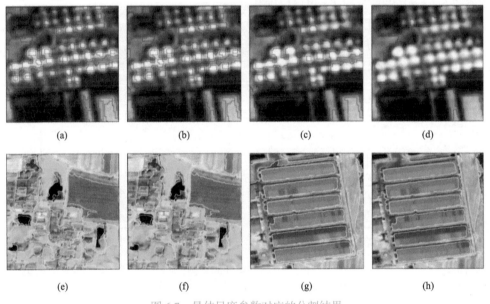

(a)　　　　　　　(b)　　　　　　　(c)　　　　　　　(d)

(e)　　　　　　　(f)　　　　　　　(g)　　　　　　　(h)

图 6.7　最佳尺度参数对应的分割结果

（a）～（d）依次为分割尺度 10、12、25、100 时储物罐场景的分割结果；（e）和（f）依次为分割尺度为 61、72 含有坑塘场景的分割结果；（g）和（h）依次为分割尺度为 345、512 含有厂房的分割结果

从图 6.5 和图 6.6 可以看到，尽管指标 SOA 和 D 的机制不同，SOA 偏向于最大值，故需要根据顶点来确定最佳参数，D 偏向于最小值，故需要根据谷点来确定最佳参数，但是在相同的采样方式下，针对相同的目标，它们选择的最佳尺度参数却是相同的。结合表 6.4 和表 6.5，可以看到结果有如下特点：

以储物罐为目标时，从指数采样结果中选择的最佳尺度参数 10 与从步长为 5 和 10 的线性采样中选择的最佳尺度参数相同。尽管这一结果与步长为 2 的最佳尺度参数 12 略有区别，但是相应的 SOA 和 D 评价指标却非常相近，这表明分割结果相似。通过图 6.7（a）和图 6.7（b）容易确认这一点。

从步长为 25 和 100 的线性采样结果中选择的尺度参数 25 和 100 明显不适合储物罐。

从表 6.4 和表 6.5 可以看到，尺度参数 25 和 100 的评价值明显差于尺度参数 10 和 12 的评价值。目视观察其对应的分割结果，即图 6.7（c）和图 6.7（d），容易发现储物罐欠分割。

对于线性采样，当最佳尺度参数为多个时，数量随着目标的尺寸增加而越来越多。以步长为 2 的线性采样为例，对于储物罐只有一个最佳尺度参数；对于稍大一些的坑塘，有 18 个最佳尺度参数；对于更大一些的厂房，最佳尺度参数达到了 229 个。对于其他步长的线性采样存在类似的规律。

尽管指数采样的最佳尺度参数只有一个或者两个，但是这些最佳尺度参数与其他线性采样的最佳尺度参数发挥着同样的效果。例如，以坑塘为目标时，步长为 2 的线性采样的最佳尺度参数为 66:2:100，虽然指数采样的最佳尺度参数只有 71，但是 71 恰好位于 66～100，相同的 SOA 和 D 评价结果表明，71 与 66:2:100 具有相同的分割效果，目视观察图 6.7（e）和图 6.7（f）也可以确认这一点。

3）非监督评价对比结果

不同采样方式下，$F(v, I)$ 指标随尺度参数增加的变化曲线如图 6.8 所示，其中图 6.8（a）～图 6.8（e）依次是步长为 2、5、10、25、100 的线性采样评价结果，图 6.8（f）

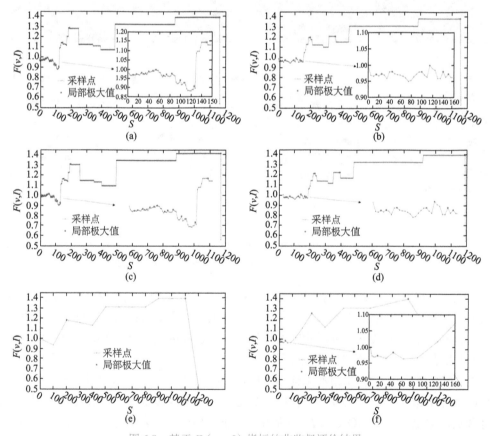

图 6.8　基于 $F(v, I)$ 指标的非监督评价结果

（a）～（e）依次是步长为 2、5、10、25、100 的线性采样评价结果；（f）是指数采样评价结果

是指数采样评价结果，其中极大值点用红色星号标记。对于线性采样，步长为2时共有17个极大值点，步长为5时共有10个极大值点，步长为10时共有8个极大值点，步长为25时共有5个极大值点，步长为100时共有2个极大值点；对于指数采样，共有4个极大值点。使用这些极大值点对应的尺度参数的分割结果如图6.9所示，其中图6.9（a）~图6.9（e）依次是步长为2、5、10、25、100的线性采样评价结果获取的关键尺度参数分割，图6.9（f）是指数采样评价结果的关键尺度参数分割。

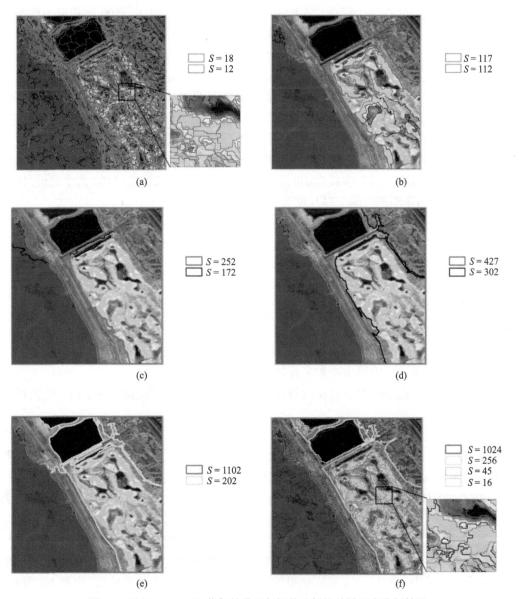

图 6.9 基于 $F(v, I)$ 指标的非监督评价选择的关键尺度分割结果

（a）尺度12、18的分割结果；（b）尺度112、117的分割结果；（c）尺度172、252的分割结果；（d）尺度302、427的分割结果；（e）尺度202、1102的分割结果；（f）尺度16、45、256、1024的分割结果

在以上结果中，可以看到以下特征：

目视上粗略地看，步长为 2 的线性采样可以识别 3 个关键尺度：第一个尺度位于 0～100，第二个位于 100～300，第三个位于 500～1200。从图 6.9（f）可以看出，这些关键尺度在指数采样的非监督评价曲线上同样可以识别出来。这些关键尺度在步长为 5、10、25 的线性采样曲线上可以识别出来；但是在步长为 100 的线性采样曲线上，只有后两个关键尺度能够识别出来。

如果严格地根据数值比较看，步长为 2 的线性采样在尺度 0～100 会提取出很多局部极大值点，如图 6.8（a）所示。当然，将这些极大值点对应的尺度视为错误的选择并不恰当，因为总能够发现一些目标恰好需要这些尺度。但就此认为这些局部极值点能够典型地代表以上所描述的三个关键尺度并不合适。例如，对比图 6.8（a）和图 6.8（f）可以发现，从步长为 2 的线性采样评价曲线上确定的尺度 12 和 18，与从指数采样评价曲线上确定的 16 相比，基本上发挥着同样的效果，即反映小于尺度 45 的那些草地斑块。这种重复性分割效果在步长为 5、10、25 的线性采样中同样存在。

虽然步长为 100 的线性采样没有以上重复性效果，但是却遗漏了一些关键尺度。从图 6.9（e）中可以看到，基于步长为 100 的线性采样只能识别 202 和 1102 两个关键尺度，而位于 0～100 的草地斑块的关键尺度被遗漏。

在指数采样的评价曲线中，不仅不存在以上重复性效果，同时还保留了较小的关键尺度。这些关键尺度的层次性在图 6.9（f）中十分明显：尺度 1024 反映了左侧水体与右侧陆地的格局；尺度 256 反映了右侧陆地的内部结构；尺度 45 反映了草地；尺度 16 反映了镶嵌于草地的裸地。

6.1.5　讨论与分析

结合以上结果，可以得出指数采样的两个优势：

（1）指数采样能够有效平衡精度与效率，而线性采样经常需要额外干预才能实现此目的。

通常在线性采样过程中存在重复性分割，尤其是小步长的线性采样，如本研究的步长 2。这些重复性分割不仅浪费分割的时间，还浪费后续的尺度参数选择时间。如果考虑形状参数和紧致度参数，这种浪费还会成百倍地放大。尽管大尺度的线性采样能够缓和这种状态，但并没有从根本上解决这个问题；此外，一些具有较小尺度的斑块还会在这种较大尺度采样的过程中被遗漏。为了避免重复性分割，同时又防止小尺度目标被遗漏，现有的方法是在选择最佳尺度参数时人工设定一个采样步长和采样范围。

但这种重复性分割在指数采样中几乎不存在。这种特点能够使得分割的时间集中在高质量分割过程中，这从 6.1.4 采样结果的对比分析中可以明显得到验证。由图 6.4 可知，这种特点得益于指数采样在尺度参数增大时步长逐渐增长，进而使得采样过程能够跳过这些重复性分割。

指数采样并没有因为采样数量少而像步长为 100 的线性采样那样遗漏小尺度目标。上述评价结果表明，指数采样在小尺度目标上能够达到线性采样步长为 2 时的精度。

指数采样这种在不遗漏小尺度的同时保持尽可能少的采样数量，得益于尺度较小时采样密度大而大尺度时采样密度较小的采样分布。这种采样分布特点与监督评价法选择的最佳尺度参数的范围随目标尺度增大而增宽的特点相吻合。最佳尺度参数呈现一定的区间而非单个数值点可以用对象的生成周期来解释[详情请参考 Chen 等（2009）和 Hay（2014）]，即一部分对象会在尺度增大时暂时性保存，而不是合并。例如，图 6.9（c）和图 6.9（d），尽管一些林地对象在尺度从 71 增加至 100 时发生合并，但是坑塘对象并没有发生合并。

综合以上可以认为，指数采样不仅具有与小步长线性采样同样高的精度，而且能够集中在更少的尺度参数上，即更高效。这种特点能够让经验不丰富的入门者不用再费力预估采样的步长和区间以平衡精度和时间。

（2）指数采样能够在复杂景观中实现关键尺度的选择，而线性采样很难做到。

使用多尺度分割，尤其是具有等级结构的多尺度分割算法，构建景观的等级斑块结构模型是很多 GEOBIA 研究人员的追求（Blaschke et al., 2014; Hay et al., 2005）。虽然分形网络演化算法（FNEA）提供了一个行之有效的框架，但是如何实现尺度自适应仍然是一个难题。参考分割数据辅助的监督评价法对于特定的目标确实是行之有效的办法（Zhang and Du, 2016）。但是对于多尺度的景观，这种方法并不是一个明智的选择，因为参考数据很难获取，甚至不同研究人员之间获取的参考数据还互相矛盾。现有的一些文献依据传统的空间统计方法，如 Moran' I （Espindola et al., 2006; Kim and Warner, 2007）、半方差（Ming et al., 2015）和尺度方差分析（Drǎguţ et al., 2014, 2010）实现了尺度的自动选择。但是它们中很多都只选择一个最佳的尺度参数。Drǎguţ 等（2014）假设一个理想化的等级结构景观模型有三层，因此选择了三种步长的线性采样方式，进而实现多个尺度的等级结构分割。这种假设的缺点和采样步长的主观性选择很明显，因为并不是所有的景观都具有三个层次，并且也没有实验表明 1、10、100 能够适合绝大多数的景观。

本章认为，尺度参数的采样方式导致非监督评价法策略很难实现多个关键尺度参数的选择，6.1.4 的实验结果很明显地说明了这点。尽管可以人工目视从步长为 2 的线性采样的评价曲线中识别三个关键尺度，但是这种目视过程很难实现自动化，因为赖以实现的局部极值点太多。从图 6.4（a）可知，这些极值点很多时候是重复性的分割。大步长的线性采样虽然可以减少重复性分割，但也遗漏了精细尺度目标。引入函数拟合消除这些过碎的极值点（Yin et al., 2013），进而识别这三个关键尺度是一种解决方案。但这种拟合方案也需要先验的知识进行相关的拟合参数设置。很显然，这种方案只不过是将尺度参数选择问题转化为拟合函数的参数设置问题，而不是从本质上解决尺度参数选择问题。

与线性采样不同，指数采样极大地减少了非监督法评价曲线中的极大值点，与此同时，保留了精细尺度的极大值点。每一个新的尺度采样对应的分割结果都是在前一个尺度采样对应的分割结果之上，平均每个对象执行一次合并。这使得指数采样的结果中定义的局部极大值点能够真正地反映对象合并而导致的变化，从而能够利用极少的采样识别这些关键性的尺度参数。这显著改善了线性采样大量效果重复的极值点的弊端。

6.2　基于尺度自适应分割的土地利用数据自动更新

土地利用数据在森林监测（Gomez et al.，2011）、城市扩张（Huang et al.，2017）、生态环境评估（Kennedy et al.，2009）等各方面都发挥重要作用。及时更新现有土地利用覆盖数据，掌握变化区域，对于相关的政策制定起着很重要的指导作用（Zhang et al.，2014）。作为陆地与海洋交接的地区，海岸带的活跃程度明显高于内陆地区，对土地利用数据更新的需求也更加紧迫（Chen et al.，2013）。遥感技术，以其低成本、高频率、全覆盖的优势，在土地利用和变化检测制图方面被广泛采用，尤其是近20年来的高分卫星遥感，使得大范围的高精度制图成为可能，有关这方面的研究也呈井喷式发展（Blaschke，2010；Blaschke et al.，2014；Cheng and Han，2016）。

6.2.1　引言

卫星遥感影像分辨率提高在带来高精度制图的同时，也产生了一些新的问题：同一地物之间的异质性明显，导致同物异谱和异物同谱的现象也很明显，传统基于像素解译的方法似乎难以适应。以往只用于航空遥感影像分析景观的基于分割的解译思路，被越来越多地应用于高分遥感影像解译（Blaschke，2010），甚至中分遥感影像解译（Ozelkan et al.，2016），在多种学科交叉的背景下，这种思路逐渐被认可为一种新的解译范式：GEOBIA。尽管有一些文献（Duro et al.，2012）认为，在某些地物景观中，如耕地景观（agricultural landscape）（Duro et al.，2012），GEOBIA解译结果的精度并没有显著提升传统像素解译结果的精度。但不容否认的是，以对象为单元，能够更好地引入计算机视觉等领域的先进技术，提供更加丰富的解译特征，在多数情况下其确实显著提升了解译精度，尤其是能够很好地处理椒盐噪声问题（Whiteside et al.，2011）。此外，面向对象解译结果能够与景观生态学以及GIS学科更好地衔接，极大地丰富遥感学科的内容（Hay and Castilla，2008）。正如Chen等（2012）、Hussain等（2013）综述的那样，这种解译对象的变化也极大地丰富了变化检测技术的内容。尤其值得注意的是Tewkesbury等（2015）的严谨综述，他认为面向对象解译与基于像素相比，只是解译的单元发生了变化，其后续的检测或者分类方法在很多情况下是相通的，故而将变化检测技术分为两个关键模块：解译单元和比较方法。基于这种框架的引导，在高分遥感影像更新海岸带土地利用的研究领域，调研发现，现有技术在分割单元的自动获取和历史土地利用数据的有效利用方面表现得并不完美，不能很好地满足需求。当然其他地区的相同应用，甚至相似应用，也很可能会面临同样的问题。

1. 分割单元的自动获取

分割单元会影响提取特征的有效性，进而影响后续的解译精度，是面向对象分类的基础。历史土地利用数据的边界与多数地类的边界相吻合，提供了很好的分割单元获取方案（Walter，2004）。但当历史土地利用数据的一个单元发生部分变化时，简单直接地将历史数据叠加到影像上获取分割单元，却难以满足实际应用。例如，简单地将历史期裸地类型叠加至当期的影像上，当提取特征时，反映的是当期建筑区和裸地的复合特征，这种特征既不相似于真实的建筑区斑块，也不相似于真实的裸地斑块，极不利于后续的自动分类。此外，如果没有后续的人工检查和再次手动分割，其检测结果只能是整个斑块要么全部变化，要么全部不变化，很明显这两种结果都不是我们想要的。

针对这种局部性变化问题，在历史数据的约束下，需要进一步分割。Tewkesbury 等（2015）总结的三种策略可供借鉴：分割对象叠加策略（image-object overlay）、分割对象比较策略（image-object comparison）、多时相分割策略（multi-temporal image-object）。分割对象叠加策略指在一期影像中进行分割，然后直接将分割结果叠加至另一期影像；分割对象比较策略是指各期影像分别分割；多时相分割策略指多期影像复合在一起共同参与分割。读者可以参考 Tewkesbury 等（2015）的研究，详细了解各种策略的优缺点及对应的参考文献。选择一种分割策略后，并不代表分割单元就可以自动获取。这其中还涉及分割参数如何设置的问题，尤其是决定对象大小并对后续特征提取和分类有严重影响的尺度参数（Baatz and Schäpe，2000；Benz et al.，2004）。

当前最简单、应用也最广泛的是多次试错分割，由人工目视选择最佳的分割结果（Aguirre et al.，2012；Hernando et al.，2012；Kim et al.，2011；Laliberte et al.，2012；Lamonaca et al.，2008；Vieira et al.，2012）。尽管这种目视选择精度较高，但需要较多的时间和人力成本。国内外相继提出了计算参考分割对象相似性的监督评价法，以及直接计算分割影像异质性特征的非监督评价法。很显然，监督评价法在此处难以应用，参考数据的获取并不容易，仍然需要人工勾绘，因为已有数据发生了变化。现有的非监督评价法的问题是：①对于复杂的景观，单一尺度的分割不足以适应所有的地类。尽管 Drăguţ 等（2014）提出的尺度参数估计（ESP）能够选择三种不同的尺度，但这依赖于人工设定尺度选择时的间隔。②ESP 尺度的选择是无目的的，也就是说，我们无法确定哪个尺度适合哪个区域。如何做到这种自适应的分割，现有技术仍未很好的解决。

2. 历史土地利用数据的有效利用

毋庸置疑，机器学习算法，如 K 最邻近（KNN）、决策树、随机森林、SVM（Li et al.，2016），以及最近流行的主题模型（Zhang and Du，2015），在土地利用自动解译方面发挥了重要作用。在应用这些机器学习算法时，一个基础性的前提就是拥有比较充足的样本。这些带有类别标签的历史土地利用数据在这方面能够有所作为。现有的利用策略主要是样本迁移，包括全部迁移和部分迁移。全部迁移策略，基于"变化区域占比很少"的假设，将当前分割单元的历史类别标签作为当前的类别标签，借助算法的泛化能力进行分类器训练，并对当前分割单元进行重分类，进而找出变化区域，例如 Walter（2004）的研究。在变化的分割单元数量较少时，这种策略的确奏效；但一旦变化的分割单元数量较多，即训练样本中含有大量错误样本，会严重改变特征的空间分布，进而导致训练出的分类器效果较差。

为避免这种大量错误样本用于训练的问题，可以采用部分迁移的策略（Demir et al.，2013）。这种策略混合了基于二值变化检测的思想。其思路是，利用二值变化检测技术，识别出未变化区域，进而将这些未变化区域的历史标签迁移，用于分类器的训练。常用的二值变化检测有波段的差值，如果是多波段，可以是变化向量的模。二值变化检测的阈值选择可以手动设定，或者利用优化算法，如 EM 算法进行求解（Bruzzone and Prieto，2000）。相比全部迁移策略，部分迁移策略相当于对样本进行了纯化，进而实现较好的效果，如 Huang 等（2017）监测城市变化，Zhang 等（2015a）进行矿山变化监测。但部分迁移策略也有一定的局限。例如，一些未利用地十分稀少但变化较快，在部分迁移过程中极易产生样本量不足甚至缺失的状况，这种情况下也无法通过全部迁移的方式实现。

6.2.2　实验区域和数据

实验选取的区域是广东省南部东莞市的一处海岸带，坐落于香港西北方向大约 70km 的位置，研究区域范围为 7.5km×7.5km（Wang et al.，2018b），如图 6.10（a）所示。选取的两期遥感影像分别于 2005 年 1 月 1 日和 2010 年 11 月 9 日由 SPOT5 卫星获取，如图 6.10（b）、图 6.10（d）所示。为准确进行变化检测，两期影像在 ENVI 软件中选择有理函数模型进行人工精细配准，RMSE 控制在 1.5 个像元以内。实验所使用的历史土地利用数据[图 6.10（c）]是在国家海洋局 2008～2010 年专项课题"海岛海岸带卫星遥感调查——广东区块"的支持下，基于 SPOT5 影像并结合实地调查人工解译获取的。本实验所使用的 2005 年 SPOT5 影像是以图 6.10（c）为底图进行解译的。由于当时的解译还综合实地调查，所以在原始的 2005 年的土地利用和土地覆盖变化（LUCC）中，一共使用了两级分类系统，其中一级有七大类，二级有 24 类。而对于本实验，单纯地基于遥感难以获取如此详细的地类，只好对地类进行了重新划分，即耕地（farmland）、林地（forest）、建设用地（buildings）、水体（water）和裸地（bareland）。这五大类都是原始 LUCC 中的一级类，其他的两个一级类在本区域很少，分别是湿地和草地。其中，有水体覆盖的湿地被划分至水体，而一些非水体直接覆盖的湿地被划分至裸地；原数据中高密度草地被划分至林地，而低密度草地被划分至裸地。

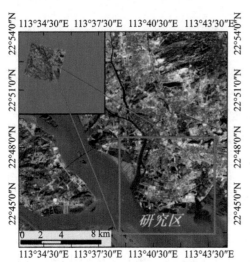

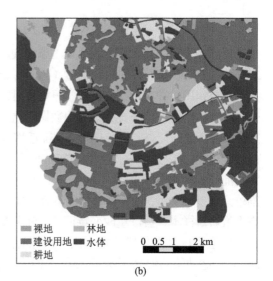

(a)　　　　　　　　　　　　　　　　(b)

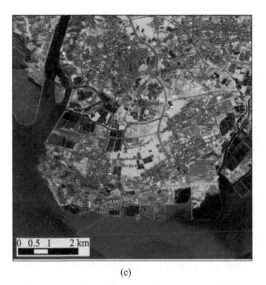 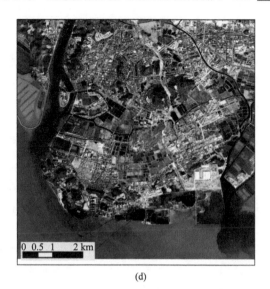

图 6.10　研究区域和数据

（a）研究区域位置；（b）2005 年土地利用数据；（c）2005 年 SPOT5 影像；（d）2010 年 SPOT5 影像

6.2.3　实验方法

实验的总体技术流程分为两个部分：分割和分类。总体技术流程如图 6.11 所示。

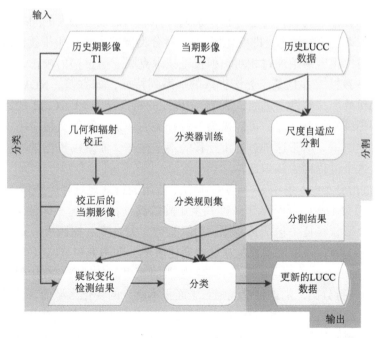

图 6.11　变化监测更新总体技术流程

1. 尺度自适应分割

对于整个景观，使用一个尺度参数进行分割不能适应所有地类，甚至相同地类。在历史土地利用数据的约束下，可以将基于加权局部方差（WLV）的尺度参数自动选择融入分割过程，以实现尺度自适应分割。这个过程可以通过 eCognition 的规则集实现，具体如下：

（1）LUCC 数据叠加至 T2 影像，生成 Level_LUCC，标记所有对象为未处理；

（2）拷贝一份 Level_LUCC，记为 Level_SEG；

（3）任取 Level_LUCC 中的一个未处理对象，记为 u，如果已经处理完，输出 Level_SEG，作为最终尺度自适应分割结果，以用于后续分类；

（4）对 u 进行尺度参数自动分割，即以 u 为分割范围，按照指数采样得到的尺度参数进行分割，计算每个分割结果的 WLV，选择极大值所对应的分割结果作为 u 的最佳分割结果；

（5）将 u 的最佳分割结果同步至 Level_SEG 的相应位置，在 Level_LUCC 中标记 u 已经处理，并转至步骤（3）。

其中，步骤（1）和（2）保证了最终的分割结果边界与历史 LUCC 保持一致，这对基于历史 LUCC 进行变化区域的统计分析至关重要。步骤（3）～（5）使不同的 LUCC 地块根据各自的地物目标自适应分割，进而使地块的局部变化检测成为可能。

2. 知识迁移

如果采用部分样本迁移，可能存在个别地类样本不足或者缺失的问题；而全部样本迁移，又会混入不正确的样本（即变化区域），对分类器的训练产生干扰。这种特征空间不一致的问题可以很容易地通过相对辐射校正技术克服。通过辐射校正，未变化的地类保持了光谱的一致性，并且基于光谱提取的一系列特征，如方差、NDVI，在特征空间中的分布也都保持了一致性。进而，从 T1 中提取的特征结合 LUCC T1 的标签训练出的决策规则，即训练好的分类器，可以视为一种分类的知识，能够直接应用于从 T2 中提取的特征的分类决策。由于这种过程中迁移的不是样本，而是由机器学习获取的决策规则，故本章把这个过程称为知识迁移。

在对 T2 进行分类时，采用 SVM 分类算法，使用的特征包括 4 个波段的均值、方差，两个指数 NDVI、NDWI，4 个基于灰度共生矩阵的纹理特征（包括匀质度、熵、均值、二阶矩）和 7 个形状特征（包括长宽比、边缘指数、紧致度、椭圆度、矩形度、圆度、形状指数），共 21 维，并将范围限制在疑似变化区域，即图 6.11 的左下角的"疑似变化检测结果"。这种限制的主要考虑是分类器在分类时不可避免地会存在少量错误，如果对所有 T2 的对象进行分类，则这种错误相对于面积本就少的变化区域而言就很可观，进而导致较大的变化检测误差。运用差值法，计算辐射校正后两期影像的变化向量，然后对变化向量的模进行阈值分割，即可实现"疑似变化检测"。由于疑似变化检测结果不是最终的结果，因此，分割时阈值的设置可以适当加大，以获得尽可能多的变化区域。此处的阈值设定为归一化后的 0.01，即认为变化向量的模小于 0.01 的分割对象，是疑似变化区域。

3. 实验对比策略

为了验证尺度自适应分割和知识迁移的变化检测精度进行了两方面的对比实验：第一类对比是尺度自适应分割（scale self-adaptive segmentation，SSAS）和知识迁移（knowledge transfer，KT）相结合的策略，即 SSAS+KT，与固定尺度分割（fixed scale segmentation，FSS）和知识迁移结合的策略，即 FSS+KT，用于验证尺度自适应分割是否有效；第二类对比是尺度自适应分割和知识迁移相结合的策略，即 SSAS+KT，与尺度自适应分割和样本迁移（sample transfer，ST）结合的策略，即 SSAS+ST，用于验证知识迁移是否有效。

6.2.4　实验结果与分析

混淆矩阵是最常见的精度评价方法。理论上讲，对于一个具有 5 类的分类系统，在变化检测的混淆矩阵中将会有 25 种类型，包括 20 种变化类型和 5 种未变化类型；但实际上，在本研究区只有 11 种类型。一方面，一些变化区域过小，制图时难以体现；另一方面，一些变化基本上不存在，如建筑区域至非建筑区的变化。因此，此处采用 Congalton 等（2008）提出的双误差矩阵的方法，而不是一个 25×25 的单个误差矩阵。双误差矩阵包括分类误差矩阵和变化检测误差矩阵，其中，分类误差矩阵是一个 5×5 的误差矩阵，用于 2010 年的分类精度评价，而变化检测误差矩阵是一个只包含变化和未变化两类的 2×2 的误差矩阵，用于评价变化检测误差。这相当于对变化检测的两个过程：检测变化和变化区域分类进行评价。三种变化检测对比策略的总体精度见表 6.6，其中灰色区域部分是各自所能达到的最高总体精度，其对应的双误差矩阵分别见表 6.7 和表 6.8。

表 6.6　三种变化检测对比策略的总体精度

SSAS+ST				FSS+KT				SSAS+KT
阈值	总体精度/%	阈值	总体精度/%	尺度	总体精度/%	尺度	总体精度/%	总体精度/%
0.01	65.13	0.20	87.21	1.00	48.97	32.00	78.56	87.60
0.02	73.82	0.30	87.23	1.41	52.44	45.25	78.46	
0.03	72.71	0.40	87.63	2.00	45.62	64.00	78.35	
0.04	82.83	0.50	86.95	2.83	42.12	90.51	80.12	
0.05	85.25	0.60	86.26	4.00	76.60	128.00	80.71	
0.06	84.85	0.70	86.05	5.66	76.01			
0.07	86.01	0.80	86.22	8.00	70.66			
0.08	86.67	0.90	86.22	11.31	78.30			
0.09	86.02	1.00	86.17	16.00	75.53			
0.10	86.54			22.63	74.87			

表 6.7　分类误差矩阵

		BD	BL	FL	FR	WT	总面积	PA/%
SSAS+ST	BD	2817998	54516	88687	25253	51071	3037525	92.77
	BL	76068	116204	67343	31176	52909	343700	33.81
	FL	78243	39716	767504	21102	64901	971466	79.00
	FR	14776	5994	49267	689559	12318	771914	89.33
	WT	8993	2002	32943	1833	1129767	1175538	96.11
	总计	2996078	218432	1005744	768923	1310966	6300143	
	UA/%	94.06	53.20	76.31	89.68	86.18		
	OA/%							87.63
FSS+KT	BD	2497797	56420	426257	39457	17594	3037525	82.23
	BL	33396	29257	200567	47199	33281	343700	8.51
	FL	19903	4	860225	23158	68176	971466	88.55
	FR	5	3	156115	610229	5562	771914	79.05
	WT	8		88355	14	1087161	1175538	92.48
	总计	2551109	85684	1731519	720057	1211774	6300143	
	UA/%	97.91	34.15	49.68	84.75	89.72		
	OA/%							80.71
SSAS+KT	BD	2760537	79920	163943	19673	13452	3037525	90.88
	BL	30464	141406	122000	9226	40604	343700	41.14
	FL	24712	22884	875433	6488	41949	971466	90.11
	FR	8020	15695	104237	641694	2268	771914	83.13
	WT	5787	7536	61577	749	1099889	1175538	93.56
	总计	2829520	267441	1327190	677830	1198162	6300143	
	UA/%	97.56	52.87	65.96	94.67	91.80		
	OA/%							87.60

注：BL 表示裸地，BD 表示建设用地，FL 表示耕地，FR 表示林地，WT 表示水体，UA 表示用户精度，PA 表示制图精度，OA 表示总体精度，下同。

表 6.8　变化检测误差矩阵

		变化	未变化	总计	PA/%
SSAS+ST	变化	621998	189101	811099	76.69
	未变化	440970	5048074	5489044	91.97
	总计	1062968	5237175	6300143	
	UA/%	58.52	96.39		
	OA/%				90.00

续表

		变化	未变化	总计	PA/%
FSS+KT	变化	511219	299880	811099	63.03
	未变化	718074	4770970	5489044	86.92
	总计	1229293	5070850	6300143	
	UA/%	41.59	94.09		
	OA/%				83.84
SSAS+KT	变化	601708	209391	811099	74.18
	未变化	415409	5073635	5489044	92.43
	总计	1017117	5283026	6300143	
	UA/%	59.16	96.04		
	OA/%				90.08

从表 6.6 和表 6.7 中可以看到：①策略 SSAS+ST 的总体精度（OA）随阈值的增大先骤升，然后缓慢降低。所能达到的最高总体精度是阈值为 0.40 时的 87.63%，而最低总体精度是阈值为 0.10 时的 65.13%。②策略 FSS+KT 的总体精度基本随着分割尺度的增大而增大。在尺度为 128.00 时，达到 80.71%。③策略 SSAS+KT 虽然不需要人工设定参数，但是总体精度仍能够达到 87.60%。④使用 FSS 的策略与使用 SSAS 的策略相比，存在明显劣势，尤其是在建设用地、林地、水体方面，其中裸地的误差最大。尽管策略 FSS+KT 正确的耕地 860225 像素比策略 SSAS+ST 的 767504 要高，但是仍然低于策略 SSAS+KT 的 875433；并且 FSS 在多个类别制图精度（PA）和用户精度（UA）都比 SSAS 的要低。⑤单从分类精度上看，SSAS+KT 与 SSAS+ST 难以区分高低。尽管 SSAS+ST 在裸地、林地、水体方面比 SSAS+KT 的制图精度要高，但是却有较低的用户精度。从总体精度上看，二者的精度都接近 87.6%。

从各自最佳分类结果的变化检测误差矩阵表 6.8 中可以观察到类似的结论：使用 FSS 的策略与使用 SSAS 的策略相比，存在明显劣势，无论是在用户精度方面，还是在制图精度方面。在总体精度方面看，FSS+KT 只达到了 83.84%，但是 SSAS+ST 和 SSAS+KT 却分别高达 90.00% 和 90.08%；在变化检测精度方面，仍然难以判断 SSAS+KT 和 SSAS+ST 的精度高低。尽管 SSAS+ST 比 SSAS+KT 的未变化类别的制图精度要高，但 SSAS+KT 却在变化类别的用户精度方面更有优势。

6.3　总结与展望

高分卫星和无人机遥感获取了大量的高分影像数据，拓展了很多局部高精度应用领域。然而，传统针对中低分遥感影像解译的思路难以适应这种高分遥感影像解译。本章在总结现有面向对象解译 GEOBIA 的基础上，针对影响影像分割中的尺度问题，开展了一系列逐层深入的理论总结、关键技术研究和应用案例研究，对分割尺度参数的采样方式和非监督评价指标进行了研究。通过剖析算法机理，推导出尺度参数与分割对象数量的对数线性关系，并在不同其他参数设置和不同场景中进行了验证。基于此，指出尺度参数应该以指数形式采样而非线性采样。另外，通过对局部方差的剖析，提出 WLV 指标。在尺度参数指数采样和 WLV 指标的基础上，提出一种尺度自适应的多尺度-等级斑块结构建模算法，并以森林公园和海岸带区域复杂景观类型为案例进行实验验证，实现了分割对象的尺度自适应分割，并将其应用到土地利用数据库自动化更新。

尽管本章在多尺度-等级斑块结构建模以及相应关键技术研究，尤其是分割尺度参数优选上有一定的实质性进展，但仍还存在很多问题需要深入、细致研究。具体如下：

（1）结合遥感成像机理的多尺度-等级斑块结构建模方法研究。从遥感观测尺度的本质上看，尺度应该包括两种：一种是粒度，另一种是幅度。粒度决定了能够分辨的细节，而幅度决定了观测的范围。现有的研究绝大多数是基于易康软件中的 MRS 算法。MRS 算法从本质上看，只是将整个研究范围进行不同大小区域的划分，这种划分属于尺度中幅度的限定；而就对象构成的粒度来看，仍然是整个像素。这种微妙的差异使得 MRS 算法在很多情况下分割的结果十分不理想。例如，在研究大范围目标时，较大的分割尺度也会分割出诸如道路这种细丝状的对象。结合遥感影像成像机理，实现高分影像在观测幅度允许的范围内随意粒度的调整，有可能会克服这种困难，破除 MRS 算法的不足。

（2）基于多尺度-等级斑块结构建模的高分影像高层次信息提取。高分影像呈现与低分影像明显不同的特征，多尺度-等级斑块结构建模虽然提供了一个好的模型框架，但是基于该模型的相应解译技术仍有待进一步研究。结合相邻对象、父子对象，甚至父子对象的相邻对象及其父子对象，可引入人工智能领域的推理模型，如贝叶斯网络模型、图匹配、本体论、案例推理，挖掘多尺度-等级斑块结构模型中斑块之间的相互关系，从而大幅提升高分影像语义信息的提取能力。

参 考 文 献

Aguirre G J, Seijmonsbergen A C, Duivenvoorden J F. 2012. Optimizing land cover classification accuracy for change detection, a combined pixel-based and object-based approach in a mountainous area in mexico. Applied Geography, 34: 29-37.

Baatz M, Schäpe A. 2000. Multiresolution segmentation: an optimization approach for high quality multi-scale image segmentation. Angewandte Geographische Informationsverarbeitung, XII: 12-23.

Benz U C, Hofmann P, Willhauck G, et al. 2004. Multi-resolution, object-oriented fuzzy analysis of remote sensing data for Gis-Ready information. ISPRS Journal of Photogrammetry and Remote Sensing, 58(3-4): 239-258.

Blaschke T. 2010. Object based image analysis for remote sensing. ISPRS Journal of Photogrammetry and Remote Sensing, 65(1): 2-16.

Blaschke T, Hay G J, Kelly M, et al. 2014. Geographic object-based image analysis-towards a new paradigm. ISPRS Journal of Photogrammetry and Remote Sensing, 87: 180-191.

Böck S, Immitzer M, Atzberger C. 2017. On the objectivity of the objective function-problems with unsupervised segmentation evaluation based on global score and a possible remedy. Remote Sensing, 9(8): 769.

Bruzzone L, Prieto D F. 2000. Automatic analysis of the difference image for unsupervised change detection. IEEE Transactions on Geoscience & Remote Sensing, 38(3): 1171-1182.

Chen G, Hay G J, Carvalho L M T, et al. 2012. Object-Based change detection. International Journal of Remote Sensing, 33(14): 4434-4457.

Chen J, Mao Z, Philpot B, et al. 2013. Detecting changes in high-resolution satellite coastal imagery using an image object detection approach. International Journal of Remote Sensing, 34(7): 2454-2469.

Chen J Y, Pan D L, Mao Z H. 2009. Image-object detectable in multiscale analysis on high-resolution remotely sensed imagery. International Journal of Remote Sensing, 30(14): 3585-3602.

Cheng G, Han J. 2016. A survey on object detection in optical remote sensing images. ISPRS Journal of Photogrammetry and Remote Sensing, 117: 11-28.

Clinton N, Holt A, Scarborough J, et al. 2010. Accuracy assessment measures for Object-Based image segmentation goodness. Photogrammetric Engineering and Remote Sensing, 76(3): 289-299.

Congalton R G, Green K. 2008. Assessing the Accuracy of Remotely Sensed Data: Principles and Practices. Boca Raton, Florida: CRC Press.

Delves L M, Wilkinson R, Oliver C J, et al. 1992. Comparing the performance of sar image segmentation algorithms. International Journal of Remote Sensing, 13(11): 2121-2149.

Demir B, Bovolo F, Bruzzone L. 2013. Updating Land-Cover maps by classification of image time series: a novel change-detection-driven transfer learning approach. IEEE Transactions on Geoscience and Remote Sensing, 51(1): 300-312.

Drăguţ L, Tiede D, Levick S R. 2010. Esp: a tool to estimate scale parameter for multiresolution image segmentation of remotely sensed data. International Journal of Geographical Information Science, 24(6): 859-871.

Drăguţ L, Eisank C. 2012. Automated object-based classification of topography from srtm data. Geomorphology, 141: 21-33.

Drăguţ L, Csillik O, Eisank C, et al. 2014. Automated parameterisation for multi-scale image segmentation on multiple layers. ISPRS Journal of Photogrammetry and Remote Sensing, 88: 119-127.

Duro D C, Franklin S E, Dubé M G. 2012. A comparison of pixel-based and object-based image analysis with selected machine learning algorithms for the classification of agricultural landscapes using spot-5 hrg imagery. Remote Sensing of Environment, 118: 259-272.

Espindola G M, Camara G, Reis I A, et al. 2006. Parameter selection for region-growing image segmentation algorithms using spatial autocorrelation. International Journal of Remote Sensing, 27(14): 3035-3040.

Gomez C, White J C, Wulder M A. 2011. Characterizing the state and processes of change in a dynamic forest environment using hierarchical spatio-temporal segmentation. Remote Sensing of Environment, 115(7): 1665-1679.

Hay G J, Castilla G, Wulder M A, et al. 2005. An automated object-based approach for the multiscale image segmentation of forest scenes. International Journal of Applied Earth Observation and Geoinformation, 7(4): 339-359.

Hay G J, Castilla G. 2008. Chapter 1.4: Geographic Object-Based Image Analysis (Geobia): A New Name for a New Discipline. Object-Based Image Analysis: Springer, 8: 75-89.

Hay G J. 2014. Visualizing scaledomain manifolds: a multiscale geoobjectbased approach. Scale Issues in Remote Sensing: 139-169.

Hernando A, Arroyo L A, Velázquez J, et al. 2012. Objects-based image analysis for mapping natura 2000 habitats to improve forest management. Photogrammetric Engineering and Remote Sensing, 78(9): 991-999.

Huang X, Wen D, Li J, et al. 2017. Multi-level monitoring of subtle urban changes for the megacities of China using high-resolution multi-view satellite imagery. Remote Sensing of Environment, 196: 56-75.

Hussain M, Chen D, Cheng A, et al. 2013. Change detection from remotely sensed images: from pixel-based to object-based approaches. ISPRS Journal of Photogrammetry and Remote Sensing, 80: 91-106.

Johnson B, Xie Z X. 2011. Unsupervised image segmentation evaluation and refinement using a multi-scale approach. ISPRS Journal of Photogrammetry and Remote Sensing, 66(4): 473-483.

Kennedy R E, Townsend P A, Gross J E, et al. 2009. Remote sensing change detection tools for natural resource managers: understanding concepts and tradeoffs in the design of Landscape monitoring projects. Remote Sensing of Environment, 113(7): 1382-1396.

Kim M, Holt J B, Eisen R J, et al. 2011. Detection of swimming pools by geographic object-based image analysis to support west nile virus control efforts. Photogrammetric Engineering and Remote Sensing, 77(11): 1169-1179.

Kim M, Warner M M. 2007. Estimation of optimal image object size for the segmentation of forest stands with multispectral ikonos imagery. Lecture Notes in Geoinformation & Cartography, 291-307.

Kim M, Warner T A, Madden M, et al. 2011. Multi-scale geobia with very high spatial resolution digital aerial imagery: scale, texture and image objects. International Journal of Remote Sensing, 32(10): 2825-2850.

Laliberte A S, Browning D M, Rango A. 2012. A comparison of three feature selection methods for object-based classification of sub-decimeter resolution ultracam-l imagery. International Journal of Applied Earth Observation and Geoinformation, 15: 70-78.

Lamonaca A, Corona P, Barbati A. 2008. Exploring forest structural complexity by multi-scale segmentation of vhr imagery. Remote Sensing of Environment, 112(6): 2839-2849.

Li M, Ma L, Blaschke T, et al. 2016. A systematic comparison of different object-based classification techniques using high spatial resolution imagery in agricultural environments. International Journal of Applied Earth Observation & Geoinformation, 49: 87-98.

Liu Y, Bian L, Meng Y, et al. 2012. Discrepancy measures for selecting optimal combination of parameter values in object-based image analysis. ISPRS Journal of Photogrammetry and Remote Sensing, 68: 144-156.

Lucieer A, Stein A. 2002. Existential uncertainty of spatial objects segmented from satellite sensor imagery. IEEE Transactions on Geoscience and Remote Sensing, 40(11): 2518-2521.

Marpu P R, Neubert M, Herold H, et al. 2010. Enhanced evaluation of image segmentation results. Journal of Spatial Science, 55(1): 55-68.

Ming D, Li J, Wang J, et al. 2015. Scale parameter selection by spatial statistics for geobia: using mean-shift based multi-scale segmentation as an example. ISPRS Journal of Photogrammetry and Remote Sensing, 106: 28-41.

Möller M, Lymburner L, Volk M. 2007. The comparison index: a tool for assessing the accuracy of image segmentation. International Journal of Applied Earth Observation and Geoinformation, 9(3): 311-321.

Montaghi A, Larsen R, Greve M H. 2013. Accuracy assessment measures for image segmentation goodness of the Land parcel identification system (lpis) in denmark. Remote Sensing Letters, 4(10): 946-955.

Neubert M, Herold H, Meinel G. 2008. Assessing Image Segmentation Quality-Concepts, Methods and Application. Object-Based Image Analysis: Springer: 769-784.

Ozelkan E, Chen G, Ustundag B B. 2016. Multiscale object-based drought monitoring and comparison in rainfed and irrigated agriculture from landsat 8 oli imagery. International Journal of Applied Earth

Observation and Geoinformation, 44: 159-170.

Persello C, Bruzzone L. 2010. A novel protocol for accuracy assessment in classification of very high resolution images. Geoscience and Remote Sensing, IEEE Transactions on, 48(3): 1232-1244.

Radoux J, Defourny P. 2008. Quality Assessment of Segmentation Results Devoted to Object-Based Classification. Object-Based Image Analysis: Springer; 2008. p. 257-271.

Tewkesbury A P, Comber A J, Tate N J, et al. 2015. A critical synthesis of remotely sensed optical image change detection techniques. Remote Sensing of Environment, 160: 1-14.

Tian J, Chen D. 2007. Optimization in multi-scale segmentation of high-resolution satellite images for artificial feature recognition. International Journal of Remote Sensing, 28(20): 4625-4644.

Troya-Galvis A, Gancarski P, Passat N, et al. 2015. Unsupervised quantification of under- and over-segmentation for object-based remote sensing image analysis. IEEE Journal of Selected Topics in Applied Earth Observations and Remote Sensing, 8(5): 1936-1945.

Vieira M A, Formaggio A R, Rennó C D, et al. 2012. Object based image analysis and data mining applied to a remotely sensed landsat time-series to map sugarcane over Large Areas. Remote Sensing of Environment, 123: 553-562.

Walter V. 2004. Object-based classification of remote sensing data for change detection. ISPRS Journal of Photogrammetry and Remote Sensing, 58(3-4): 225-238.

Wang Z, Lu C, Yang X. 2018a. Exponentially sampling scale parameters for the efficient segmentation of remote sensing images. International Journal of Remote Sensing, 39(6): 1628-1654.

Wang Z, Yang X, Lu C, et al. 2018b. A scale self-adapting segmentation approach and knowledge transfer for automatically updating Land use/cover change databases using high spatial resolution images. International Journal of Applied Earth Observation and Geoinformation, 69: 88-98.

Weidner U. 2008. Contribution to the assessment of segmentation quality for remote sensing applications. International Archives of Photogrammetry, Remote Sensing and Spatial Information Sciences, 37(B7): 479-484.

Whiteside T G, Boggs G S, Maier S W. 2011. Comparing object-based and pixel-based classifications for mapping savannas. International Journal of Applied Earth Observation and Geoinformation, 13(6): 884-893.

Witharana C, Civco D L. 2014. Optimizing multi-resolution segmentation scale using empirical methods: exploring the sensitivity of the supervised discrepancy measure euclidean distance 2 (Ed2). ISPRS Journal of Photogrammetry and Remote Sensing, 87: 108-121.

Yang D, Chen X, Chen J, et al. 2017. Multiscale integration approach for land cover classification based on minimal entropy of posterior probability. IEEE Journal of Selected Topics in Applied Earth Observations and Remote Sensing, 10(3): 1105-1116.

Yang J, Li P, He Y. 2014. A multi-band approach to unsupervised scale parameter selection for multi-scale image segmentation. ISPRS Journal of Photogrammetry and Remote Sensing, 94: 13-24.

Yang J, He Y, Weng Q. 2015. An automated method to parameterize segmentation scale by enhancing intrasegment homogeneity and intersegment heterogeneity. IEEE Geoscience and Remote Sensing Letters, 12(6): 1282-1286.

Yin R J, Shi R H, Li J Y. 2013. Automatic selection of optimal segmentation scale of high-resolution remote sensing images. Journal of Geo-information Science, 15(6): 902.

Zhang X, Du S. 2015. A linear dirichlet mixture model for decomposing scenes: application to analyzing urban functional zonings. Remote Sensing of Environment, 169: 37-49.

Zhang X, Du S. 2016. Learning selfhood scales for urban land cover mapping with very-high-resolution satellite images. Remote Sensing of Environment, 178: 172-190.

Zhang X, Feng X, Xiao P, et al. 2015a. Segmentation quality evaluation using region-based precision and recall measures for remote sensing images. ISPRS Journal of Photogrammetry and Remote Sensing, 102: 73-84.

Zhang X, Xiao P, Feng X, et al. 2015b. Toward evaluating multiscale segmentations of high spatial resolution remote sensing images. IEEE Transactions on Geoscience and Remote Sensing, 53(7): 3694-3706.

Zhang Y J. 1996. A survey on evaluation methods for image segmentation. Pattern Recognition, 29(8): 1335-1346.

Zhang Z, He G, Wang M, et al. 2015c. Detecting decadal land cover changes in mining regions based on satellite remotely sensed imagery: a case study of the stone mining area in luoyuan county, SE China. Photogrammetric Engineering & Remote Sensing, 81(9): 745-751.

Zhang Z, Wang X, Zhao X, et al. 2014. A 2010 update of national land use/cover database of China at 1: 100000 scale using medium spatial resolution satellite images. Remote Sensing of Environment, 149: 142-154.

第 7 章

多源信息协同的城镇用地提取

中高空间分辨率遥感影像凭借其大范围、快速、准确、周期短等特点在城镇用地信息监测中表现出明显优势。另外，大量的城镇用地产品发布也为城镇用地更新提供了可靠的辅助数据，但当前将这些已有产品融入城镇用地提取中的研究较少，造成了资源的大量浪费。虽然研究者针对城镇用地提取已开展了许多研究，发展了不少方法，但城镇用地特征的多样性和样本选择的烦琐性，严重影响了其提取的精度和效率。为了解决这些问题，本章充分利用多时相多传感器影像信息、已有的城镇用地产品、地形数据、OpenStreetMap 等数据，提出了一套多源信息大数据支持的城镇用地更新提取的方法流程，该技术方法通过综合多源数据的各自优势，可以实现大区域城镇用地的快速、高精度提取及时序数据更新，为城镇用地的监测分析和城市可持续发展规划提供有力的技术支撑。

本章首先定量分析各城镇用地产品的精度，而后探索多源传感器影像在城镇用地提取中的作用并获得最优特征组合及分割尺度，包括综合雷达影像对提升多云地区城镇用地的作用，在此基础上协同使用多源城镇用地产品和多源信息，以实现城镇用地的准确提取及快速时序更新。

7.1 引　言

7.1.1 研究背景

城镇用地作为一种重要的土地利用类型，其发展演变必将导致土地利用/土地覆被的变化。城镇化进程的加快伴随着城镇用地的迅速扩张，从而减少了其他土地类型的面积，由此产生一系列区域性甚至全球性的问题。城镇用地侵占林草等植被用地，使城市下垫面不透水面增加，影响城市潜热通量的大小和散热能力，形成城市热岛效应；城镇建设用地等不透水面导致地表水无法渗透到地下，使地下水量减少，加大了地表径流，容易造成城市洪涝灾害（Brun and Band，2000）。城镇用地不仅影响水量，同时还对水质产生影响，工业废水、病菌、有毒物质等非点源污染物随地表径流进入江河湖海，造成水源污染，破坏生物多样性（Esch et al.，2009；Seto et al.，2011）。据联合国人口基金会统计，截至 2018 年，世界超过一半的人口居住在城镇，到 2030 年城镇居住人口将超过50 亿，经济发展及城镇人口的增加将加速城镇扩张的速度及规模，这对资源生态环境将产生巨大的压力。因此，快速、准确地获取城镇用地的分布及变化信息对城镇发展规划、土地资源保护及可持续发展利用、生态环境保护、灾害监测评估，以及全球土地利用变化的研究有着重要而深远的意义。

近年来，随着遥感技术与地理信息系统技术的发展，其已被广泛应用到城镇用地的调查研究中，且遥感数据的空间、光谱、时间分辨率不断提高，使其获取数据的能力大大增强，为城镇用地调查提供了大量的数据资料。低分辨率的遥感影像常用于区域性或全球性大尺度的城镇用地信息提取，主要数据源有先进的超高分辨率辐射计（AVHRR）、中分辨率成像光谱仪（MODIS）、美国空军国防气象卫星计划夜间灯光数据（DMSP-OLS）、可见光红外成像辐射仪夜间灯光数据（VIIRS-DNB）等（Sharma et al.，2016；Kasimu，2018）；中高分辨率的遥感影像多用于区域性的城镇检测，主要数据源有陆地卫星数据（Landsat TM、Landsat ETM+、Landsat OLI）等（Lu et al.，2019；Wahyudi et al.，2019；Wan et al.，2019）；而高分辨率的影像则多用来研究城市精细化制图、场景解译等工作，主要数据源有高分一号（GF-1）、高分二号（GF-2）、哨兵（Sentinel-2A、Sentinal-2B、）、TerraSAR-X 卫星影像等（Crommelinck et al.，2016；Jiang and Friedland，2016；Wang et al.，2018a）。

面对海量的遥感影像数据，如何快速、准确地从中提取城镇用地信息一直以来都是各国学者关注的重点。在复杂的景观条件下，"同物异谱"和"异物同谱"的现象在各种分辨率的影像中均存在，因此仅利用单一数据源来分类的方法已经不能满足精度要求，陈述彭（1997）强调要综合运用遥感信息和地学辅助信息来提高分类精度。近几十年，人们从单单利用影像的光谱知识来提取城镇用地信息，渐渐演变到结合多源数据以及各种地学知识辅助城镇用地的提取。目前，大量的多源数据，如数字高程数据、专题图数据等都存储于地理信息系统中，这些数据中隐含着丰富的属性及空间信息知识，如何在城镇用地提取中应用这些数据来提高提取精度已成为亟待解决的问题。此外，当前已存在多套全球范围的土地覆被数据，这些数据均是由前人在总结大量的地学知识的基础上生成的，而数据的分辨率、分类体系、分类方法等存在较大差异，造成数据利用困难，特别是已有的中高分辨率城镇用地数据尚未被充分地开发应用，造成数据资源的极大浪费。另外，遥感影像本身也蕴含大量的诸如光谱特征、纹理特征等信息，充分挖掘这些信息并将其与其他地学信息相结合可以更好地辅助影像判别城镇用地。

当前，虽然针对城镇用地提取已经开展了大量的研究，但训练样本的选择仍是阻碍城镇用地快速、高效获取的一大难题（Ma et al.，2017），且多数研究未深入考虑区域特点。对于马来群岛这类热带多云地区来说，云和阴影对光学影像信息的干扰严重影响了城镇用地的提取精度。多传感器影像的协同使用或许可以解决此问题，但目前尚未有明确的研究探明各传感器影像在多云区域对城镇用地提取的作用。另外，为解决"椒盐现象"的问题，面向对象的提取方法已广泛地应用于中高分辨率的影像，在这种分类方法中分割尺度和分类特征的选择往往对结果精度有较大的影响，因此，探明如何合理选择这些分类参数的重要性不言而喻。

针对以上几个方面的问题，在已有的中高分辨率的城镇用地产品的基础上，基于景观分类和回溯分析的技术，本章研究发展了一套多源信息协同的城镇用地自动提取的方法，将多源地理信息空间数据及多时相、多传感器遥感影像数据作为协同输入的信息源，在充分挖掘多源信息及影像信息的基础上，充分吸纳多源大数据的各自优势，以实现现势城镇用地的快速、高精度更新，建立了城镇用地大区域、自动化获取的方法模型，生成了高效、准确的长时序城镇用地演变数据集，形成了"城镇用地提取—时序更新—时空演变"的完整分析技术链。围绕这条主线，对其中的关键技术展开了深入分析及研究，主要有以下几点：针对马来群岛地区多云多雨特点，探索多传感器影像辅助下的城镇用地提取方法，深挖不同分割尺度和分类特征对城镇提取精度的影响，总结最优分割-分类策略；结合时间序列的 Landsat 影像和现势城镇用地数据，探索基于多特征指数的变化监测方法，以回溯更新的方式获得长时间序列的城镇用地数据，提高区域尺度下城镇用地动态监测的效率和精度；深度剖析几个热带城市群城镇扩展演变的态势及规律，综合对比马六甲海峡两岸开发强度的空间异质性，总结两岸城镇扩张的地带规律性，为该地区城镇的建设规划和城市管理提供指导，同时也对我国类似城镇的发展具有重要借鉴意义。

7.1.2　现有城镇用地数据

2000 年以前全球范围内仅有一套城镇分布数据集即世界数字地图，该套数据集以矢量形式展现了全球地表覆被信息，可认为是众多全球人类居住点制图数据的前身。近 20 年来，随着遥感技术的快速发展，一批全球或区域城镇制图数据相继问世，主要数据有：美国地质勘探局（USGS）的国际地圈生物圈计划的全球土地覆盖数据集（IGBP-DISCover）、美国马里兰大学的全球土地覆盖数据集（UMD GeoCover）、美国波士顿大学的 MODIS土地覆被数据集（BU_MODIS）、欧盟联合研究中心的全球土地覆盖数据集（GLC2000）、欧空局的全球陆地覆盖数据集（GlobCover2005 和 GlobCover2009）、中国国家基础地理信息中心的全球 30m 地表覆盖数据集（GlobeLand30）、德国航空太空中心的全球城市足迹数据（global urban footprint, GUF）、欧盟联合研究中心的全球人类居住图层数据（global human settlement layer, GHSL）、清华大学的 10m 分辨率全球土地覆盖产品（FROM-GLC10）等，除了 GUF 和 GHSL 两个数据是城镇用地专题数据外，其他数据均为全要素土地覆被数据。

1. IGBP-DISCover

美国地质勘探局利用 1992 年 4 月～1993 年 3 月获取的 AVHRR 数据的最大值合成12 个月的归一化植被指数，用非监督分类方法获得了空间分辨率为 1 km 的土地覆被数据，在该数据集的分类体系中城镇用地是第 13 类：城镇与建成区，数据的总体精度约为67%（Loveland et al., 2000）。

2. UMD GeoCover

UMD GeoCover 是美国马里兰大学用决策树分类方法，对 1992～1993 年的 1～5 波段的 1 km 分辨率的 AVHRR 数据和归一化植被指数的重组数据进行分类的结果，该数据共分为 14 类，城镇用地是第 14 类，其定义为城市与建成区。数据生产者使用 Landsat MSS 和由 De Fries 等（1998）的解译数据的样本点验证了总体精度，结果显示，总体精度为 69%（Hansen et al.，2000）。

3. MODIS 土地覆被数据集

美国波士顿大学借助 2001 年的 500 m 分辨率的 Terra MODIS L2 和 MODISL3 数据、增强型植被指数数据、MODIS 陆表温度数据和地形等辅助数据，用监督分类的方法得到了 1km 分辨率的土地覆被数据集。数据的第 13 类城镇与建成区代表城镇用地信息。在 MODIS Collection4 基础上，研究者生成了空间分辨率 500 m 的 MODIS Collection5 数据，其城镇用地定义为由建筑物覆盖的区域，数据总体精度为 78.3%（Friedl et al.，2002，2010）。MODIS 全球城市范围图（MODIS map of global urban extent，MOD500）是由 2001 年和 2002 年的 MODIS Collection 5 生成的，其根据城市的物理属性定义城镇用地：被建筑物覆盖的区域（Schneider et al.，2009）。

4. GLC2000

GLC2000 是由欧盟联合研究中心使用 1999 年 10 月～2000 年 12 月的 SPOT VEGETATION 的 NDVI 数据和其他遥感影像及地理数据生成的 1km 的全球土地覆被数据。该数据采用了"自下而上"的生产方式，即将全球划分为 19 个区域，每个区域由不同国家的研究人员解译，各区域的研究人员根据区域特点使用适宜本地区解译的方法，最后再将各区域的解译结果合并为一个整体。在该套数据中，城镇用地为第 22 类，其定义为人工表面和相关区域。数据生产者用分层采样的方法验证了数据的总体精度为 68.6%±5%。

5. GlobCover

GlobCover 是欧空局联合多家研究机构，用 MERIS L1B 的 13 个波段数据生成的 300 m 分辨率的全球土地覆盖数据集。数据生产时，先将全球分为 22 个生态气候区，在各分区中综合利用监督与非监督分类方法分类（Bicheron et al.，2008）。数据采用 Plate 投影，共有 2005 年和 2009 年两期数据。用解译的样本点评估数据的精度，结果显示，总体精度为 67.1%（Strahler et al.，2006）。

6. GlobeLand30

GlobeLand 30 是中国国家基础地理信息中心主持生产的空间分辨率为 30 m 的全球土地覆被数据，共有 2000 年和 2010 年两期数据。研究者主要使用 Landsat 5 TM、ETM+ 影像和中国环境减灾卫星（HJ-1）影像。另外，已有地表覆盖数据（全球、区域）、MODIS 归一化植被指数数据、全球基础地理信息数据、全球数字高程模型数据、各种专题数据和在线高分辨率影像为辅助数据，采用逐类分层提取的方法得到分类结果。数据采用 WGS84 坐标系，共分为 10 类，城镇用地信息为第 8 类：人造地表。数据精度评价结果表明，GlobeLand30-2010 的总体精度为 83.51%，Kappa 系数为 0.78，人造地表精度为 86.94%（陈军等，2014）。

7. GUF

GUF 是全球城镇用地专题信息数据。不同于以往的光学数据产品，该数据由德国航空太空中心使用 2011～2012 年的 TanDEM-X 雷达数据生成。研究团队提出一种城市足迹处理方法（urban footprint processor，UFP）来提取城镇区域，该方法主要包含三个步骤：提取具有高度结构化、多样化的城镇用地的纹理特征信息；基于原始影像的后向散射特性和提取的纹理特征，用非监督分类的方法生成二值型的图层，其中高值区为城镇用地，其余区域为非城镇用地；对提取的数据进行拼接等后处理工作，生成全球区域的城镇用地制图数据。该套数据的空间分辨率为 12m。从全局角度来说，GUF 的总体精度和 Kappa 系数明显优于以往半自动方法提取的结果（Esch et al.，2013）。

8. GHSL

GHSL 是由欧盟联合研究中心联合多家研究单位，基于高分辨率和超高分辨率的光学影像生成的全球人类居住点专题数据，应用的影像数据源为 0.5～10 m，包括 SPOT 2 和 SPOT 5、CBERS 2B、RapidEye 2 和 RapidEye 4、WorldView 1 和 WorldView 2、GeoEye 1、QuickBird 2、IKONOS 2 和航空像片，因此该套数据组合了多传感器、多光谱的优点且具有 10 m 的高空间分辨率，是当前最精细的全球人类居住地制图数据。研究人员基于具有旋转不变性的 Pantex 纹理特征提取影像信息，并根据灰度共生矩阵测度影像的各向异性，以及这种纹理信息和建筑物密度的关系生成取值范围在 0～1 的建筑物指数，即获得居住区的掩膜数据。借助 2.5 m 和 0.5 m 的高分辨率影像目视解译获得 95000 个城镇用地的验证点和 700000 个非城镇用地的验证点，结果表明，GHSL 总体精度高于 90%（Pesaresi et al.，2013）。

目前，对外可公开下载的 GHSL 数据是空间分辨率为 38 m 的全球人类居住区数据（Pesaresi et al.，2013）。研究者收集了过去 40 年的 Landsat 影像并提出了一种基于符号机器学习的监督分类方法，生成了 1975 年、1990 年、2000 年和 2014 年四期数据。在 GHSL 数据中城镇用地是指有建筑物覆盖的区域。数据生产者的精度验证表明，与其他利用地球观测数据自动提取的全球城镇用地数据相比，GHSL 的精度更高（Pesaresi et al.，2016）。

9. FROM_GLC10

FROM_GLC10 是由清华大学组织生产的一套全球 10 m 分辨率的土地覆被数据集（Gong et al.，2019b）。研究者利用样本迁移方法，将 2015 年的训练样本应用于 2017 年的哨兵 2（Sentinel-2）影像中，采用随机森林分类的方法获得 10 类土地覆被信息。城镇用地在该套数据中被定义为不透水面。

在区域尺度上，城镇用地数据集主要包括比较有代表性的欧盟组织生产的欧洲土地覆盖数据集（CORINE Land Cover）（Bossard et al., 2000）、美国地质勘探局的 30 m 的美国国家土地覆盖数据库（national land cover database，NLCD）和中国的"全国生态环境十年变化（2000-2010 年）遥感调查与评估项目"的 3 期全国范围的土地覆被数据。在这些数据中，城镇用地被定义为包含一定数量的建筑物的人工修造的非天然地表。

表 7.1 汇总了全球范围城镇用地主要数据集的各项信息，可见各数据集彼此间有明显的差异，主要体现在它们所应用的制图数据源、空间分辨率、影像时相、分类体系、制图方法、辅助数据以及数据产品精度验证方法等方面。其中，各种数据集对城镇的定义具有较大差异，归纳起来可分为两大类：一类为人造地表和相关区域，另一类为建筑物覆盖区。

表 7.1　主要的全球范围城镇用地数据集基本信息表

产品	生产者	时相	城镇定义	空间分辨率	源数据	分类方法	总体精度/Kappa 系数
VMAP0	美国国家图像和测绘局	1992 年	人口居住区	1∶1000000	航海制图	航海制图	—/0.49
IGBP-DISCover	美国地质勘探局	1992 年 4 月～1993 年 3 月	城镇与建成区	～1000m	AVHRR	非监督分类	67%/—
UMD GeoCover	美国马里兰大学	1992 年 4 月～1993 年 3 月	城市与建成区	～1000m	AVHRR/NDVI	监督分类	69%/—
MOD500	美国波士顿大学	2001/2002 年	城镇与建成区	～500m	Terra MODIS L2/MODIS L3	决策树	78.3%/0.63
MOD1K	美国波士顿大学	2000/2001 年	城镇与建成区	～1000m	MODIS 1km/DMSP/人口密度	监督分类	—/0.50
IMPSA	美国国家地理数据中心	2000/2001 年	不透水面密度	～1000m	LSCAN/LITES	线性回归数据融合	—/0.61
GRUMP	哥伦比亚大学	1995 年	城市区域	～1000m	VMAP/统计数据/LITES	对数回归数据融合	—/0.22
LITES	美国国家地理数据中心	1992～2015 年持续更新	夜间灯光强度	～1000m	DMSPOLS	影像拼接	—
LSCAN	美国橡树岭国家实验室	1998～2014 年持续更新	人口分布	～1000m	VMAP0/LITES/MOD1K/统计数据/高分影像	数据融合	—
GLC2000	欧洲联合研究中心	1999/2000 年	人造表面和相关区域	～1000m	SPOT4/JERS-1/ERS/DMSP	多种分类方法	68.6/0.45
GlobCover	欧洲空间局	2005/2009 年	人造表面和相关区域	～300m	MERIS/GLC2000	监督/非监督分类	67.1%/ 0.46
GlobeLand30	中国国家基础地理信息中心	2000/2010 年	人造地表	30m	TM/ETM+/HJ-1	逐层分类提取	86.94%/0.78
GUF	德国航空太空中心	2011/2013 年持续更新	建筑物覆盖区	12m	TanDEM-X	UFP	～93.96%/0.81
GHSL	欧洲联合研究中心	1975/1990/2000/2014 年	建筑物覆盖区	10～1000m	超高分辨率影像/Landsat	机器学习	～90%
FROM_GLC10	清华大学	2017 年	不透水地表	10m	Sentinel-2	随机森林	72.76%

7.1.3　存在的问题

随着城镇用地产品不断发布，这些数据也被广泛地应用于城市发展规划、人口密度制图、城镇用地时空格局分析等领域。但在应用这些数据之前，应该先了解其数据质量，以保证后续开展的工作的可信度。虽然数据的生产者已使用了定性或定量的评价方法评定了各自产品的精度，但这些使用不同评价方法和验证数据获得的精度验证的结果在很大程度上缺乏可比性。因此，在使用这些数据产品时，先进行产品的精度评价十分重要。

目前，国内外已有大量学者对全球或区域范围内的多源土地覆盖遥感数据进行了类别的空间一致性对比及精度评价的研究，但大多数的对比分析多针对于林地、耕地、草地这类极易混淆的地物类别，而对城镇用地的关注较少。随着城镇用地制图技术的发展，近年来学者逐渐关注城镇用地专题信息的对比验证分析。Potere 等（2009）对 8 种粗分辨率的全球城镇制图数据进行了定量的精度分析，其利用高分辨率的谷歌影像及 140 m 分辨率的城市地图数据，对分层的 10000 个验证点进行精度评价，结果表明，MOD500 的数据具有最高的精度，其次是根据夜间灯光数据制作的城镇数据集和 LandScan 数据集。对于基于高分辨率和超高分辨率影像提取的 GUF、GHSL 的精度来说，Klotz 等（2016）、Mück 等（2017）的研究表明，GUF 等高分辨率产品的制图精度远优于已有的低分辨率产品。Leyk 等（2018）用整合的城镇用地信息和建成区的记录数据构建了一套多时相建成区精度验证的流程，首先用误差矩阵定量评价数据精度，然后评价建成区的密度特征，以指导使用者用于不同的用途。针对 GHSL 数据，Sliuzas 等（2017）同样做了精度验证工作，他们的研究表明，虽然 GHSL 可以很好地提供城市的边缘形状信息，但在像元尺度上依旧存在不可忽视的错分、漏分现象。从以上分析可得，不论是在全球尺度上还是在区域尺度上，已有的精度评价研究的对象主要集中于粗分辨率的 MOD500、GlobCover、GLC2000 和 UMD，而对于中高分辨率（10～40 m）城镇用地数据集的分析研究甚少。另外，已有的对 GUF、GHSL 精度验证的工作多集中于欧洲和美国等经济发达、城镇化程度高的地区，对热带地区城镇用地数据精度验证的研究很少，因此急需开展中高分辨率城镇用地产品的精度验证工作，以支持其在各研究领域的应用。

虽然当前国内外研究者已开展了大量的城镇提取工作，但仍面临一系列问题，具体来说有以下几方面：

（1）现有的中高分辨率的城镇用地产品精度如何？其各自的优势和劣势是什么？应用价值如何？

（2）全球范围的土地覆被数据集及中高分辨率的城镇用地数据集已有多套，这些数据集蕴含了丰富的地学知识。而在实际影像分类中往往很难获取专家地学知识的辅助，在这种情况下，将已有的土地覆被数据集作为地学知识加入影像分类中，既可充分利用已有土地覆被数据中的地学信息，又能解决专家知识获取困难的问题。但目前如何将已有的中高分辨率的城镇用地产品融入城镇用地提取的研究中十分匮乏，因此，如何实现多源城镇用地数据协同影像分类，充分利用已有数据，发挥各数据的优点，是亟待解决的问题。

（3）针对多云多雨地区导致的光学影像质量差等问题，虽然有研究提出可以结合光学和雷达影像加以解决，但雷达影像的加入对城镇用地提取精度有多大提升、多传感器影像不同的特征组合模式对提取结果有什么影响尚未有定量研究。在使用面向对象的方法提取城镇用地时，不同的分割尺度对结果的影响有何差异？最优分割尺度是多少？使用不同的影像参与分割时对结果的影响如何？

（4）虽然机器学习算法的应用提升了分类的自动化程度，但分类过程中训练样本的获取仍以人工实地考察和高分辨率影像目视解译为主，耗费大量人力，降低了分类效率。因此，如何借助多源信息实现城镇用地产品的快速更新是值得深入研究的问题。

（5）如何解决传统的多时相分类时序城镇用地获取方法的低效性问题，怎样准确、高效地获取长时间序列的城镇用地产品需要重点考虑。

（6）城镇用地的制图分析多局限于发达国家和热门地区，对马来群岛地区的研究非常匮乏，特别是长时间序列的城镇用地信息几乎空缺，难以进行城镇扩张、土地覆被变化等监测分析，因此，急需开展该地区时间序列的城镇用地监测制图及分析工作，以便为其他研究提供基础分析数据。

7.2　中高空间分辨率城镇产品分析及精度验证

目前，国内外对于城镇用地并没有统一的定义，根据数据产品的分辨率和数据的应用需求，其定义和所涵盖的地物结构可能会有所不同。通常情况下，大尺度的粗分辨率（250 m）的城镇用地产品多使用不透水率或者夜间灯光的亮度值来表示城镇用地，如 IMPSA 和 LITES（Elvidge et al.，2001，2007）。由于分辨率较粗，这些数据存在大量的混合像元，多数可能混杂着一些其他地类成分（匡文慧，2019）。在中高分辨率的城镇用地产品中（GlobeLand30、GHSL、GUF、FROM_GLC10），城镇用地多数是指由人类建造活动形成的建筑物覆盖区域。具体来说，在 GlobeLand30 中，城镇用地指人造地表，即由人工建造活动形成的地表，包括城镇等各类居民地、工矿、交通设施等，不包括建设用地内部连片绿地和水体。GHSL 是全球人居图层，其关注的是有建筑物覆盖的区域，即人类、动物、物品或经济产品所建造的人工建筑。GUF 是全球城镇足迹图层，其表征有垂直结构覆盖的建筑物区域。在 FROM_GLC10 中城镇用地被定义为不透水面。相对粗分辨率的数据产品，这些数据在有效区分城市内部的不透水面和其他地类的能力上表现出明显优势。本章所分析和提取的城镇用地都是属于中高空间分辨率的数据，因此，为了避免歧义，本章将城镇用地定义为由人工建造活动形成的区域，如建筑、居民地、道路、停车场等，但不包含城市内部大面积的、连片的绿地空间和水域（Liu et al.，2018；Sun et al.，2019）。本章的所有分析都是在这个定义范畴内进行的。

　　虽然，对于中高空间分辨率城镇用地产品精度评价来说，已有研究取得了一些进展，但这些结论基本是对数据精度的总体评价，没有深入分析各产品在不同城镇用地类型（大城市、小村庄、零散居民地）的优势和劣势。另外，据本章研究所知，目前还没有就 FROM_GLC10 的城镇用地进行分析和探讨的研究。缺乏综合的精度验证和对比分析研究是阻碍用户更加广泛、有效、客观地使用这些数据的主要原因之一。特别是对各产品在不同发展强度地区之间的对比研究尤为匮乏。因此，为了明确这些产品的精度及优劣势，本章采用定性和定量的研究方法剖析了它们在宏观和微观尺度中对城镇用地的表现能力及精度，所得的结论将为合理、科学地应用这些数据提供参考信息。

　　首先，采用目视对比的方法分析 GlobeLand 30、GHSL、GUF、FROM_GLC10 数据在马来西亚半岛和新加坡的城镇用地表现力的优劣及差异。而后借助谷歌高分影像选取与各城镇用地产品相同时期的验证点检验各产品的总体精度（OA）、制图精度（PA）和用户精度（UA）。在得到区域宏观层面的精度后，选取不同景观和不同不透水率地区，用验证点定性分析各产品在微观层面的精度及差异性。最后，在以上分析的基础上总结各产品的优劣势，并探讨产品优势互补、协同应用的策略。城镇用地产品精度评价的总体流程见图 7.1。

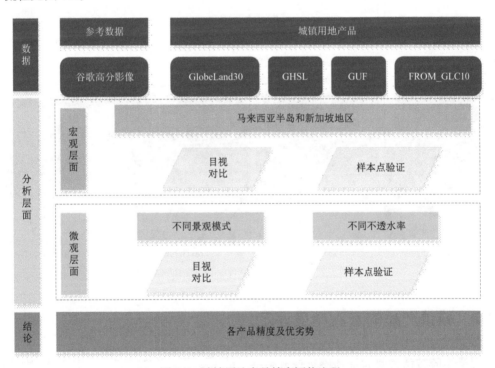

图 7.1　城镇用地产品精度评价流程

7.2.1　城镇产品数据分析

　　本部分以马来西亚半岛和新加坡为例，采用目视对比的方法定性分析 GlobeLand30、

GHSL、GUF、FROM_GLC10 数据对城镇用地刻画能力的异同。由图 7.2 可见，从宏观层面上来说，四者的城镇用地分布基本一致，主要沿海岸带分布，内陆山区则较少，且西部沿海的城镇多于东部，其中以吉隆坡地区、新加坡地区和槟城州地区的城镇最为密集。从微观细节上来说，由图 7.3 可得，由光学数据源生成的 GlobeLand30、 GHSL 和 FROM_GLC10 的斑块较为完整，而由雷达数据生成的 GUF 的斑块较为破碎，散斑较多。在光学产品中，FROM_GLC10 最为精细，其次是 GHSL，GlobeLand30 则相对粗糙；GUF 数据分辨率较高，因此也比较精细。此外，在所有产品中，GHSL 对线状建设用地的提取效果最佳。

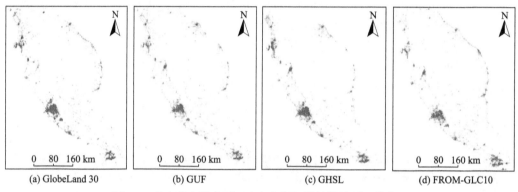

(a) GlobeLand 30   (b) GUF   (c) GHSL   (d) FROM-GLC10

图 7.2 各产品在马来西亚半岛和新加坡的城镇用地分布图

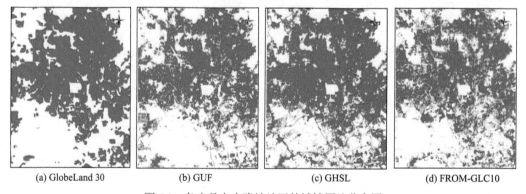

(a) GlobeLand 30   (b) GUF   (c) GHSL   (d) FROM-GLC10

图 7.3 各产品在吉隆坡地区的城镇用地分布图

7.2.2 城镇产品的宏观精度评定

混淆矩阵被认为是验证遥感影像分类结果的主要方法（Congalton，1991）。为了定量分析四套产品在宏观尺度的精度，本部分用验证点在不考虑城市类型的情况下评价各数据在马来西亚半岛和新加坡的总体精度、制图精度和用户精度。利用与各数据产品同一年份的谷歌高分影像，以专家目视解译的方法共获取了 1500 个随机验证点，精度检验结果见图 7.4。GHSL 的总体精度最高（92.40%），其次是 FROM_GLC10（92.07%），再次是 GUF（90.67%），GlobeLand30 精度最低（88.13%）。就用户精度来说，依次为

FROM_GLC10（94.31%）、GUF（91.82%）、GHSL（89.12%）、GlobeLand30（85.25%）；而制图精度排序则为 GHSL（90.40%）、FROM_GLC10（84.24%）、GUF（81.78%）、GlobeLand30（81.50%）。因此，从各精度的总体情况来看，GHSL 和 FROM_GLC10 对城镇用地的表达较为准确。

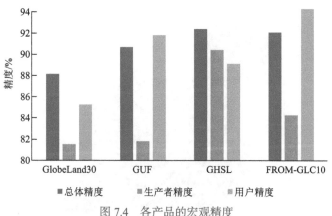

图 7.4　各产品的宏观精度

另外，除了 GHSL，其他三套产品均是用户精度高于制图精度，说明 GlobeLand30、GUF 和 FROM_GLC10 的错分现象少于漏分现象，而 GHSL 与之相反，因此前三者对城镇用地有低估的情况，而 GHSL 有高估的情况。这可能是由于 GHSL 仅由光学影像生成，容易将裸地错分为城镇用地；而 GlobeLand30 在生产过程中加入了专家经验的人工干预，FROM_GLC10 使用的是更精细的 10 m 数据，如此一来在很大程度上减少了这种错分。并且，笔者发现，GUF 的用户精度远高于制图精度，存在大量漏分的情况。这可能是因为 GUF 是由雷达数据根据建筑物的高度信息提取的城镇用地，因此，极大地避免了将裸地错分为城镇用地，但其忽略了一些诸如道路、停车场等没有高度信息的城镇用地。

7.2.3　城镇产品的微观精度对比

从微观层面来说，城镇用地按居民地分布的规模可以分为大城市、小村庄、零散居民地，按不透水密度可以分为高密度城镇、中密度城镇、低密度城镇。因此，本节探讨了各城镇产品在微观层面的精度情况。

1. 研究区域

本节选择吉隆坡及其周边区域为研究区，该区域包含吉隆坡和布城这两个联邦直辖区及波德申县、芙蓉市、鹅唛县、乌鲁冷岳县、巴生县、瓜拉冷岳县、瓜拉雪兰莪县、八打灵县、雪邦县，如图 7.5 所示。该研究区共计 6994 km²，既有像吉隆坡这样的不透水率高的大城市，也有零散分布的不透水率低的小村庄，各种城镇用地密度均包含。并且研究区涵盖了沿海平原与内陆山区，地物景观类型丰富，因此便于开展全面的对比研究。根据不透水率高低，将研究区分为高密度城镇（吉隆坡、八打灵县、巴生县）、中密度城镇（布城、雪邦县、乌鲁冷岳县、芙蓉市、鹅唛县）和低密度城镇（波德申县、瓜拉冷岳县、瓜拉雪兰莪县）。

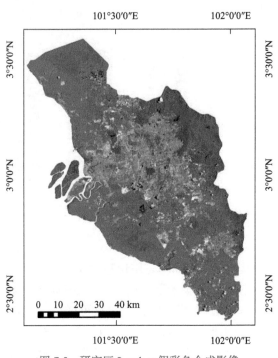

图 7.5　研究区 Landsat 假彩色合成影像

2. 不同景观模式下的对比

从图 7.5 中选取了 4 个不同景观模式的典型代表区域[图 7.6（a）、图 7.6（f）、图 7.6（k）、图 7.6（p）]来对比 4 种产品在这些区域的精度异同性。这 4 个区域在地形条件、城镇用地规模、地物背景信息等方面均有差异，涵盖了从大城市群到零散村落的各个类型。因此，可以较全面地分析产品之间的差异及各产品在不同景观模式的优劣。

图 7.6 第一行为大城市群类型。该类型为城市聚集区，经济发达，不透水率极高，城镇用地易连片分布。在这些区域，城市内部的水体和植被容易被错分成城镇用地。图 7.6（a）的黑框区域是城市内部的小面积绿地空间，GlobeLand30 存在明显的高估计情况。相对 FROM_GLC10，GHSL 对城市内部的表达更为连贯，GUF 则较破碎且无法表达连片的城镇用地信息。

图 7.6 第二行是位于山麓的城镇类型。这种类型一般表现为团簇状。GUF 和 FROM_GLC10 对该类型的刻画过于破碎，不能表达城镇内部的空间语义信息及道路。GlobeLand30 对城镇内部有过高的估计，把许多绿地空间也划为城镇用地，但在城乡过渡带区域又遗漏了一些小的村落。相对来说，GHSL 可以展现这种团状城镇内部的空间细节信息，且对城镇周边道路和城镇轮廓信息的刻画能力较佳。

| Landsat OLI | GHSL | GlobeLand30 | GUF | FROM-GLC10 |

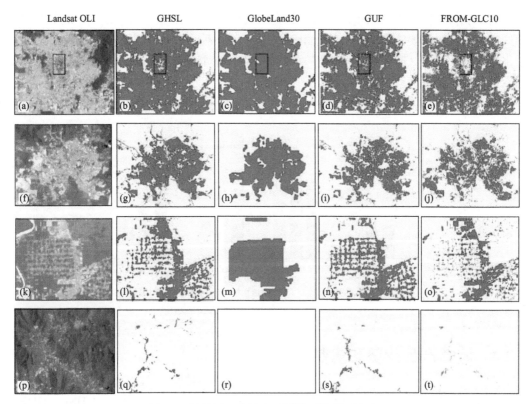

图 7.6　城镇用地产品在不同景观模式下的对比

红色区域代表城镇用地；白色区域代表非城镇用地

　　图 7.6 第三行为平原区城镇。城镇用地通常沿道路分布，常呈现网格状。FROM_GLC10 遗漏了网格内部的零散的居民地信息。而 GlobeLand30 直接将村落之间的空地及耕地归为城镇用地，存在严重的过高估计。相比之下，GHSL 和 GUF 对此类零散居民地的提取更为准确。

　　图 7.6 第四行为位于山区的城镇类型。这些城镇用地通常零散地分布在山谷，依山谷走向多为狭长形，城镇用地面积小且混杂各种背景地物，提取难度很大。GlobeLand30 和 FROM_GLC10 在该区域均存在严重的漏分现象，特别是 GlobeLand30 完全遗漏了该区域的城镇用地信息。而 GHSL 和 GUF 可以提供较全面的城镇用地空间信息及分布形状，且前者的表达更为详尽。

　　3. 不同不透水率地区的对比

　　为了获得四套产品在不同不透水率地区的精度差异，根据不透水率高低的划分，统计各产品在各区域的总体精度，见图 7.7。从不同产品的层面来看，各等级均为 GHSL 的精度最高，这与 7.2.2 节宏观精度评定的结果一致，说明 GHSL 的精度从城市到农村均优于其他产品，且这种优势表现稳定。从各不透水率的层面来看，GHSL、FROM_GLC10 和 GlobeLand30 的精度均表现为随不透水率的降低而降低，揭示了这三种产品在城市的精度高于农村，即对大的城镇用地斑块的提取效果优于小的斑块。因此，在农村地区使用这三种产品时需要注意精度。与此相反，GUF 在低不透水率地区的精度明显高于高不透水率地区，说明 GUF 善于表达零散城镇用地，相对城镇密集区来说更推荐在不透水率较低的地区使用该产品。

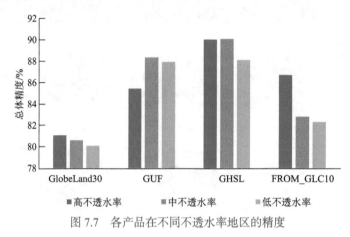

图 7.7　各产品在不同不透水率地区的精度

7.2.4　城镇产品优势和劣势

宏观和微观的精度评定方法详细、客观地分析对比了 GlobeLand30、GHSL、GUF、FROM_GLC10 数据精度，并总结了它们在不同城镇类型的优势和劣势，进一步明确了各专题数据的可靠性及可用性，结论如下：

（1）GHSL 和 FROM_GLC10 对城镇用地有更准确的表达能力，但这种表达优势随着不透水率的降低而降低。此外，在四套数据中 GHSL 的总体精度最高且可以较清晰地刻画线状目标，相较其他三种产品更具应用价值。

（2）GUF 具有较强的获取破碎居民地的能力，但由于雷达散斑的影响，其产品过于破碎，无法描绘连续的城市空间信息，存在漏分问题。因此，分析大斑块宏观尺度的城镇用地时，应避免使用 GUF 数据。

（3）GlobeLand30 的准确率比较低，只能表达城市的粗略信息，忽略了很多农村居民地，这可能是因为该数据是全球地表分类产品，因此不建议将该数据的城镇用地作为专题产品直接使用。而且人工后处理的过程中，为了制图效果，解译人员可能做了制图综合，将小的居民地合并为其他地类，由此造成了其精度不高。但 GlobeLand30 可以为其他地类的样本筛选提供掩膜数据，这是其他城镇用地专题产品所不具备的能力。

（4）明确各产品之间的精度差异可以帮助使用者更客观、合理地使用这些数据。一方面可以通过数据之间优势互补、取长补短的方式实现数据的协同综合应用，如对于大区域的景观复杂区域，在大城市地区可以考虑使用 GHSL 和 FROM_GLC10 产品，在零散居民地地区则更适合使用 GUF 数据，这样综合使用多个数据可以获得更精准的城镇用地信息，从而利于后续的其他应用分析。另一方面，综合多套数据的空间一致性区域，可以得到大量的城镇用地训练样本，为城镇用地数据更新提供丰富的先验知识。值得注意的是，不同的产品对城镇用地的定义是有差异的，笔者按照本章开篇的定义标准选取验证点，这可能会降低这些产品验证的精度。但这种语义定义的差异并不妨碍产品之间的比较，相反，在统一的定义标准下比较各产品，可以充分了解它们的差异及其在各景观模式中的优劣势，从而指导后续的研究更科学地使用这些数据。

7.3　融合光学与雷达影像的多云区域城镇用地提取研究

在热带、亚热带等沿海多云多雨地区，受云的影响很难获取高质量的光学影像数据，严重影响了城镇用地提取的精度（Wang et al.，1999；Watmough et al.，2011；Zhu and Woodcock，2012）。为了弥补这方面的缺陷，合成孔径雷达影像被越来越多地用于土地利用/覆被分类。雷达影像几乎不受云的干扰，能够反映地物的几何结构、含水量、冠层粗糙度等信息。此外，不同于光学影像，雷达影像可以较精确地分辨城市建筑用地和裸土（Xu et al.，2017）。但由于成像机理的原因，雷达影像易受大气和土壤湿度的影响，噪声相对较多。因此，为了获得更高的土地利用/覆被制图精度，有效结合光学和雷达影像，实现不同数据源间的优势互补的方法得到了广泛应用（Lehmann et al.，2015；Zhu et al.，2012）。

虽然当前已有不少学者结合光学和雷达影像，用基于对象的方法实现了城镇用地提取（Ban et al.，2010；Gibril et al.，2017；Jiao et al.，2015；Nascimento et al.，2013；Peters et al.，2011），但在这种分类策略中仍存在很多问题，如不同分割尺度对分类精度的影响、不同的分类特征对分类结果的影响、在沿海持续多云的地区使用 SAR 影像对结果优化的贡献程度、综合使用光学和雷达影像对雷达影像云穿透能力的影响以及一些其他的值得深入研究和探讨的问题。

针对以上问题，为了获得持续多云地区高精度的城镇用地数据，本节提出了基于对象的融合多传感器影像（Landsat 和 PALSAR）的城镇用地提取方法，并就该方法中分割尺度和分类特征这两个关键技术展开讨论，探明多源遥感数据在多云地区城镇用地提取中的作用。以沿海多云的新加坡 2017 年的城镇用地提取为例，本节设计了三组对比实验，用随机森林分类器，分别根据 Landsat OLI 光谱特征、PALSAR 影像特征，结合 Landsat OLI 光谱特征和 PALSAR 影像特征在不同分割尺度下分类。根据分类结果，本节定量评估了不同分割尺度和不同特征对分类精度的影响，并得到最优分割尺度和分类特征组合，从而建立了一套融合多源遥感影像的热带多云地区城镇用地的提取方案，并将其成功应用于多云的大区域城镇用地提取。

7.3.1　研究区概况

本章研究区覆盖整个新加坡并包含马来西亚部分地区、印度尼西亚部分地区，实验范围 2054 km²。新加坡位于马来半岛最南端，是典型的热带沿海城市国家。全国地势平坦，西部和中部地区为丘陵地，其他地区均为平原。新加坡经济发达，城市化率极高，全国主要土地覆被类型为城市建设用地、林地、水体和城市绿地（Sidhu et al.，2017），因此，本节的土地覆被类型分为：植被、水体、城镇用地和裸地。研究区地处赤道附近，属热带雨林气候，全年高温多雨，受云雨的影响，很难获得质量好的光学影像，因此，提取该地区的城镇用地时很有必要引入雷达影像。

7.3.2　数据预处理

Landsat OLI 选取 2017 年 4 月 19 日含有部分云的影像，用以对比 PALSAR 影像加入后对云覆盖区域的提取效果的影响。所用的 OLI 数据已经过系统辐射校正和地面控制点几何校正，并且通过 DEM 进行了地形校正，为了提高分类精度，使用 ENVI 5.3 软件对其进行辐射校正。

ALOS PALSAR 雷达影像来自日本宇宙航空研究开发机构（Japan Aerospace Exploration Agency，JAXA），该数据的空间分辨率为 25 m，包括 HH 和 HV 极化波段，HH 波段水平发射和水平接收电磁波，HV 波段水平发射和垂直接收电磁波。数据已经过正射校正、地形校正和辐射校正。使用 2017 年的 PALSAR 影像，并利用式（7.1）将 HH 和 HV 波段转化为后向散射系数（Shimada et al.，2009）。

$$\gamma = 10 \times \lg\langle DN^2 \rangle - 83 \tag{7.1}$$

式中，γ 为后向散射系数；DN 为偏振影像的灰度值。

另外，HH 和 HV 的比值（HH/HV）和差值（HH−HV）也用于影像分类（Dong et al.，2012）。使用中值滤波以 3×3 大小的窗口处理 PALSAR 影像，以减少其散斑。为了后续的分析，雷达影像的四个波段（HH、HV、HH/HV、HH−HV）用最邻近重采样方法重采样为 30 m，并且重投影为与 Landsat OLI 一致的 UTM WGS 84 投影。图 7.8 显示了每个影像的处理结果。

 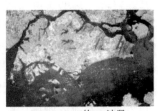 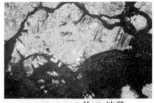

(a)Landsat OLI　　　　　(b)PALSAR的HH波段　　　　　(c)PALSAR的HV波段

图 7.8　影像预处理

数字高程数据使用 ASTER GDEM V2，该数据产品基于"先进星载热发射和反辐射计"（ASTER）数据计算生成。ASTER GDEM V2 版采用了一种先进的算法对 V1 版 GDEM 影像进行了改进，提高了数据的空间分辨率和高程精度。从地理空间数据云

（http://www.gscloud.cn/）下载了覆盖研究区的 30 m 分辨率的 ASTER GDEM V2 数据，对数据进行镶嵌拼接，以便用于后续研究。

7.3.3　多云地区城镇用地提取方法

热带多云地区城镇用地提取方法的总体流程如图 7.9 所示。首先，对影像进行校正、拼接、重投影等一系列预处理；然后，借助谷歌高分影像，通过目视解译获得训练样本和验证样本；最后，为了探明不同影像分类特征的作用，影像被分为三个组：Landsat OLI 组、ALOS PALSAR 组、Landsat OLI 和 ALOS PALSAR 组合组，每组影像代表一种特定的分割-分类策略。对每一组影像进行多尺度分割和影像特征提取，再用随机森林分类器分类。在此基础上，比较不同分割尺度和分类特征对分类结果的影响，最后获得城镇用地提取的最优分割尺度和分类特征并展开应用。

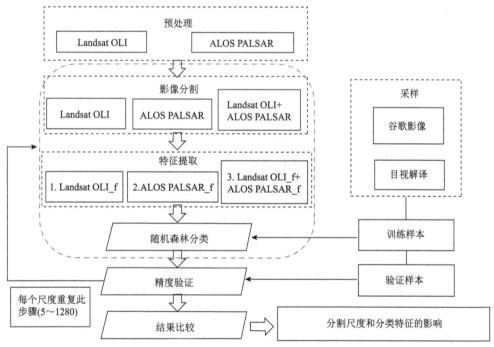

图 7.9　热带多云地区城镇用地提取方法流程

后缀 _f 代表从相应影像提取的特征；5～1280 代表分割的尺度范围

1. 采样

与分类类别一致，选取四种分类样本：植被、城镇用地、水体和裸地。首先，在研究区随机生成 2000 个 50m × 50m 大小的矢量斑块，随后将其转化为 Keyhole 标记语言（keyhole markup language，KML）并导入谷歌地球中。借助谷歌高分辨率影像和谷歌街景，本研究选取只占有一种土地利用类型的斑块为样本并标记其类型。为了提高训练样本的质量，保证每类样本不少于 300 个。由于裸地的分布很少，因此裸地的样本可以适当少一些。最终生成了 1500 个训练样本。

2. 多尺度分割

本研究使用 eCognition 9.0 软件分割三种分类策略中的影像：Landsat OLI（波段 1～7）、ALOS PALSAR（HH、HV、HH/HV、HH−HV）、Landsat OLI 和 ALOS PALSAR 叠加影像（波段 1～7、HH、HV、HH/HV、HH−HV）。多尺度分割算法可以连续不断地合并同质的像元或者现有的影像对象，是一种基于区域合并技术的自下而上的分割算法。该算法在保证对象与对象之间平均异质性最小、对象内部像元之间同质性最大的前提下，将像素合并成对象或将小的对象合并成大的对象。算法主要通过三个标准实现分割：尺度参数、影像波段权重、同质性标准（Li et al., 2016；Ma et al., 2015）。尺度参数用来规定生成的影像对象所允许的最大异质度，其值越大生成的影像对象的尺度越大，反之越小。影像波段权重用来规定参与分割的波段的权重，含有更多影像信息的波段可以设置更大的权重。同质性标准表示最小异质性、同质性，其由颜色和形状两部分组成，这两者的权重之和为 1.0。形状又由光滑度和紧致度组成，这两者的权重之和也为 1.0。颜色和形状的比例需要使用者通过不断地测试来获得最佳比例。在实际的分割操作中，这两者的比例一般设置为（0.8～0.9）∶（0.2～0.1）。

为了获得关键分割尺度，从 5 开始以 $\sqrt{2}$ 倍为步长，用指数采样的方法共得到 17 个不同的分割尺度进行影像分割（Wang et al., 2018a，2018b）。每个分割尺度用式（7.2）计算得到（Wang et al., 2018a），各尺度四舍五入取整。

$$S_i = \left(\sqrt{2}\right)^i S_0 \quad (i = 0,1,2,\cdots,16) \tag{7.2}$$

式中，S_i 为分割尺度；S_0 为最初的分割尺度，其值为 5。

为了避免遗漏影像信息，分割时所有波段的权重均设置为 1。已有的研究表明，较高的颜色权重可以产生较好的分割结果（Laliberte and Rango，2009；Ma et al., 2015）。因此，颜色和形状的权重分别设置为 0.9 和 0.1。本研究认为，光滑度和紧致度具有同样重要的价值，因此这两者的权重均设置为 0.5。

3. 特征提取

本节的研究除了使用 Landsat OLI 的光谱均值、光谱标准差，ALOS PALSAR 的散射均值、散射标准差外，还添加了一些光谱指数及 ALOS PALSAR 影像的纹理特征。已有研究者分别使用 NDVI（Huete et al., 1997）、改进的归一化差异水体指数（MNDWI）（Xu，2006）、归一化建筑指数（NDBI）（Zha et al., 2003）来辅助提取植被、水体、城镇用地。因此，计算并使用了这三个光谱指数。另外，使用 eCognition 9.0 软件，根据每个分割对象内的像元计算 ALOS PALSAR HH 和 HV 散射波段的纹理特征。纹理特征包含灰度共生矩阵（gray-level co-occurrence matrix，GLCM）的同质性、对比度、异质性、熵、角二阶矩、均值、标准差和相关性。此外，由于河流、道路和一些建筑物有明显的区别于其他地物类型的形状特征，因此长宽比、形状指数、边缘指数也被引用进来。而且，根据常识，城镇用地一般分布在低海拔、地形平坦区域，因此分类时考虑高程、地形起伏度特征，以避免出现不合常理的分类结果。

三种分割-分类策略的输入特征见表 7.2。第一组策略使用了 Landsat OLI 的 7 个波段（可见光、近红外、短波红外），分类特征选用每个分割对象光谱波段的均值、标准差，以及 NDVI、MNDWI、NDBI、长宽比、形状指数、边缘指数。第二组策略使用 ALOS PALSAR 的 HH、HV 及衍生的 HH/HV、HH−HV 共四个波段，输入特征选用各散射波段中每个对象的均值、标准差，以及 HH 和 HV 波段的各项纹理特征、长宽比、形状指数、边缘指数。第三组策略综合使用了 Landsat OLI 的 7 个光谱波段和 ALOS PALSAR 的 4 个散射波段，并引用前两种策略的所有分类特征。

表 7.2　各分割-分类策略的输入特征

策略名称	输入影像波段	输入特征
OLI	Landsat OLI（波段 1~7）	每个光谱波段的均值和标准差、NDVI、MNDWI、NDBI、长宽比、形状指数、边缘指数、高程、地形起伏度
PALSAR	ALOS PALSAR（HH、HV、HH/HV、HH−HV）	每个散射波段的均值和标准差、HH 和 HV 的纹理特征、长宽比、形状指数、边缘指数、高程、地形起伏度
OLI+PALSAR	Landsat OLI（波段 1~7）、ALOS PALSAR（HH、HV、HH/HV、HH−HV）	每个光谱波段和散射波段的均值和标准差、HH 和 HV 的纹理特征、NDVI、MNDWI、NDBI、长宽比、形状指数、边缘指数、高程、地形起伏度

4. 随机森林分类器

使用随机森林分类器提取城镇用地。随机森林分类方法是由多棵 CART 决策树组成的机器学习算法（Breiman，2001），自提出以来就被广泛地应用于遥感影像分类，众多的应用案例也已证明该方法具有较强的稳健性（Hayes et al.，2014；Isaac et al.，2017）。在 eCognition 9.0 软件中，随机森林的构建通常需要设置最大树深、每个节点的样本数、最小树的个数等参数。兼顾精度与效率，经过多次测试，本章所有分类实验的最大树深和最小树的个数分别设置为 10 和 100，而其他参数均用默认值。

5. 精度评定

本部分随机生成 2500 个 30 m×30 m 大小的备选验证斑块，最终生成 600 个植被、600 个城镇用地、600 个水体和 200 个裸地的验证样本（图 7.10）。而后，用这 2000 个验证斑块通过计算混淆矩阵来评定各分类结果的精度。最终，通过综合对比混淆矩阵中的评价标准，推断出不同分割尺度对分类结果的影响以及不同分类特征对分类结果的贡献。

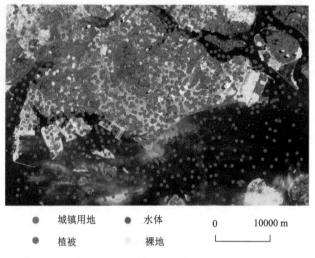

　　● 城镇用地　　● 水体
　　● 植被　　　　○ 裸地

0　　　　10000 m

图 7.10　研究区验证样本的分布

7.3.4　实验结果

1. 分类精度对分割尺度的响应

　　图 7.11 展示了三种分割-分类策略在 17 个不同分割尺度的总体精度和 Kappa 系数。由图 7.11 可见，三种分割-分类策略的总体精度和 Kappa 系数的变化趋势基本一致，均是随着分割尺度的增大呈现先增大后减小的变化趋势。在 17 个分割尺度下，PLASAR 策略的总体精度和 Kappa 系数均明显小于其他两种策略；而 OLI+PALSAR 和 OLI 策略的分类结果的差距相对较小。

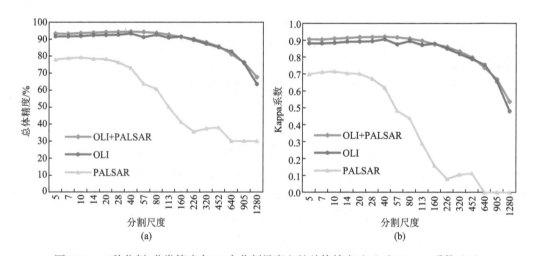

图 7.11　三种分割-分类策略在 17 个分割尺度上的总体精度（a）和 Kappa 系数（b）

对于 OLI+PALSAR 策略而言，当分割尺度小于 320 时，总体精度均大于 83%；且分割尺度为 40 时取得最优分类结果，其总体精度为 94%，Kappa 系数为 0.92。相似地，OLI 策略在分割尺度小于 226 时总体精度均大于 90%；且当分割尺度为 40 时具有最优分类结果，其总体精度为 93%，Kappa 系数为 0.90。而仅利用 PALSAR 影像分类时，当分割尺度超过 40 时分类精度随分割尺度的增大而迅速降低，且当分割尺度为 10 时取得最优结果，总体精度为 79%。各分割-分类策略的最优分类结果见图 7.12。由以上分析可知，三种分割-分类策略中，OLI+PALSAR 和 OLI 策略在尺度低于 113 时，分类精度对尺度的变化并不敏感；与此相反，PALSAR 策略的分类精度对尺度变化极其敏感，也就是说，当仅使用 PALSAR 影像分类时分割尺度对分类结果的影响显著。

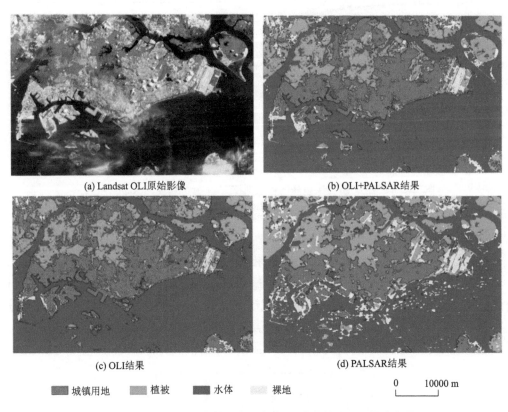

(a) Landsat OLI原始影像   (b) OLI+PALSAR结果

(c) OLI结果   (d) PALSAR结果

■ 城镇用地 ■ 植被 ■ 水体 □ 裸地 0 10000 m

图 7.12　Landsat OLI 原始影像和各分割-分类策略的最优分类结果

另外，计算了三种分割-分类策略每种土地利用类别在不同分割尺度下的 Kappa 系数（图 7.13）。与总体 Kappa 系数一样，随分割尺度的增大，四种地类的 Kappa 系数基本也是呈现先增大后减小的趋势。就城镇用地来说，在 OLI+PALSAR 和 OLI 策略中，当分割尺度小于 226 时，其 Kappa 系数大于 0.85；而在 PALSAR 策略中，当尺度大于 10 时，其 Kappa 系数便低于 0.8 且随分割尺度增大急速降低。

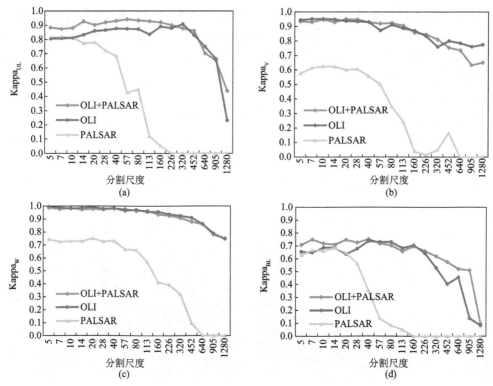

图 7.13 三种分割-分类策略的各类别在 17 个分割尺度的 Kappa 系数

Kappa$_{UL}$、Kappa$_V$、Kappa$_W$、Kappa$_{BL}$ 分别代表城镇用地、植被、水体、裸地的 Kappa 系数，下同

2. 分类精度对分类特征的响应

为了说明不同分类特征对分类结果的影响，本节分别取每种分割-分类方案的最优分类结果进行对比（图 7.14）。与仅用 OLI 影像分割-分类的结果相比，用 OLI 和 PALSAR 协同分割-分类的总体精度、Kappa 系数、城镇用地的 Kappa 系数、裸地的 Kappa 系数分别提高了 1.3 个、1.7 个、5.5 个和 1.7 个百分点。这说明 PALSAR 影像的加入有效提高了总体精度，特别是城镇用地和裸地的精度有显著提高。

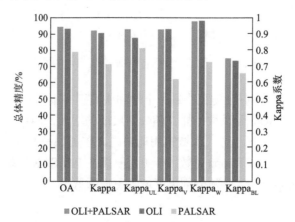

图 7.14 三种分割-分类策略最优分类结果的总体精度和 Kappa 系数

从图 7.14 中还可以看出，在每个策略中裸地的 Kappa 系数均小于其他地类，这可能是因为在新加坡地区存在很多围海造陆的沙地，这些沙地的光谱反射特性与城镇用地极为相似，造成了很多裸地被错分为城镇用地；且新加坡城市绿化率极高，城市内部的小面积的裸地易受周围植被像元光谱的影响而被错分为植被。这种解释在表 7.3 的混淆矩阵中得到了印证。

表 7.3　三种分割-分类策略最优分类结果的混淆矩阵

策略名称		城镇用地	植被	水体	裸地	总计	UA/%
OLI+PALSAR	城镇用地	571	20	4	30	625	91.36
	植被	6	570	2	14	592	96.28
	水体	3	1	591	1	596	99.16
	裸地	20	9	3	155	187	82.89
	总计	600	600	600	200	2000	
	PA/%	95.17	95.00	98.50	77.50		94.35
OLI	城镇用地	548	26	8	33	615	89.10
	植被	10	570	0	12	592	96.28
	水体	5	3	592	3	603	98.18
	裸地	37	1	0	152	190	80.00
	总计	600	600	600	200	2000	
	PA/%	91.33	95.00	98.67	76.00		93.10
PALSAR	城镇用地	524	80	17	18	639	82.00
	植被	55	436	26	28	545	80.00
	水体	3	5	478	11	497	96.18
	裸地	18	79	79	143	319	44.83
	总计	600	600	600	200	2000	
	PA/%	87.33	72.67	79.67	71.50		79.05

根据三种方案的混淆矩阵（表 7.3）可知，OLI+PALSAR 策略的用户精度（UA）很高，说明协同使用光谱和散射特征能有效减少地类的错分。另外，OLI+PALSAR 策略的城镇用地和裸地的制图精度（PA）分别比 OLI 策略高 3.84 个和 1.5 个百分点，表明加入 PALSAR 影像特征可以显著减少城镇用地和裸地的混分。

综上可得，OLI 的光谱特征可以有效提取植被和水体，加入 PALSAR 的散射和纹理特征后可以得到更准确的城镇用地和裸地。

3. 不同分割-分类策略对云和阴影的响应

众所周知，雷达影像可以消除云遮挡对分类结果的影响。但当综合使用雷达和光学影像时是否还有这种云穿透的能力，以及不同分割-分类策略对云和阴影的响应尚未可知。为探明以上问题，本节选取了部分云覆盖地区做对比分析。云分为覆盖在城镇用地上的[图 7.15（a）]和覆盖在非城镇用地上的[图 7.15（e）]。取每个策略在对应区域的最优分类结果比较。

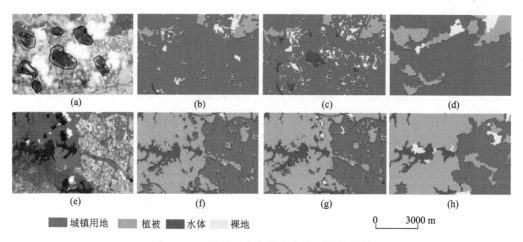

图 7.15   云覆盖区和各策略在该区域的结果

（a）为云覆盖在城镇用地上；（e）为云覆盖在非城镇用地上；（b）～（d）分别为 OLI+PALSAR、OLI、PALSAR 策略在（a）区域的结果；（f）～（h）分别为 OLI+PALSAR、OLI、PALSAR 策略在（e）区域的结果

图 7.15（c）和图 7.15（g）表明，不论是何种云覆盖类型，OLI 策略均将云错分为裸地、阴影错分为水体。与此相反，PALSAR 策略可基本避免云和阴影的干扰，实现正确分类。OLI+PALSAR 策略也可以避免云和阴影的干扰，但这种抗干扰能力受云覆盖类型的影响，图 7.15（b）和图 7.15（f）表明，仅覆盖在城镇用地上的云和阴影可被正确识别。因此，为取得较高的分类精度，推荐使用光学加雷达影像的策略，而对于非城镇区域的云覆盖区可以用雷达影像的分类结果代替。

7.3.5   关键问题的讨论

1. 不同分割尺度的影响以及最优分割尺度

实验结果说明，当使用不同的影像参与分割时，"尺度效应"也会不同。相较于协同使用 OLI 和 PALSAR 或仅使用 OLI 的情况，仅使用 PALSAR 时对分割尺度的变化极其敏感。之所以会出现这种现象可能是因为 OLI 数据不是米级分辨率的影像，因此中小尺度的分割结果相差不大；而仅用 PALSAR 影像分割时，可参考的波段信息非常少，尺度稍有差异得到的同质对象便差距较大。并且，分割尺度增大时会产生包含混合像元的大分割对象，这也就导致了该种分割-分类策略的分类精度对尺度敏感。

人们研究不同尺度对分类结果的影响通常是想得到最优分割尺度。最优分割尺度是指可获得最高分类精度的分割尺度，通常是一个单一尺度（Wang et al.，2004）。通过对比不同尺度的分类结果发现，各种分割-分类策略在某一尺度范围内均能获得较高的精度，这与米级的高分辨率影像通常只有一个最优分割尺度是不同的。因此，根据图 7.11，当协同使用 Landsat OLI 和 PALSAR 影像时，在 5～80 分割尺度均能获得高精度的结果。

2. 光学和雷达影像不同的组合模式对多云区城镇用地提取的作用

总体而言，协同使用 PALSAR（相控阵型 L 波段合成孔径雷达）和 Landsat OLI（陆地成像仪）影像可以获得最高的分类精度，在这种分割-分类策略中雷达影像的散射和纹理特征可以提高城镇用地和裸地的提取精度。当仅使用 PALSAR 影像特征分类时，总体精度比仅利用 OLI 光谱特征分类的精度低。这可能是由多方面因素引起的：①将雷达影像重采样为 30 m 分辨率时降低了其地物识别的能力；②滤波去噪声的过程中也减弱了雷达影像的信息（Xu et al.，2017）；③PALSAR 和 Landsat OLI 影像的成像机制导致其对地物的识别能力不同等均会导致该问题。

另外，笔者发现，在分割、分类的过程中加入雷达影像可有效避免云和阴影的干扰，特别是覆盖在城镇用地上的云和阴影。非城镇用地地区的云和阴影识别效果差，可能是雷达影像的散射机制导致的。在非城镇用地地区，地面物体的高度信息差值不明显，加之光学影像的影响使得雷达影像不能发挥云穿透的作用。当然，这也可能是因为在分类时光谱波段和雷达波段的权重是一样的，因此增加云覆盖区雷达影像的分类权重或许可以获得更好的分类结果，这也是未来值得研究的问题。

云、阴影的识别及预处理一直是影像制图的一大难题。本章研究的意义之一在于探明不同的影像特征组合提取小区域云覆盖区城镇用地的效果，并说明雷达和光学影像协同提取城镇用地的可行性及优势。另外，针对非城镇用地的云覆盖区，本章提出了使用光学影像时间序列填补或雷达影像分类结果填补的解决方案。该方法既能获得较高精度的提取结果，又能迅速简单地剔除云和阴影的干扰而无须复杂的预处理工作，极大地提高了效率。该方案为沿海多云地区城镇用地快速制图提供了思路。

7.4　多源信息协同的城镇用地产品高精度快速更新研究

快速、准确地更新城镇用地对研究环境变化等问题具有重要意义。虽然当前已有许多城镇用地产品（urban land products，ULPs），如 GlobeLand30、GUF、GHSL 和 FROM_GLC10，但这些数据均是某一或某些年份的静态数据，无法满足城镇变化监测和时空动态模式分析的需求。因此，发展一种快速、准确的城镇用地更新方法的重要性不言而喻。

训练样本选择是影响城镇用地产品快速更新的因素之一。众所周知，传统的样本选择方法（目视解译、野外调研等）非常费时耗力。因此，已有许多研究开展了基于遥感影像和已有的城镇用地产品优化此过程的工作（Huang et al.，2016；Ma et al.，2017）。但这些研究所获得的城镇用地仍然是历史时期的（2010 年），并未实现城镇用地的更新。相比之下，Gong 等（2019b）虽然使用历史样本点迁移的方法更新了 2017 年的城镇用地信息，但其方法仅使用了哨兵 2（Sentinel 2）的大气波段，这种单一的数据源对于复杂背景下的城镇用地提取来说是远远不够的。正如本书 7.3 节所提到的，仅依靠光学影像很难区分裸地和城镇用地，且在热带、亚热带等多云多雨地区很难获得高质量的光学影像。因此，可以采用 7.3 节所提出的协同使用 Landsat OLI 和 PALSAR 影像的方法来更新城镇用地产品。另外，OpenStreetMap（OSM）含有大量土地覆被类型的标记数据且在大多数地区均能获取，因此，对于土地利用/覆被解译来说，其具有较高的使用价值和精度（Haeufel et al.，2018；Johnson and Iizuka，2016；Johnson et al.，2017）。

本节尝试结合多源数据的各自优势来实现城镇用地产品的快速、高精度更新，即利用已存在的中高分辨率的城镇用地产品（GlobeLand30、GUF 和 GHSL）、OSM 数据、Landsat OLI 和 PALSAR 影像，优化样本选择的过程并得到新一期的城镇用地分类(urban land classification，ULC）数据。该技术流程可以高效、准确地获得现势城镇用地数据，既解决了当前已有城镇用地产品利用率低、地学知识获取困难的问题，又为多源城镇用地产品的应用研究提供了一种新思路。

选用与 7.2.3 节相同的研究区，即吉隆坡及其周围地区（图 7.5）。该区域包含不同的城市景观类型，如大城市、小城镇、零散居民地，选用这类复杂景观的区域可以验证本节方法的适用性。同样，本节也将研究区分为高密度、中密度和低密度区域，以便开展精度验证的综合对比。影像使用 2016 年 3 月 29 日的 Landsat OLI 和 2016 年的 PALSAR 数据，并使用 7.3.2 节所述的方法进行处理。为了方便后续的实验分析，将 GlobeLand30、GUF 和 GHSL 统一转为 UTM WGS84 投影。

7.4.1 城镇用地产品高精度快速更新方法

首先，为了解决训练样本费时耗力的问题，本节提出一个使用已有的城镇用地产品（GlobeLand30、GUF 和 GHSL）快速获取高精度样本的方法；再结合 Landsat OLI 和 OSM 数据获得高质量的道路数据；而后基于 Landsat OLI 的光学特征和 PALSAR 的散射及纹理特征使用随机森林分类；最后使用点验证和面积验证的方法验证更新的城镇用地的精度，并与已有城镇用地产品做比较，以说明该方法的优劣。该方法流程见图 7.16。

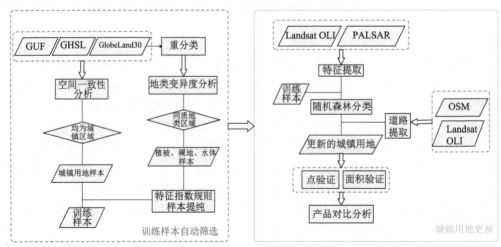

图 7.16 城镇用地产品高精度快速更新方法流程

1.OSM 辅助的道路数据提取

通过影像解译很难获得连续的道路信息，导致道路的连通性和城镇用地的精度降低。本节尝试使用与 Landsat OLI 同一年份的 2016 年的 OSM 数据辅助获取道路来解决这个问题。原始的 OSM 道路数据是含有属性信息的矢量线性数据，研究区共标记了 25 种道路类型。通常，OSM 的主干道路被认为具有较高的可信度，并且低等级的狭窄的道路在 30 m 分辨率的 OLI 影像中难以表达出来。因此，本节选择道路属性被标记为一级、二级、主干、高速的记录作为道路提取的辅助数据。然后使用面向对象的方法，结合 OLI 影像获得面状的道路信息。首先，使用 eCognition 9.0 软件分割影像，分割尺度设为 5 以获得较小的同质斑块；另外，颜色、形状、光滑度和紧致度的权重分别设置为 0.9、0.1、0.5 和 0.5。本节规定与矢量 OSM 数据相交的分割斑块为目标道路，因此，使用"number of overlapping thematic objects"特征来获取道路数据，且提取规则为"num. of overlap：OSM road≥1"，符合这项规则的斑块提取为目标道路数据。图 7.17 为研究区道路提取的结果，可见在 OSM 数据的辅助下采用面向对象的提取方法可以避免"椒盐现象"，获得连通性高的道路数据。

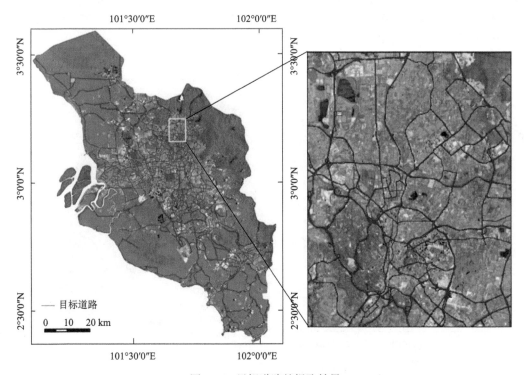

图 7.17　目标道路的提取结果

2.训练样本自动获取

不同于以往手动选取样本点的方法，本节利用现有的城镇用地产品和 Landsat OLI 影像来快速获取训练样本。为了保证所选样本的真实性及客观性，使用分层随机采样筛选样本，这样所选的各类样本可以均匀地分布在相应的地类中。

　　通常认为，由城镇用地转为其他土地覆被类型的情况很少发生（Gong et al.，2019a；Li et al.，2015；Schneider and Mertes，2014）。因此，如果一个地块在 2010～2014 年均为城镇用地，那么其在 2016 年转化为其他土地利用类型的概率极低。根据这个常识性的推理，在 GUF、GHSL 和 GlobeLand30 均为城镇用地的地区随机生成城镇用地样本。首先，将 GUF、GHSL 和 GlobeLand30 均转化为矢量，使用空间叠置分析三者的空间一致性，在城镇一致性区域[图 7.18（a）]随机生成城镇用地训练样本。植被、水体、裸地的样本则由 GlobeLand30 辅助生成。由于研究区内的湿地基本是红树林，将其划为植被。合并 GlobeLand30 的林地、草地、耕地、湿地为植被，对 GlobeLand30 以 3×3 像元为分析窗口，用焦点统计方法计算每个像元在其指定邻域的变异度。当以某个像元为中心点的 3×3 像元邻域窗口内仅有一种土地覆被类型时，该像元为同质像元，其变异度为 1；而异质像元则代表邻域窗口内包含多种土地覆被类型。在具有同质性的植被、水体和裸地的区域分别随机生成各类别的初始样本。

　　为了提高植被、水体和裸地样本的准确度，使用 2016 年的 Landsat OLI 影像的 MNDWI 和 NDVI 过滤错误样本。根据地学规律经验，大多数情况下，植被的 NDVI 大于 0，水体的 MNDWI 大于 0，裸地的 NDVI 小于 0.1 且 MNDWI 小于 0。不符合这些规则的样本将被删除，最终生成了 264 个城镇用地样本、230 个水体样本、947 个植被样本和 19 个裸地样本[图 7.18（b）]。

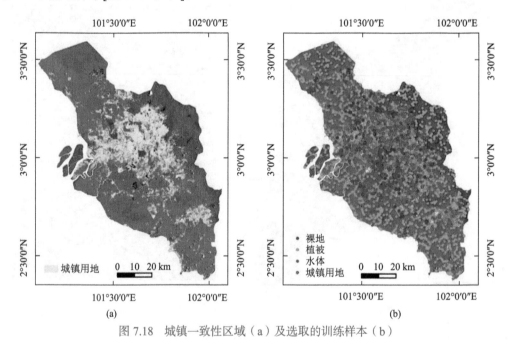

图 7.18　城镇一致性区域（a）及选取的训练样本（b）

3. 城镇用地更新

　　本研究中，土地覆被类型被分为植被、水体、城镇用地和裸地，而没有直接分为城镇用地和非城镇用地，这样可以避免非城镇用地之间大的特征差异造成的分类误差。在面向对象的城镇用地更新中有三个关键问题：分割尺度、分类特征和分类器的选择。根据 7.3 节的研究结论,本节采用最优的分类策略及分割尺度,即综合使用 Landsat OLI 影像的光谱特征和 PALSAR 影像的散射及纹理特征,在考虑精度与效率的前提下使用 80 的分割尺度,其他分割参数与 7.3.3 节所述的一致。7.3 节使用随机森林分类器在大范围内均获得了较高精度的结果。另外,Li 等(2016)的研究表明,相较于其他常用的分类器,随机森林分类器在 20~200 的各种分割尺度中均能获得最高精度的结果。因此,本节实验中仍使用随机森林分类器,且参数配置与 7.3.3 节一致。最后,将用分类器获得的城镇用地与提取的道路数据叠加组合,得到最终的城镇用地更新结果。

4. 精度验证

精度通过两种方式验证:一种是点的验证方式。笔者于 2018 年 11 月 29 日~12 月 7 日在马来西亚进行了为期 9 天的野外调研,获得了位于研究区内的 8 个城镇用地样本和 7 个非城镇用地样本。尽管调研是在 2018 年开展的,但笔者咨询了当地的居民,所获得的这 15 个样本点自 2016 年起就未发生地类变化。

借助 2016 年高分辨率的谷歌影像,剩余的 1635 个验证点通过分层随机采样生成,这些点中有 913 个非城镇验证点和 652 个城镇验证点。为了与其他城镇用地产品对比,分别借助与 GlobeLand30、GUF 和 GHSL 同年份的 2010 年、2012 年和 2014 年的谷歌高分影像标记这 1650 个验证点在相应年份的类型。在点验证的方法中,总体精度、用户精度和制图精度被用作精度检验的指标。

另一种是面积验证方式。研究区内的城镇用地可以被分为三种类型:零散的沿道路分布型、小区域聚集型和大城市。在前两种模式中,城镇用地和非城镇用地的混合分布极易造成对城镇用地面积的过高估计或者过低估计,但点验证的方式无法反映这种面积误差。为了全面地验证产品的精度,本节选取如图 7.19 所示的 6 个典型区域,这些区域自 2010 年起就很少发生变化。

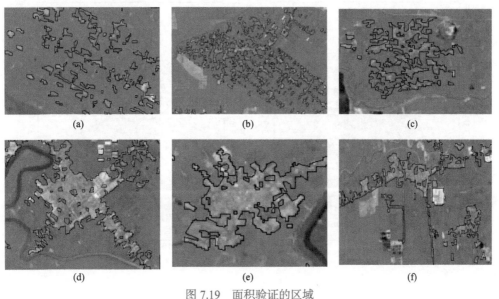

(a)　　　　　　　　　　(b)　　　　　　　　　　(c)

(d)　　　　　　　　　　(e)　　　　　　　　　　(f)

图 7.19　面积验证的区域

(a)~(c)沿道路分布的零散居民地;(d)~(f)小区域聚集城镇用地

将谷歌高分影像缩放至 1∶50000 比例尺下，通过目视解译获得这 6 个区域的真实城镇用地（real urban land，RUL）。根据一般专业知识，米级空间分辨率的影像可以生产比例尺大于 1∶50000 的地图产品。检验的所有产品的最高空间分辨率是 12 m，因此，在 1∶50000 比例尺下获得的真实城镇用地数据的精度满足应用需求。将面积精度定义为待检验的城镇用地产品和真实城镇用地交集的面积与这两并集的面积的比值，公式如下：

$$面积精度 = \frac{面积|RUL \cap ULP|}{面积|RUL \cup ULP|} \tag{7.3}$$

式中，RUL 代表真实城镇用地；ULP 代表待检验的城镇用地产品。面积精度越高，城镇用地提取的精度越高，分类的结果越接近城镇用地的真实空间分布情况；反之，则代表城镇用地产品的空间分布与真实情况差异较大，产品精度不高。

7.4.2 结果与分析

1. 城镇用地更新结果

图 7.20（d）展示了 7.4.1 节提出的城镇用地更新方法所得的城镇用地结果。可见，城镇用地集中在以吉隆坡为主的大城市区域，其余的城镇用地以小区域聚集和沿道路分布。另外，西部沿海地区的城镇用地远比东部山区分布得密集，这可能与沿海地区经济发达有很大关系。与图 7.20 中的其他城镇用地产品相比较，该方法的分类结果最详尽，特别是就道路网的表现力来说远高于 GlobeLand30 和 GUF。

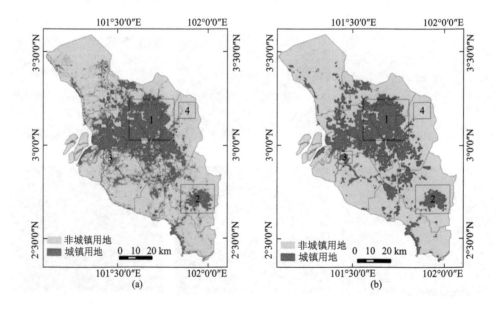

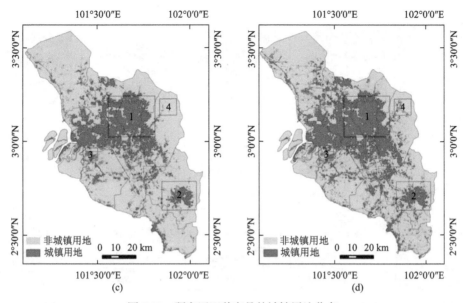

图 7.20　研究区四种产品的城镇用地分布

（a）GHSL；（b）GlobeLand30；（c）GUF；（d）更新的城镇用地

　　选取四个具有代表性的不同城镇景观类型区域（图 7.20 中的蓝色框选区），对比更新的城镇用地结果与已有城镇用地产品的优劣。由图 7.21 可见，不论是在哪一种城镇景观区域中，使用 7.4.1 节提出的城镇用地更新方法更新的城镇用地均优于已存在的城镇用地产品，如其他产品容易忽略城市内部空间细节，将城市小区域的绿地错分为城镇[图 7.21（c）]；而在城镇零散分布区域，又往往遗漏小的居民地，造成低估计[图 7.21（q）和图 7.21（r）]。这些问题在更新的城镇用地中很少出现，除此之外，在对城镇郊区道路和城镇外观轮廓的刻画能力方面，更新的城镇用地也略胜一等。

　　2. 点精度验证及对比

　　本节使用 7.4.1 节所得的 1600 个各时期的验证点检验对应时相产品的精度。图 7.22 展示了各城镇用地产品的总体精度、制图精度和用户精度。GHSL、GlobeLand30、GUF 和更新的城镇用地产品的总体精度分别为 89.21%、80.54%、86.84%和 90.18%，可见该方法结果的精度明显优于已存在的三种产品。GHSL 和更新的城镇用地的制图精度高于用户精度，说明这两套产品中的错分现象多于漏分现象，存在一定程度的过高估计。与此相反，GUF 的制图精度极低而用户精度很高且是四套数据中最高的，说明在 GUF 中错分少于漏分，存在过低估计的现象。这可能是因为，GUF 数据是由雷达影像根据建筑物的高度信息生成的，因此很少存在将裸地错分为城镇的情况，降低了错分误差，但其忽略了诸如像停车场、道路等没有垂直结构的城镇用地，造成了很多漏分。

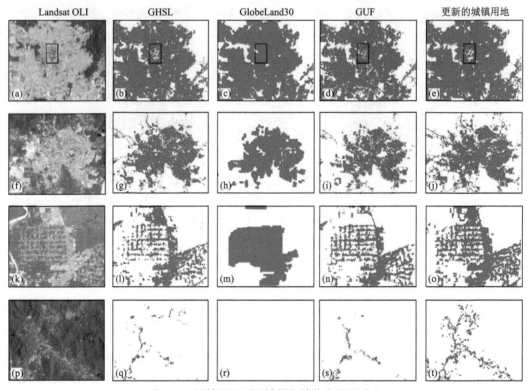

图 7.21　城镇用地更新结果与其他产品的对比

红色区域代表城镇用地；白色区域代表非城镇用地。（b）～（e）分别为 GHSL、GlobeLand30、GUF、更新的城镇用地在
（a）区域的结果；（g）～（j）分别为 GHSL、GlobeLand30、GUF、更新的城镇用地在（f）区域的结果；（l）～（o）分
别为 GHSL、GlobeLand30、GUF、更新的城镇用地在（k）区域的结果；（q）～（t）分别为 GHSL、GlobeLand30、GUF、
更新的城镇用地在（p）区域的结果

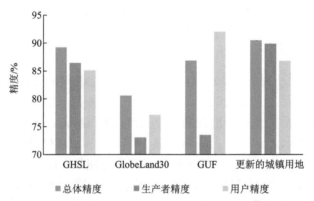

图 7.22　各城镇用地产品的总体精度、制图精度和用户精度

　　与 7.2.3 节的分析方法一致，本节对比分析了不同产品在不同不透水率地区的总体精
度，结果见图 7.23。从不同产品的角度来说，各产品在不同不透水率地区的精度高低与
其在整个研究区的精度高低的情况一致。在各不透水率区域，更新的城镇用地产品和
GlobeLand30 分别有最高精度和最低精度。这表明更新的城镇用地产品不论是在城市还
是在农村的精度都优于已有产品，且在各种不透水率区域均保持高精度的优势，这充分

说明了 7.4.1 节提出的城镇用地更新方法具有较好的适用性,即在多数区域均可以获得高精度的产品。从不同不透水率角度来说,更新的城镇用地产品与 GHSL、GlobeLand30 一致,其精度随不透水密度的降低而降低,说明 7.4.1 节提出的城镇用地更新方法对大城市的更新精度要高于农村地区。

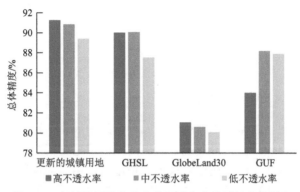

图 7.23　各城镇用地产品在各不透水率地区的总体精度

3. 面积精度验证及对比

为了更准确地分析各产品对不同城镇景观的表现能力,采用 7.4.1 节介绍的面积精度验证方法计算各产品在所选区域的精度,结果见表 7.4。与点验证的结果一致,在各景观模式中更新的城镇用地的精度最高。四种产品均是小区域聚集型的精度高于沿道路分布型。其中,GlobeLand30 在这两种景观模式的精度差异最大,其沿道路分布的城镇用地的精度仅为 2.37%,说明该产品极难描绘零散的小面积城镇用地。在 GHSL 和 GUF 中,小区域聚集型城镇用地的精度约是沿道路分布型的两倍,可见对于这两种产品来说,能较准确地表达团簇状的城镇用地而非沿道路分布型的城镇用地。相对前三种产品,更新的城镇用地在这两类景观模式的精度差异并不明显。因此,在这四种产品中,笔者提出的城镇用地更新方法对零散城镇用地的提取精度较高且结果精度表现稳定。

表 7.4　各城镇用地产品在不同景观模式的面积精度　　（单位：%）

景观模式	GHSL	GlobeLand30	GUF	更新的城镇用地
沿道路分布型	22.52	2.37	25.73	53.86
小区域聚集型	55.06	41.51	54.16	62.00

面积精度验证方法的精度远低于点精度验证的结果,笔者认为可能有三方面的原因。第一,用于面积精度验证的两类城镇用地都位于城乡交界处或农村地区,不透水率较低,背景地类复杂,城镇用地提取难度较大,因此精度较低。这与点精度验证所得的中低不透水率地区的精度低的结论是一致的。第二,面积精度验证方法检验产品与真实城镇用地在某一区域空间上的面积差异,而点精度验证只是检验与点重叠的那一小块,因此面积精度验证方法在理论上应该比点精度验证更加严格,其所验证的精度通常会较低,也更接近产品的真实精度。鉴于当前研究难以获取整个研究区的真实城镇用地,因此只选取了 6 个典

型区域作为代表分析。第三，由人工目视解译获得的验证点和真实城镇用地可能含有错误信息（Foody et al.，2016）。然而，在缺乏地面实测数据的情况下，人工判读是目前获取参考验证信息较为可行和普遍的方法。与验证点相比，人工勾画的真实城镇用地可能由于混合像元和模糊的边缘信息产生较多的错误标记，从而导致面积验证精度低于点验证精度（Foody，2009，2010，2013）。

7.4.3   讨论

1. 城镇用地产品精度的影响因素

根据前述分析，更新的城镇用地精度在四种产品中最高，且在不同的城镇景观模式中均表现出较好的提取效果。这说明笔者提出的城镇用地更新方法不仅可以避免耗时、耗力的训练样本手动选取工序，还可以获得高精度城镇用地，且具有良好的适用性。因此，本节的研究可以为快速、准确地获取城镇用地信息提供一种解决方案。

需要承认的是，更新的产品也同其他三种产品一样存在过高估计或者过低估计的问题。更新的产品、GHSL 和 GlobeLand30 都是由 30 m 空间分辨率的遥感影像生产的，在这种中高分辨率的影像中存在一些混合像元，这些像元的光谱及纹理特征往往介于城镇用地和非城镇用地之间，这种情况极易造成错分或者漏分（Xu et al.，2017）。另外，对于光学影像来说，由金属或者新混凝土建造的建筑物容易与具有同样高反射信息的裸地混分；而由沥青或者陈旧的混凝土组成的建筑物容易与相同低反射信息的水体混分。另外，使用本方法更新城镇用地时，分割尺度同样影响产品精度（Kim et al.，2011；Wang et al.，2004；Zhang et al.，2013）。过大的尺度会产生混合对象，如将楼房和楼房之间的绿地分割为一个对象时极易导致过高的估计。这些产品的时间不一致性也是影响验证精度的一个因素，为了避免该问题，如 7.4.1 节精度验证部分所述，本节使用与每个产品同时期的验证点。

2. 更新的城镇用地与 FROM_GLC10 的比较

如上段所述，更新的城镇用地精度受所用影像的空间分辨率影响。因此，本部分将其与空间分辨率更高的产品进行比较，以证明其优缺点。FROM_GLC10 是由 Sentinel-2 数据生成的 2017 年的 10 m 空间分辨率的全球土地覆被数据（Gong et al.，2019b）。通过比较更新的城镇用地和 FROM_GLC10，笔者发现前者在空间细节的表达方面稍逊于后者[图 7.24（a）和图 7.24（b）]。FROM_GLC10 可以清晰地描绘城市内部街区的边界，而更新的城镇用地只能表现城市大的轮廓边界。这表明使用更高空间分辨率的影像可以获得更精细的城镇用地数据。然而，在准确性方面，FROM_GLC10 似乎不如更新的城镇用地。从图 7.24（c）和图 7.24（f）可以看出，与更新的城镇用地相比，FROM_GLC10 更容易忽略分散的住宅用地，并将裸地错分为城镇用地。这可能是因为本章方法使用了多传感器影像，而 FROM_GLC10 仅使用了 Sentinel-2 进行生产。这再次证明了，雷达影像弥补了单纯利用光学影像在准确区分城镇用地和裸地方面的不足。此外，对比图 7.24（g）和图 7.24（h），可见 OSM 数据在本节方法中的集成提高了道路的准确性和连通性。

因此，可以得出这样的结论，FROM_GLC10 在城镇用地精细分析中具有很大的应用价值，而本节结果在精度上具有更大优势。

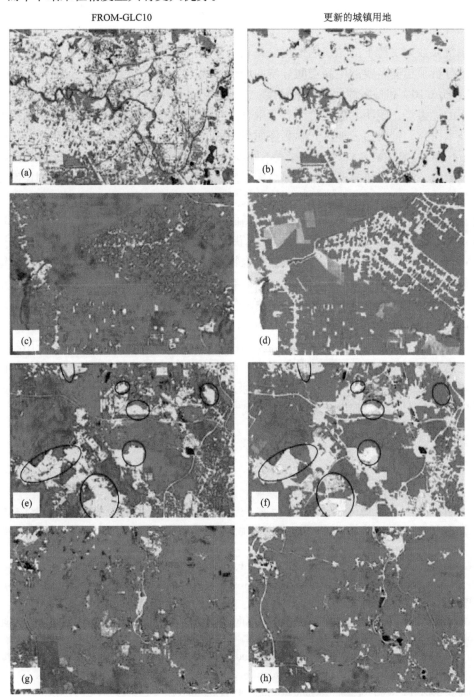

图 7.24 更新的城镇用地和 FROM_GLC10 的对比

黄色区域为城镇用地；（e）和（f）中黑色标记区域为裸地；第一列叠加 2017 年的 Sentinel-2 影像，第二列叠加 2016 年的 OLI 影像。（a）、（c）、（e）和（g）为 FROM_GLC10 的结果；（b）、（d）、（f）和（h）为更新的城镇用地

7.5　总结与展望

围绕大数据支持下的城镇用地提取，利用多源信息开展了多方面的研究：①详尽、全面地分析了当前主要的中高空间分辨率城镇用地产品（GlobeLand30、GHSL、GUF、FROM_GLC10）在马来西亚半岛的精度，对比各产品的异同性，总结各数据在不同景观背景下的优劣势，阐明其应用价值。②融合光学与雷达影像的多云地区城镇用地提取的关键技术研究。针对多云地区光学影像质量差的问题，引入雷达影像，使用中高分辨率的 Landsat OLI 和 PALSAR 影像，探索不同的分割-分类策略对新加坡地区城镇用地提取结果的影响，定量分析雷达数据对提高多云区结果精度的作用，利用最优分割尺度和分类特征构建多云地区城镇用地提取方法。③针对城镇用地产品更新费时耗力、精度低的问题，探索利用多源信息高精度、快速更新的方法。使用 GlobeLand30、GHSL、GUF，结合现势 Landsat OLI 影像解决了样本自动获取的难题，引入 OSM 数据获得具有高连通性的道路数据，在分类中融入多传感器影像特征、地形信息、几何特征，以解决城镇用地类型复杂引起的提取精度低的问题。与已有的城镇用地产品相比，更新的数据在精度和对城镇用地轮廓的表达力上都表现出明显优势，说明该方法可以支持现势城镇用地数据的高效、精准获取。

今后将考虑挖掘更多的可用于提高城镇用地提取精度的信息，除了本章所用的多时相多光谱影像、光谱指数、雷达散射影像、雷达纹理特征、高程、起伏度、形状、已有城镇用地产品、OSM 数据外，进一步深入挖掘城镇用地空间邻域的关系特征等地学知识，将其定量化融入分类过程中，以期获得更高精度的结果。

参 考 文 献

陈述彭. 1997. 遥感地学分析的时空维. 遥感学报, (3): 161-171.

陈军, 陈晋, 廖安平, 等. 2014. 全球 30m 地表覆盖遥感制图的总体技术. 测绘学报, 43 (6): 551-557.

匡文慧. 2019. 全球城市人居环境不透水面与绿地空间特征制图. SCIENTIA SINICA Terrae, 49(7): 1151-1168.

Ban Y, Hu H, Rangel I M. 2010. Fusion of Quickbird MS and RADARSAT SAR data for urban land-cover mapping: object-based and knowledge-based approach. International Journal of Remote Sensing, 31 (6): 1391-1410.

Bicheron P, Defourny P, Brockmann C, et al. 2008. Globcover: Products Description and Validation Report. Toulouse: MEDIAS France Press.

Bossard M, Feranec J, Otahel J. 2000. CORINE Land Cover Technical Guide-Addendum 2000. Technical Report No.40. Copenhagen: European Environmental Agency.

Breiman L. 2001. Random forests. Machine Learning, 45 (1): 5-32.

Brun S E, Band L E. 2000. Simulating runoff behavior in an urbanizing watershed. Computers Environment & Urban Systems, 24 (1): 5-22.

Congalton R G. 1991. A review of assessing the accuracy of classifications of remotely sensed data. Remote

Sensing of Environment, 37 (1): 35-46.

Crommelinck S, Bennett R, Gerke M, et al. 2016. Review of Automatic feature extraction from high-resolution optical sensor data for UAV-based cadastral mapping. Remote Sensing, 8 (8): 689.

De Fries R S, Hansen M, Townshend J R G, et al. 1998. Global land cover classifications at 8 km spatial resolution: the use of training data derived from Landsat imagery in decision tree classifiers. International Journal of Remote Sensing, 19(16): 3141-3168.

Dong J, Xiao X, Sheldon S, et al. 2012. A comparison of forest cover maps in Mainland Southeast Asia from multiple sources: PALSAR, MERIS, MODIS and FRA. Remote Sensing of Environment, 127: 60-73.

Elvidge C, Imhoff M L, Baugh K E, et al. 2001. Nighttime lights of the world: 1994–95. ISPRS Journal of Photogrammetry and Remote Sensing, 56: 81-99.

Elvidge C, Tuttle B T, Sutton, P C, et al. 2007. Global distribution and density of constructed impervious surfaces. Sensor, 7(9): 1962-1979.

Esch T, Himmler V, Schorcht G, et al. 2009. Large-area assessment of impervious surface based on integrated analysis of single-date Landsat-7 images and geospatial vector data. Remote Sensing of Environment, 113(8): 1678-1690.

Esch T, Marconcini M, Felbier A, et al. 2013. Urban footprint processor-fully automated processing chain generating settlement masks from global data of the TanDEM-X mission. IEEE Geoscience and Remote Sensing Letters, 10 (6): 1617-1621.

Foody G M, Pal M, Rocchini D, et al. 2016. The sensitivity of mapping methods to reference data quality: training supervised image classifications with imperfect reference data. Isprs International Journal of Geo-Information, 5 (11): 199.

Foody G M. 2009. Sample size determination for image classification accuracy assessment and comparison. International Journal of Remote Sensing, 30 (20): 5273-5291.

Foody G M. 2010. Assessing the accuracy of land cover change with imperfect ground reference data. Remote Sensing of Environment, 114 (10): 2271-2285.

Foody G M. 2013. Ground reference data error and the mis-estimation of the area of land cover change as a function of its abundance. Remote Sensing Letters, 4 (8): 783-792.

Friedl M A, McIver D K, Hodges J C F, et al. 2002. Global land cover mapping from MODIS: algorithms and early results. Remote Sensing of Environment, 83 (1-2): 287-302.

Friedl M A, Sulla-Menashe D, Tan B, et al. 2010. MODIS Collection 5 global land cover: algorithm refinements and characterization of new datasets. Remote Sensing of Environment, 114 (1): 168-182.

Gibril M B A, Bakar S A, Yao K, et al. 2017. Fusion of RADARSAT-2 and multispectral optical remote sensing data for LULC extraction in a tropical agricultural area. Geocarto International, 32 (7): 735-748.

Gong P, Li X, Zhang W. 2019a. 40-Year (1978-2017) human settlement changes in China reflected by impervious surfaces from satellite remote sensing. Science Bulletin, 64 (11): 756-763.

Gong P, Liu H, Zhang M, et al. 2019b. Stable classification with limited sample: transferring a 30-m resolution sample set collected in 2015 to mapping 10-m resolution global land cover in 2017. Science Bulletin, 64 (6): 370-373.

Haeufel G, Bulatov D, Pohl M, et al. 2018. Generation of training examples using OSM data applied for remote sensed landcover classification // IEEE. 38th IEEE International Geoscience and Remote Sensing Symposium (IGARSS). Valencia: IEEE Press: 7263-7266.

Hansen M C, Defries R S, Townshend J R G, et al. 2000. Global land cover classification at 1km spatial resolution using a classification tree approach. International Journal of Remote Sensing, 21 (6-7): 1331-1364.

Hayes M M, Miller S N, Murphy M A. 2014. High-resolution landcover classification using Random Forest. Remote Sensing Letters, 5 (2): 112-121.

Huang X, Li Q, Liu H, et al. 2016. Assessing and improving the accuracy of globeLand30 data for urban area delineation by combining multisource remote sensing data. IEEE Geoscience and Remote Sensing Letters, 13 (12): 1860-1864.

Huete A R, Liu H Q, Batchily K, et al. 1997. A comparison of vegetation indices global set of TM images for EOS-MODIS. Remote Sensing of Environment, 59 (3): 440-451.

Isaac E, Easwarakumar K S, Isaac J. 2017. Urban landcover classification from multispectral image data using optimized AdaBoosted random forests. Remote Sensing Letters, 8 (4): 350-359.

Jiang S, Friedland C J. 2016. Automatic urban debris zone extraction from post-hurricane very high-resolution satellite and aerial imagery. Geomatics Natural Hazards & Risk, 7 (3): 933-952.

Jiao X, Zhang Y, Guindon B. 2015. Synergistic use of RADARSAT-2 Ultra Fine and Fine Quad-Pol data to map oilsands infrastructure land: object-based approach. International Journal of Applied Earth Observation and Geoinformation, 38: 193-203.

Johnson B A, Iizuka K, Bragais M A, et al. 2017. Employing crowdsourced geographic data and multi-temporal/multi-sensor satellite imagery to monitor land cover change: a case study in an urbanizing region of the Philippines. Computers Environment and Urban Systems, 64: 184-193.

Johnson B A, Iizuka K. 2016. Integrating OpenStreetMap crowdsourced data and Landsat time series imagery for rapid land use/land cover (LULC) mapping: case study of the Laguna de Bay area of the Philippines. Applied Geography, 67: 140-149.

Kasimu A. 2018. Global urban characterization using population density, DMSP data and MODIS data. Remote Sensing Information, 33 (1): 86-92.

Kim M, Warner T A, Madden M, et al. 2011. Multi-scale GEOBIA with very high spatial resolution digital aerial imagery: scale, texture and image objects. International Journal of Remote Sensing, 32 (10): 2825-2850.

Klotz M, Kemper T, Geiß C, et al. 2016. How good is the map? Amulti-scale cross-comparison framework for global settlement layers: evidence from central Europe. Remote Sensing of Environment, 178: 191-212.

Laliberte A S, Rango A. 2009. Texture and scale in object-based analysis of subdecimeter resolution Unmanned Aerial Vehicle (UAV) imagery. IEEE Transactions on Geoscience and Remote Sensing, 47 (3): 761-770.

Lehmann E A, Caccetta P, Lowell K, et al. 2015. SAR and optical remote sensing: assessment of complementarity and interoperability in the context of a large-scale operational forest monitoring system. Remote Sensing of Environment, 156: 335-348.

Leyk S, Uhl J H, Balk D, et al. 2018. Assessing the accuracy of multi-temporal built-up land layers across rural-urban trajectories in the United States. Remote Sensing of Environment, 204: 898-917.

Li M, Ma L, Blaschke T, et al. 2016. A systematic comparison of different object-based classification techniques using high spatial resolution imagery in agricultural environments. International Journal of Applied Earth Observation and Geoinformation, 49: 87-98.

Li X, Gong P, Liang L. 2015. A 30-year (1984-2013) record of annual urban dynamics of Beijing city derived from Landsat data. Remote Sensing of Environment, 166: 78-90.

Liu X P, Hu G H, Chen Y, et al. 2018. High-resolution multi-temporal mapping of global urban land using Landsat images based on the Google Earth Engine Platform. Remote Sensing of Environment, 209: 227-239.

Loveland T R, Reed B C, Brown J F, et al. 2000. Development of a global land cover characteristics database and IGBP DISCover from 1 km AVHRR data. International Journal of Remote Sensing, 21 (6-7):

1303-1330.

Lu L L, Guo H D, Corbane C, et al. 2019. Urban sprawl in provincial capital cities in China: evidence from multi-temporal urban land products using Landsat data. Science Bulletin, 64 (14): 955-957.

Ma L, Cheng L, Li M, et al. 2015. Training set size, scale, and features in Geographic Object-Based Image Analysis of very high resolution unmanned aerial vehicle imagery. Isprs Journal of Photogrammetry and Remote Sensing, 102: 14-27.

Ma X, Tong X, Liu S, et al. 2017. Optimized sample selection in SVM classification by combining with DMSP-OLS, Landsat NDVI and GlobeLand30 products for extracting urban built-up areas. Remote Sensing, 9 (3): 236.

Mück M, Klotz M, Taubenböck H. 2017. Validation of the DLR global urban footprint in rural areas: a case study for Burkina Faso//IEEE Proceedings of the Urban Remote Sensing Event (JURSE). Dubai: IEEE Press.

Nascimento W R, Jr Souza-Filho P W M, Proisy C, et al. 2013. Mapping changes in the largest continuous Amazonian mangrove belt using object-based classification of multisensor satellite imagery. Estuarine Coastal and Shelf Science, 117: 83-93.

Pesaresi M, Ehrlich D, Ferri S, et al. 2016. Operating Procedure for the Production of the Global Human Settlement Layer from Landsat Data of the Epochs 1975, 1990, 2000, and 2014. Luxembourg: Publications Office of the European Union.

Pesaresi M, Guo H, Blaes X, et al. 2013. A global human settlement layer from optical HR/VHR RS data: concept and first results. IEEE Journal of Selected Topics in Applied Earth Observations and Remote Sensing, 6 (5): 2102-2131.

Peters J, van Coillie F, Westra T, et al. 2011. Synergy of very high resolution optical and radar data for object-based olive grove mapping. International Journal of Geographical Information Science, 25 (6): 971-989.

Potere D, Schneider A, Angel S, et al. 2009. Mapping urban areas on a global scale: which of the eight maps now available is more accurate? International Journal of Remote Sensing, 30 (24): 6531-6558.

Schneider A, Friedl M A, Potere D. 2009. A new map of global urban extent from MODIS satellite data. Environmental Research Letters, 4(4):044003.

Schneider A, Mertes C M. 2014. Expansion and growth in Chinese cities, 1978-2010. Environmental Research Letters, 9 (2): 024008.

Seto K C, Fragkias M, Gueneralp B, et al. 2011. A meta-analysis of global urban land expansion. PLoS One, 6 (8): e23777.

Sharma R C, Tateishi R, Hara K, et al. 2016. Global mapping of urban built-up areas of year 2014 by combining MODIS multispectral data with VIIRS nighttime light data. International Journal of Digital Earth, 9 (10): 1004-1020.

Shimada M, Isoguchi O, Tadono T, et al. 2009. PALSAR radiometric and geometric calibration. IEEE Transactions on Geoscience and Remote Sensing, 47 (12): 3915-3932.

Sidhu N, Pebesma E, Wang Y C. 2017. Usability study to assess the IGBP land cover classification for Singapore. Remote Sensing, 9 (10): 1075.

Sliuzas R, Kuffer M, Kemper T, et al. 2017. Assessing the quality of global human settlement layer products for Kampala, Uganda//IEEE. 2017 Joint Urban Remote Sensing Event (JURSE). Dubai: IEEE Press.

Strahler A H, Boschetti L, Foody G M, et al. 2006. Global land cover validation: recommendations for evaluation and accuracy assessment of global land cover maps. European Communities, Luxembourg, 51(4): 48.

Sun Z, Xu R, Du W, et al. 2019. High-resolution urban land mapping in China from Sentinel 1A/2 imagery based on google earth engine. Remote Sensing, 11 (7): 752.

Wahyudi A, Liu Y, Corcoran J. 2019. Combining Landsat and landscape metrics to analyse large-scale urban land cover change: a case study in the Jakarta Metropolitan Area. Journal of Spatial Science, 64 (3): 515-534.

Wan H, Shao Y, Campbell J B, et al. 2019. Mapping annual urban change using time series Landsat and NLCD. Photogrammetric Engineering and Remote Sensing, 85 (10): 715-724.

Wang B, Ono A, Muramatsu K, et al. 1999. Automated detection and removal of clouds and their shadows from Landsat TM images. Ieice Transactions on Information and Systems, E82D (2): 453-460.

Wang L, Sousa W P, Gong P. 2004. Integration of object-based and pixel-based classification for mapping mangroves with IKONOS imagery. International Journal of Remote Sensing, 25 (24): 5655-5668.

Wang X F, Zhou C W, Feng X M, et al. 2018. Testing the efficiency of using high-resolution data from GF-1 in land cover classifications. IEEE Journal of Selected Topics in Applied Earth Observations and Remote Sensing, 11 (9): 3051-3061.

Wang Z H, Lu C, Yang X M. 2018a. Exponentially sampling scale parameters for the efficient segmentation of remote-sensing images. International Journal of Remote Sensing, 39 (6): 1628-1654.

Wang Z H, Yang X M, Lu C, et al. 2018b. A scale self-adapting segmentation approach and knowledge transfer for automatically updating land use/cover change databases using high spatial resolution images. International Journal of Applied Earth Observation and Geoinformation, 69: 88-98.

Watmough G R, Atkinson P M, Hutton C W. 2011. A combined spectral and object-based approach to transparent cloud removal in an operational setting for Landsat ETM. International Journal of Applied Earth Observation and Geoinformation, 13 (2): 220-227.

Xu H Q. 2006. Modification of normalised difference water index (NDWI) to enhance open water features in remotely sensed imagery. International Journal of Remote Sensing, 27 (14): 3025-3033.

Xu R, Zhang H, Lin H. 2017. Urban impervious surfaces estimation from optical and SAR imagery: a comprehensive comparison. IEEE Journal of Selected Topics in Applied Earth Observations and Remote Sensing, 10 (9): 4010-4021.

Yang F S, Yang X M, Wang Z H, et al. 2019. Object-based classification of cloudy coastal areas using medium-resolution optical and SAR images for vulnerability assessment of marine disaster. Journal of Oceanology and Limnology, 37(6): 1955-1970.

Zha Y, Gao J, Ni S. 2003. Use of normalized difference built-up index in automatically mapping urban areas from TM imagery. International Journal of Remote Sensing, 24 (3): 583-594.

Zhang X, Xiao P, Song X, et al. 2013. Boundary-constrained multi-scale segmentation method for remote sensing images. ISPRS Journal of Photogrammetry and Remote Sensing, 78: 15-25.

Zhu Z, Woodcock C E, Rogan J, et al. 2012. Assessment of spectral, polarimetric, temporal, and spatial dimensions for urban and peri-urban land cover classification using Landsat and SAR data. Remote Sensing of Environment, 117: 72-82.

Zhu Z, Woodcock C E. 2012. Object-based cloud and cloud shadow detection in Landsat imagery. Remote Sensing of Environment, 118: 83-94.

第 8 章
城市空间格局多源遥感协同提取

　　城市景观组分及其空间格局研究是城市生态学中的重要研究方向之一，其对城市的功能区优化、生态保护、规划管理和可持续发展等方面具有重要的科学意义与应用价值。高空间分辨率遥感影像（高分遥感影像）具备精度高、大区域和重访周期短等对地观测优势，能够为客观的城市景观组分监测和科学的空间格局特征分析提供精细的空间信息。然而，由于高分影像的信息缺失和城市空间格局的复杂性对城市景观组分高分遥感信息提取带来诸多挑战。因此，城市景观组分的遥感高维特征挖掘与多源信息协同提取是城市景观空间格局分析中亟待解决的重要科学问题。本章按照城市的"基底—廊道—斑块景观组分提取"的完整技术路线，在遥感信息图谱和城市景观生态学的理论框架下，以国产高分遥感数据为主，协同多源时空数据信息，提出一套面向城市空间格局的多源遥感协同分析方法体系。结果表明，多源遥感信息特征协同提取有效提升了特征空间中目标要素的可分性。同时，多源遥感信息特征协同提取继承了多源特征的表达能力和对噪声的抗干扰性，较好地解决了高分遥感影像因信息缺失无法准确表达城市空间格局信息的数据缺陷。

8.1 引　　言

8.1.1 研究背景

　　至 2018 年，世界上有半数以上的人口居住于城市地区，世界上几乎所有国家的城市化进程变得越来越快（United Nations，2018）。在过去的 30 年里，中国历经世界上最大的城市化进程（方创琳，2009；陈明星等，2009）。1990 年，中国的城市化率为 26.4%（城市化率是城市人口占总人口的比例），并以每年 1% 以上的速度增长。根据当下快速城市化进程的特点，传统的城市景观采集方法难以满足应用的需要。因此，亟待发展大区域快速地获取城市空间格局信息与特征分析方法，从而及时反映城市生态现状，这对于合理实施土地利用规划和管理、改善城市生态环境至关重要。

随着卫星事业的迅猛发展，卫星遥感数据已成为快速获取城市空间信息的有效手段。目前，已有许多研究应用夜光数据、Landsat、SPOT 和 WorldView 等遥感数据进行城市空间格局特征分析，如在城市建成区边界提取、土地利用监测、城市生态环境保护等方面均取得了显著的效果。随着国产高分遥感影像产业的蓬勃发展，大量的高分影像更易于获取且成本较低，使得精细城市信息管理和大区域常态化检测成为可能。虽高分遥感仍存在设计的缺陷和成像机理所导致的城市图像信息理解困难的问题（Chen and Han，2016；Chi et al.，2015；俞乐，2010），但身处"遥感大数据"时代，其可以极大程度地提升对城市的综合观测和认知能力（Chi et al.，2016；Ma et al.，2015；李德仁等，2014a）。然而，据统计，目前多源遥感数据使用率仍较低，超过 90% 的卫星数据仍处于闲置状态，而且遥感信息提取计算的发展远远滞后于成熟的遥感图像处理技术，从而导致大量的遥感数据中的空间信息难以被挖掘和有效利用，从而也陷入了"大数据，小知识"的悖论（李德仁等，2014b）。在这个大背景下，多源遥感数据在城市空间格局分析中的应用同样处于起步阶段。

近些年智能科学和计算机视觉技术的迅速发展，以及遥感成像机制和地学知识的系统研究，推动了遥感智能化认知方向的发展（骆剑承等，2016）。遥感数据的智能认知方法是遥感图像处理的前沿技术之一（Ofli et al.，2016），即将多源观测数据整合到统一的空间信息框架中，挖掘多源空间信息，发挥各自数据优势并进一步综合分析决策，从而提高对地表环境信息的综合理解，降低遥感数据分析和理解的模糊性（骆剑承和周成虎，2001）。这种基于多源遥感数据协同的分析技术是空间信息深度挖掘的主要手段之一，也是空间应用技术领域需要解决的重要基础问题之一（李德仁等，2014a）。本章基于国内外现有研究基础，在协同认知的理论框架下，充分挖掘国产高分卫星等多源遥感数据的优势信息，提出一种面向城市土地资源信息的多源遥感协同提取方法，从而为城市景观组分信息和空间格局分析提供理论方法和技术支撑。

8.1.2　城市空间格局多源遥感协同提取研究现状

协同技术研究是利用多源数据在光谱-空间-时间信息中的优势，对地表属性进行特征关联与高维表达，并以地学知识作为驱动进行对地综合遥感认知的理论体系和技术方法。近年来，协同方法使得遥感对地认知能力得到显著的提升，使得多源遥感信息的协同分析技术得到了国内外学者的广泛关注，成为国内外研究的重点领域之一。然而，多源传感器之间的成像差异和计算机认知能力的制约，导致非结构化地学知识嵌入、多尺度特征协同表达与自适应信息提取仍是遥感协同技术中未得以有效解决的难题。另外，根据研究场景，建立地表属性与多源信息的关联也是多源信息协同技术有效应用于遥感认知中的先决条件。

自 20 世纪 80 年代中期以来，对不同分辨率遥感影像协同进行地表信息提取与分类方面开展了大量的研究工作。目前，协同应用可概括为三个方面：多空间分辨率协同、时间序列维度协同、非结构化知识协同。本研究将对这三个方面进行研究综述。

1）多空间分辨率协同应用研究

在多空间分辨率协同应用研究中，为了既发挥低分遥感数据的综合信息优势，又提升空间分辨率，很多研究采用高-低分辨率协同的方法进行应用研究。Deng 等（2015）采用 Landsat 和 MODIS（MOD33）雪覆盖产品协同，提高雪覆盖检测的精度。Zhu 等（2014）采用 ICESat 激光雷达数据、MODIS 和 TM 数据对青海湖的起伏度进行提取，通过 TM 数据提高了 MODIS 提取的水平精度和 ICESat 的垂直精度。Xiao 等（2014）采用 DMSP 灯光数据和 TM 数据检测城市边界扩张。稳定的灯光数据 DMSP 对于城市扩张的检测、不透水面提取、城市化动态发展模式以及城市生态环境检测均有较好的效果，但是其空间分辨率较低，使得检测的进度无法满足应用的需求（Huang W C et al., 2016；Zheng et al., 2016；Ma et al., 2015）。通常采用 Landsat 数据提高灯光数据 DMSP 提取和检测的精度，研究已取得了较好的应用效果。

2）时间序列维度协同应用研究

在时间序列维度协同应用研究中，中低分辨率影像，如 Landsat 影像和成像光谱仪 MODIS 采集的数据具有中-高时间分辨率的特点，使得中低分辨率遥感影像成为地学研究、资源普查和生态环境等时间序列监测中十分宝贵的数据资源（Barbosa et al., 2015；Mosleh et al., 2015；Pasher et al., 2014；Petrou et al., 2015；Van dijk et al., 2014）。目前的研究中，Clark 等（2012，2010）以 MODIS 数据为主要数据源，发挥其高时间分辨率、大幅宽、反映地表植被信息强等特点来进行宏观尺度制图研究，将目前的土地覆盖产品空间分辨率提高至 250m 进行长期对地观测。另外，MODIS 时间序列数据在大面积的耕地（Mosleh et al., 2015；Wardlow et al., 2007）、林地（Tran et al., 2016；Verger et al., 2016）、荒漠化（Vagen et al., 2016）检测方面均取得了较好的效果。目前的研究在充分利用 MODIS 时间序列数据时间维度信息的基础上，进一步引入中高分辨率数据，如 Landsat 数据和 SPOT 数据等，以提升对地观测的空间精度（Shen et al., 2016；Barnes et al., 2015；Boschetti et al., 2015；Gu and Wylie, 2015；Zheng et al., 2015）。Zhang F 等（2014）采用 STARFM 模型，将 MODIS 数据和 Landsat 数据融合提高数据的时空分辨率，从而对城市淹没情况进行监测。综上所述，根据高空间分辨率与高时间分辨率遥感数据的协同应用结果可得，高频时间序列数据与高空间分辨率的综合应用对具有物候季节特征的自然地表对象进行精细的识别有较大帮助，这也将为进一步深入研究城市区域自然地表对象提供理论依据与方法指导（Hall et al., 2016；Murphy et al., 2016；Alonso and Chuvieco, 2015；Mousivand et al., 2015；Senf et al., 2015）。

3）非结构化知识协同应用研究

在非结构化知识协同应用研究中，GIS 产品、统计数据和地学知识发挥着越来越重要的作用。随着 GIS 技术的迅猛发展，目前已经积累了很多资源环境产品，如土地覆盖产品（GlobeLand30 和 GlobalCover2009 等）和专题产品（GUF、OpenStreetMap 和 Hansen 等），其在构建地学先验知识、提供样本以及类型修正等方面发挥着重要的作用。另外，区域统计数据和地学知识等非结构化数据为地物识别的预判和修正提供区划信息和地表分布规律等知识，从而保证了遥感信息提取与分析的精度。

在 GIS 数据产品中，GIS 产品可以在遥感影像信息提取或监督分类中提供先验知识

或者样本信息，从而减少结果的错分问题，并可以提高信息提取自动化效率。Yoshikawa
和 Sanga-ngoie（2011）将 AVHRR 数据与 GIS 数据集（高程、降水量和平均温度等）相
结合进行土地覆盖分类；应用 GIS 方法挖掘土地覆盖产品（如 GLC2000、MCD12Q1 和
UMD 等）中的规律性，形成地学知识指导遥感分类，从而保证分类精度（Zeng et al.,
2015；Cai et al., 2014；Yu et al., 2014）；Maclaurin 和 Leyk（2016）采用主动学习与
GIS 相结合充分挖掘 NLCD 数据集信息，将其用于同一个区域的 Landsat 数据上进行增
量更新，实验结果表明，更新后的数据产品可以达到与原数据产品相同的精度；基于全
球 30m 的 GlobeLand30 土地覆盖产品，采用 GIS 的方法挖掘地表核心要素的规则和聚类
特征，提高分类精度（Kuang et al., 2016；Xie and Weng, 2016；Chen et al., 2015）。部
分研究利用专题先验信息数据，如 OSM 道路数据和 GUF 建筑物数据等，作为先验知识
进行预学习，从而通过降低错分率的方式提高精度（Ali et al., 2016）。

统计信息和地学知识等非结构化数据在遥感信息提取与应用中起到十分重要的作
用。其中，地学知识是地学专家在科学研究及工作实践中总结的精髓，属于经验性的不
确定知识。虽存在理论上的缺陷，但在解决或预先判断时可以发挥重要的作用。目前辅
以地学知识和统计数据等非结构化知识的遥感信息识别可以大体概括为两种情况：基于
地学知识的专家知识系统和辅以地学知识的机器学习方法。第一种方法，对研究地物目
标进行非结构化的知识表达，并将非结构化地学知识构建起专家知识库，应用遥感影像、
地形因子（高程、坡度、土壤湿度和植被信息等）和气候因子等对专家知识库的规则进
行表达和分类（Hellwig et al., 2016；Mocior and Kruse, 2016；Matsuura et al., 2014）。
在研究过程中，虽然通过大量的方法改进，采用模糊逻辑模型表达、模糊逻辑推理和专
家知识以及自动推理模型机制等（Kanungo et al., 2006；Bone et al., 2005；Metternicht,
2001），总体精度得以提升，但是这与环境因子的数据质量和专家知识的可靠性有着密切
的关系。基于上述分析可得，地学专家系统对于研究对象的非结构化知识要求极高，当
对研究区的认知不足或者未对影响因素考虑周全时，总体精度会显著降低。因此，该方
法的泛化性较低。第二种方法是将地学知识作为辅助信息，提供分类前的限制条件或分
类后的精度修正，从而在容易混淆的类型中发挥重要作用。一些学者以此开展了大量的
研究，乔程（2012）利用地学空间分布规律对海岸带区域进行土地覆盖制图，减少了海
水、盐田和养殖的混分，对海陆交互带已混地物类型进行自动修正；Mukashema 等（2014）
结合地学知识建立贝叶斯推理模型，对卢旺达的咖啡树类型进行自动制图研究，其总体
精度达到 87%，高于仅依靠遥感影像的提取结果 20% 以上。实验结果证明，地学专家知
识和遥感影像分类方法的精度均低于辅以地学知识的遥感分类方法。基于此，可得基于
地学知识的遥感信息提取方法可以进一步提高地表要素的提取精度，且鲁棒性和泛化能
力更好。另外，人工智能理论与方法的日益发展及与遥感影像特征的相互结合，使得非
结构化的地学知识不再简单地应用于信息的输入端，而是更加智能化地深入逻辑推理与
判断决策等链路环节中。显然，基于地学知识协同的空间逻辑推理已成为遥感信息提取
中的重要研究趋势（Hansen and Loveland, 2012）。

8.2 城市基底景观要素多源信息协同提取

城市建成区作为城市典型基底景观要素是综合衡量一座城市和一个区域所处经济发展阶段的重要判断标准。一方面，建成区面积体现了对应区域的产业结构和城市化进程所处阶段。另一方面，建成区面积也是区域经济实力的有力体现。所以，本研究围绕城市建成区提取开展研究。

本研究根据李治等（2017）提出的层次结构知识模型，构建多源空间信息协同的高精度城市建成区提取模型，实现了在高分辨率遥感影像下的城市建成区自动化程度较高的识别方法。关键步骤包括：①基于 MODIS NDVI 时间序列产品数据的 NPP-VIIRS 夜光数据预处理。将 NPP-VIIRS 夜光数据进行融合，并构建植被调节夜光城市指数（vegetation adjusted NTL urban index，VANUI），这样有效地削减了 NPP-VIIRS 夜光数据的饱和性和扩散性。②基于城市建成区统计数据的城市建成区范围预提取。在城市行政边界内，构建城市建成区统计数据的 VANUI 特征图像分割目标函数，在 250m 的特征影像中获取城市建成区预提取结果。③基于 GlobeLand30 土地覆盖产品的样本点构建。将 GlobeLand30 土地覆盖产品的人造地表产品与建成区预提取结果进行叠加分析，计算并保留重叠度最大的图斑作为城市建成区样本点。④基于 GF-1/ZY-3 NDVI 数据的城市建成区自适应提取。在城市建成区预提取结果中，对 GF-1/ZY-3 NDVI 数据进行面向对象分割，统计计算样本的 NDVI 区间范围，以此对待提取区域进行优化，从而获取最终高精度的城市建成区边界（图 8.1）。

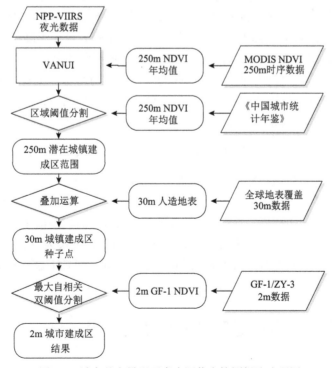

图 8.1 城市基底景观要素多源信息协同提取流程图

8.2.1　基于 NPP-VIIRS 夜光数据的城市指数构建

为了解决灯光数据的饱和和扩散问题，削减 NPP-VIIRS 夜光数据的本身问题引起的城市建成区的识别误差，目前的研究主要采用同级别空间分辨率的 MODIS NDVI 时间序列数据，根据植被指数对夜光亮度的抑制作用，来降低 NPP-VIIRS 夜光数据的饱和和扩散作用（Liu et al., 2015）。本研究主要采用了植被修正城市夜光指数（VANUI）法对 NPP-VIIRS 夜光数据进行处理。

以 NPP-VIIRS 夜光数据（从采样为 1km）和 250m MODIS NDVI 时间序列数据[处理过程见李治等（2013）]为基础，进行 VANUI 提取，其公式如式（8.1）所示：

$$VANUI = DN_{NPP} \times (1 - NDVI_{mean}) \tag{8.1}$$

式中，DN_{NPP} 为 NPP-VIIRS 夜光数据的 DN 值；$NDVI_{mean}$ 为经过滤波处理后的 MODIS NDVI 时序数据的均值；VANUI 为城市指数。其中，为了消除量纲，分别将 DN_{NPP} 和 $NDVI_{mean}$ 的范围归一化处理为[0，1]。由于 DN_{NPP} 和 $NDVI_{mean}$ 呈现负相关，通过对 $NDVI_{mean}$ 取反运算，使得其与 DN_{NPP} 保持正相关，从而增强城市中心区域的 DN 值以及抑制城市边缘区域的 DN 值。

8.2.2　基于统计数据的城市建成区自动提取

为了避免试错法等人工阈值选择的误差和难以开展大区域提取，本研究引入了城市建成区的非结构化统计数据，通过构建基于等差序列的自适应分割模型，对多个城市进行自适应阈值分割，从而获取城市建成区范围。由于本研究目标为高精度（2m）城市建成区的提取，因此在本节中主要解决在 250m 分辨率数据中的自适应预提取问题。

在城市的行政边界内，构建城市建成区的统计数据与基于 VANUI 特征图像分割结果的等差序列，通过迭代计算，获取每个城市建成区的最优阈值，从而得到最优城市建成区预提取结果。其公式如式（8.2）所示：

$$\Delta S_k(T_i) = S_{km} - S_{kn}(T_0 - i),\ i = 0, 0.1, 0.2, 0.3, \cdots;\ k = 1, 2, 3, \cdots \tag{8.2}$$

式中，k 为所有研究目标城市中第 k 个城市；S 为城市建成区的面积值；m、n 分别代表统计数据和 VANUI 特征分割结果；S_{km} 和 S_{kn} 分别为第 k 个城市统计数据的面积值和基于 VANUI 分割结果的面积值；$\Delta S_k(T_i)$ 则为第 k 个城市的面积差值结果；T_0 和 i 分别为阈值初值和步长值。将 VANUI 初始分割阈值设定为 0.9，步长为 0.1，进行迭代。当满足 $\Delta S_k(T_i) < \Delta S_k(T_{i+0.1}) \cap \Delta S_k(T_i) < \Delta S_k(T_{i-0.1})$ 时，迭代停止，则 T_i 作为第 k 城市最优分割阈值，其结果作为城市建成区预提取结果。

8.2.3　基于国产高分遥感影像的建成区边界优化

为了获取高精度的城市建成区边界，本研究进一步引入 GF-1/ZY-3 反演的 2m NDVI

特征，采用多尺度分割方法（Xie et al.，2016），对城市建成区预提取范围的 GF-1/ZY-3 NDVI 数据进行面向对象分割。其公式如式（8.3）所示：

$$dH = dH_{color}w_{color} + dH_{shape}w_{shape} \qquad (8.3)$$

式中，dH_{color} 和 w_{color} 分别为光谱的异质性和权重；dH_{shape} 和 w_{shape} 分别为形状异质性和权重；dH 为分割算法的评价标准。通过定量评价法确定阈值（张涛等，2016），其分割尺度、紧致度和平滑度分别为 20、0.1 和 0.5。

由于通过人工选择难以准确构建基于对象的样本信息，且难以开展多城市的提取分析工作。因此，本研究引入 GlobeLand30 专题产品数据，将其人造地表类型与城市建成区预提取结果进行叠加分析，将城市建成区预提取结果中重叠度最高且面积最大的 GlobeLand30（人造地表类型）作为样本对象。基于此，提取样本对象的 NDVI 的最值作为本区域的阈值区间，其公式如式（8.4）所示：

$$NDVI_{S_i(t)} \in \left[NDVI_{A_i\text{threshold}\_\min}(y), \ NDVI_{A_i\text{threshold}\_\max}(x) \right]$$
$$NDVI_{A_i\text{threshold}\_\max}(x) = \max\{NDVI_{A_i}(x)\} \qquad (8.4)$$
$$NDVI_{A_i\text{threshold}\_\min}(y) = \min\{NDVI_{A_i}(y)\}$$

式中，i 为指定城市；A_i 和 S_i 分别为第 i 个城市的样本对象和城市建成区预提取结果；$NDVI_{A_i\text{threshold}\_\max}(x)$ 和 $NDVI_{A_i\text{threshold}\_\min}(y)$ 为第 i 个城市的样本对象的阈值区间范围。基于样本对象的阈值区间，对城市建成区预提取结果的分割结果进行判断，如果在式（8.4）的阈值区间范围内，则保留此对象斑块，将不符合结果进行剔除。最后，对于提取结果进行平滑、去除细碎斑块和空洞修补等后处理，最终获取高精度城市建成区结果。

8.2.4　精度验证与质量评价

1. 空间格局验证与对比分析

为了对本研究的方法进行精度验证与对比分析。采用目视解译的方法，结合谷歌影像，对高分影像数据（GF-1 和 ZY-3）进行目视解译，获取 2016 年北京城市建成区作为验证数据。对本研究基于 GF-1 和 ZY-3 等多源数据提取的 2016 年城市建成区结果和 VANUI 提取的结果进行精度验证和对比分析。

根据表 8.1 可得，本研究方法的总体精度和 Kappa 系数分别为 92.9%、0.89，与 VANUI 相比，分别提高了 24% 和 0.25，表明本研究所提出的城市建成区提取方法的有效性。同时，制图精度和用户精度均超过 90%，表明漏分率和错分率同时在 10% 以下，说明本章所提出的多源空间协同的城市建成区高精度提取方法在保证城市建成区较高的检测水平的同时，建成区的错分率也保持在较低的水平。通过与 VANUI 的对比可得，其制图精度基本相同，但用户精度相差 20%，表明 VANUI 的错分率较大，通过进一步分析可得，误差主要来源于分辨率所产生的影响。进而，通过对比可得，本研究采用多源遥感协同的方法,提升空间分辨率,在城市边界处和非城市区域分别有明显检测效果和抑制作用。

表 8.1 建成区提取精度对比分析

	总体精度/%	Kappa 系数	制图精度/%	用户精度/%
本研究方法	92.9	0.89	92.1	92.9
VANUI	68.9	0.64	92	75.2

2. 基于统计数据的建成区提取精度验证

采用国家统计局城市社会经济调查司编的《中国城市统计年鉴(2016)》中的城市建成区统计结果及住房和城乡建设部发布的《2016 年城市建设年鉴》中 2016 年全国城市人口和建设用地的统计结果,对研究区 9 个城市(北京、上海、广州、武汉、成都、沈阳、西安、乌鲁木齐和拉萨)的建成区提取结果进行面积评价。

表 8.2 为基于 VANUI 的城市建成区预提取结果和最终的城市建成区提取结果。基于 VANUI 的城市建成区预提取结果的相对误差均在 20%以上,部分已达到 90%,数据的分辨率较低使得边界信息大量模糊以及匮乏的光谱信息导致结果偏差较大。在城市建成区预提取结果的基础上进一步优化,得到最终的城市建成区提取结果。结果显示,最终的建成区提取结果的相对误差均在 8.5%左右,表明在预提取的基础上,融入高分遥感数据可以提高提取的精度。同时,引入 GlobeLand30 产品数据进行自适应提取,能够使得精度稳定在较高的水平,符合应用的需要。综上所述,本研究方法可以获取高精度的城市建成区范围,同时自适应分割方法,避免了人为选择阈值的主观性和耗时,增加了其泛化能力,满足了大区域高分辨率遥感城市建成区快速监测的应用需求。

表 8.2 采用统计数据对提取方法进行精度评价

研究区	统计[①]/km²	统计[②]/km²	VANUI 阈值法提取结果/km²	2m 双阈值提取结果/km²	相对误差(250m)/%	相对误差(2m)/%
北京市	1401	1419.7	1741.2	1420.6	24.3	1.4
上海市	—	998.6	2240.1	1644.8	43.32	5.2
广州市	1237	1249.1	958.7	911.1	−32.57	−26.3
武汉市	455	585.6	953.9	617.8	62.90	15.3
成都市	616	837.3	1119.3	695.2	81.72	12.8
沈阳市	465	588.3	890.9	455.9	51.44	−2.1
西安市	501	517.7	746.5	583.6	49.09	12.7
乌鲁木齐市	430	436	537.5	466.5	25.00	6.9
拉萨市	—	82.8	156.9	82	91.44	−0.9

注:①来自国家统计局城市社会经济调查司编的《中国城市统计年鉴(2016)》中的城市建成区统计结果;②来自住房和城乡建设部发布的《2016 年城市建设年鉴》中 2016 年全国城市人口和建设用地的统计结果。

8.3　城市廊道景观要素多源信息协同提取

城市地表水作为城市典型廊道景观要素与人类在城市的居住生活以及可持续城市化发展密切相关，在城市规划、城市环境保护和城市热岛效应中发挥着重要作用。高分影像的波段信息匮乏、水体形态多样性和建筑物阴影的影响，导致仅依靠高分影像难以准确地获取城市地表水信息。而中分遥感影像丰富的光谱信息及与高分影像良好的兼容性，对高分影像的光谱信息有较好的补充，能够有效地解决高分遥感对水体光谱信息表达不足和细小阴影噪声的问题。因此，本研究采用中-高分遥感影像协同的方法进行城市地表水提取，提出了一种自动城市地表水提取模型。

在本研究中，自动城市地表水提取模型包括三个主要步骤：①基于中-高分辨率遥感的水体指数特征提取；②基于 GlobeLand30 信息产品的水体自适应提取；③中-高分辨率水体信息决策级融合。其提取流程如图 8.2 所示。

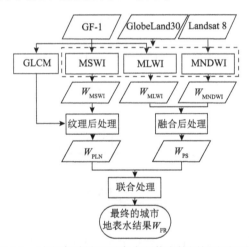

图 8.2　城市廊道景观要素多源信息协同提取流程图

8.3.1　中-高分辨率遥感水体指数特征提取

1. 基于国产高分遥感影像的改进水体指数提取

本研究提出的形态学大面积水体指数（MLWI）和形态学小面积水体指数（MSWI）使用基于归一化水体指数（NDWI）的扩展形态剖面方法描述水体的空间特性，其特点是将水体指数的光谱信息和空间形态信息进行组合，从而提高城市水边界识别精度和细小河流的检测能力。NDWI 用于增强水体信息并抑制遥感图像中的其他类型信息。然而，为了有效地抑制水体的漏分和水体边界的模糊性问题，应用多尺度形态剖面提供高分辨率图像中的形状和尺寸信息（Zhang Y Z et al.，2014；Du et al.，2013；Puissant et al.，2005），以增强传统的 NDWI 光谱特征无法表达的水体形态与结构信息。MLWI 和 MSWI 的计算步骤如下。

（1）NDWI 的计算：使用绿色波段和 NIR 波段生成 NDWI 图像，以增强水体和非水体之间的光谱差异。

$$\text{NDWI} = \frac{\rho_{\text{Green}} - \rho_{\text{NIR}}}{\rho_{\text{Green}} + \rho_{\text{NIR}}} \tag{8.5}$$

式中，ρ_{Green} 和 ρ_{NIR} 分别为绿色波段和 NIR 波段的大气顶部（ToA）反射率。

（2）形态学闭重建（MCR）和白色礼帽变换（WTH）的计算：

$$\text{MCR}(r) = \phi_{\text{NDWI}}^{re}(r) \tag{8.6}$$

$$\text{WTH}(r) = \text{NDWI} - \gamma_{\text{NDWI}}(r) \tag{8.7}$$

式中，ϕ 和 γ 分别为 NDWI 图像的重建闭合和打开；r 为圆形 SE（结构元素）的半径。

（3）扩展形态学序列（EMPs）计算：基于 MCR 和 WTH 的 EMPs 计算公式如下。

$$\text{EMPs}_{\text{MCR}}(i, r_{\Delta s}) = \text{MCR}^{(i)}(r_{\Delta s}) \tag{8.8}$$

$$\text{EMPs}_{\text{WTH}}(i, r_{\Delta s}) = \text{WTH}^{(i)}(r_{\Delta s}) \tag{8.9}$$

式中，i 为 MCR 的数量；WTH 为圆形 SE 的间隔。

（4）计算 EMPs 的平均值：

$$\text{EMPs}_{\text{MCR}}\text{mean} = \frac{\sum_i \text{EMPs}_{\text{NDWI}}(i, r_{\Delta s})}{i} \tag{8.10}$$

$$\text{EMPs}_{\text{WTH}}\text{mean} = \frac{\sum_i \text{EMPs}_{\text{WTH}}(i, r_{\Delta s})}{i} \tag{8.11}$$

式中，$\text{EMPs}_{\text{MCR}}\text{mean}$ 和 $\text{EMPs}_{\text{WTH}}\text{mean}$ 被定义为 EMPs 序列的平均值，因为水体在不同的多尺度中显示出大的 NDWI 值。

（5）MLWI 和 MSWI 的计算：

$$\text{MLWI} = \text{EMPs}_{\text{MCR}}\text{mean} - \text{EMPs}_{\text{WTH}}\text{mean} \tag{8.12}$$

$$\text{MSWI} = \text{EMPs}_{\text{MCR}}\text{mean} + \text{EMPs}_{\text{WTH}}\text{mean} \tag{8.13}$$

式中，MLWI 和 MSWI 被定义为 $\text{EMPs}_{\text{MCR}}\text{mean}$ 和 $\text{EMPs}_{\text{WTH}}\text{mean}$ 的加法和减法，因为它们分别增加了大面积水体和背景之间以及小面积水体和背景之间的差异。因此，大面积和小面积水体对应于大的 MLWI 和 MSWI 特征值。

影像中水体形态的多样性，使得单一 SE 难以完全描述。因此，本章使用圆形 SE，其具有图像中所有元素的良好形状呈现。根据图像的空间分辨率（2m），比例参数 $i_{\min}$、$i_{\max}$ 和 Δi 分别设置为 1、21 和 1。通过计算图像上各种类型水体直径的平均值来确定 i 的参数。然而，图像中呈现的水体结构的多样性和复杂性，实际上难以为复杂的高分辨率城市场景选择合适的值。本研究中使用的参数是通过测量和计算研究区域中图像的水体信息，并通过反复试验获得的。因此，确定的 MLWI/MSWI 的参数相对稳定。图 8.3（c）中的 MLWI 增强了大面积水体的特征，而图 8.3（d）中的 MSWI 更有效地检测了小面积水体。

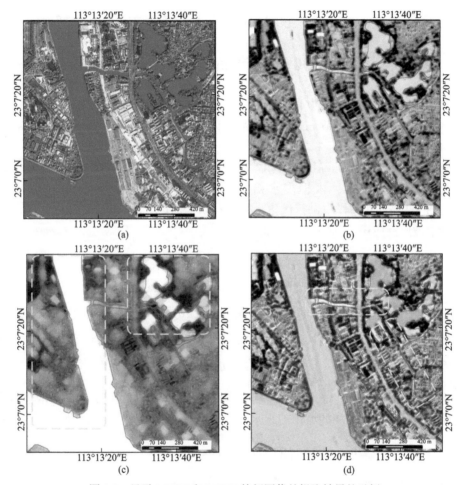

图 8.3　显示 MLWI 和 MSWI 特征图像的提取结果的示例

（a）2016 年 2 月 20 日在广州研究区域的部分覆盖参考的示例 GF-1 图像；（b）NDWI 特征图像；（c）和（d）从（b）中提取的 MLWI 和 MSWI 特征图像，分别用于增强大面积水体和小面积水体与背景物体之间的间隙。黄色矩形框表示一个典型区域，其中大面积和小面积水体得到增强

2. 基于中分辨率遥感影像的水体指数提取

在大多数情况下，NDWI（Mcfeeters，1996）可以有效地增强水体信息。然而，它通常对建筑用地中的应用敏感，导致高估了城市建成区的水体。因此，MNDWI（Xu，2006）进一步发展，以增强在城市背景中具有大量建筑区域的水体特征。一般来说，与 NDWI 相比，水体在 MNDWI 中具有更大的正值，因为它们通常在短波红外（SWIR）波段中比在近红外（NIR）波段中具有更强的吸收能力（Feyisa et al.，2014）。此外，土

壤、植被和建筑物的负值较小，因此它们在 SWIR 波段的反射率比绿色波段更多（Bekaddour et al., 2015）。基于这一发现，MNDWI 被提议使用 Landsat 8 数据，其定义如下：

$$\text{MNDWI} = \frac{\rho_{\text{Green}} - \rho_{\text{SWIR}}}{\rho_{\text{Green}} + \rho_{\text{SWIR}}} \qquad (8.14)$$

式中，ρ_{Green} 和 ρ_{SWIR} 分别为绿色波段和 SWIR 波段的大气顶部（ToA）反射率。

8.3.2 基于 GlobeLand30 信息产品的水体自适应提取

本节采用基于 GlobeLand30 信息产品中的水体类型进行自适应分割。其中主要包括基于 k-means 聚类算法的 GlobeLand30 产品水体类型的样本优选和基于优选样本对多水体指数的自动提取。

GlobeLand30 产品的准确性和时相差异，导致水体产品的样本中混有噪声。因此，应用 k-means 聚类算法，根据多水指数特征空间中样本和聚类中心的距离，对 GlobeLand30 产品的水体样本进行优化（Xie et al., 2016）。k-means（Yang et al., 2017）已在遥感中被广泛应用，其公式定义如式（8.15）：

$$S = \sum_{i=1}^{k} \sum_{t \in C_i} \left\| \text{DN}_F t - \mu_i \right\|_2^2, k = 1 \qquad (8.15)$$

式中，k 为簇类型的数量；C_i 为 GlobeLand30 的水体类型产品；t 为 GlobeLand30 的水体类型产品集合的取值；F 为下标，$F=$MSWI、MLWI、MNDWI；DN 为基于水体指数计算结果 F 的像素值；$\mu_i = \dfrac{1}{|C_i|} \sum_{t \in C_i} \text{DN}_F t$，为 C_i 水体类型产品的平均像素值向量。

在此基础上，通过分别统计优选样本中多水体指数特征的均值和方差，构建自适应分割模型，从而获得最初的城市地表水结果信息。具体计算公式如下：

$$W_F = \{ \text{DN}_F I \,|\, \text{DN}_F I \geqslant (\text{Mean}_F S - \text{Stdev}_F S) \} \qquad (8.16)$$

其中，$\text{Mean}_F S$ 和 $\text{Stdev}_F S$ 的计算方法具体如下：

$$\text{Mean}_F S = \frac{1}{n} \sum_{i=0}^{n} \text{DN}_F S \qquad (8.17)$$

$$\text{Stdev}_F S = \sum_{i=0}^{n} \sqrt{\frac{1}{n} (\text{DN}_F S - \text{Mean}_F S)^2} \qquad (8.18)$$

式中，$\text{Mean}_F S$ 和 $\text{Stdev}_F S$ 分别为水体优选样本中的均值和方差；n 为水体样本的数量；F 分别表示 MSWI、MLWI 和 MNDWI 等水体指数。W_F 表示在特征 F 下所获得的城市地表水初始提取结果流程如图 8.4 所示。

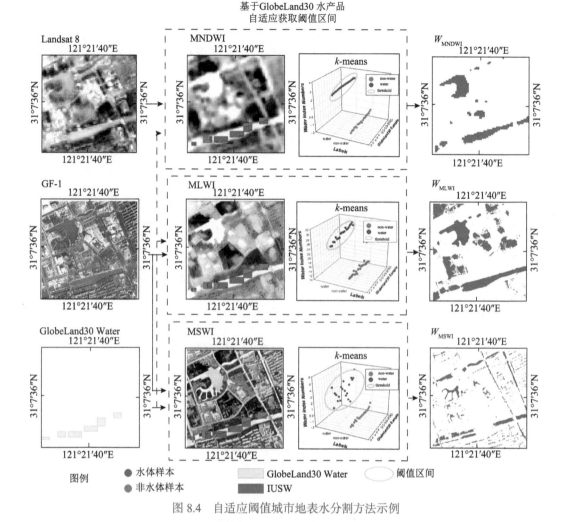

图 8.4 自适应阈值城市地表水分割方法示例

8.3.3 中–高分辨率水体信息决策级融合

在本研究中，我们采用基于专家知识的决策级信息融合模型，对初始城市地表水提取结果进行融合，以解决仅依靠高分辨率遥感数据源产生的噪声问题，达到提高自动城市地表水提取结果精度的目的。最终的城市地表水提取结果由两部分组成：优化的大面积水体和优化的小面积水体。我们通过融合大面积水体的初始结果和基于 MDNWI 特征的初始结果，使用对象级面积比指数，得到了优化的大面积水体，主要是为了消除光谱信息不足（如裸露地面类型信息）造成的噪声问题。我们通过划分优化后的大面积水体的纹理均匀性特征与小面积水体初始结果的相交对象的区间范围，得到优化后的小面积水体，然后对小面积初始水体进行优化，达到消除建筑物阴影带来的噪声。

基于专家知识的决策级融合模型的步骤如下：①对水体初始结果 W_{MLWI} 和 W_{MNDWI} 采用面积比进行信息融合计算，从而消除大面积初始结果中的噪声信息，得到优化后的大面积水体结果；②通过对优化后的水体结果 W_{PLN} 和 W_{MSWI} 进行交集运算，得到样本 W_S；③计算小面积水体对象的纹理均匀性特征，得到样本 W_S 纹理均匀性特征的最大值和最小值；④根据样本 W_S 的阈值区间，利用纹理均匀性特征对小面积水体对象 W_{MSWI} 进行分割，得到优化的小面积水体结果 W_{PS}；⑤对优化结果 W_{PLN} 和 W_{PS} 进行合并操作，得到最终结果 W_{IUSW}。

$$W_{PLN} = \begin{cases} W_{MLWI}(O), & \dfrac{A_{W_{MLWI}}(O) \cap A_{W_{MNDWI}}(O)}{A_{W_{MLWI}}(O)} \times 100\% > T_1 \\ 0, & 其他 \end{cases} \quad （8.19）$$

式中，W_{PLN} 为优化后的大面积水体结果；$W_{MLWI}(O)$ 和 $W_{MNDWI}(O)$ 分别为基于 MLWI 和 MNDWI 得到的大面积水体的初始结果；O 为水体对象；A 为水体对象 O 的面积；T_1 为阈值参数，阈值为 0.4，是通过实验确定的。

$$W_{PS} = \{W_{MSWI} | GLCM_{W_{MSWI}}(O) \in (GLCM_{W_{S_{min}}}(O), GLCM_{W_{S_{max}}}(O))\} \quad （8.20）$$

式中，$GLCM_{W_{S_{max}}}(O)$ 和 $GLCM_{W_{S_{min}}}(O)$ 的计算公式如下：

$$GLCM_{W_{S_{max}}}(O) = \max\{GLCM_{W_S}(O)\} \quad （8.21）$$

$$GLCM_{W_{S_{min}}}(O) = \min\{GLCM_{W_S}(O)\} \quad （8.22）$$

其中，W_S 的计算公式如下：

$$W_S = W_{PLN} \cap W_{MSWI} \quad （8.23）$$

其中，GLCM 的计算公式如下：

$$GLCM = \sum_{i=0}^{N-1}\sum_{j=0}^{N-1} \frac{1}{1+(i-j)^2} g_{NDWI}(i,j) \quad （8.24）$$

式中，W_{PS} 为优化后的小面积水体结果；$GLCM_{W_{S_{max}}}(O)$ 和 $GLCM_{W_{S_{min}}}(O)$ 分别为水体样本纹理均匀性的最大值和最小值；W_S 为水体样本；W_{PLN} 为优化后的大面积水体结果；W_{MSWI} 为初始小面积水体结果；GLCM 为灰度共现矩阵；N 为灰度级数；NDWI 为 GF-1 图像的归一化水指数；O 为水体对象；i 和 j 为像素坐标。窗口大小为 7×7 像素，适合于城市地区遥感图像的分类，测试的分辨率从 2.5 m×2.5 m 到 10 m×10 m 不等。因此，将三个研究区域的窗口大小都设定为 7×7 像素。

$$W_{IUSW} = W_{PLN} \cup W_{PS} \quad （8.25）$$

式中，W_{IUSW} 为城市内陆地表水的最终结果；W_{PLN} 和 W_{PS} 分别为优化的大面积和小面积水体结果技术流程如图 8.5 所示。

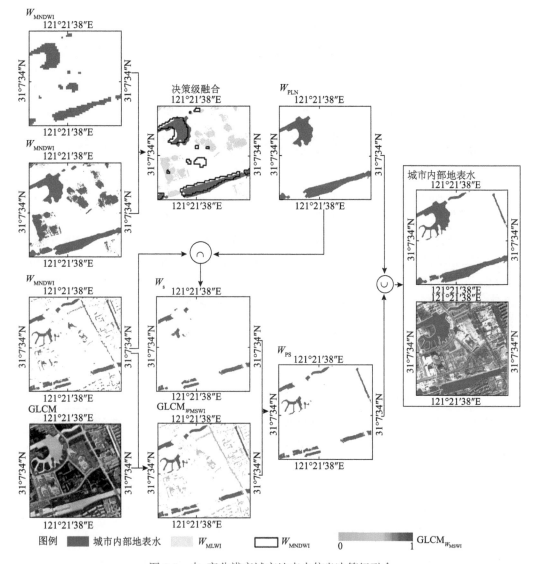

图 8.5　中-高分辨率城市地表水信息决策级融合

8.3.4　实验与结果分析

1. 研究区与数据

研究区域包括中国的三个沿海特大城市，天津、上海和广州（图8.6）。中国正在经历快速的城市化进程，尤其是沿海城市，更快速的经济发展导致城市景观格局的巨大变化，城市水体的变化也更加频繁。同时，这些地区的地表水体空间分布广泛，形态多样，种类丰富，具有代表性。此外，由于阴影和裸露土地等复杂多样的土地覆盖类型，它们的视觉噪声信息量更大，这使得研究区域具有一定的挑战性。因此，我们着重从三个研究区提取水体信息，以验证本研究方法的可行性。

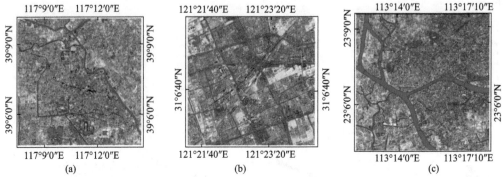

图 8.6 研究区域包括中国天津（a）、上海（b）和广州（c）的城市地区

高分一号图像显示的是原始图像数据的近红外、红色和绿色波段与覆盖研究区域的地面实况地图的假彩色合成

在这项研究中，我们选择了三张 GF-1 图像和 Landsat 8 OLI 图像，以中国的湖泊、河流、水库和坑塘等不同环境为特征，验证 AUSWAEM 的可行性。GF-1 卫星配备了两个 60 km 宽的高空间分辨率传感器相机（GF-1/PMS1 和 GF-1/PMS2）。GF-1/PMS 相机收集的数据包括一个空间分辨率为 2 m 的全色波段和四个空间分辨率为 8 m 的多光谱波段（蓝、绿、红和近红波段）。我们从美国地质调查局（USGS）网站（https://glovis.usgs.gov/app）获取了研究地区的三个 Landsat 8 OLI L1T 产品。表 8.3 列出了三个图像场景的数据细节。

表 8.3 本研究中使用的 GF-1 和 Landsat 8 OLI 图像的描述

研究区	传感器	经纬度/Path-Row	获取时间	分辨率/m	面积/km²
天津	GF1-PMS	117.2°E，39.1°N	2016-4-9	2/8	100
	OLI	123-33	2016-5-4	15/30	
上海	GF1-PMS	121.1°E，31.0°N	2016-9-3	2/8	25
	OLI	118-38	2016-6-2	15/30	
广州	GF1-PMS	113.2°E，23.2°N	2016-2-20	2/8	100
	OLI	122-44	2016-12-7	15/30	

我们根据对 GF-1 数据的仔细视觉解读和在研究区的实地考察，手动划定了地面实景图。此外，城市地表水区域的初始样本由 GlobeLand30（2010 年）产品数据的水体类型提供，其水体类型精度为 80%。GlobeLand30 数据集由中国国家基础地理信息中心利用 Landsat 多光谱数据和像素对象知识技术制作，并从 GlobeLand30 网站下载。

2. 结果空间对比分析与精度验证

图 8.7 为三个研究区使用 NDWI 和 AUSWAEM 进行水体提取的结果。采用本研究中的自适应阈值分割方法获取 NDWI 的阈值，天津、上海和广州研究区的阈值分别为 0.3、0.4 和 0.3。结果验证了阈值选择的有效性。因此，该结果可以作为本研究的对比实验。另外，为了便于显示细节信息，从研究区域的图像中选择 1km² 的区域，其显示在黄色矩形框中，结果如图 8.7 所示。采用验证数据对两种方法的水体提取结果进行验

证与对比分析,红色区域和白色区域分别代表错分和漏分。图 8.7 的目视验证结果表明,AUSWAEM 提取了大部分具有完整形状的城市水体,而使用 NDWI 获得的提取结果是不完整的。使用 AUSWAEM 提取的水体在每个研究区域中具有较少的错分和漏分,并且在小区域水体(如小河流)的边界处仅存在微小的漏分错误。然而,使用 NDWI 提取的水体具有明显的错分和漏分现象。图 8.8 显示使用 AUSWAEM 提取的水体,包括大河、小河和水库,结果连续、完整并且与验证数据保持一致。其小河流边界漏分误差的主要原因在于水体和非水体边界区域的混合像素,导致 AUSWAEM 的水体提取结果与验证数据之间存在细微差别。

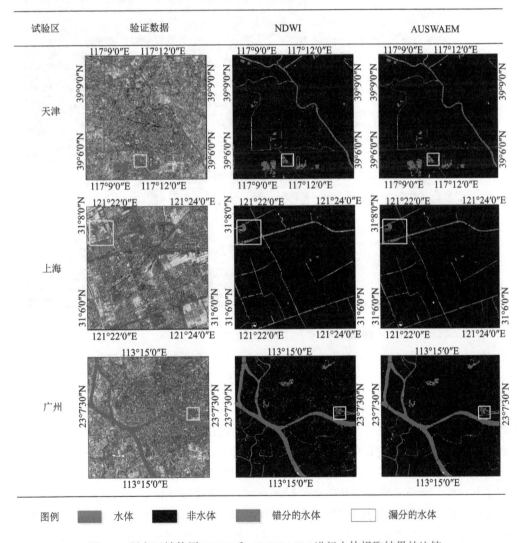

图 8.7　研究区域使用 NDWI 和 AUSWAEM 进行水体提取结果的比较

黄色矩形框表示 1 km² 的区域

试验区	验证数据	NDWI	AUSWAEM

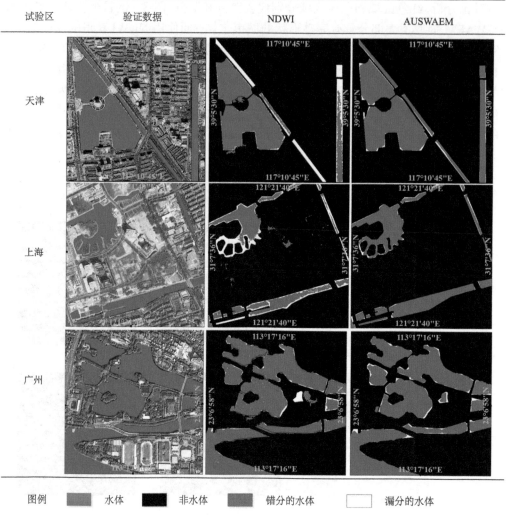

图例 ▢ 水体　■ 非水体　▢ 错分的水体　▢ 漏分的水体

图 8.8　NDWI 和 AUSWAEM 算法在局部区域（图 8.7 中的黄色矩形框中的小区域）中的
水体提取结果的比较

精度评价结果（表 8.4）表明，三个研究区使用 AUSWAEM 提取的城市水体结果的平均 Kappa 系数达到 0.91，比使用 NDWI 提取的城市用水高 0.36。这表明 AUSWAEM 在提取城市水体方面具有良好的准确性，而仅依靠 NDWI 无法达到 AUSWAEM 模型提取水体的效果。在三个研究区中（表 8.4），AUSWAEM 在城市水体提取中不仅用户精度达到了 96.5%，而且平均制图精度也超过了 92%。其结果表明，AUSWAEM 保证了较低的错分率，同时漏分率也小于 8%。然而，基于 NDWI 的阈值分割方法存在大量的错分和漏分问题。实验结果表明，本研究提出的城市水体提取模型能够在较少的人工干预下，进行复杂城市场景下的城市水体提取，并保持较高的精度，从而为后续开展多个城市的自然廊道特征分析提供信息支持。

表 8.4　基于 AUSWAEM 和 NDWI 的方法提取水体的准确性

研究区	方法	Kappa 系数	生产者精度/%	用户精度/%
天津	AUSWAEM	0.89	84.1	95.1
	NDWI	0.50	77.6	40.4
上海	AUSWAEM	0.90	99.7	99.2
	NDWI	0.56	49.8	68.2
广州	AUSWAEM	0.93	93.8	94.5
	NDWI	0.59	95.4	48.2

3. 水体指数特征重要性分析

为了定量评估和比较本研究中提出的水指数作用，使用 Kappa 系数来定量评估城市水体的准确性，其使用 GF-1 图像上的 MLWI + MSWI 和 NDWI 特征提取。此外，为了量化 AUSWAEM 模型中每个特征集的影响，使用精度评价指标来定量评估基于 MLWI + MSWI 特征的水体提取结果，基于决策级融合方法的水体提取结果，以及 MNDWI 特征和最终的 AUSWAEM 模型。图 8.9 (a) 显示了天津、上海和广州研究区 MLWI + MSWI 和 NDWI 算法的水体精度对比结果。图 8.9 (b) ～图 8.9 (d) 分别显示了 AUSWAEM 中三个区域的不同特征集的 Kappa 系数、制图精度 (PA) 和用户精度 (UA)。

精度评价结果[图 8.9 (a)]表明，基于三个研究区域的 MLWI + MSWI 特征的城市水体提取结果的 Kappa 系数均超过 0.8，比 NDWI 的城市水提取结果高 0.28，并比 AUSWAEM 模型的最终结果低 0.08。这表明 MLWI + MSWI 特征优于 NDWI，并且具有良好的城市水体提取效果。此外，制图精度和用户精度可以解释水体指数的作用。图 8.9 (c)显示，基于 MLWI + MSWI 的水体提取结果与上海研究区生产者的后处理精度 (1%) 基本一致，略微下降了 1.4%，天津和广州研究区均为 1.0%。该结果表明，与最终的水体提取结果相比，漏分率稳定在相对较低的水平，表明 MLWI + MSWI 对于水体具有显著的增强作用。此外，图 8.9 (b) 和图 8.9 (c) 表明，本研究中使用的后处理方法将降低用户精度，即增加错分率。然而，制图精度仅降低了 1%，这对整体准确性没有影响。相反，在图 8.9 (d) 中，基于 MNDWI 特征和决策级融合方法之后，用户精度在三个研究区域得到改善。其中，天津和广州的研究区域分别增长了 2.4% 和 3.4%，而上海研究区域增长率达到 10.9%。这表明基于 MNDWI 特征的决策级融合更有效地消除了高层建筑产生的阴影。在三个研究区，上海主要是高层建筑阴影。因此，与天津和广州的研究区域相比，上海区域用户精度会显著提高。因此，该结果表明，MNDWI 特征的决策级融合有效消除了高层建筑产生的阴影。另外，如图 8.9 (b) 和图 8.9 (d) 所示，基于三个研究区域中对象的后处理，Kappa 系数的平均值和平均用户精度分别提高了 0.05 和 9.5%。该结果表明，基于对象的后处理对消除低层建筑的小面积阴影具有显著贡献。

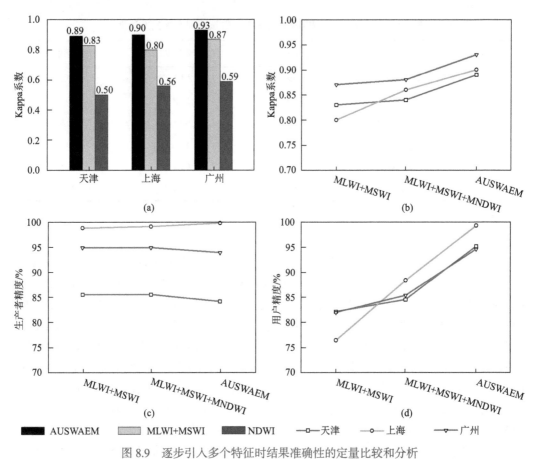

图 8.9　逐步引入多个特征时结果准确性的定量比较和分析

（a）不同实验区域 MLWI+MSWI 和 NDWI 的水提取结果的 Kappa 系数；（b）Kappa 系数；（c）制图精度和（d）用户精度是通过将 AUSWAEM 中的不同特征集应用于天津、上海和广州的三个研究区域而获得的

8.4　城市斑块景观要素多源信息协同提取

城市建筑物信息作为城市典型面状斑块景观要素，在城市基础信息建设和生态环境监测等方面发挥着重要的作用（杜培军，2020；李德仁等，2014a；王俊等，2016）。随着城市信息化进程的加快，传统监测方法难以满足及时有效获取信息的需求。高分辨率遥感影像（高分影像）能够为城市提供大范围、精细化和高频次的监测信息，已然成为城市建筑物监测的主要数据源（杜培军等，2018）。因此，基于高分遥感数据的城市建筑物自动提取研究成为学者们关注的重点和热点问题。

本章提出的城市建筑物提取方法流程主要分为 4 步（图 8.10）：①多模式形态学序列特征提取。基于高分遥感影像分别获取差分形态学结构序列特征和差分形态学属性序列特征。②形态学序列特征优选。应用高维特征优选模型分别对两种模式形态学序列进行特征优选，获取相应的形态学序列优选特征。③建筑物信息自适应分割。基于负相关先验信息建立掩膜模型，并结合正相关先验信息构建自适应分割模型，对获取的形态学优选特征进行分割，获取城市建筑物初始信息。④基于投票法的决策级融合。采用投票法对获取的初始城市建筑物信息进行决策级信息融合，得到最终的城市建筑物提取结果。

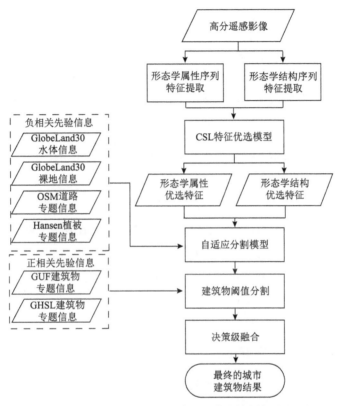

图 8.10 城市面状景观斑块要素多源信息协同提取流程图

8.4.1 基于高分辨率遥感的多模式形态学序列特征提取

本研究基于高分遥感影像提取多模式形态学序列特征，分别获取形态学结构序列特征和形态学属性序列特征，为后续城市建筑物信息自动提取提供多模式高维序列特征。

1. 形态学结构序列特征提取

针对高分遥感影像的建筑物个体特性，采用"自下而上"策略，从城市建筑物的大小、方向和形状等属性进行形态学结构序列特征表达，具体步骤如下。

（1）多尺度多方向的形态学结构序列特征提取。采用形态学开重建和闭重建分别对不同尺度和方向的建筑物进行形态学序列特征提取。其公式如下，

$$\Pi_{\gamma R}(f) = \left\{ \Pi_{\gamma\lambda_i} : \Pi_{\gamma\lambda_i} = \gamma_R^{\lambda_i}(f), \forall \lambda_i \in [0, \cdots, n] \right\} \tag{8.26}$$

$$\Pi_{\phi R}(f) = \left\{ \Pi_{\phi\lambda_i} : \Pi_{\phi\lambda_i} = \phi_R^{\lambda_i}(f), \forall \lambda_i \in [0, \cdots, n] \right\} \tag{8.27}$$

式中，$\Pi_{\gamma R}(f)$ 和 $\Pi_{\phi R}(f)$ 分别为形态学开重建序列和形态学闭重建序列；$\Pi_{\gamma\lambda_i}$ 和 $\Pi_{\phi\lambda_i}$ 表示在序列位数为 i 时，以结构体元素 λ 对原始影像分别进行形态学开重建和形态学闭重建的特征影像结果；$\gamma_R^\lambda(f)$ 和 $\phi_R^\lambda(f)$ 表示在序列位数为 i 时以结构体元素 λ 对原始影像分别进行形态学开重建和形态学闭重建；$\gamma_R(f)$ 和 $\phi_R(f)$ 分别表示对原始影像进行形态学开重建和形态学闭重建；f 表示高分遥感影像；x 为高分遥感影像的像素值；λ 表示形态学结构体元素；i 表示序列的位数。

（2）差分形态学结构序列提取。为了在多尺度多方向的形态学结构序列特征基础上，进一步提升多尺度建筑物轮廓的显著性水平，本研究采用差分方法构建等差序列的结构序列特征，从而实现对结构序列之间细节特征的增强。其公式如下，

$$\Delta_{\gamma R}(f) = \{\Delta_{\gamma\lambda_i} : \Delta_{\gamma\lambda_i} = \left| \Pi_{\gamma\lambda_i} - \Pi_{\gamma\lambda_{i-1}} \right|, \forall i \in [1,n]\} \tag{8.28}$$

$$\Delta_{\phi R}(f) = \{\Delta_{\phi\lambda_i} : \Delta_{\phi\lambda_i} = \left| \Pi_{\phi\lambda_i} - \Pi_{\phi\lambda_{i-1}} \right|, \forall i \in [1,n]\} \tag{8.29}$$

式中，$\Delta_{\gamma R}(f)$ 和 $\Delta_{\phi R}(f)$ 分别为高分遥感影像的差分形态学结构体开重建序列特征和差分形态学结构体闭重建序列特征；$\Delta_{\gamma\lambda_i}$ 和 $\Delta_{\phi\lambda_i}$ 分别表示在序列位数为 i 时以结构体元素 λ 对原始影像分别进行形态学开重建和形态学闭重建的差分特征影像结果。

（3）差分形态学结构序列特征建立。将差分形态学结构体开、闭重建序列特征联合，获取最终的差分形态学结构序列特征。其公式为

$$\mathrm{DMPs}(x) = \left[\Delta_{\gamma R}(f) \cup \Delta_{\phi R}(f) \right](x) \tag{8.30}$$

式中，$\mathrm{DMPs}(x)$ 为差分形态学结构序列特征。

2. 形态学属性序列特征提取

根据城市建筑物区域属性和灰度变化等特征进行一系列属性特征的细化和粗化滤波，其基本思想为从区域角度"自上而下"地构建一些建筑物属性序列，其中包括不同尺度的区域形状属性（如面积、区域对角线、外接矩等）和灰度变化相关属性（均值和标准差等），对影像进行一系列的形态学滤波，从而得到建筑物的空间几何结构。具体步骤如下。

（1）属性细化剖面。应用面积属性、外接矩和标准差准则构建属性细化剖面。其中，基于门限分析原理，将二值图尺度上推到灰度影像，并采用最大树的数据结构进行滤波计算。其灰度属性细化剖面的公式如下：

$$\gamma^A(f)(x) = \max\left\{ k : x \in \Gamma^{A_\mu}\left[\mathrm{Th}_k(f)\right] \right\} \tag{8.31}$$

$$\phi^A(f)(x) = \max\left\{ k : x \in \Phi^{A_\mu}\left[\mathrm{Th}_k(f)\right] \right\} \tag{8.32}$$

其中，$\Gamma^{A_\mu}\left[\mathrm{Th}_k(f)\right]$ 和 $\Phi^{A_\mu}\left[\mathrm{Th}_k(f)\right]$ 的计算公式为

$$\Gamma^{A_\mu}\left[\mathrm{Th}_k(f)\right] = \bigcup_{m \in \mathrm{Th}_k(f)} \Gamma_{A_\mu}\left[\Gamma_m(\mathrm{Th}_k(f))\right] \tag{8.33}$$

$$\Phi^{A_\mu}\left[\mathrm{Th}_k(f)\right] = \bigcup_{n \in \mathrm{Th}_k(f)} \Phi_{A_\mu}\left[\Phi_n(\mathrm{Th}_k(f))\right] \tag{8.34}$$

其中，$\Gamma_{A_\mu}(X)$ 和 $\Phi_{A_\mu}(X)$ 的计算公式为

$$\Gamma_{A_\mu}(X) = \begin{cases} X, \text{if } T(X) = \text{True} \\ 0, \text{ if } T(X) = \text{False} \end{cases} \tag{8.35}$$

$$\Phi_{A_\mu}(X) = \begin{cases} X, \text{if } T(X) = \text{True} \\ 0, \text{ if } T(X) = \text{False} \end{cases} \tag{8.36}$$

式中，$\gamma^A(f)$ 和 $\phi^A(f)$ 分别表示以面积属性 A 对原始图像 f 进行形态学开重建和形态学闭重建；$\mathrm{Th}_k(f)$ 表示获取以灰度级 k 为阈值的影像 f 的二值图像；k 为影像 f 的灰度级；Γ_m 和 Φ_n 分别表示 m 和 n 在 $\mathrm{Th}_k(f)$ 二值图像取像素值 1 和 0 时的特征图；Γ_{A_μ} 和 Φ_{A_μ} 分别表示在尺度 μ 时以面积属性 A 属性开运算和属性闭运算；T 为面积属性 A 所取到的阈值；A 表示面积属性；μ 表示形态学属性的尺度；f 表示高分遥感影像；x 为高分遥感影像的像素值。

（2）差分属性剖面。由于属性准则剖面具有方向性和多形状性，为了对建筑物的尺度进行多尺度表达，所以构建属性细化和属性粗化序列，并在此基础上，采用等差序列增强建筑物的轮廓信息。差分属性剖面计算公式如下所示：

$$\Delta^\Pi\left[\gamma_\mu^A(f)\right](x) = \left[\gamma_{\mu_{i-1}}^A(f) - \gamma_{\mu_i}^A(f)\right](x)\big|\mu_i > \mu_{i-1}, \forall i \in [1,\cdots,I-1]) \tag{8.37}$$

$$\Delta^\Pi\left[\phi_\mu^A(f)\right](x) = \left[\phi_{\mu_{i-1}}^A(f) - \phi_{\mu_i}^A(f)\right](x)\big|\mu_i > \mu_{i-1}, \forall i \in [1,\cdots,I-1]) \tag{8.38}$$

式中，$\Delta^\Pi\left[\gamma_\mu^A(f)\right]$ 和 $\Delta^\Pi\left[\phi_\mu^A(f)\right]$ 分别表示以图斑面积为基准的差分形态学属性开序列特征和差分形态学属性闭序列特征；$\gamma_\mu^A(f)$ 和 $\phi_\mu^A(f)$ 分别表示在尺度 μ 时以面积属性 A 对原始图像 f 进行形态学属性开运算和形态学属性闭运算。

（3）差分形态学属性序列特征建立。将差分形态学属性开、闭重建序列特征联合，获取最终的差分形态学属性序列特征。其具体公式为

$$\mathrm{DAPs}(x) = \left\{\Delta^\Pi\left[\gamma_\mu^A(f)\right] \cup \Delta^\Pi\left[\phi_\mu^A(f)\right]\right\}(x) \tag{8.39}$$

式中，$\mathrm{DAPs}(x)$ 为差分形态学属性序列特征。

图 8.11 显示原始影像为 2m 空间分辨率的高分一号影像，其中图 8.11（a）和图 8.11（b）分别为本章 DMPs 和 DAPs 形态学序列提取结果。从图 8.11（a）可得，DMPs 算法增强了个体建筑物的特性信息，然而对规则建筑物存在部分漏分现象。而从图 8.11（b）可得，DAPs 算法虽然增强了规则建筑物信息，但同时引入部分易混类型信息。因此，

根据图 8.11 可得，两种模式形态学序列特征优势互补，达到增强建筑物特征显著性的目的，能够有效地支撑后续多模式特征融合的建筑物信息提取。

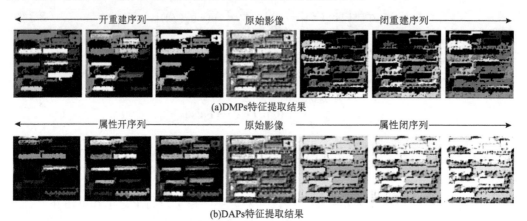

(a)DMPs特征提取结果

(b)DAPs特征提取结果

图 8.11　多模式形态学序列特征提取结果示意图

8.4.2　基于高分辨率遥感的形态学序列特征优选

特征显著水平（characteristic saliency level，CSL）模型能够较好地为形态学序列特征提供高维特征优选和压缩方法（Pesaresi et al.，2011）。CSL 模型通过采用无统计模型的方法减少分解的维数，避免了基于给定图像特征序列的统计分布进行聚类。其优势在于模型的计算不依赖于特征的维度且不需要手动调整参数。因此，该模型适用于形态学序列特征优选。具体计算步骤如下。

（1）分别计算 DMPs(x) 和 DAPs(x) 的特征最大值，获取相应的形态学序列开、闭重建最值。

$$\breve{\mathbf{dh}}_{\gamma_\lambda^\Lambda}(x) = \max\{\vee \varDelta^\varPi \left[\gamma_\lambda^\Lambda(f) \right](x)\} \tag{8.40}$$

$$\breve{\mathbf{dh}}_{\phi_\lambda^\Lambda}(x) = \max\{\vee \varDelta^\varPi \left[\gamma_\phi^\Lambda(f) \right](x)\} \tag{8.41}$$

式中，$\breve{\mathbf{dh}}_{\gamma_\lambda^\Lambda}(x)$ 和 $\breve{\mathbf{dh}}_{\phi_\lambda^\Lambda}(x)$ 分别表示差分形态学开重建和闭重建序列特征的最大值；γ_λ 和 ϕ_λ 分别表示形态学开重建运算和闭重建运算；x 表示影像的像素值。

（2）通过对开、闭重建最值的判断，获取形态学序列显著度（信息量）最高的特征作为形态学序列最优特征的选择结果。形态学序列最优特征计算公式如下所示：

$$\bar{\boldsymbol{i}}(x) = \begin{cases} \hat{\boldsymbol{i}}_{\gamma_\lambda^\Lambda}(x), \breve{\mathbf{dh}}_{\gamma_\lambda^\Lambda}(x) > \breve{\mathbf{dh}}_{\phi_\lambda^\Lambda}(x) \\ \hat{\boldsymbol{i}}_{\phi_\lambda^\Lambda}(x), \breve{\mathbf{dh}}_{\gamma_\lambda^\Lambda}(x) < \breve{\mathbf{dh}}_{\phi_\lambda^\Lambda}(x) \\ \quad 0 \quad , \breve{\mathbf{dh}}_{\gamma_\lambda^\Lambda}(x) = \breve{\mathbf{dh}}_{\phi_\lambda^\Lambda}(x) \end{cases} \tag{8.42}$$

式中，$\bar{i}(x)$ 表示最优特征，在本研究中分别对应差分形态学结构序列优选特征和差分形态学属性序列优选特征。

图 8.12（a）和图 8.12（b）分别为本研究提取的 DMPs 和 DAPs 优选特征结果。可以看出，本研究特征优选算法在能够较好地保持原有形态学序列主要信息的同时，很大程度地降低了特征冗余问题，并在一定程度上抑制了建筑物噪声，结果表明，CSL 模型特征优选算法具有有效性。

8.4.3　基于多源先验信息的城市建筑物自动提取

本研究根据建筑物特点，将多源先验信息细分为建筑物正、负相关先验信息。根据负相关先验信息构建掩膜模型，并联合正相关先验信息对优选的形态学特征进行自适应分割，最后通过信息融合获取最终的城市建筑物提取结果。具体步骤如下：

（1）基于负相关先验信息的掩膜函数构建。城市建筑物具有复杂性，易与城市道路、裸地、植被和水体等要素混淆，因此通过引入负相关先验信息构建专家知识库，尝试抑制混淆噪声等问题。具体掩膜函数如下所示：

$$\text{Mask} = \begin{cases} 1, & \exists I \neg (\text{GlobeLand30}_{(\text{water,bare})} \vee \text{OSM} \vee \text{Hansen}) \\ 0, & \text{其他} \end{cases} \quad (8.43)$$

式中，$\text{GlobeLand30}_{(\text{water,bare})}$、OSM 和 Hansen 分别表示 GlobeLand30 地表覆盖产品中的"水体类型""裸地类型"，OpenStreetMap 产品的"道路类型"以及 Hansen 产品的"植被类型"；I 表示特征图像。

（2）基于正相关先验信息的城市建筑物阈值自适应分割。本研究引入全球城市足迹（global urban footprint, GUF）数据和全球人类居住区数据（global human settlement layer, GHSL）专题信息产品作为城市建筑物正相关先验信息。为了克服先验信息因尺度差异引入的误差，本章根据正相关先验信息与目标要素存在空间趋势一致性的特点，采用面积匹配的方法进行阈值分割，即通过探索特征图像的一系列阈值，当面积差异度最小时，表明其建筑物的相关度最高，从而获取最优的分割阈值。此外，为了对易混噪声抑制，本研究将已构建的掩膜函数与其相交，从而进一步提升阈值自动分割的准确性，具体计算方法如下所示：

$$X = \begin{cases} 1, & I > \arg\min_t \left| (\text{Area}_t(I) - \text{BU}_{q \in \{\text{GUF,GHSL}\}}) \wedge \text{Mask} \right| \\ 0, & \text{其他} \end{cases} \quad (8.44)$$

式中，X 为自适应分割结果图；I 为优选特征；t 为优选特征 I 的像素值区间；Area 为当阈值为 t 时特征图像分割结果的区域面积；BU 为正参考样例中的建筑物类型；q 为选择的正参考样例产品。

（3）基于投票的决策级融合方法。本研究采用基于投票的决策级融合方法将建筑物自适应分割结果进行信息融合，进一步消除噪声的影响，最终获得城市建筑物信息结果，具体公式如下所示：

$$O_{BU} = \begin{cases} 1, & \dfrac{O_{t_{GUF}}(X) \cap O_{t_{GHSL}}(X)}{n} \geqslant k \\ 0, & \text{其他} \end{cases} \tag{8.45}$$

式中，O_{BU} 表示最终的城市建筑物提取结果；$O_{t_{GUF}}$ 和 $O_{t_{GHSL}}$ 表示分别在 GUF 和 GHSL 作为阈值分割所应用专题产品的城市建筑物提取结果；k 表示阈值；n 表示特征数量。

图 8.12（c）和图 8.12（d）表示分别应用 GUF 和 GHSL 构建自适应分割模型对优选 DMPs 特征的分割结果；图 8.12（e）和图 8.12（f）表示分别应用 GUF 和 GHSL 构建自适应分割模型对优选 DAPs 特征的分割结果；图 8.12（g）为决策级信息融合结果。从图 8.12 可得，基于本章自适应分割方法获取的建筑物信息较为完整，并通过信息融合能够进一步抑制噪声对提取结果的影响。结果表明，本章算法能够在先验信息尺度差异条件下有效地对城市建筑物进行自动提取，并较好地发挥了两种模式形态学序列特征的优势。

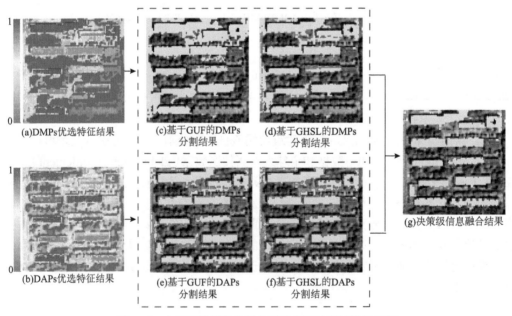

图 8.12　本研究特征优选及自适应分割处理结果示意图

8.4.4　实验数据与分析

1. 实验数据

本章分别选取了两景不同城市场景下的高分遥感影像对本章提出算法的精度和有

效性进行验证与分析。所采用的原始影像分别为 2016 年 4 月 9 日和 2016 年 9 月 3 日的
2m 全色和 8m 多光谱高分一号遥感影像。其中，实验数据经过 GS 光谱锐化图像融合处
理方法进行融合处理，空间分辨率为 2m，影像大小均为 1000×1000 像素。图 8.13（a）
为所选择的两个实验区域覆盖类型，具体包括：林地、草地、建筑物、阴影、道路、不
透水地表和裸地。其中，所选实验区内建筑物类型丰富。在光谱方面，因为建筑物屋顶
的材质不同，所以呈现出暗屋顶和亮屋顶属性，且亮屋顶的色彩差异性大。在几何形状
方面，实验区内建筑物的形状、大小和结构等几何属性多样，具体包括高层建筑、中层
规则居民区、中层不规则居民区、低矮散落式房屋和低矮连片式房屋，且部分房屋被植
被部分遮盖。因此，本研究所选的实验区具有一定的代表性。

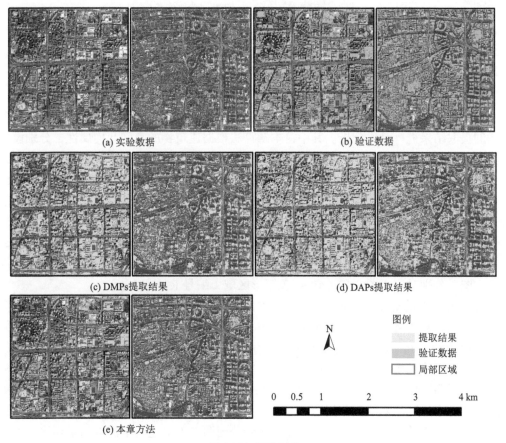

图 8.13　实验对比

本章中所采用的负相关先验信息产品包括：2010 年 GlobeLand30 的水体类型和裸地
类型信息产品、2013 年 Hansen 植被类型信息产品和 2015 年 OpenStreetMap 道路类型信
息产品；正相关先验信息产品为 2011 年 GUF 建筑物信息产品和 2014 年 GHSL 建筑物
信息产品。此外，验证数据通过高分辨率影像人工解译和实地调绘获取。本章所应用的
数据源信息如表 8.5 所示。

表 8.5 数据源信息表

	数据源名称	分辨率及数据类型	数据来源	数据用途
提取数据源	GF-1	2m 分辨率高分遥感影像数据	https://data.cresda.cn/#/home	建筑物信息提取
负相关参考数据源	GlobeLand30	30m 分辨率栅格数据	https://www.webmap.cn/mapDataAction.do?method=globalLandCover	构建分割模型
	Hansen	30m 分辨率栅格数据	http://www.globalforestwatch.org/	
	OpenStreetMap	矢量数据	https://www.openstreetmap.org	
正相关参考数据源	GUF	12m 分辨率栅格数据	https://geoservice.dlr.de/web/maps	获取分割阈值
	GHSL	30m 分辨率栅格数据	https://ghslsys.jrc.ec.europa.eu/	
验证数据	Google Earth	高分辨率影像	https://www.earthol.com/	采用目视解译，作为结果验证

2. 结果与分析

采用本研究提出的算法对实验数据开展城市建筑物自动提取，并与 DMPs 和 DAPs 算法的提取结果进行对比分析。其中，本章算法根据建筑物的空间几何属性，分别设置 DMPs 和 DAPs 算法的参数：DMPs 算法中结构体的角度和尺度分别为{0°，45°，90°，135°}和{11，19，…，59}，步长为 8；DAPs 算法中面积属性：{121，361，729，1225，1849，2601，3481}、惯性矩属性：{0.2，0.3，…，0.9}，步长为 0.1；灰度标准差属性：{10，20，…，80}，步长为 10；阈值 k 为 0.6。图 8.13（b）为建筑物的验证数据，图 8.13（c）和图 8.13（d）分别为使用 DMPs 和 DAPs 算法提取的城市建筑物结果，图 8.13（e）为本研究算法提取的建筑物的结果。图 8.14 为各试验数据不同类型建筑物提取结果的局部放大图，分别对应于图 8.13（a）红色矩形区域（编号 R1~R4）。

通过图 8.13 的对比分析可得，本章提取的城市建筑物结果与采用 DMPs 和 DAPs 算法提取结果的整体格局及空间分布基本一致。从图 8.13（c）中可得，DMPs 方法提取的结果可以识别不同形态类型的建筑物，但存在一定程度的漏分问题，其主要原因在于 DMPs 增强了建筑物特征的异质性，忽略了部分建筑物存在的整体一致性，从而造成建筑物漏分问题。根据图 8.13（d）可得，DAPs 方法提取建筑物结果在一定程度上克服了建筑物"过表达"带来的漏分问题，可以较为完整地识别建筑物信息，但忽略了建筑物与其他易混地物类型的差异性，导致建筑物错分问题。与上述两个提取结果相比，本章方法[图 8.13（e）]提取建筑物信息的完整性和准确性均较好，表明本章方法较好地融合 DMPs 和 DAPs 算法的优势，克服了各自模式中的不足，在复杂的城市场景下能够准确有效地提取建筑物信息。

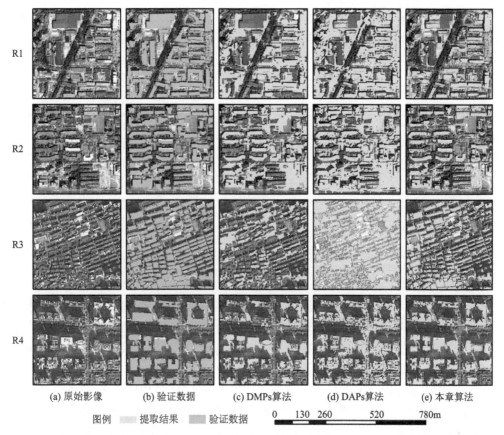

R1

R2

R3

R4

(a) 原始影像　(b) 验证数据　(c) DMPs算法　(d) DAPs算法　(e) 本章算法

图例　▨ 提取结果　▨ 验证数据　　0　130　260　　520　　780m

图 8.14　提取结果局部细节对比[R1～R4 分别对应于图 8.13（a）R1～R4 标记的区域]

　　为了定量评价本章方法的提取精度，采用总体精度（OA）、Kappa 系数、用户精度（UA）和制图精度（PA）等精度评价指标，对实验结果进行精度评价与对比分析（Liu et al., 2007）。其评价结果如表 8.6 所示，本章提出的方法在两个实验区提取的平均总体精度和 Kappa 系数分别为 91.3%和 0.87，比 DMPs 和 DAPs 提取方法的平均总体精度 85.7%、83.5%和 Kappa 系数 0.81、0.78 分别提高了 5.6%、7.8%和 0.07、0.09，表明本章方法对城市建筑物自动提取的有效性。其中，平均制图精度为 90.5%，比 DMPs 和 DAPs 方法的平均制图精度 83.0%和 86.1%分别提升了 7.5%和 4.4%，表明本研究建筑物提取的错分率低于 DMPs 和 DAPs 方法。同时，DAPs 方法的制图精度比 DMPs 方法高了 3.1%，表明 DAPs 方法的漏分率低于 DMPs 方法。其原因在于，DAPs 方法能够从城市场景的建筑物区域特性对建筑物整体模式较好的表达，而 DMPs 方法对建筑物特征的"过表达"导致一定程度的漏分，从而降低了制图精度。平均用户精度为 91.7%，比 DMPs 和 DAPs 方法的 88.7%和 77.0%分别提升了 3%和 14.7%，表明本研究建筑物提取的漏分率低于 DMPs 和 DAPs 方法。同时，DMPs 方法的用户精度比 DAPs 方法高 11.7%，表明 DMPs 方法的错分率显著低于 DAPs 方法。其原因为基于多尺度结构体的 DMPs 方法能够较好地表达复杂城市场景下多空间形态建筑物，而 DAPs 方法的区域规则序列难以全面地顾及建筑物形态存在的个体差异性。综上所述，本章方法的制图精度和用户精度均高于其他两种方法，表明本章方法兼顾了两种方法的优势，并有效地抑制了两种方法的缺陷，较好地降低了错分率和漏分率，从而全面地提升了建筑物提取精度。

表 8.6　实验区域的建筑物提取精度

方法	实验区 1				实验区 2			
	OA/%	Kappa 系数	PA/%	UA/%	OA/%	Kappa 系数	PA/%	UA/%
DMPs	86.9	0.81	81.5	87.2	84.5	0.80	84.4	90.2
DAPs	84.5	0.79	85.7	79.9	82.4	0.77	86.4	74.1
本章方法	92.3	0.89	93.4	91.9	90.2	0.86	87.5	91.5

8.5　总结与展望

本研究紧紧围绕城市空间格局遥感分析研究中的高分遥感特征难于充分表达城市核心景观组分和空间格局评价分析体系结构单一的问题，以遥感信息图谱理论为信息提取技术指导思想，深度挖掘高分遥感的空间特征优势，并充分发挥多源遥感信息和专题信息的谱–时间–专题和非结构化知识的优势，构建了高维多属性空间的特征表达方法，解决了城市核心景观组分因特征信息匮乏导致难以保证精度的问题。研究成果对城市空间格局分析的深化具有理论意义，以及对城市化定量评价和城市生态可持续发展分析具有应用价值，其创新在于较为系统地提出了解决城市景观组分要素准确快速提取的统一框架。主要研究结论如下：

（1）围绕城市基底–廊道–斑块典型景观组分要素，发展多源遥感协同提取方法。研究结果表明，多源遥感信息特征协同表达有效提升了特征空间中目标要素的可分性。同时，多源遥感信息特征协同表达继承了多源特征的表达能力和对噪声的抗干扰性，较好地解决了高分遥感影像因信息缺失，导致无法准确表达地表信息的数据缺陷。

（2）分析城市基底景观斑块要素特点，构建利用多源数据协同的层次提取法。与目前数据源上仅依靠 DMSP/OLS 夜光数据和方法上采用分类或者阈值分割方法相比，基于多源数据协同和最大自相关双阈值分割方法提取的建成区范围在空间准确性和客观性方面均有较大的提升。

（3）面向城市廊道景观斑块要素，本研究提出了一种新的城市内地表水提取方法，该方法综合了高分辨率和中分辨率遥感产品的优点，以准确且自动地提取城市地表水。本研究方法表现良好，平均 Kappa 系数为 0.91，错分率和漏分率低于 6%。结果表明，本研究方法具有有效性，在城市地区具有较高的精度、稳定性和鲁棒性。

（4）针对城市面状景观斑块要素，本章提出了一种多模式形态学序列特征和多源先验信息协同的城市建筑物高分遥感自动提取方法。该方法的关键是采用多源信息构建的自适应分割模型将两种模式形态学序列特征融合，从不同角度联合对城市建筑物空间信息进行挖掘，充分发挥每种模式形态学序列特征的优势，从而实现城市建筑物精确自动的提取。实验结果表明,本章方法能够在复杂城市场景下有效且自动地提取建筑物信息,精度优于单一模式形态学序列特征,且较好地克服了先验信息因尺度不一致性所引入的误差。

另外,本研究也存在一些不足之处,今后可着眼于以下几个方面进行扩展与完善:

(1)本研究在兼顾了要素本身的光谱属性、多角度性和多特征性等要素属性的同时,融入了规则性和时序性特征;在充分挖掘高分遥感的空间形态特征优势的同时,补充了多源空间信息。部分模型参数仍需要人工调试,在后续的研究中需要进一步完善。

(2)本研究主要基于城市空间格局协同提取研究,对城市资源利用和生态环境现状具有良好的监测和分析作用,但对城市可持续发展分析及城市空间的定量化评估仍显不足。因此,在后续的研究中,需进一步与社交网络和智慧设施等城市空间数据相结合,从而更智能化地进行城市空间定量评估。

(3)后续的研究中,将参考城市土地覆盖分类体系对城市景观组分类型进一步细化。在此基础上,进一步对景观组分的属性进行定量反演,如不透水率和水质等,从而获取更为细致的城市空间属性特征。

参 考 文 献

陈明星, 陆大道, 张华. 2009. 中国城市化水平的综合测度及其动力因子分析. 地理学报, 64(4): 387-398.

陈柚竹. 2013. 基于"斑块—廊道—基质"模式的城市综合体景观结构研究. 成都: 四川农业大学.

杜培军, 白旭宇, 罗洁琼, 等. 2018. 城市遥感研究进展. 南京信息工程大学学报(自然科学版), 10(1): 16-29.

杜培军. 2020. 高分辨率遥感影像处理进展与城市应用若干实例. 现代测绘, 43(1): 1-9

方创琳, 王德利. 2011. 中国城市化发展质量的综合测度与提升路径. 地理研究, 30(11): 1931-1946.

方创琳. 2009. 改革开放 30 年来中国的城市化与城镇发展. 经济地理, 29(1): 19-25.

付晶. 2017. 上海城市景观格局、生态效应及恢复力特征. 上海: 上海师范大学.

郭伟. 2015. 夜间灯光数据和 MODIS 数据用于大尺度不透水面制图研究. 武汉: 武汉大学.

韩鹏, 龚健雅, 李志林, 等. 2010. 遥感影像分类中的空间尺度选择方法研究. 遥感学报, 14(3): 507-518.

李德仁, 沈欣, 马洪超, 等. 2014a. 我国高分辨率对地观测系统的商业化运营势在必行. 武汉大学学报·信息科学版, 39(4): 387-434.

李德仁, 张良培, 夏桂松. 2014b. 遥感大数据自动分析与数据挖掘. 测绘学报, 43(12): 1211-1216.

李德仁. 2012a. 论空天地一体化对地观测网络. 地球信息科学学报, 14(4): 419-425.

李德仁. 2012b. 我国第一颗民用三线阵立体测图卫星——资源三号测绘卫星. 测绘学报, 41(3): 317-322.

李治, 杨晓梅, 孟樊, 等. 2013. 物候特征辅助下的随机森林宏观尺度土地覆盖分类方法研究. 遥感信息, 28(6): 48-55.

李治, 杨晓梅, 孟樊, 等. 2017. 城市建成区多源遥感协同提取方法研究. 地球信息科学学报, 19(11): 1522-1529.

林祥国, 张继贤, 宁晓刚, 等. 2016. 融合点、对象、关键点等 3 种基元的点云滤波方法. 测绘学报, 45(11): 1308-1317.

林祥国, 张继贤. 2017. 面向对象的形态学建筑物指数及其高分辨率遥感影像建筑物提取应用. 测绘学报, 46(6): 724-733.

骆剑承, 吴田军, 夏列钢. 2016. 遥感图谱认知理论与计算. 地球信息科学学报, 18(5): 578-589.

骆剑承, 周成虎. 2001. 遥感影像生理认知概念模型和方法体系. 遥感技术与应用, (2): 103-109.

乔程. 2012. 高分辨率遥感图谱自适应挖掘与空间认知研究. 北京: 中国科学院研究生院.

王俊, 秦其明, 叶昕, 等. 2016. 高分辨率光学遥感图像建筑物提取研究进展. 遥感技术与应用, 31(4): 653-662, 701.

邬建国. 2007. 景观生态学——格局、过程、尺度与等级. 第二版. 北京: 高等教育出版社.

许泽宁, 高晓路. 2016. 基于电子地图兴趣点的城市建成区边界识别方法. 地理学报, 71(6): 928-939.

俞乐. 2010. 多源遥感信息快速处理与岩性信息自动提取方法研究. 杭州: 浙江大学.

张涛, 杨晓梅, 童立强, 等. 2016. 基于多尺度图像库的遥感影像分割参数优选方法. 国土资源遥感, 28(4): 59-63.

Ali A, Sirilertworakul N, Zipf A, et al. 2016. Guided classification system for conceptual overlapping classes in OpenStreetMap. MDPI, 5(6): 246-255.

Alonso C I, Chuvieco E. 2015. Global burned area mapping from ENVISAT-MERIS and MODIS active fire data. Remote Sensing of Environment, 163: 140-152.

Barbosa C C D, Atkinson P M, Dearing J A. 2015. Remote sensing of ecosystem services: a systematic review. Ecological Indicators, 52: 430-443.

Barnes B B, Hu C M, Kovach C, et al. 2015. Sediment plumes induced by the port of Miami dredging: analysis and interpretation using Landsat and Modis data. Remote Sensing of Environment, 170: 328-339.

Bekaddour A, Bessaid A, Bendimerad F T. 2015. Multi spectral satellite image ensembles classification combining K-means, Lvq and Svm classification techniques. Journal of the Indian Society of Remote Sensing, 43(4): 671-686.

Bhandari A K, Kumar A, Singh G K. 2015. Improved feature extraction scheme for satellite images using NDVI and NDWI technique based on DWT and SVD. Springer Berlin Heidelberg, 8(9): 6949-6966.

Bone C, Dragicevic S, Roberts A. 2005. Integrating high resolution remote sensing, GIS and fuzzy set theory for identifying susceptibility areas of forest insect infestations. International Journal of Remote Sensing, 26(21): 4809-4828.

Boschetti L, Roy D P, Justice C O, et al. 2015. Modis-Landsat fusion for large area 30M burned area mapping. Remote Sensing of Environment, 161: 27-42.

Cai S S, Liu D S, Sulla-menashe D, et al. 2014. Enhancing Modis land cover product with a spatial-temporal modeling algorithm. Remote Sensing of Environment, 147: 243-255.

Cai Y B, Li H M, Ye X Y, et al. 2016. Analyzing three-decadal patterns of land use/land cover change and regional ecosystem services at the landscape level: case study of two coastal metropolitan regions, eastern China. Sustainability, 8(8).

Cao C, Xiong J, Blonski S, et al. 2013. Suomi NPP VIIRS sensor data record verification, validation, and long-term performance monitoring. Journal of Geophysical Research: Atmospheres, 118(20): 11664-11678.

Cao X, Chen J, Imura H, et al. 2009. A SVM-based method to extract urban areas from DMSP-OLS and SPOT VGT data. Remote Sensing of Environment, 113(10): 2205-2209.

Chen J, Chen J, Liao A P, et al. 2015. Global land cover mapping at 30 M resolution: a pok-based operational approach. Isprs Journal of Photogrammetry and Remote Sensing, 103: 7-27.

Chen Y H, Han D W. 2016. Big data and hydroinformatics. Journal of Hydroinformatics, 18(4): 599-614.

Chi M M, Plaza A J, Benediktsson J A, et al. 2015. Foreword to the special issue on big data in remote sensing. IEEE Journal of Selected Topics in Applied Earth Observations and Remote Sensing, 8(10): 4607-4609.

Chi M M, Plaza A, Benediktsson J A, et al. 2016. Big data for remote sensing: challenges and opportunities. Proceedings of the IEEE, 104(11): 2207-2219.

Clark M L, Aide T M, Grau H R, et al. 2010. A Scalable approach to mapping annual land cover at 250 M using Modis time series data: a case study in the dry Chaco Ecoregion of South America. Remote Sensing of Environment, 114(11): 2816-2832.

Clark M L, Aide T M, Riner G. 2012. Land change for all municipalities in Latin America and the Caribbean assessed from 250-m Modis imagery (2001-2010). Remote Sensing of Environment, 126: 84-103.

Curtis E, Woodcock A H, Strahler. 1987. The factor of scale in remote sensing. Remote Sensing of Environment, 21(3): 311-332.

Deng J, Huang X D, Feng Q S, et al. 2015. Toward improved daily cloud-free fractional snow cover mapping with multi-source remote sensing data in China. Remote Sensing, 7(6): 6986-7006.

Du P J, Liu S C, Xia J S, et al. 2013. Information fusion techniques for change detection from multi-temporal remote sensing images. Information Fusion, 14(1): 19-27.

Elvidge C D, Baugh K E, Anderson S J, et al. 2012. The night light development index (NLDI): a spatially explicit measure of human development from satellite data. Social Geography, 7(14): 23-35.

Esch T, Heldens W, Hirner A, et al. 2017. Breaking new ground in mapping human settlements from space - The Global Urban Footprint. ISPRS Journal of Photogrammetry and Remote Sensing, 134: 30-42.

Esch T. 2013. Urban footprint processor-fully automated processing chain generating settlement masks from global data of the tanDEM-X mission. IEEE Geoscience and Remote Sensing Letters, 10(6): 1617-1621.

Estes L D , Reillo P R , Mwangi A G , et al. 2010. Remote sensing of structural complexity indices for habitat and species distribution modeling. Remote Sensing of Environment, 114(4): 792-804.

Fan P L, Wan G H, Xu L H, et al. 2018. Walkability in urban landscapes: a comparative study of four large cities in China. Landscape Ecology, 33(2): 323-340.

Feyisa G L, Meilby H, Fensholt R, et al. 2014. Automated water extraction index: a new technique for surface water mapping using Landsat imagery. Remote Sensing of Environment, 140: 23-35.

Gu Y X, Wylie B K. 2015. Developing a 30-m grassland productivity estimation map for Central Nebraska using 250-m Modis and 30-m Landsat-8 observations. Remote Sensing of Environment, 171: 291-298.

Hall J V, Loboda T V, Giglio L, et al. 2016. A Modis-based burned area assessment for Russian croplands: mapping requirements and challenges. Remote Sensing of Environment, 184: 506-521.

Hansen M C, Loveland T R. 2012. A review of large area monitoring of land cover change using Landsat data. Remote Sensing of Environment, 122: 66-74.

Hellwig N, Anschlag K, Broll G. 2016. A fuzzy logic based method for modeling the spatial distribution of indicators of decomposition in a high mountain environment. Arctic Antarctic and Alpine Research, 48(4): 623-635.

Huang L, Wu J G, Yan L J. 2015. Defining and measuring urban sustainability: a review of indicators. Landscape Ecology, 30(7): 1175-1193.

Huang Q Q, Wang C Y, Meng Y, et al. 2017. Urban new construction land parcel detection with normalized difference vegetation index and PanTex information. Society of Photo Optical Instrumentation Engineers, 11(2): 26039.

Huang W C, Zhang G, Tang X M, et al. 2016. Compensation for distortion of basic satellite images based on rational function model. IEEE Journal of Selected Topics in Applied Earth Observations and Remote Sensing, 9(12): 5767-5775.

Huang X M, Schneider A, Friedl M A. 2016. Mapping sub-pixel urban expansion in China using modis and DMSP/OLS nighttime lights. Remote Sensing of Environment, 175: 92-108.

Huang X, Zhang L P. 2012. Morphological building/shadow index for building extraction from high-resolution Imagery over urban areas. IEEE Journal of Selected Topics in Applied Earth Observations and Remote Sensing, 5(1): 161-172.

Isikdogan F, Bovik A C, Passalacqua P. 2017. Surface water mapping by deep learning. IEEE Journal of Selected Topics in Applied Earth Observations and Remote Sensing, 10(11): 4909-4918.

Kanungo D P, Arora M K, Sarkar S, et al. 2006. A comparative study of conventional, ann black box, fuzzy and combined neural and fuzzy weighting procedures for landslide susceptibility zonation in Darjeeling Himalayas. Engineering Geology, 85(3): 347-366.

Kuang W H, Chen L J, Liu J Y, et al. 2016. Remote sensing-based artificial surface cover classification in asia and spatial pattern analysis. Science China-earth Sciences, 59(9): 1720-1737.

Li Z, Zhou C H, Yang X M, et al. 2018. Urban landscape extraction and analysis in the mega-city of China's coastal regions using high-resolution satellite imagery: a case of Shanghai, China. International Journal of Applied Earth Observation & geoinformation, 72: 140-150.

Li Z, Yang X M. 2020. Fusion of high- and medium-resolution optical remote sensing imagery and GlobeLand30 products for the automated detection of intra-urban surface water. Remote Sensing, 12(24): 21.

Liu C, Frazier P, Kumar L. 2007. Comparative assessment of the measures of thematic classification accuracy. Remote Sensing of Environment, 107(4): 606-616.

Liu X, Hu G, Ai B, et al. 2015. A normalized urban areas composite index (NUACI) based on combination of DMSP-OLS and MODIS for mapping impervious surface area. Remote Sensing, 7(12): 17168-17189.

Ma T, Zhou Y K, Zhou C H, et al. 2015. Night-time light derived estimation of spatio-temporal characteristics of urbanization dynamics using DMSP/OLS satellite data. Remote Sensing of Environment, 158(158): 453-464.

Matsuura T, Sugimura K, Miyamoto A, et al. 2014. Knowledge-based estimation of edible fern harvesting sites in mountainous communities of Northeastern Japan. Sustainability, 6(1): 175-192.

Mcfeeters S K. 1996. The use of the normalized difference water index (ndwi) in the delineation of open water features. International Journal of Remote Sensing, 17(7): 1425-1432.

Meng D, Yang S, Gong H, et al. 2016. Assessment of thermal environment landscape over five megacities in China based on Landsat 8. Journal of Applied Remote Sensing, 10(2): 026034.

Metternicht G. 2001. Assessing temporal and spatial changes of salinity using fuzzy logic, remote sensing and GIS foundations of an expert system. Ecological Modelling, 144(2): 163-179.

Mocior E, Kruse M. 2016. Educational values and services of ecosystems and landscapes-An overview. Ecological Indicators, 60: 137-151.

Mosleh M K, Hassan Q K, Chowdhury E H. 2015. Application of remote sensors in mapping rice area and forecasting its production: a review. Sensors, 15(1): 769-791.

Mousivand A, Menenti M, Gorte B, et al. 2015. Multi-temporal, multi-sensor retrieval of terrestrial vegetation properties from spectral-directional radiometric data. Remote Sensing of Environment, 158: 311-330.

Mukashema A, Veldkamp A, Vrieling A. 2014. Automated high resolution mapping of coffee in Rwanda using an expert Bayesian network. International Journal of Applied Earth Observation and Geoinformation, 33: 331-340.

Murphy S W, De souza C R, Wright R, et al. 2016. Hotmap: global hot target detection at moderate spatial resolution. Remote Sensing of Environment, 177: 78-88.

Ofli F, Meier P, Imran M, et al. 2016. Combining human computing and machine learning to make sense of big (aerial) data for disaster response. Big Data, 4(1): 47-59.

Pasher J, Smith P A, Forbes M R, et al. 2014. Terrestrial ecosystem monitoring in Canada and the greater role for integrated earth observation. Environmental Reviews, 22(2): 179-187.

Pesaresi M, Ehrlich D, Caravaggi I, et al. 2011. Toward global automatic built-up area recognition using optical VHR imagery. IEEE Journal of Selected Topics in Applied Earth Observations and Remote Sensing, 4(4): 923-934.

Pesaresi M, Ehrlich D, Florczyk A, et al. 2016. The global human settlement layer from landsat imagery// Geoscience & Remote Sensing Symposium. IEEE.

Pesaresi M, Ouzounis G K, Gueguen L. 2012. A new compact representation of morphological profiles: report on first massive VHR image processing at the JRC//Algorithms and Technologies for Multispectral, Hyperspectral, and Ultraspectral Imagery XVIII. International Society for Optics and Photonics, 8390: 839025.

Petrou Z I, Manakos I, Stathaki T. 2015. Remote sensing for biodiversity monitoring: a review of methods for biodiversity indicator extraction and assessment of progress towards international targets. Biodiversity and Conservation, 24(10): 2333-2363.

Puissant A, Hirsch J, Weber C. 2005. The utility of texture analysis to improve per-pixel classification for high to very high spatial resolution imagery. International Journal of Remote Sensing, 26(4): 733-745.

Senf C, Leitao P J, Pflugmacher D, et al. 2015. Mapping land cover in complex mediterranean landscapes using Landsat: improved classification accuracies from integrating multi-seasonal and synthetic imagery. Remote Sensing of Environment, 156: 527-536.

Shen H F, Huang L W, Zhang L P, et al. 2016. Long-term and fine-scale satellite monitoring of the urban heat island effect by the fusion of multi-temporal and multi-sensor remote sensed data: a 26-year case study of the city of Wuhan in China. Remote Sensing of Environment, 172: 109-125.

Tran T V, De beurs K M, Julian J P. 2016. Monitoring forest disturbances in Southeast Oklahoma using Landsat and Modis images. International Journal of Applied Earth Observation and Geoinformation, 44: 42-52.

United Nations. 2018. Department of economic and social affairs. World urbanization prospects: the 2018 revision. Highlights.

Vagen T G, Winowiecki L A, Tondoh J E, et al. 2016. Mapping of soil properties and land degradation risk in Africa using Modis reflectance. Geoderma, 263: 216-225.

Van dijk A, Mount R, Gibbons P, et al. 2014. Environmental reporting and accounting in Australia: progress, prospects and research priorities. Science of the Total Environment, 473: 338-349.

Verger A, Filella I, Baret F, et al. 2016. Vegetation baseline phenology from kilometric global lai satellite products. Remote Sensing of Environment, 178: 1-14.

Vu T T, Yamazaki F, Matsuoka M. 2009. Multi-scale solution for building extraction from lidar and image data. International Journal of Applied Earth Observation and Geoinformation, 11(4): 281-289.

Wardlow B D, Egbert S L, Kastens J H. 2007. Analysis of time-series Modis 250 M vegetation index data for crop classification in the U. S. Central Great Plains. Remote Sensing of Environment, 108(3): 290-310.

Xiao P, Wang X, Feng X, et al. 2014. Detecting China's urban expansion over the past three decades using nighttime light data. IEEE Journal of Selected Topics in Applied Earth Observations and Remote Sensing, 7(10): 4095-4106.

Xie C, Huang X, Zeng W X, et al. 2016. A novel water index for urban high-resolution eight-band worldview-2 imagery. International Journal of Digital Earth, 9(10): 925-941.

Xie Y, Weng Q. 2016. Updating urban extents with nighttime light imagery by using an object-based thresholding method. Remote Sensing of Environment, 187: 1-13.

Xu H Q. 2006. Modification of normalised difference water index (NDWI) to enhance open water features in remotely sensed imagery. International Journal of Remote Sensing, 27(14): 3025-3033.

Yang X C, Zhao S S, Qin X B, et al. 2017. Mapping of urban surface water bodies from Sentinel-2 MSI imagery at 10 m resolution via NDWI-Based image sharpening. Remote Sensing, 9(6): 596.

Yao F, Wang C, Dong D, et al. 2015. High-resolution mapping of urban surface water using ZY-3 multi-spectral imagery. Remote Sensing, 7(9): 12336-12355.

Yoshikawa S, Sanga-ngoie K. 2011. Deforestation dynamics in Mato Grosso in the Southern Brazilian Amazon using GIS and Noaa/avhrr data. International Journal of Remote Sensing, 32(2): 523-544.

Yu L, Wang J, Li X, et al. 2014. A Multi-resolution global land cover dataset through multisource data aggregation. Science China-earth Sciences, 57(10): 2317-2329.

Zeng T, Zhang Z X, Zhao X L, et al. 2015. Evaluation of the 2010 Modis collection 5. 1 land cover type product over China. Remote Sensing, 7(2): 1981-2006.

Zhang F, Zhu X L, Liu D S. 2014. Blending Modis and Landsat images for urban flood mapping. International Journal of Remote Sensing, 35(9): 3237-3253.

Zhang Y Z, Zhang H S, Lin H. 2014. Improving the impervious surface estimation with combined use of optical and sar remote sensing images. Remote Sensing of Environment, 141: 155-167.

Zheng B J, Myint S W, Thenkabail P S, et al. 2015. A support vector machine to identify irrigated crop types using time-series Landsat NDVI data. International Journal of Applied Earth Observation and Geoinformation, 34: 103-112.

Zheng W S, Run J Y, Zhuo R R, et al. 2016. Evolution process of urban spatial pattern in Hubei Province based on Dmsp/ols nighttime light data. Chinese Geographical Science, 26(3): 366-376.

Zhu W B, Jia S F, Lv A F. 2014. Monitoring the fluctuation of Lake Qinghai using multi-source remote sensing data. Remote Sensing, 6(11): 10457-10482.

第9章

遥感地学协同的地表要素提取技术
体系及应用

在遥感智能解译发展进程中，由于地学信息图谱与遥感科学研究来源存在差异，使遥感地学分析受到地学知识与遥感影像特征之间表达差异性的影响，从而导致两种方法体系没有有机地结合并充分发挥其各自的优势；此外由于计算机自动提取与人类认知之间也存在一定差距，目前遥感影像解译和理解的智能化水平仍然较低。然而，随着遥感卫星数据源的不断丰富，多源遥感数据可以较好地对地学知识与规律进行综合表达，改善两者之间的表达差异导致的无法较好地应用地学理论与知识的问题，同时，随着认知理论的渐渐成熟、技术方法的逐渐丰富以及在遥感识别中的应用研究，在多源遥感地学分析综合表达的基础上，可以进一步实现类脑认知的智能化提取，进而为遥感分析、处理、识别目标的精度和自动化程度提供保障。因此，可以看出，遥感地学认知就成为解决遥感地表信息获取最有力的工具之一，而多源遥感数据综合表达成为遥感影像解译与地学分析之间的纽带。

协同技术研究通过发挥多传感器在空间信息和光谱信息观测的优势，建立时空多变要素的遥感模型及以系统先验知识为辅助的遥感认知理论和方法体系。基于多分辨率遥感图像的地表分类问题又是近年来的研究重点，在综合利用高、低分辨率遥感图像方面已经开展了很多研究。多源遥感数据协同研究，目前大多集中于数据层面的协同，并在单一目标地物的识别方面取得了较好的效果。研究中通常各自为政，并没有形成统一的框架，缺乏较为系统的研究。

为此，在知识层面如何将多源信息关联起来，在一致的框架下较为系统地研究整体与局部协同认知之间的联系成为研究的重点问题，它将有望拓宽学者们对该问题的研究思路。

9.1 土地覆盖遥感自动解译基础问题

遥感影像解译的最后成果是划分出地理对象的边界和为地理对象赋予"类别"的属

性，这涉及解译专家对客观地理世界中的地理实体进行"分类"的知识。不同地面分辨率的遥感数据，基本单元所代表的地面面积不同。传统的基于像素的影像分析方法以像元为基本单元，按照研究目的所制定的分类体系，根据像元波谱特征的差异，以像元不同波段的亮度为特征空间，采用模式分类方法对影像像元进行分类。基于像素的影像分析方法适用的理想条件是像元所代表的地面单元与实际地面目标大小相当。然而，这个条件很难满足，要么遥感影像地面分辨率太低，像元所代表的地面单元是需要探测的多个地面目标的组合；要么遥感影像地面分辨率太高，实际地面目标被分割成多个像元的空间排列，地面目标内部的噪声也被探测出来，影响实际地物的分类与识别。更高分辨率中，遥感影像上的细节空间结果特征明显，人视觉认知过程的基本元素并不是像元，而是具有一定同质性的像元组合成的对象（影像对象或基元）。将具有一定同质性的像元聚合成影像对象，作为基本处理单元的遥感影像分析即为面向对象方法。目前，全球或区域土地覆被或典型地表要素提取所采用的遥感影像分辨率主要集中在 10~30m 中尺度，这与实际地物表征尺度是相匹配的。而这个分辨率对应的遥感信息提取方法也是介于基于像素和面向对象两种方法之间的。

本章主要针对耕地、林地、灌木林、草地、水体、湿地、人造地表、裸地、冰川和永久积雪 10 类土地覆盖要素，发展多尺度、多特征、地学知识表达支持下的典型资源要素的高精度遥感信息提取与分类，提升对资源环境要素精细、定量和自动提取及实时更新的能力。

9.1.1　自动解译方法的启示

学习借鉴遥感目视解译的认知原理，其对遥感影像智能解译的技术方法实现主要有以下四方面的启示。

1）地理对象的多尺度表达

由于遥感影像是对实际地理空间地物的表达，地物景观自身的多尺度特性使得空间对象的复杂度随尺度的变化而变化。解译专家在分析影像时，有非常灵活的尺度缩放机制。当需要获取区域的宏观特征时，可以将影像缩小并扩大视场；而当分析较为复杂的地理区域的影像时，可以将影像放大，并缩小视场，重点关注较难判别的地区或地物。

对于遥感影像智能解译系统，模拟这种多尺度知觉机制是有必要的。影像分割算法中有不少支持多尺度分割的算法，但是其实现机制和应用模式与专家目视解译中的多尺度知觉有较大的差异。在当前基于分割的影像分析技术框架下，如何构建多尺度的影像分析框架，融合不同尺度的信息，并保证信息提取的有效性，是当前需要关注的问题。

2）扩展遥感解译特征的空间维度

通过遥感目视解译的视觉特征分析可以看出，专家级解译人员与普通解译人员在对高层视觉特征的使用上存在较大差异，如空间关系、空间结构、组合模式等，这些高层视觉特征的有效使用是最后提高解译精度的关键。

对于遥感自动解译的方法来讲，如果能够在影像分析过程中实现空间结构特征的有效表达，那么对于遥感分类将有极大的帮助，特别有助于实现那些异质性比较强且在光谱域上相互混淆的土地类型的分类。然而，就当前遥感影像自动分类的研究进展来看，在业务化应用中使用的主要是光谱维度的特征，还缺乏对遥感影像的多层次空间结构特征提取方法的深入研究。因此，发展高分辨率遥感影像多尺度空间结构特征表达与提取的技术方法，扩展遥感解译特征的空间维度，将是提高遥感自动解译有效性的重要方面。

3）扩展遥感解译特征的时间维度

遥感成像自身的限制，使得空间分辨率、时间分辨率和观测幅宽之间存在难以兼顾的特点。在实际的传感器设计时，往往为了突出一项能力，而忽略另一项能力，如空间分辨率较高的数据源往往时间分辨率较低，而时间分辨率较高的数据源则空间分辨率较低。另外，云的影响使得有效可用数据更少。

从地物目标的自身性质来看，其影像特征随着时间的变化也发生较大的变化，特别是植被覆盖区域呈现较为明显的季节性变化规律。这种规律是遥感解译所利用的关键知识。从遥感目视解译的经验来看，除了空间维度的特征以外，反映地物随时间变化的时相遥感特征同样重要。

因此，从遥感自动解译的角度来看，在充分利用高空间分辨率遥感影像的空间信息的同时，更好地融合时间维信息，对提高遥感分类的精度将有较大的帮助。然而，由于现有的遥感分类模式还没有很好地解决多尺度的遥感信息有效融合的问题，所以发展简单有效的跨尺度信息融合方法，将是促进遥感自动解译方法在实际生产中应用的重要步骤。

4）知识层面的反馈式主动处理机制

遥感目视解译的认知过程中，对所分析影像的认识程度是逐渐加深的。对于某些较为复杂的影像区域，由于所能够利用的视觉特征有限，一开始可能并不能确切地划分地物边界和判定地物类型。随着对整个地区影像理解的深入，对于较容易划分边界和判定类型的影像区域被解译出来，这将为整个区域的影像解译提供背景参考信息，此时再分析那些较难判定的复杂区域，将可以利用更多的影像特征和辅助信息。重点分析的"感兴趣区"是受视觉注意机制主导的，这被称为主动视觉，是典型的视觉反馈机制。

遥感智能解译系统所分析的影像与目视解译的影像相同，同样面临着不同影像区域具有不同复杂程度的问题。使用常规的基于对象的影像分析技术，对于复杂程度较低的影像区域，一般能够获得较高的分类精度；但是对于复杂程度较高的区域，其分类精度较低，一般难以达到应有级别的要求。因此，我们认为，在遥感智能解译系统中构建"反馈式主动视觉模型"，将会对解决不同复杂程度的影像区域的自动分析问题提供有力的帮助。

9.1.2　土地覆盖遥感自动解译框架关键组成

基于以上认识，本章将围绕四个方面，着重论述制约高分辨率遥感影像智能解译的关键技术问题：①突破复杂地理环境下专题目标多尺度对象化表达方法；②研究遥感自动解译特征的空间维扩展；③研究遥感自动解译特征的时间维扩展；④构建适合于地学专题信息提取的机器学习策略和有效机制，设计遥感智能计算模型。图 9.1 为土地覆盖遥感自动解译框架。

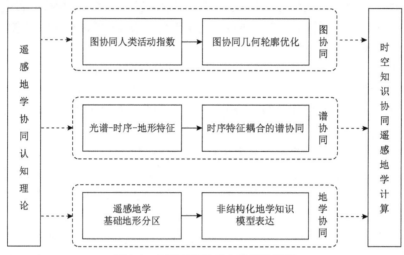

图 9.1　土地覆盖遥感自动解译框架

1）地学协同表达模型

地学知识是地学专家在科学研究及工作实践中总结的精髓，属于经验性的不确定知识。地学知识发现是将地学知识从其隐藏的数据中挖掘出来，即地学知识的获取。模型考虑到不同地貌类型上景观结构的差异，首先分析了地形特征与土地覆盖类型分布的相关性，设计了基于地形的子区域划分，针对不同的地形区域，模型将自适应的采用不同的参数做影像分割，以得到更符合实际情况的地块基元。

2）空间图特征的协同表达模型

图协同综合考虑低、中高分辨率卫星，以实现多数据源、多分辨率数据的多尺度协同计算，从而获取精准、丰富的图信息，增加信息提取的精准度。针对具有明显边界的水体和人造地表专题要素，分析水体和人造地表要素类型特点，由于国产中分影像难以表达水体和人造地表的几何特征，所以本研究引入了由中高分影像所研发的专题产品（GlobeLand30、GUF 和 GHSL 产品）作为参数数据提供"自上而下"的空间知识。为了提升专题产品的适用性，学者们研究了多距离聚类算法，实现了样本纯度的提高及时期差异性的消除。在此基础上，本章提出了"全局−局部"自适应水体提取模型和最大自相关双阈值分割的人造地表提取模型。

3）时间序列谱特征协同表达模型

谱协同主要表现为多种谱信息的协同，面向遥感精细提取或者具有季节变化信息提取任务时，需要综合高光谱遥感影像数据或者时间序列遥感影像进行综合地表环境的分析，形成多时相数据或者高光谱数据的协同计算。为了表达植被要素类型的季节性特征，本研究以国产影像为主要数据源，辅以 Landsat 数据和 MODIS 数据，构建中、低分辨率 NDVI 的时间序列特征，对植被类型（耕地、林地、灌木、草地和裸地）进行时间序列谱特征表达。基于面向对象技术，将时间序列属性特征统一到国产卫星数据空间中，对植被类型信息进行辅助判别。

9.2　遥感地学协同的地理格局划分

实际应用中，不同区域的环境背景差异很大，适宜不同地物类型的分割尺度不同，所以提出复杂地理环境下多尺度最优对象化表达模型，如图 9.2：以典型地理景观（如山地和平原，平原区域的居民地和耕地）划分区域单元，建立景观结构层次模型；针对局部景观区域开展分割参数优选和尺度采样，实现多景观空间层次下的尺度最优分割，同时发展了尺度自适应的多尺度等级-斑块建模（王志华，2018），使用边缘信息来计算合并指数，对预分割结果进行二次合并，该方法能在一定程度上突破多尺度分割算法中的尺度限制。

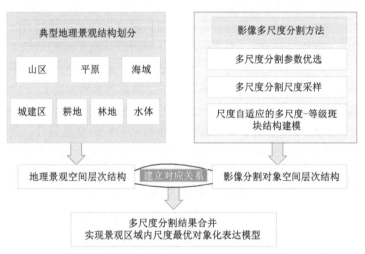

图 9.2　复杂地理环境下多尺度最优对象化表达模型

影像分割是基于某种异质性准则将影像分割为多个互不重叠区域，区域内部像素具有一致性，而相邻区域间具有异质性（Pal N R and Pal S K，1993）。影像分割是面向对象影像分析的第一步，不同的尺度参数，得到的分割结果可能差异很大，为了下一步基于分割单元的特征表达尽可能准确，我们期望影像分割的最终单元能与真实地物边界接近，即将影像划分成若干个互不重叠的"有意义"单元对象。但由于地物景观复杂、遥感应用目的不同、分割方法的局限性等因素，遥感影像分割结果具有不可避免的不确定性。现在通常使用的多尺度分割方法的遥感影像分割结果不可避免地存在过分割、欠分割及对象边界不确定性等问题。在实际的影像分析过程中，通过多尺度分割效果评价尽可能找到"最优"分割尺度是比较理想的结果。这部分内容在第 7 章进行了详细介绍，因此本章着重从地理空间格局划分的角度进行介绍与应用分析。

9.2.1 针对不同地形景观区域的土地覆被类型分析

土地覆被中，各地理要素（植被、水体等）在空间上的排列和组合，包括组成单元的类型、数目及空间分布与组合规律，称为空间格局或景观格局。遥感影像信息是对依赖于尺度的地表空间格局与过程的特征反映（邬建国，2007）。在遥感应用中，无论是原始的影像数据还是提取的专题信息，在大区域受气候、降水等的影响，地表景观差异巨大的情况下，分析结果常会根据分析的基本空间单元的变化而变化，因此不同的地理空间划分将导致观测结果的差异性。为了提高解译结果的正确性与可靠性，地学知识的介入是必不可少的。实际上，这就是建立一个遥感分析的专家系统的知识基础。遥感地学分析方法正是在这一背景下确立起来的。其目的在于把地学分析与遥感图像处理方法有机结合起来，一方面可以扩大地学研究本身的领域，提高对区域的认识水平；另一方面可以改善遥感分析、处理、识别目标的精度。在多视角下对地表的空间格局科学的认知是必须研究的问题。

地形是地球表面一种特殊的地貌形态，从地势平缓的平原到起伏剧烈的山地，地形对于景观的物理、生物等过程都有着重要的作用。研究土地利用类型分布与变化规律，离不开对地形因子的研究与分析。为掌握和充分利用该类地形地貌特征下土地利用的分布规律，国内外学者展开了大量研究。但对于复杂和破碎的土地利用景观格局，单一的地形因子很难全面和充分地表达该区的地形特征，需要将多种地形因子，如地形、地貌、坡度、坡向、高程等进行有机组合，形成多维的地形特征要素，以对应于区域内的每个土地利用类型。这些地形特征要素可以作为土地利用类型的自然属性，对土地利用的分类起到关键作用。近些年来，国内外大量研究人员尝试使用地形因子进行地形分区，然后根据不同的地形分区进行遥感影像土地利用类型解译，并取得了一定效果（竞霞等，2008；吴晓莘等，2006；李丹等，2014）。但由于地形因子尺度与遥感影像的尺度不统一，土地利用类型的划分仍不够精细，无法满足高分影像土地利用解译的需求。肖飞等（2008）提出先依据数字高程模型（DEM）表达的地理实体的自然形态进行边界提取，然后判断其属性，从而为地貌实体的自动划分提供新思路。

本节将对这些地形因子的定义、特征及与土地覆被/利用类型的相关性逐一进行描述，并在最后对不同土地覆被类型的分布进行总结。

1. 地形因子分类

地形因子可以分为微观因子、宏观因子两大类。微观因子包括坡向、坡度、海拔、坡向变率以及坡度变率，用于描述地表具体位置的地形特征；宏观因子包括地形起伏度、粗糙度、坡形，这些因子用于描述一定区域内地表的地形特征。

海拔会影响地表的物质和能量分布，并用于区分丘陵、低山、中山、高山等，从而划分地貌类型。地面的海拔可以表述为 DEM 数据中地表某点的属性值大小，地表某点的海拔 h_k 是地表上第 k 点的高程。坡度是指地表某处曲面在该处的切平面与水平面夹角，表示地表在某点处的倾斜程度。本研究将坡度值作为坡度使用。坡向是指地表某处切平

面上沿最大倾斜方向矢量在水平面上投影方位角。以顺时针方向计算,坡向值的范围为
0°~360°。地表的坡度变率,是地表坡度在微分空间的变化率,用于衡量地表坡度的变
化情况。坡度变率是在已知坡度的前提下解算坡度的坡度(slope of slope,SOS)。与坡
度变率相同,坡向变率是在已知坡向的前提下解算坡向的坡度(slope of aspect,SOA),
坡向变率也属于地表高程变化的二阶导数。地形起伏度是指在一定的区域范围内,最大
高程与最小高程之间的差值,是一种用于描述区域性地形特征的宏观指标。在区域性的
研究中,通过数字高程模型数据提取的地形起伏度因子可以直观反映局部地区地形的起
伏程度特征。地表粗糙度用于反映地形表面起伏变化程度,它的定义为:地表单元的曲
面面积大小与其水平面投影面积值之比。

地形部位指数地貌位置类型(topographic position index landform position,TPI_LF)
是由坡度因子与地形部位指数组合计算得到的。地形部位指数(topographic position
index,TPI)是 Andrew Weiss 在 2001 年 ESRI 国际用户大会上提出的,它是地形分类体
系的基础参数。TPI 提供了一种简洁而有力的方式,将景观按形态学类别进行归类
(Bradley,2006)。其基本原理是研究目标点与其邻域高程平均值的差值,然后根据差值
的正负和大小来确定目标点所处的地形位置,正值代表目标点高于邻域,而负值则代表
目标点低于邻域(Bradley and Schaetzl,2014)。

2. 地形特征与土地利用类型分布相关性研究

对于复杂和破碎的土地利用景观格局,单一的地形因子很难全面和充分地表达该地
区的地形特征,需要将多种地形因子,如地形、地貌、坡度、坡向、高程等进行有机组
合,形成多维的地形特征要素,以对应于区域内的每个土地利用类型。这些地形特征要
素可以作为土地利用类型的自然属性,对土地利用的分类起到关键作用。针对土地覆被
类型在不同地形地貌特征下差异性明显的问题,提出了一种分析和研究地形地貌与土地
覆被相关性的方法。以江西省井冈山地区为例,描述并分析了地形因子影响下土地利用
类型的分布规律与成因。

土地覆被分类:采用全国土地利用分类体系,将实验区内土地利用类型分为 5 个一
级类和 15 个二级类。

地形因子选择与利用:使用高程、坡度、坡向和地表起伏度来描述地形特征。计算
求得影像上每个像元的高程、坡度、坡向和地形起伏度,然后按取值范围,对各地形因
子进行分级。

研究区分为 5 个高程等级:0~300m、300~600 m、600~900 m、900~1200m 及 >
1200 m。

坡度是地表单元陡缓的程度,通常把坡面的垂直高度和水平距离的比叫作坡度。本章
采用度数法,将坡度等级分为 0°~2°、2°~6°、6°~15°、15°~25°及 25°以上 5 个级别。

坡向是指坡面法线在水平面上的投影的方向(也可以通俗地理解为由高及低的方
向)。研究区将坡向分为阴坡(0°~90°和 270°~360°)及阳坡(90°~270°)2 类。

地形起伏度是指在一个特定的区域内,最高点海拔与最低点海拔的差值。根据中国
1:100 万数字地貌制图规范,将研究区地形起伏度划分为 0 ~30m、30~70m、70 ~

200m 及大于 200m 4 个级别。

　　土地利用类型与地形因子的相关性分析：不同土地利用类型在不同高程、坡度和坡向的分布情况，可以通过分布指数进行转化和描述。分布指数是一个无量纲的参数，因此它是标准化的，不受土地利用类型的面积、变化频率等因素影响。将分布指数的计算公式设置为

$$高程分布指数 = \frac{某高程范围下某土地类型的比率}{某种高程占区域总面积的比率} \tag{9.1}$$

$$坡度分布指数 = \frac{某坡度范围下某土地类型的比率}{某种坡度占区域总面积的比率} \tag{9.2}$$

$$坡向分布指数 = \frac{某坡向范围下某土地类型的比率}{某种坡向占区域总面积的比率} \tag{9.3}$$

$$地形起伏度分布指数 = \frac{某地形起伏度范围下某土地类型的比率}{某种地形起伏度占区域总面积的比率} \tag{9.4}$$

　　以某土地利用类型的分布指数为例。以 E 代表高程分布指数，V_E 代表某高程范围内某土地利用类型的土地面积，P_E 代表该高程范围内的土地总面积；S 代表坡度分布指数，V_S 代表某坡度范围内某土地利用类型的土地面积，P_S 代表该坡度范围内的土地总面积；A 代表坡向分布指数，V_A 代表某坡向范围内某土地利用类型的土地面积，P_A 代表该坡向范围内的土地总面积；R 代表地形起伏度分布指数，V_R 代表某地形起伏度范围内某土地利用类型的土地面积，P_R 代表该地形起伏度范围内的土地总面积；V_C 代表不同土地利用类型的总面积，P 代表区域总面积，将这些变量代入上述公式，则有

$$E = \frac{V_E / V_C}{P_E / P} \tag{9.5}$$

$$S = \frac{V_S / V_C}{P_S / P} \tag{9.6}$$

$$A = \frac{V_A / V_C}{P_A / P} \tag{9.7}$$

$$R = \frac{V_R / V_C}{P_R / P} \tag{9.8}$$

　　当 E、S、A、R 值小于或者接近于 1 时，说明某高程、坡度和坡向范围对某种土地利用类型的影响越小，土地利用类型与地形因子的相关性不强；当其大于 1 时，则说明该种土地利用类型在不同的地形条件下分布差异性较大，对高程、坡度或坡向具有较强的相关性。通过上述分布指数可以计算相关性指数。结果发现，土地利用类型在不同高程、坡度、地形起伏度上呈现出阶梯状变化的特征[图 9.3（a）、图 9.3（b）、图 9.3（d）]。

土地利用类型在不同的坡向上变化不明显，植被有喜阳喜阴之分，由于不同植被类型混杂，各种类型的植被均有分布，因此不能单纯地通过坡向差异来判断土地利用类型的分布规律[图 9.3（c）]。因此，在各种地形因子制约下，土地利用类型的分布有相似性，也有差异性。进行山地平原植被划分时，要密切关注土地利用类型与地形是否具有相关性，和哪类地形因子相关性强，使得土地利用类型的分布规律性评价更为简洁有力（齐文娟等，2018）。

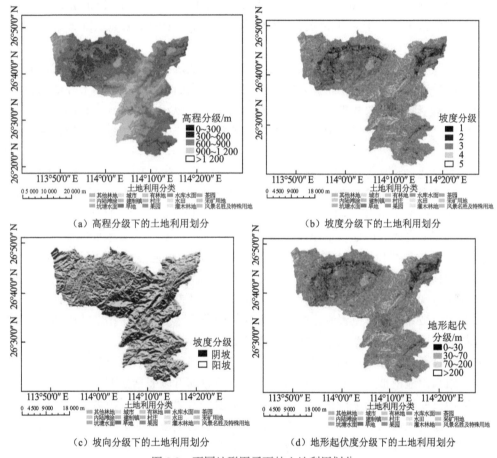

图 9.3　不同地形因子下的土地利用划分

9.2.2　双边界法山区平原划分

前人关于山地的定义或范围界定可以主要概括为海拔、相对高度或倾斜程度高于给定区域极限阈值的区域。《地貌学辞典》将山地定义为山集合体的统称，认为山地是一种具有一定坡度、较大高差（相对高差大于 200m），又互相连绵，突出于平原或台地之上的正地貌形态，常由山岭和山谷组成（周成虎，2006）。程鸿（1983）认为，山地是由一定绝对高度和相对高度组合成的地域。王明业等（1998）定义山地为具有一定海拔和坡度的地面。肖克非（1988）认为，山地实质上是一种区域概念而非地貌类型概念。在国际上，UNEP-WCMC（联合国环境规划署-世界保护监测中心）对山地的划分给出了较为具体的界定：①海拔在 300～1000m，相对高度在 300m 以上的区域；②海拔在 1000～1500m，坡度在 5°以上或相对高度在 300m 以上的区域；③海拔在 1500～2500m，坡度在 2°以上的区域；④海拔大于 2500m 的所有地区（UNEP/WCMC，2002）。Kapos 等的定义和 UNEP-WCMC 的定义相似：①海拔 300～1000m 和在 7km² 辐射范围内且海拔大于 300m 的区域；②海拔 1000～1500m，坡度大于 5°或在 7km² 辐射范围内且海拔大于 300m 的区域；③海拔 1500～2500m，坡度大于 2°的区域；④海拔 2500m 以上的全部区域；⑤被山包围的小于 25 km² 的盆地和高原（Partap，1999；Kraeuchi et al.，2000；Messerli and Ives，1997）。

在实际应用中，因我国山地的类型复杂多变，各地区山地分布不均，起伏度的差异性较大，应当根据具体的应用目的来定义山地，以区别山地和平原。本节在遥感影像聚类分析、GIS 空间分析及数理统计分析技术的支持下，以江西省九江市都昌县北部地区为研究区域，基于 GF-1 遥感卫星影像及地形要素，完成了山地植被与平原植被的界线提取。

传统的山地、平原划分通常是基于数字高程模型（digital elevation model，DEM）完成的。DEM 是指通过有限的地形高程数据实现对地形曲面的数字化模拟（即地形表面形态的数字化表达），它是用一组有序数值阵列形式表示地面高程的一种实体地面模型。然而，基于 DEM 完成的山地、平原界线划分只考虑地形因素，未考虑水热条件等引起的植被界线在地形界线位置向上移或向下移的情况，对于土地覆被研究而言，仅仅基于 DEM 计算山地、平原植被界线，虽大致位置正确，但具体位置是不够精确的。高分影像可以细致地体现不同植被类型的光谱、纹理及几何特征差异，与 DEM 共同计算，弥补了 DEM 在植被界线具体位置判定时位置不够精确的不足。因此，精细的山地、平原植被边界判定需要 DEM 模型与高分影像共同完成。

研究结合高分影像与 DEM 的各自优势，实现了当前实验数据分辨率条件下的较为精确的平原与山地植被边界提取。植被边界提取的原理可以概括如下：首先，基于高分影像将地物按照光谱特征进行聚类，完成栽培植被、自然植被与无植被覆盖区的初始划分。然后，通过地形因子分级的阈值判定，将已聚类的植被按地形分级划分到山地与平原中，完成山地植被与平原植被的划分。研究是由基于地形因子提取、高分影像自动分类、平原山地植被边界划分阈值设定这三个基本步骤组成的。

研究路线按照数据预处理、高分遥感影像与地形因子结合的山地平原植被边界提取、精度检验的顺序完成。首先，完成 DEM 的计算、图像校正与融合等预处理。然后，基于 DEM 计算三类地形因子——绝对高程、地形位置指数地貌位置类型和地形起伏度，同时，分析融合影像的光谱特征，完成高分影像的自动分类，从而确定山地平原植被及无植被覆被的水体类型的初始边界。之后，通过分析和判定地形因子中绝对高程的初始阈值，进行山地、平原划分。随后，依据山地、平原的划分结果，从遥感影像自动分类结果中裁剪掉绝对高程大于平原阈值的区域，计算得到初始平原（initial plain，IP）。再通过 DEM 模型计算得到地形部位指数（TPI）和坡度。之后，通过地形部位指数和坡度计算得到地形部位指数地貌位置（TPI_LF）。分析、提取 TPI_LF 中的平原边界部分，并以 TPI_LF_Plain 命名。求 TPI_LF_Plain 与 IP 的差异区域。此区域内的平原边界有可能包含部分山地，我们将其作为二次待分区域。将二次待分区域的高分遥感影像输入 ENVI 平台，再次进行无监督自动分类，得到的类型再次合并为山地、平原及水体，提取其中的平原类 DIF_TPI_LF_Palin。将 DIF_TPI_LF_Palin 与 TPI_LF_Plain 合并，称为二次平原（second plain，SP）。通过分析，确定第三个地形因子，即地形起伏度对平原和山地植被划分的阈值，用该阈值从 SP 中剔除误分的山地区域，并将其合并到山地范围内，完成平原、山地植被边界的最终划分，将此方法称为双边界法，流程如图 9.4 所示。

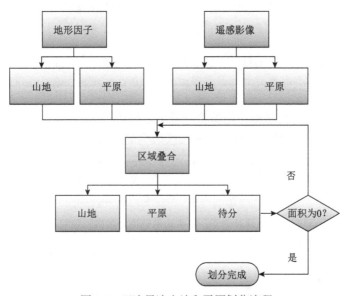

图 9.4　双边界法山地和平原划分流程

山地与平原地貌特征的主要区别在于其高程和倾斜度这两个关键性指标。绝对高程（海拔）、地形起伏度和地形部位指数地貌位置与土地覆被类型的相关性较高，可作为地形因子参与土地覆被分类研究。在山地和平原的划分研究中，高程特征指标可以用绝对高程和地势起伏度来定量化描述，倾斜度特征则可通过坡度和所处的地形部位来定量化表达。而坡度和地形部位可以通过地形部位指数地貌位置来表达。经验证，这三种地形指标间的相关性较小，可共同用于实验研究与分析。

1. 地形因子提取

山地与平原的地貌特征主要区别在于其高程和倾斜度 2 个关键性指标，高程特征指标用绝对高程和地势起伏度定量化描述，倾斜度特征用坡度和地形部位定量化表达，而坡度和地形部位可以通过地形部位指数地貌位置这个新的地形因子来表达。

绝对高程：通过 1∶5 万的等高线模型计算不规则三角网（triangulated irregular network，TIN）模型，选取 TIN 模型生成绝对高程的数据模型，然后通过 TIN 转栅格功能，将 TIN 转化为 Raster 格式，完成绝对高程提取。

地形起伏度：求出一定范围内海拔的最大值和最小值，然后对其求差值即可。

地形部位指数地貌位置：坡度在山地研究中表示该地区局部地表坡面的倾斜程度，坡度 S 的计算公式为

$$S = \arccos(\frac{z \times n}{|z| \times |n|}) \tag{9.9}$$

式中，z 和 n 分别为该点的地表微分单元的法矢量与垂直轴。

地形部位指数（TPI）是研究目标点与其邻域高程平均值的差值，然后根据差值的正负和大小来确定目标点所处的地形位置，正值代表目标点高于邻域，而负值则代表目标点低于邻域。在 ArcInfo 的命令行语句中，以如下形式表达：

$$\text{TPI (radius)} = \text{integer} \left(< \text{elevation} > - \text{focal mean}\left(< \text{elevation} > , \text{circle}, (\text{radius}) \right) \right) \tag{9.10}$$

With radius: standing for the neighborhood in m; elevation: height of the grid cell$(m\ \text{asl})$

当邻域范围较大时，地形部位指数表达较大区域内的高程差值，即地表的较大起伏；当邻域范围较小时，地形部位指数表达较小区域内的高程差值，类似于地表纹理。如果将大、小邻域范围的地形部位指数分级进行组合，并将坡度按一定规则分级，可得到既有坡度特征，又可表达地形部位特征的因子。地形位置地貌分为 10 个等级，如表 9.1 所示。

表 9.1 地形部位指数地貌位置、相关地形部位指数的阈值等级及坡度范围

编号	等级	邻域地形部位指数（TPI）		坡度/（°）
		TPI$_小$	TPI$_大$	
1	低地：小范围凹陷区/谷地	≤−1	≤−1	
2	较为靠上的平缓小谷，平缓洼地	≤−1	−1＜TPI$_大$＜1	
3	山顶部位平缓的洼地/凹陷	≤−1	≥1	
4	低地：大范围凹陷区/谷地；部分泥炭沼泽地	−1＜TPI$_小$＜1	≤−1	
5	平面，平地	−1＜TPI$_小$＜1	−1＜TPI$_大$＜1	≤2
6	斜坡	−1＜TPI$_小$＜1	−1＜TPI$_大$＜1	＞2
7	平缓高地	−1＜TPI$_小$＜1	≥1	
8	低地上的局部高地	≥1	≤−1	
9	中坡地区的小山脊	≥1	−1＜TPI$_大$＜1	
10	山顶，山脊	≥1	≥1	

2. 遥感影像自动分类

高分影像具有高空间分辨率和高光谱分辨率的优势，采用无监督分类法进行自动分类可取得较好的分类效果。无监督分类是指在多光谱图像中搜寻、定义其自然相似光谱集群的过程。它不必对影像地物获取先验知识，仅依靠影像上不同类地物光谱（或纹理）信息进行特征提取，再统计特征的差别来达到分类的目的，最后对已分出的各个类别的

实际属性进行确认。目前比较常见也较为成熟的是 ISODATA、K-Mean 和链状方法等。无监督分类主要分为以下四个步骤：

影像分析。大体判断图像上主要的地物类型。一般设置的分类数目为最终分类数目的 2～3 倍，以保证分类精度。

分类器选择。本章选择了 ISODATA 算法进行分类。

影像分类。选择适合的分类数量、迭代次数进行分类。预分类后选择平滑系数进行分类处理。

类别定义及合并。判断分类后各类别的具体名称，将相似的类别进行合并。

本章实验中，ISODATA 算法自动计算得到了 7 个数据类型，将光谱特征相似的类型进行合并，得到栽培植被、自然植被及无植被地段三类边界范围。由于绝大部分栽培植被位于平原、低地，而绝大部分自然植被位于山地与丘陵区，为方便描述，本研究中将栽培植被区称为平原区，自然植被区称为山地区，无植被地段称为水体。

3. 地形因子设定

1）阈值初始设定

学者们一般将分隔山地、平原的最低海拔设定为 300m。就局地而言，因比例尺、实际高差最大值等，300m 有可能并不适宜。因此，考虑通过式（9.11）计算：

$$H_{边界} = \text{mean}\big[H_{i,j}\big] \tag{9.11}$$

式中，$H_{i,j}$ 为区域内（i, j）位置处的高程值；$[H_{i,j}]$ 为所有高程值的集合；mean 为计算所有高程的平均值。

计算结果作为山地平原区划分的初始阈值。依据此阈值，绘制平原、山地的初始边界。然后使用此平原初始边界将上文计算得到的平原区进行裁剪，得到初始平原（IP）。将裁剪去掉的部分合并到原始山地中，得到初始山地（initial mountain，IM）。因遥感影像无监督分类的结果是根据相似光谱聚类得到的，平原上光谱值和周围一般地物差异较大的地物无法与一般地物分为同一类型，因此，此时的 IP 无法覆盖全部的平原区域。但 IP 范围内的区域可以确定为平原类型。

2）提取平原部分

本研究中，我们取大邻域、小邻域下 TPI 等级都为高（≥1）的第 10 级的 TPI_LF，大邻域下 TPI 等级为高（≥1）、小邻域下 TPI 等级为中（$-1<\text{TPI}_{小}<1$）和低（≤-1）的第 3 级和第 7 级覆盖范围作为 TPI_LF 山地（TPI_LF Mountain，TPI_LF_M）。这样就确保了 TPI_LF 山地部分均位于真实的山地类型范围内。剩余的几类归入 TPI_LF 平原（TPI_LF Plain，TPI_LF_P）的范围内。取 IP 与 TPI_LF_P 的差值范围作为平原的待分区域，将此范围内的遥感影像再次输入 ENVI 软件平台进行聚类分析，得到的分类成果再次合并为山地、平原和水体几种类型。此时，可将所有的水体类型进行合并，作为最终的水体类型结果。山地、平原类型则需进行下一步的判定。

3）地形因子分析、阈值设定与最终划分

山地与平原的区别主要体现在垂直差异性上，这一差异可以通过高程和倾斜度两个方面来体现。山地与平原的较大高程差异性可以通过绝对高程来体现。上文讨论了基于TPI_LF 的山地平原二次划分，体现了倾斜度可通过地形部位指数地貌类型因子来表达。对于相对平缓地区，如小丘陵、低山和平原，其高程差异性和倾斜度都比较小，这时，就可以通过地形起伏度进行定量化的分析和表达。如上文所述，地势起伏是指某一确定面积内最高点和最低点之高差。可以根据局地特点定义地形起伏度计算的单位面积。例如，在本研究中，参考了郎玲玲等（2007）、程维明等（2009）在低丘陵地区对地形起伏度的单位面积确定的方法及山地、平原划分阈值设定，将研究区的地形起伏度计算的单位面积定义为 0.4km^2，山地、平原的划分阈值设定为 20m。

4. 实验结果

将本章所述的实验方法得到的山地植被、平原植被与水体划分成果和单纯使用地形因子得到的山地、平原分类及使用聚类分析方法直接计算得到的分类成果一起，采用1∶1 万专家目视解译山地平原边界矢量图进行精度验证（表 9.2）。本章所述方法得到的山地植被、平原植被和水体分类精度分别达到了 99.46%、96.29%及 95.83%。单纯使用地形因子 DEM 进行山地、平原分类时，虽然平原类型的划分精度可以达到 91.92%，但山地的划分精度仅为 45.89%，远远低于实验方法所得结果，而聚类分析方法的精度仅为73.15%、73.41%及 62.50%，如图 9.5 所示。

表 9.2 精度评定表

计算类型	实验/参考 S（实验结果）/m^2	目视 U（目视结果）	相交 L（两者相交的面积）/m^2	精度 [L/U 或 $1-(S-L)/U$]/%
实验区山地	22.57	22.38	22.26	99.46
实验区平原	9.17	9.44	9.09	96.29
实验区水体	0.26	0.24	0.23	95.83
聚类山地	19	22.38	16.37	73.15
聚类平原	11.64	9.44	6.93	73.41
聚类水体	1.37	0.24	0.15	62.50
地形山地	21.78	22.38	10.27	45.89
地形平原	10.27	9.44	9.44	91.92
1∶25 万地貌山地	22.08	22.38	19.21	85.84
1∶25 万地貌平原	9.99	9.44	6.97	73.83

注：如地貌分类的面积大于专家目视成果的同类型面积时，应使用公式 $1-(S-L)/U$ 来计算精度百分比，避免出现大于100%的情况。

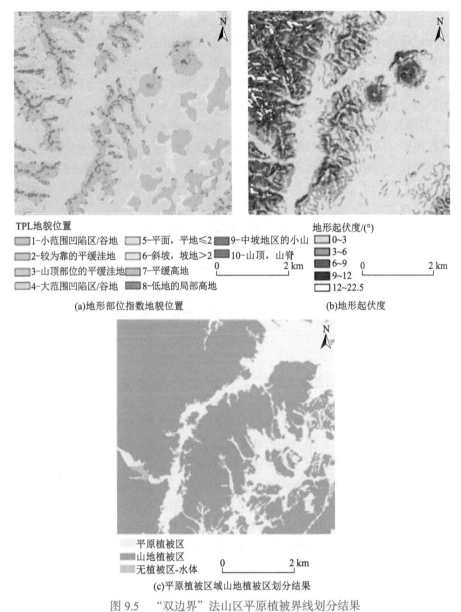

TPL地貌位置

■ 1-小范围凹陷区/谷地　　■ 5-平面，平地≤2　　■ 9-中坡地区的小山
■ 2-较为靠的平缓洼地　　■ 6-斜坡，坡地>2　　■ 10-山顶，山脊
■ 3-山顶部位的平缓洼地　　■ 7-平缓高地
■ 4-大范围凹陷区/谷地　　■ 8-低地的局部高地

地形起伏度/(°)

□ 0~3
□ 3~6
□ 6~9
■ 9~12
□ 12~22.5

(a)地形部位指数地貌位置　　　　　　　　　(b)地形起伏度

□ 平原植被区
■ 山地植被区
□ 无植被区-水体

(c)平原植被区域山地植被区划分结果

图 9.5　"双边界"法山区平原植被界线划分结果

5. 精度检验

为验证划分方法的正确性，本章采用专家解译成果对都昌县地区的 1∶25 万地貌类型图中的山地、平原分类进行了精度评价。1∶25 万地貌类型图是基于 Landsat 8 OLI 中分遥感影像、1∶100 万中国植被类型图、1∶100 万中国土壤类型图、1∶10 万中国土地利用图等参考资料，由中国科学院地理科学与资源研究所在 2016 年绘制而成的。提取地貌类型图 Name0 字段，即与本实验对应的山地、平原分类等级进行精度评定，得到表 9.2 中 1∶25 万地貌类型山地、平原的统计结果。其表明，1∶25 万地貌类型图对山地的分类精度为 85.84%，对平原的分类精度为 73.83%。实验证明，高分辨率遥感影像结合

地形因子在进行地貌类型划分后，在一定程度上提高了分类精度。

由解译成果精度验证情况可知，目前研究阶段采用的三级分类体系对高分辨率遥感土地覆被分类存在一定程度的不足，主要包括以下几点：

（1）分类体系不够详细。三级分类规则一般是针对 30m 及以上分辨率的遥感卫星影像制定的。三级类型的土地单元内部是不均质的、可再分的。

（2）"同谱异物""同物异谱"现象普遍。在高分遥感影像中，自然植被，如林地等主要生长在山区；人工植被，如耕地等主要生长在平原地区。然而，山区也有一定的人工植被，如梯田，而平原地区也有一定的自然植被，如草地，这些植被由于生长环境的差异，与位于平原的人工植被和位于山区的自然植被相比，其光谱特征是不同的。这就容易导致土地覆被类型的误分（齐文娟和杨晓梅，2017）。

（3）土地覆被分类未考虑专题特征及山区复杂的地形特征引起的差异，容易出现错分及漏分现象。

综上，为获取更高精度、更细致划分的土地覆被数据，本研究在本节解译成果的基础之上，以江西省赣江源地区为实验区，尝试在原有三级分类数据的基础之上，借助微观地形因子——地形部位指数地貌位置因子的地形特征分级，二类调查数据中对优势树种、地类的划分，实现林地四级分类。

9.2.3 基于地形部位指数地貌位置因子的植被三级分类研究

一般来说，遥感图像的准确性主要受到遥感图像的空间分辨率的影响，因为图像像素的大小定义了地图上最小可识别的土地单元的大小，不能小于 4 个像素（龚明劼等，2009）。因此，像素越小，土地单元面积越小，数量越大。然而，土地单元数量的迅速增大导致大量错误的分类。这是由于在不同的地形位置，相似的光谱特征代表不同的土地单元。如何实现对复杂地形的精确测绘，仍然是一个非常具有挑战性的问题。只有当地形因素综合到土地覆盖分类和测绘过程时，这类问题才有可能得以解决。

当前，国内外研究人员和学者为了解决这一问题，提高地图的准确性，开发了两种利用地形的校正方法。第一种是利用地形因素来校正在陡峭或高地势山区的光照所造成的光谱特征变化和形状变化。在 Dhruba 的研究中，只有少数的土地覆盖类别被精确地区别于光谱信息，即水和平坦的稻田，在增加了表面定向（即坡度与坡向）后，森林分类精度显著提高。

第二种是利用地形因素进行地理分区。例如，利用高程差异辅助土地覆盖类型的划分。这两种方法初步提高了土地覆被类型的分类精度，但土地覆盖分类精度还有待进一步提高。

本研究首次将地形部位指数地貌位置（TPI-LF）用于土地覆盖分类的过程中。TPI 将 DEM 中的每个单元格的高程与该单元附近指定区域的平均高程进行比较。通过对给定比例尺上的连续 TPI 值进行阈值化，可以将景观划分为离散斜率的位置类。计算中，可以手动选择类中的精确断点，以优化特定场景和问题的分类。在坡度位置分类中，附加的地形指标，如海拔、坡度或区域内的变化，有助于更准确地描绘地形，并提取不同类型的特征（Yang et al., 1993）。由高度分辨率遥感影像和 TPI 因子分类的土地单位，既具有光谱特征，又具有地形特征。土地单位的边界更准确（张晓萍等，1999；杨小雄等，2006；胡潭高等，2009；Dizdaroglu and Yigitcanlar，2014）。

通过 ArcGIS 软件平台，导入 Relief Analyze 插件，计算 TPI-LF 分级，并通过工具箱中的空间分析工具，实现土地覆被矢量数据与分级矢量的叠加。

完成数据叠加后，可以将土地覆被类型自山地、平原划分之后（划分类型如山地水田、平原水田），再进行更精细的类型识别、纠错与精细划分。以水田为例，在图 9.6 中，原始的山地水田边界包括林地的一部分，因为这部分林地的光谱特征与周围的水田相近。但将 TPI-LF 分级与土地覆被数据叠加后，发现此区域的林地与水田处于不同的 TPI-LF 等级上。采用这一差异性，可实现将此林地部分与水田进行分割，这样既实现了对水田边界的修正（图 9.7 修正后的山地水田边界），又实现了对土地覆被类型更精确的描述（表 9.3）。

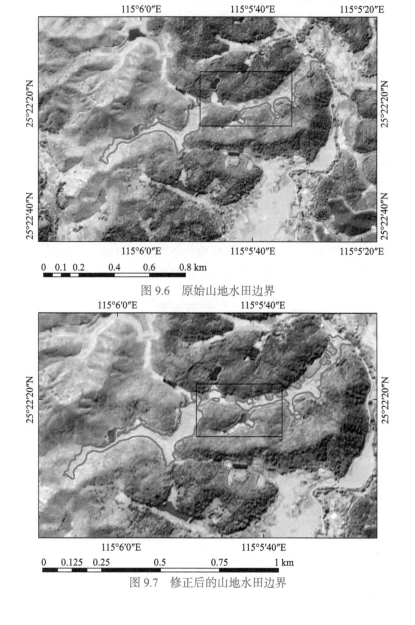

图 9.6　原始山地水田边界

图 9.7　修正后的山地水田边界

表 9.3 新的土地单元

TPI-LF	山地平原划分	独立工矿用地	果园	农村居民地	草丛	其他林地	水库坑塘	水田	乔木林
底部洼地	平原	矿山台阶							
底部平原, 盆地	平原		洼地果园				水库	洼田	阔叶林
山上洼地	山地								
顶部洼地	山地						坑塘	梯田	
中部平地	山地		平地果园	道路	城市绿地		坑塘	平田	阔叶林
中部斜坡	山地	矿山坡面	坡地果园						针阔混交林
高台地	山地		山地果园	房屋			坑塘	梯田	针阔混交林
底部小丘陵	山地		丘陵 果园	房屋	荒草地				针阔混交林
中部丘陵	山地			房屋					混交林
山顶	山地			房屋					混交林

表 9.3 中,罗列了 TPI-LF 与山地平原土地覆盖类型套合后的具有地形特征的新土地覆被类型。表中,第一列代表 10 个 TPI-LF 分级,第二列代表山地、平原分级。后面几列代表独立工矿用地、果园、农村居民地、草丛、其他林地、水库坑塘、水田及乔木林几个土地覆被类型。例如,台地上的水田是梯田,较大的洼地水田是洼田,平原上的是平田。

在原始土地覆被分类体系上,可根据上述表格成果完成部分土地覆被类型的次一级划分。林地可分为乔木材、灌木林及其他林地;乔木材可再继续分为阔叶林、针阔混交林、针叶林;灌木林可细化为混交林和其他(表 9.4)。

表 9.4 林地新三级分类

一级类	二级类	三级类
林地	乔木林	阔叶林
		针阔混交林
		针叶林
	灌木林	混交林
	其他林地	其他

9.3 时间谱协同的耕、林、灌、草、裸地提取

协同分析技术研究是利用多源数据在光谱-空间-时间信息中的优势,对地表属性进

行特征关联与高维表达，并以地学知识作为驱动进行对地综合遥感认知的理论体系和技术方法。在此分为多空间分辨率协同，即图协同以及时间序列维度协同。针对具有显著边界的资源环境要素类型（水体和人造地表），发展了"自下而上"的特征表达与"自上而下"的知识表达联合的方法，提出了多尺度空间图协同方法。针对植被要素方面，发展了具有物理意义的时间序列产品，填补了国产影像对于植被类型特征表达的信息缺失，提出了稳健性时间序列特征表达方法，提升了耕、林、灌、草、裸地要素的识别精度，从而解决了国产卫星数据波段信息匮乏和境外难以获取样本的问题。由于多尺度空间图协同的水体和人造地表提取在第 7 章和第 8 章已经进行了详细的介绍，因此本章主要介绍时间谱协同的耕、林、灌、草、裸地提取。

时相信息对于土地覆盖分类是十分关键的，如在植被生长的旺盛季节，水田、旱地、林地等类型的光谱差异较小，而在 5～6 月的光谱差异却较大；收割后耕地与裸地呈现相似的光谱特征，难以区分。另外，水田和养殖水面也需要借助季相信息。水田在冬季影像上一般都没有表现出植被的光谱特征，而是表现出水体的光谱特征，这使得其与养殖区域很难区分。但是，通过对研究区的夏季影像目视解译可以发现，水田里植被生长茂盛，表现出强烈的植被光谱特征，而养殖区域仍然是水体。因此，单单使用一种数据源是很难实现土地覆盖的有效分类的。不少研究也表明，使用单一数据源来做土地覆盖分类，其分类精度总体是不高的。

目前获取的全球或区域性的土地覆盖产品数据中，耕、林、灌、草、裸地等植被类型的一致性精度差别很大，植被的提取难点在于：①植被具有季节性变化特征，单景遥感影像无法完成，而国产卫星难以获得关键时相的植被提取影像；②植被光谱特征随时间连续性变化，这种规律由地形、气候、植被特性等共同决定，因此提取植被的光谱特征有一定难度。

植被指数是常用的植被提取方法，时间维信息可以提供植被随时间的变化特征，因此将两者结合组成 NDVI 时间序列，用来做植被类型的提取（Clark et al., 2012; Mosleh et al., 2016）。利用 GF-1 影像和植被参数定量时序产品数据等多源数据，针对高精度植被信息自动提取的目标，设计了时间谱协同的植被提取模型，如图 9.8。采用迭代算法实现了植被类型的高精度提取工作。植被参数定量时序产品数据可以提供较为准确的季相信息，以 MODIS NDVI 为例，采用 SG 滤波对 NDVI 数据进行时序数据集的重建；但其受空间分辨率低造成的混合像元问题的影响，选择图谱耦合的多特征计算，以及不同的多源信息融合方式，将时序数据导入遥感自动解译分析框架中，计算对象化的特征参数，测试在不同数据组合模式下的分类效果。

时序数据重建：采用 SG 滤波的方法进行 NDVI 时序数据的重建，得到时间序列曲线。NDVI 时间序列数据的 SG 滤波过程可由式（9.12）描述：

$$Y_j^* = \sum_{i=-m}^{i=m} \frac{C_i Y_{j+i}}{N} \tag{9.12}$$

式中，Y_j^* 为合成序列数据；Y_{j+i} 为原始序列数据；C_i 为滤波系数；N 为滑动窗口所包括的数据点（$2m+1$）。

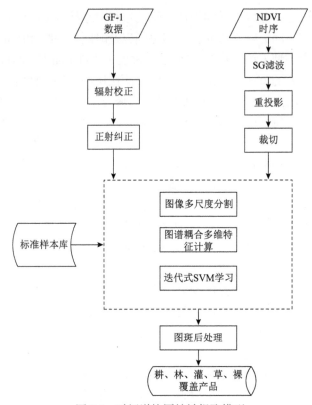

图 9.8　时间谱协同植被提取模型

　　在 SG 滤波方法重建 NDVI 序列数据的应用中，需要确定滑动窗口的宽度以及平滑多项式的阶数，以保证 NDVI 数据拟合的准确性。通过 SG 滤波模拟整个 NDVI 时序数据获得长期变化趋势，再通过局部循环 SG 滤波的方法使拟合的数据更接近于 NDVI 时序数列的上包络线。同样，SG 滤波方法对滑动窗口敏感，如果活动窗口的宽度设置偏小，容易产生大量冗余数据，不易获取数据集的长期趋势；反之，又容易遗漏一些细节所描述的正确信息。本节研究采用试错法设置参数。

　　多源信息融合：遥感地学分析一直关注信息复合，包括多源遥感信息复合分析、遥感信息与非遥感信息复合分析。我们研究了基于影像对象的多源多尺度信息融合方法，开展了基于融合多源多尺度信息的影像对象分类实验。坡度是地形起伏度的一种度量，对不同海拔地区有着较强的指示作用，研究进行了融合 DEM 和坡度信息的面向对象分类实验。250m NDVI 数据在融合到面向对象的影像分析框架时，需要将其转换为 16m 的数据才能计算影像对象的 NDVI 时间序列特征（图 9.9）。通过对典型地物的 NDVI 时间序列谱的分析可知，NDVI 可用的特征是有限的，过多的特征会造成冗余。如果将所有的全年 23 个维度的时间序列全部作为输入，这样会使遥感自动解译的计算效率非常低下。因此，采用多种时间序列谱组合策略进行实验，对比分类结果，选择合适的组合方式，并将其导入遥感自动解译分析框架中，计算对象化的特征参数。主要的多源信息融合方式如下：

　　（1）GF-1+DEM；

　　（2）GF-1+DEM+mod4；

（3）GF-1+DEM+mod6；

（4）GF-1+DEM+mod12；

（5）GF-1+DEM+mod23。

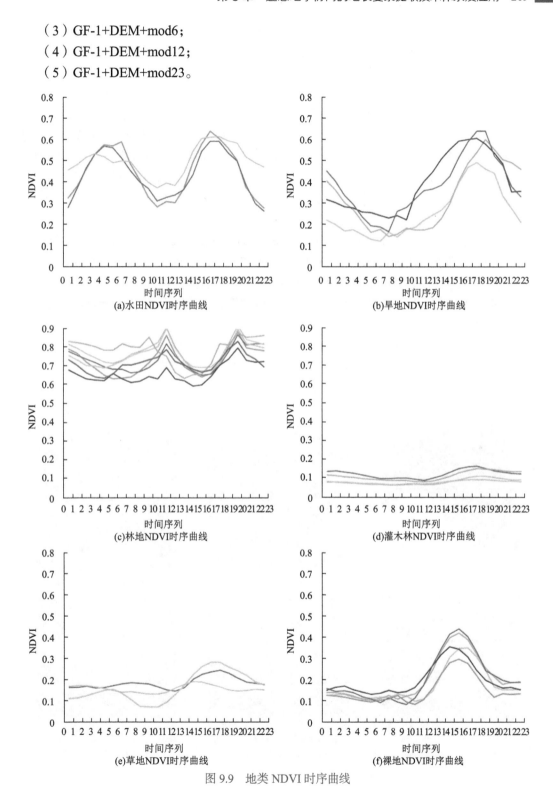

图 9.9　地类 NDVI 时序曲线

迭代式 SVM 学习：SVM 通过将低维度特征映射到高维特征空间，在高维特征空间构建线性可分超平面将样本分开。为了提高分类器对独立测试样本的分类能力，对 SVM 的参数进行了控制，让学习到的分类器具有良好的泛化能力。影响 SVM 学习和泛化性能的因素主要有三个：核函数、松弛变量、惩罚系数。研究测试了不同的核函数、松弛变量、惩罚系数，综合评价 SVM 分类器的适用性。测试结果发现，随着松弛变量 Gamma 取值的增加，训练样本的分类精度逐渐增加，较大的 Gamma 取值造成 SVM 分类器的过拟合；当惩罚系数 C 参数取值在 50~300 时，SVM 分类器对测试样本分类精度的差异并不大；当 C 参数取值增大时，SVM 分类器对训练样本分类的精度逐渐提高；测试了核函数类型对 SVM 分类精度的影响，结果表明，使用 RBF 核函数和多项式核函数的 SVM 分类器分类效果最好。

由计算过程可以看出，植被提取也是利用图谱先验知识辅助影像认知解译的过程，其中的先验知识包括前期解译知识（如 MODIS NDVI 时序数据的植被光谱特征、坡度等植被垂直分布规律）、植被及其主要干扰物的光谱时序特点（如 NDVI 的大小等）需要考虑。采用迭代式图谱耦合的时间谱协同模型方法分析植被的光谱渐变过程，从而提取精细化后季节性植被。

采用迭代式图谱耦合方法的时间谱协同方法对老挝地区的植被进行提取，并与 GlobeLand30 植被结果进行了对比验证精度，总体来说其结果基本符合 GlobeLand30 的分类结果，但在细节和对空间格局的表达上，该方法结果更加详细，见图 9.10 和图 9.11。

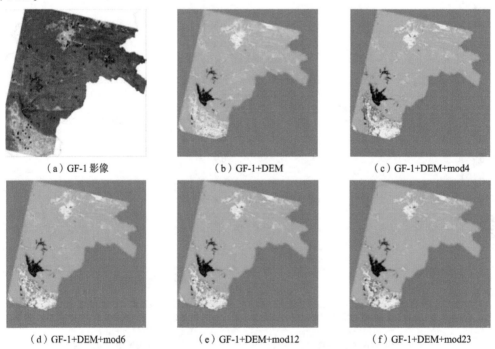

（a）GF-1 影像　　　　　（b）GF-1+DEM　　　　（c）GF-1+DEM+mod4

（d）GF-1+DEM+mod6　　（e）GF-1+DEM+mod12　　（f）GF-1+DEM+mod23

图 9.10　时间谱协同的植被类型提取

（a）GF-1 影像

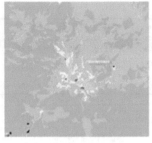
（b）GF-1+DEM+mod12

（c）GlobeLand30 结果

图 9.11　植被类型提取结果放大展示

　　利用实地 196 个 GPS 采样点，结合 Google Earth 采集的 1245 个样本点，共 1441 个验证样本进行评价，生成各类的总体精度和 Kappa 系数。可以得到总体精度为 85.12%，Kappa 系数为 0.82，每类的制图精度均在 80%以上，其中，水体、林地、水田的制图精度和用户精度均较高，而人造地表和草地的制图精度虽高，但是用户精度相对较低，错分现象显著。草地、园地、裸地的用户精度均较低，也就是错分率严重，产生这一现象的原因是混合像元的存在，导致像元特征信息差别较大，无法发挥分类优势，使其分类效果一般。将本章分类结果与 GlobeLand30 产品进行比较分析，本章的分类精度和 Kappa 系数分别提高了 8.8%和 0.07（图 9.12 和表 9.5）。

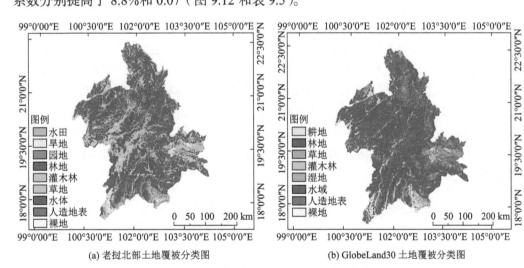
(a) 老挝北部土地覆被分类图

(b) GlobeLand30 土地覆被分类图

图 9.12　老挝分类结果与 GlobeLand30 分类结果

表 9.5　老挝不同策略分类结果精度评价

		水田	旱地	园地	林地	灌木林	草地	水体	人造地表	裸地
GF-1	PA/%	74.47%	78.57%	67.65%	85.33%	74.34%	67.80%	92.31%	80.65%	78.57%
	UA/%	74.47%	75.34%	67.65%	90.14%	66.67%	65.57%	96.00%	96.15%	73.33%
	总体精度 79.53%			Kappa 系数 0.75						

续表

		水田	旱地	园地	林地	灌木林	草地	水体	人造地表	裸地
GF-1 +DEM	PA/%	78.72%	80.00%	79.41%	86.22%	70.80%	76.27%	92.31%	80.65%	78.57%
	UA/%	80.43%	73.68%	60.00%	90.65%	72.07%	70.31%	97.96%	96.15%	78.57%
		总体精度 81.09%				Kappa 系数 0.77				
GF-1 +DEM +mod4	PA/%	85.11%	82.86%	73.53%	86.22%	79.65%	77.97%	92.31%	80.65%	64.29%
	UA/%	76.92%	74.36%	71.43%	93.72%	72.58%	75.41%	97.96%	96.15%	69.23%
		总体精度 82.95%				Kappa 系数 0.79				
GF-1 +DEM+ mod6	PA/%	87.23%	82.86%	73.53%	88.89%	76.11%	77.97%	92.31%	80.65%	71.43%
	UA/%	75.93%	75.32%	67.57%	93.46%	78.18%	74.19%	94.12%	96.15%	71.43%
		总体精度 83.57%				Kappa 系数 0.80				
GF-1 +DEM+ mod12	PA/%	89.36%	84.29%	82.35%	86.67%	84.07%	77.97%	96.15%	77.42%	71.43%
	UA/%	79.25%	81.94%	68.29%	96.53%	77.24%	75.41%	92.59%	96.00%	71.43%
		总体精度 85.12%				Kappa 系数 0.82				
GF-1 +DEM+ mod23	PA/%	87.23%	78.57%	67.65%	87.56%	72.57%	66.10%	96.15%	77.42%	71.43%
	UA/%	80.39%	79.71%	65.71%	91.20%	68.33%	66.10%	90.91%	96.00%	66.67%
		总体精度 80.78%				Kappa 系数 0.76				

注：表中 PA 表示制图精度，而 UA 表示用户精度。

从视觉定性上来看，加入 NDVI 时序数据后，土地覆被类型的空间分布更加符合研究区实际的地表格局，尤其是水田、旱地、灌木林、草地的空间分布。根据混淆矩阵，可以知道融合 NDVI 时序信息为土地覆被类型的判断，尤其是植被类型的判断提供了有价值的时序信息，能较大程度地提高土地覆被分类精度，各土地覆被类型的用户精度和制图精度差异如图 9.13 所示。使用 NDVI 时序信息后，总体精度 GF-1+DEM+mod12 最高，为 85.1%，Kappa 系数为 0.818，总体精度 GF-1+DEM+mod23 最低，为 80.8%，Kappa系数为 0.763，比仅使用 GF-1 提取精度高，但比采用 mod4、mod6、mod12 总体精度低，可见 NDVI 时间序列数据过多反而会降低分类精度，因此在使用 NDVI 时间序列时，要进行波段信息的取舍。

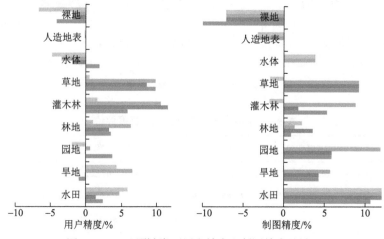

图 9.13　土地覆被类型用户精度和制图精度差异图

在 GF-1+DEM+mod12 提取结果中，林地的用户精度最高，为 96.5%，园地的用户精度最低，为 68.3%，水体的制图精度最高，为 96.2%，裸地的制图精度最低，为 71.5%。其中，在植被类型中，水田、旱地、园地、林地、灌木林、草地的用户精度分别为 79.2%、81.9%、68.3%、96.5%、77.2%、75.4%，制图精度分别为 89.4%、84.3%、82.4%、86.7%、84.1%、78.0%。可见，在所有的植被类型中，园地的错分率最高，草地的漏分率最高。

9.4 遥感地学协同的典型地表要素提取技术框架

遥感地学协同的典型地表要素提取技术框架采用自上而下逐层逼近分类策略，设计实现了遥感地学协同计算技术流程，构建了多特征耦合的遥感地学分类模型（图 9.14）。在基础地形单元构建的基础上进行地理单元的精细划分，建立要素认知单元，实现大类的提取；在多源知识的辅助下，支持样本选择，利用机器学习实现要素的精细分类，并进行精度评价。

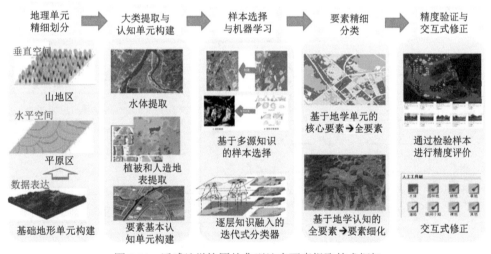

图 9.14 遥感地学协同的典型地表要素提取技术框架

模型基于国产高分辨率影像，发展多特征辅助下的图像分割技术，对多尺度遥感影像进行等级斑块结构建模，实现地学目标的多尺度表达。基于地学特征提取、机器学习和地学认知交叉，实现资源环境格局判定和精细几何空间单元划分，发展背景库支持下的典型资源环境要素自动识别与快速提取技术，进行典型资源环境要素的提取。同时为了解决国产遥感影像光谱信息匮乏和空间分辨率不足所导致的典型资源环境要素特征难以得到有效的表达，从而影响结果精度的问题，本研究面向具有显著边界特征的水体、人造地表要素类型及具有季节特征的植被要素类型，分别提出了多尺度图协同表达模型和时间序列谱协同表达模型，以提高专题类型的精度。

模型主体结构如图 9.15 所示，主要步骤如下：

影像处理单元获取。本部分主要是进行影像分区。根据光谱、时相、地形等条件，对影像进行分区，保证同一分区内的影像光谱较为均匀，时相相同或相近，地形条件变化不大。

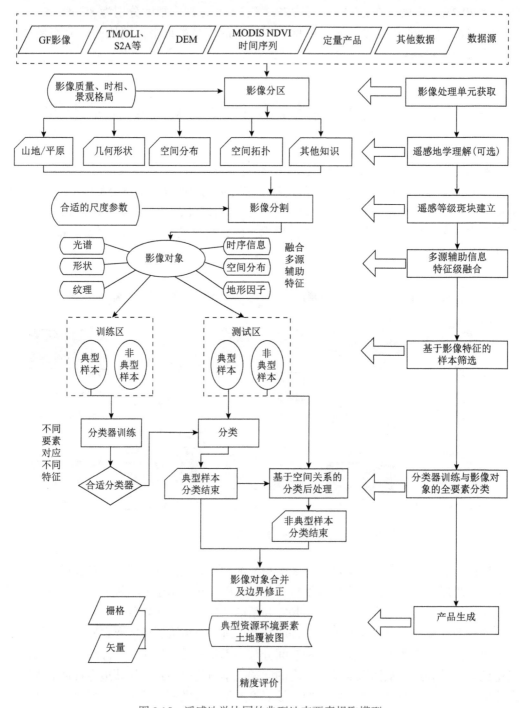

图 9.15　遥感地学协同的典型地表要素提取模型

遥感地学理解。本部分主要是理解遥感地学之间的关系。分析各大要素所处地形、几何形态特征、空间分布、空间拓扑关系等特征，建立地学知识背景。

遥感等级斑块建立。本部分主要是进行多尺度分割。通过有效基元分割，建立判别指标，分析多尺度参数对精度的影响，确定影像分割尺度。

多源辅助信息特征级融合。本部分主要是确定影像对象的特征。通过分析不同土地覆盖类型对应的不同影像特征及知识，如光谱、形状、纹理、时序信息等，作为分类规则输入。

基于影像特征的样本筛选。本部分主要是获取样本。通过分析地学知识和遥感影像的关联性，获得训练区和测试区的典型或非典型样本。

分类器训练与影像对象的全要素分类。本部分主要是确定分类器和要素提取。通过样本，针对不同要素筛选不同特征，并选择合适的分类器进行要素提取，并进行精度评价。

为了提高大区域的适用性，采用一套模型参数无法适应不同区域和不同影像的分类，因此本研究在构建的基础地理单元内，根据各自地理单元构建一套分类模型。同时，在分类模型内部，根据不同典型资源环境要素的特点，建立特征集合，并采用机器学习方法进行分类得到最终分类结果。在此基础上，搭建了迭代式反馈机制，即对分类结果进行评价，采用专题提取或者重新训练模型，对精度无法满足要求的类型进行重新分类。

由于地学知识具有较强的类别差异性，在迭代的过程中，逐步引入新的地学知识计算特征、筛选样本、调整模型、提高每次分类的效率，同时改进精度。针对类别精度不达标的专题信息，则采用连接主义认知模型分别构建图、谱、遥感地学协同认知模型修正专题类别精度。在现有研究的基础上，借鉴已有图像认知技术，综合地学分析方法，建立一套适用于大区域的要素智能提取技术。

9.5　高精度土地覆被提取与示范应用

9.5.1　研究区概况

本研究选择的研究区均为"一带一路"共建国家或城市，地表覆盖产品有助于了解这些国家的自然资源和生态环境，提供有效的参考数据，具有重要战略意义。选取三个具有代表性的研究区——老挝北部、巴基斯坦信德省和埃塞俄比亚阿姆哈拉州，包含三个气候区，面积均约为 10 万 km^2。

老挝北部示范区位于 $100°E\sim107°E$，$13°N\sim22°N$。研究区域面积约为 11.7 万 km^2。老挝北部属热带亚热带季风气候，降水量丰富，全年形成旱、雨两大季。山地和高原较多，地势高，由于河流侵蚀，河谷多陷在山地中间，山地和河谷之间的相对高度差距较大。老挝北部主要是游耕农业活动地区，多被森林覆盖，以山地常绿林为主，地表覆盖类型多样，研究区内各种地物类型交错分布，地块较为破碎。

巴基斯坦信德省示范区范围是 60°E～80°E，23°N～37°N。研究区域面积约为 12.5 万 km²，属于干旱半干旱区，南部沿海一带为沙漠，向北伸展则是连绵的高原牧场和肥田沃土。该区域农牧业交错，农业生产以畜牧业为主，主要农产品包括小麦、棉花、土豆等。南部沿海区域有丰富的海岸带土地利用类型，对于沿海的资源研究有极大的帮助。

埃塞俄比亚阿姆哈拉州示范区位于 6°N～9°N，34°E～40°E。研究区域面积约为 12.9 万 km²，属于山地高原区，大部属埃塞俄比亚高原，中部隆起，四周地势逐渐下降，地表非常破碎。该区域资源相对丰富，以农牧业为主，主要地表覆盖类型为耕地和林灌草地，工业基础薄弱，但过度放牧、耕地增加、天然植被的破坏，引起河川径流减少等环境问题。

9.5.2 数据及其预处理

目前国产高分遥感影像具有波段信息相对匮乏、幅宽小和重访周期长等传感器缺陷，因此在境外大区域内较难保证同一时相或者相近时相的高分影像数据，尤其无法提供植被和水体显著的中红外波段信息及季节性的时间序列信息，而 Landsat 中分辨率卫星数据具有光谱多、幅宽大的特性和重访周期快等特征，可以提供丰富的光谱及时间序列信息，补充了高分遥感的缺失及城市自然景观要素提取的特征需求。所以为了尽可能地获取研究区相同或相近时相数据，本研究采用国产高分一号（GF-1）和 Landsat 8 相结合的方法。

1. 影像数据

1）GF-1 数据

本研究主要数据源为 GF-1 卫星影像，GF-1 卫星装载有 2 台 2m 分辨率、全色/ 8m 分辨率多光谱相机（PMS1、PMS2，幅宽为 60km）和 4 台 16m 分辨率多光谱宽覆盖相机（WFV1～WFV4，幅宽为 800km），GF-1 影像具有较高的时空分辨率，对于国内用户来说，WFV 数据可免费申请，因此研究主要采用 16m 分辨率的 GF-1 WFV 影像。选取影像质量较好的影像以满足分类需求，同时为了减少时相上的差距选择同一轨道（或相近）的影像 9 景，均为旱季影像。影像数据无云，成像质量较好。

2）Landsat 数据

Landsat 8 卫星于 2013 年 2 月 11 日由 NASA 成功发射，Landsat 8 所搭载的 OLI 传感器基本波段范围与 ETM+保持一致，此外在 ETM+设计的传感器基础上，新增了卷云检测和海岸带气溶胶检测的波段（徐涵秋，2013）。本研究主要采用 OLI 陆地成像仪的可见光波段、近红外、中红外和全色波段，其中多光谱波段和全色波段的空间分辨率分别为 30m 和 15m（云影和中国航天报，2013）。

3）MODIS NDVI 时间序列数据

植被具有非常明显的季节性特征，为了解决光谱缺乏的问题，本研究采用稳定的 MODIS NDVI 时间序列数据补充光谱特征。借助 NASA 所提供的 MODIS 产品专业化的处理软件 MRT（MODIS reprojection tool）对研究区内数据进行投影转换、校正、裁切等处理,得到 MODIS NDVI 时间序列产品为周期 16 天的 23 景 NDVI 数据组合(李治,2013)。

4）DEM 数据

由于地表的复杂性,仅靠影像数据源已无法满足土地覆被研究的需求。DEM 数据等已逐渐应用于土地覆被分类研究。因此,搜集了覆盖整个研究区的 ASTER GDEM,以及由此提取的坡度数据,分辨率为 30m。

2. 参考数据

研究区差异性大且区域跨度广,使得影像的成像结果差异较大。为了能够开展大区域土地覆被提取与分析研究工作,避免人工过多参与所引入的主观误差,本研究分别针对异质性强的区域引入生态地理分区数据,针对样本选择引入多源土地覆被产品,指导样本空间分布与优化选择。

1）生态地理分区数据

世界陆地生态地理分区是一个根据陆地生物多样性划分的生物地理区划。全球共分为 14 个生物群落(biomes)和 8 个生物地理分区(biogeographic realm)。基于这两个图层,共划分 867 个生态区。世界各国采用该数据做了诸多研究,应用广泛。它提供了一个陆地生物多样性的地图,能为全球和区域保护优先设置与规划工作提供足够的细节,同时也提供了一个发展大尺度保护策略的逻辑地理框架。

2）GlobeLand 30 等 LU/LC 产品

GlobeLand30 全球土地覆被制图 30m 空间分辨率产品由国家基础地理信息中心研制。GlobeLand30 是基于 Landsat 多光谱数据,采用 POK(像素-对象-知识)技术和专用模型自动分类生成的(Chen et al., 2015)。经过转投影和拼接、裁剪工作获取研究区的土地覆盖数据。

3）GUF 建筑区产品

GUF 原始数据集由 TerraSAR-X/TanDEM-X 的数据图像产品组成,其收集了 2011～2012 年卫星图像的数据(93%)。通过城市足迹处理器提取全球的建筑区域。其产品空间分辨率为 12m,高于其他同类产品,在空间分辨率和原始数据中具有显著的优势。另外,在数据后处理中主要选择了正负参考数据产品进行后处理,其中正参考数据包括:开放街道地图(OSM)道路和定居数据、GlobeLand 30 2010 土地覆被数据(类别:人工表面)、美国国家土地覆被数据库(NLCD)2011 年美国数据(类型:开发,低到高强度)、2012 年的不透明层欧洲经济区国家。负参考数据包括:来自 GlobeLand 30 的湿地和水体;来自 SRTM DEM 数据的掩膜用于排除表面粗糙度高的区域和受高后向散射幅度影响的区域(Esch et al., 2013)。这为不同区域提供了稳定的建筑区域样本参考来源。

4）GHSL 建筑区产品

GHSL 依赖于新的空间数据挖掘技术的设计和实施,允许从大量异构数据中自动处理和提取和分析全球范围内的人类居住区,包括:全球精细尺度的卫星图像数据流、人口普查数据和众包地理信息数据(Melchiorri and Siragusa, 2018)。GHSL 产品的数据源为 Landsat 图像集。用于参考时期:1975 年、1990 年、2000 年和 2015 年,各年份产品的空间分辨率通常为 30m,但在某些特定情况下,可能存在不同的分辨率,如 250m 和

1000m（Pesaresi et al.，2016）。GHSL 的产品数据由光学数据所提取，且所生产的数据的连续性较好。

3. 多源数据预处理

针对国产卫星影像等多源时空谱数据，完成了影像数据和定量产品的预处理，提出了多源数据处理过程及结果的质量控制标准和成果精度，检查了已完成预处理数据的平面位置精度，评价了数据成果的质量，满足了该尺度下的应用需求。多源数据处理流程包括多光谱影像正射校正、MODIS 时序数据时空滤波、云/阴影检测、样本库构建等。

多光谱影像正射校正：针对 GF-1 卫星影像数据，采用高精度的国产卫星正射参考影像和 GDEM 高程资料，根据高分一号、资源三号等卫星影像 1A 级数据提供的 RPC 参数，通过 RPC 模型对遥感图像进行投影差改正和地理编码，对于少量精度不合格的影像采用手动校正方式。全自动校正分为整体校正和单景校正，主要采用整体校正，整体校正可以提高影像的接边精度。遥感正射影像图精度可达到平地、丘陵地的点位中误差优于 1 倍采样间隔，山地、高山地点位中误差优于 2 倍采样间隔。采用 FLAASH 大气校正模型和 Gram-Schmidt 数据融合算法，对 Landsat 8 OLI 数据进行辐射校正和数据融合处理（杜挺，2015）。

MODIS 时序数据时空滤波：原始的植被参数数据影像由于数据质量问题会包含一定的数据噪声，采用 SG 滤波器对植被参数时序数据进行曲线重构，实现时空滤波。通过 SG 滤波模拟整个植被参数时序数据获得长期变化趋势，再通过局部循环 SG 滤波的方法使拟合的数据更接近于植被参数时序数列的上包络线。确定滑动窗口的宽度以及平滑多项式的阶数，以保证植被参数数据拟合的准确性（图 9.16）。

(a)检测前　　　　　　　　　　　　　　(b)检测后

图 9.16　MODIS 时序数据时空滤波

云/阴影检测：由于国产高分影像质量方面存在问题，且部分研究区处于热带地区，夏季时期无云的影像很难获取；受地形和气候限制，云阴影和山体阴影会对分类精度造成影响。因此，需要进行云和阴影的检测，目的是找到其他同时期影像均无云的清晰区，进行影像的纠正与缺失值填充。云检测主要基于波段阈值分割的方法，阈值分割方法容易将高亮度的建筑区域错误地检测为云，但是这类高亮的非云像素点一般较少且空间分散。在使用阈值分割方法检测出云像素后，将云区与非云区合并成为影像对象，去除面积小于 5 个像元的对象，这样就能够将非云亮点基本去除了（图 9.17）。

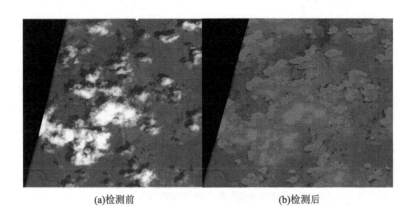

(a)检测前　　　　　　　　　　　　　(b)检测后

图 9.17　云/阴影检测

样本库构建：根据土地覆被（或专题）产品数据，针对不同土地覆盖类型分别采样；各生态地理分区内，采用屏幕采集方法采集样本。每类训练样本在单景影像上，选取数量不少于 20 个；样本点足够纯净，保证训练样本周围的邻近像元为纯像元；相邻影像公共区域选取同类地物作为训练样本，不小于 2 对控制样本对；根据光谱、空间分布等特征，利用多源数据进行属性判断；利用专题产品或定量产品数据，进行属性确定。每个研究区采集样本数目不低于 2000。

9.5.3　土地覆盖提取

1. 分类体系

通过开展研究区地表景观及自然资源等区域特点的调研与分析工作，依据国内及国际组织（FAO、IGBP）等主流分类系统，确定了资源环境要素分类体系及解译标志库，确立了典型资源环境要素分为 9 类（表 9.6），组织了示范区土地覆盖的实地考察与验证工作，修订完善了分类体系。

表 9.6　典型资源环境要素定义及编码

一级类型		二级类型		含义
编码	名称	编码	名称	
10	耕地	—	—	用于种植农作物的土地，包括水田、灌溉旱地、雨养旱地、菜地、大棚用地等
		11	水田	种植水稻、莲藕、茭白等水生作物的耕地，包括实行水生、旱生农作物轮作的耕地
		12	旱地	种植小麦、玉米、豆类、薯类、油菜、青稞和蔬菜等旱生农作物的耕地

一级类型		二级类型		含义
编码	名称	编码	名称	
20	林地	—	—	乔木覆盖且树冠盖度超过 30%的土地，包括落叶阔叶林、常绿阔叶林、落叶针叶林、常绿针叶林、混交林，以及树冠盖度为 10%~30%的疏林地
		21	乔木林	由具有高大明显主干的非攀缘性多年生木本植物为主体（乔木树冠覆盖面积占 65%以上）构成的片林或林带，高度一般大于 5m。其中，乔木林带行数应在两行以上且行距小于等于 4m 或林冠幅垂直投影宽度在 10m 以上，树木郁闭度大于 0.2
		22	其他林地	指其他未分类的林地，包括疏林、未成林、迹地等林地
30	灌木林	—	—	灌木覆盖且灌丛覆盖度高于 30%的土地，包括山地灌丛、落叶和常绿灌丛，以及荒漠地区覆盖度高于 10%的荒漠灌丛
		31	郁闭灌木	平均覆盖度高于 30%，郁闭度在 10%~20%的灌木林地
		32	稀疏灌木	在荒漠或植被稀疏地区丘团状生长的低矮灌木或灌草丛，成群分布，但平均覆盖度低于 30%大于 10%的灌木林地
40	草地	—	—	以草本植被为主连片覆盖的地表，包括草被覆盖度在 10%以上的各类草地，含以牧为主的灌丛草地和林木覆盖度在 10%以下的疏林草地
50	湿地	—	—	位于陆地和水域的交界带，有浅层积水或土壤过湿的土地，多生长有沼生或湿生植物，包括内陆沼泽、湖泊沼泽、河流洪泛湿地、森林/灌木湿地、泥炭沼泽、红树林、盐沼等
		51	内陆湿地	发育于海岸带以外陆地上的湿地总称，包括内陆沼泽、湖泊沼泽、河流洪泛湿地等
		52	滨海湿地	低潮时水深不足 6m 的水域及其沿岸浸湿地带，包括水深不超过 6m 的永久性水域、潮间带（或洪泛地带）和沿海低洼地带
60	水体	—	—	陆地范围液态水覆盖的区域，包括江河、湖泊、水库、坑塘等
		61	河流	指天然形成或人工开挖河流常水位岸线之间的水面
		62	湖泊	指天然形成的积水区常水位岸线所围成的水面
		63	水库	在河道、山谷、低洼地及地下透水层修建挡水坝或堤堰、隔水墙形成集水的人工湖
		64	坑塘	人工开挖或天然形成的面积较小的面状水体
70	人造地表	—	—	由人工建造活动形成的地表，包括城镇等各类居民地、工矿、交通设施等，不包括建设用地内部连片绿地和水体
		71	房屋建筑区	房屋建筑区是指城镇城市和乡村集中居住区域内，被连片房屋建筑遮盖的地表区域。具体指被外部道路、河流、山川及大片树林、草地、耕地等形成的自然分界线分割而成的区域，包含居民地内部的房屋建筑、房前屋后的人造地表及绿化林草等。区块内部，由高度相近、结构类似、排布规律、建筑密度相近的成片房屋建筑的外廓线围合而成的区域

一级类型		二级类型		含义
编码	名称	编码	名称	
70	人造地表	72	工矿用地	工矿用地指工业、采矿、仓储业用地，包括露天安置大型工业设备设施及仓储设备的区域，如采油、炼油、储油、炼钢、发电、输电等设施。露天开采对原始地表破坏后长期出露形成的地表，如露天采掘煤矿、铁矿、铜矿、稀土、石料、沙石以及取土等活动人工形成的裸露地表。主要用来装卸并短期存放矿石、煤炭、砂石、钢材、木材、砖瓦、预制件等散堆装物资、长大笨重货物以及集装箱等的露天硬化平地，还包括利用蒸发法制取海盐、湖盐的盐田及附属设施
		73	交通	包括有轨和无轨的道路路面覆盖的地表。采集宽度大于 10m 且长度大于 1000m 以上的路面，包含无植被覆盖、经硬化的路堤、路堑的范围。铁路指被火车行车轨道及路基覆盖的地表、车站、站线等区域
		74	其他人造地表	指无法归入上述人造地表亚类的其他未分类人造地表，如殡葬用地、独立施工区、垃圾堆放场等
80	裸地	—	—	植被覆盖度低于 10% 的自然覆盖土地，包括荒漠、沙地、砾石地、裸岩、盐碱地等
90	永久积雪和冰川	—	—	表层被冰雪常年覆盖的土地
		91	永久积雪	在高纬或者高山降雪量多于融雪量的地区所长期积存的雪
		92	冰川	寒冷地区多年降雪积聚、经过变质作用形成的具有一定形状并能自行运动的天然冰体

2. 多源特征提取与分析

针对研究区（老挝北部、巴基斯坦信德省和埃塞尔比亚阿姆哈拉州）的地表环境进行综合地学分析，收集了多源数据，在对多源数据处理的基础上，分析了各要素的图谱特点，提取了多源特征，包括光谱、地形、空间、时序特征等，进行了要素特征提取与分析（表 9.7）。

表 9.7　要素特征与定义

特征类型	特征名称	特征计算	说明
光谱特征	均值	$Z = \dfrac{1}{N} \sum_{i=1}^{N} Z_i$	Z 为波段均值；N 为像元总数；Z_i 为每个对象中像元数目的灰度值
	标准差	$\sigma^2 = \dfrac{1}{n-1} \sum_{i=1}^{n} (Z_i - Z)^2$	σ 为标准差；n 为样本容量；Z_i 为样本 i 的波段均值
	NDVI	$\text{NDVI} = \dfrac{p(\text{Red}) - p(\text{NIR})}{p(\text{Red}) + p(\text{NIR})}$	$p(\text{Red})$ 和 $p(\text{NIR})$ 分别指红波段和近红外波段的反射率
	NDWI	$\text{NDWI} = \dfrac{p(\text{Green}) - p(\text{NIR})}{p(\text{Green}) + p(\text{NIR})}$	$p(\text{Green})$ 和 $p(\text{NIR})$ 分别指绿波段和近红外波段的反射率

续表

特征类型	特征名称	特征计算	说明
形状特征	面积	$A = \sum_{i=1}^{n} a_i$	A 为面积；n 为对象像元个数；a_i 为一个像元大小
	长宽比	$\varphi = \dfrac{l}{w}$	l 为对象长度，即对象外接椭圆的长轴的长度；w 为对象的宽度，即对象外接椭圆的短轴的长度
时相特征	NDVI 差	$\Delta NDVI = NDVI1 - NDVI2$	任意两个时相植被指数差异
	NDWI 差	$\Delta NDWI = NDWI1 - NDWI2$	任意两个时相水体指数差异
地形特征	高程均值	$h = \dfrac{1}{N} \sum_{i=1}^{N} h_i$	h_i 为像素高程值；N 为像素个数
	坡度	$slope = \dfrac{\Delta h}{d}$	Δh 为高程差；d 为水平距离
	坡向	$aspect = \tan^{-1}\left(\dfrac{\Delta h}{d}\right)$	
空间关系	与城市距离	$d_{city} = \Delta d - r_{city}$	Δd 为对象中心与最近的城市中心距离；r_{city} 为城市半径，$d_{city}<0$ 为包含其中
	与河流距离	l_{river}	对象中心到河流脊线距离

  遥感对象的特征提取遵循从简单到复杂的规律，较简单的像素值等特征是图像数据的基本要素，复杂一点的对象特征是图谱认知的基本单元，更复杂的地类关系等特征则是知识推理的基本依据，这些特征表现形式不一、适用程度不一，但自动解译过程要求尽量不预设条件，因此在特征提取阶段需要尽量将它们全面地计算，才能保证后期的可能需求。

  特征分析是为了更好地反映地物本身特点或其与环境、与其他地物的关系，在图谱认知框架下，地物的特点或规律应尽可能在识别前被了解。对于特征明显或规律易被认知的地物，可以采用主动分析的方式，对于特征不明显或没有明显规律的地物及组合，可以采用被动分析的方式。主动分析较适用于专题地物信息的提取，信息容量相对单一；被动分析较适用于地物目标分类，信息容量相对复杂。主动分析在图、谱特征的应用上一般具有明显的选择性，也就是在图谱耦合的基础上到底以何种分析手段为主导，至于具体如何选择则由专题地物和影像特点共同决定。如果是图分析，则可能更多地将地物与其所处环境相联系，在不同参考系下从不同尺度、不同角度全方位地加以考察，从宏观上把握地物的分布规律；如果是谱分析则可能更多地对地物进行深入剖析，不仅在过去到现在的演变上，而且在不同光学波段的反射上，从微观上把握地物的变化规律。被动分析需要兼顾问题的各个方面，特别是由于地物特征空间的稀疏性，在图谱特征的应用上更多地考虑如何有效耦合，也就是最大可能发挥特征在识别地物中的作用，以地物对象为单元计算相互间距离，减小同类对象内距离，增大异类对象间距离。

3. 多特征耦合

空间特征表现形式多样，能直接用于影像分类的空间特征较难提取，地形特征是地物的特有属性，很多地学现象的发生或地物的出现与所在地高程、坡度、坡向等密切相关。特征集的复杂为机器实现自动特征分析与解译带来了挑战，最明显的就是特征优选成为不可或缺的步骤。

对于遥感对象丰富的图谱特征，在机器看来最大的问题是如何区分它们，因为它们的重要程度参差不齐，特征间相关程度高低不一，针对具体影像来说，各种特征的实际质量也难以保障完全符合要求，因此在实际分析之前，先对整个特征集进行筛选是必要甚至是必需的。

在专题信息提取（水体、人造地表、植被等）等应用中，由于目标明确，其相关特征类型也相对固定，因此在这种应用驱动的特征分析中唯一需要评估的是预选特征的质量是否符合应用要求。从遥感信息图谱认知来看，在先验知识指导下的图谱特征耦合分析从根本上改进了特征的提取和应用方式，既考虑了专题地物本身的特征，又结合了遥感影像表现的特征，因此提高结果精度与方法普适性也就成为可能。

对于那些具有特定认知规律的地物，根据地物特点，主动选择特征进行耦合分析具有精度高、简单易操作等优点，其中的关键就是根据地物特点设计合理的分析策略确定影像内容。显然这种方法建立在对待分析地物充分认知的基础上，这种先验的知识可以是"图"相关的，也可以是"谱"相关的，但归根结底是符合地物本质规律的，在影像上才有可能反映为特定的"图"或"谱"特征，抑或两者兼而有之。

4. 提取结果

在现有研究的基础上，借鉴已有图像认知技术，综合地学分析方法，建立了一套适用于大区域的要素智能提取技术。在老挝北部、巴基斯坦信德省和埃塞俄比亚阿姆哈拉州开展了应用示范，经过测试，境外三个研究区的总体精度达到 85%以上。

1）老挝示范区

根据 GF-1 影像解译得到老挝地表覆盖数据集。综合利用 MODIS NDVI 时序产品数据、全球人类活动数据，在多尺度分割的基础上，提取多尺度的空间图特征和多时间序列谱特征，构建多维特征结合的空间图-定量遥感时序谱协同模型，采用多特征耦合的自适应机器学习方法，实现地学单元认知下的高精度自动化要素精细提取。利用 GIS 软件对土地利用数据进行分析、编辑、处理、输出，最终形成栅格形式土地利用图。结合高分辨率谷歌影像选择验证样本点共 1556 个，得到总体精度为 85.1%

老挝北部示范区典型资源环境要素提取结果共提取 7 类，分别是耕地、林地、灌木林、草地、水体、裸地、人造地表等，如图 9.18 所示。

2）巴基斯坦信德省示范区

根据 GF-1 影像解译得到巴基斯坦信德省地表覆盖数据集。综合利用生态地理分区数据、全球人类活动数据，在多尺度分割的基础上，对不同的地理空间格局进行划分，提取多尺度的空间图特征，采用多特征耦合的自适应机器学习方法，在不同地理分区下，实现高精度自动化要素精细提取。利用 GIS 软件对土地利用数据进行分析、编辑、处理、输出，最终形成栅格形式土地利用图。结合高分辨率谷歌影像选择验证样本点共 1800 个，得到总体精度为 86.4%

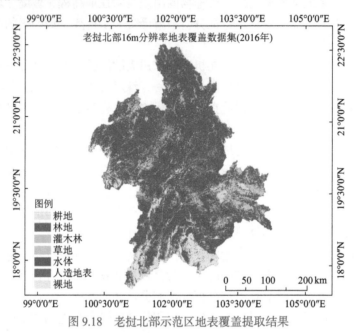

图 9.18　老挝北部示范区地表覆盖提取结果

巴基斯坦信德省示范区典型资源环境要素提取结果共提取 8 类，分别是耕地、林地、灌木林、草地、湿地、水体、裸地、人造地表，如图 9.19 所示。

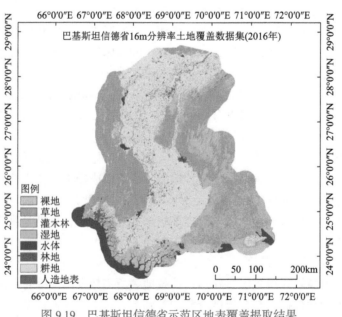

图 9.19　巴基斯坦信德省示范区地表覆盖提取结果

3）埃塞俄比亚阿姆哈拉州示范区

根据 GF-1 影像解译得到埃塞俄比亚阿姆哈拉州地表覆盖数据集。综合利用 Landsat 8 时间序列合成影像数据、MODIS NDVI 时序产品数据、全球人类活动数据，在多尺度分割的基础上，提取多尺度的空间图特征和多时间序列谱特征，构建多维特征结合的空间图-定量遥感时序谱协同模型，采用面向对象的机器学习方法，实现地学单元认知下的高精度自动化要素精细提取。利用 GIS 软件对土地利用数据进行分析、编辑、处理、输出，最终形成栅格形式土地利用图。结合高分辨率谷歌影像选择验证样本点共 1000 个，得到总体精度为 85%。

埃塞俄比亚阿姆哈拉州示范区典型资源环境要素提取结果共提取 6 类，分别是耕地、林地、灌木林、草地、水体、人造地表，如图 9.20 所示。

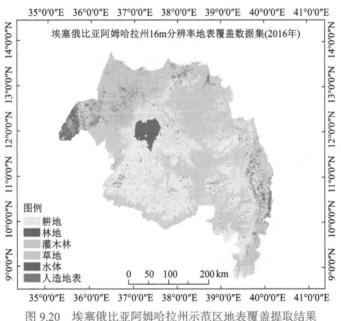

图 9.20　埃塞俄比亚阿姆哈拉州示范区地表覆盖提取结果

9.5.4　精度分析

在资源环境要素精度验证中，提取误差指某一像元的图上分类结果与地面真实类型间的差异。目前的精度验证方法包括基于误差矩阵精度评定方法、模糊精度评定方法以及其他评定方法等。本节所选取的精度评定方法主要通过样本的分类结果和真实结果的交叉制表，即误差矩阵，来获取其精度信息，其是基于误差矩阵的精度检验方法。通过误差矩阵，可以计算用户精度、制图精度、总体精度等精度指标。

总体精度（overall accuracy）等于被正确分类的像元总和除以总像元数。被正确分类的像元沿着误差矩阵的对角线分布，它显示出被分类到正确地表真实分类中的像元数。像元总数等于所有地表真实分类中的像元总和。

$$OA = \frac{\sum_{i=1}^{k} N_{ii}}{N} \times 100\% \qquad (9.13)$$

式中，OA 为总体精度；N 为总样本数；k 为总类别数；N_{ii} 为被分到正确类别的样本数。

制图精度（producer accuracy），指假定地表真实为 A 类，分类器能将一幅图像的像元归为 A 的概率，是分类器将整个影像正确分为一类的像元数与该类真实参考样本点总数的比例。

$$PA_i = \frac{N_{ii}}{N_{+i}} \times 100\% \qquad (9.14)$$

式中，PA_i 为第 i 类的土地类型制图精度；N_{ii} 为被分到正确类别的样本数；N_{+i} 为第 i 类的真实样本数。

用户精度（user accuracy），指假定分类器将像元归到 A 类时，相应的地表真实类别是 A 的概率，是正确分到某类中的样本总数与整个影像中被分到该类的像元个数总和的比例。

$$UA_i = \frac{N_{ii}}{N_{i+}} \times 100\% \qquad (9.15)$$

式中，UA_i 为第 i 类的土地类型用户精度；N_{ii} 为被分到正确类别的样本数；N_{i+} 为预测为第 i 类的样本数。

根据项目指标体系要求，典型资源环境要素数据产品的总体精度应优于 85%，精度验证采用随机抽样的方法选取精度验证样本点，利用目视解译的方法确定样本点处地面地类真实情况。

对于典型地表覆盖要素的自动化程度检测，按照式（9.16）进行计算：

$$z = 1 - \frac{N_s}{N} \qquad (9.16)$$

式中，N_s 为相对于验证真值不能正确自动提取，需要人工干预编辑的单位成果个数。

精度验证通过将样本点对应的地表覆盖产品所确定的类型与地面真实的地表覆盖类型进行对比，实现对产品精度信息的量测。实施精度验证需要进行抽样设计、响应设计和分析。在地表覆盖数据精度评价中，验证样本的抽样设计对精度评估的科学性与可靠性有直接的影响。样本如何顾及类别内的空间异质性，实现空间均衡分布，仍然是对大面积地表覆盖数据进行科学可靠的精度评价的难题。通常，地表覆盖数据的精度评价中，分层抽样是一种有效且常用的方法。由于地表覆盖各类别之间的差异不均匀性，根据类别分层抽样将具有相同属性的样本分成一层，以保证同一层的稳定性，同时无论各层像元总数的大小，可保证每一层都有一定的样本，顾及不同类别的精度差异，从而降低精度估计的不确定性。样本单元可以是点或面，需要依据所验证数据的景观特性、产品特征及所面临的实际状况等对样本进行选定。响应设计是获取样本点真实的地表覆盖类型标签的方法，可以是地面实际观测，也可以基于更高分辨率的影像进行目视解译。

分析则是计算各类精度量测信息，目前主流的方法依然是通过构建误差矩阵，进而计算总体精度、用户精度和制图精度。其主要包含以下几方面工作：①样本量确定；②计算每层样本量；③样本布设；④样本点一致性检验；⑤样本类型属性确定；⑥计算误差矩阵。

1）样本量确定

一般情况下，样本点数与地表覆盖类型分布面积成比例。在尽量不减少分类图斑并保证成果质量的前提下，参照《数字测绘成果质量检查与验收》（GB/T 18316—2008）规定，按照一定的抽样比例和示范区的图斑或者像元数量，在每个示范区确定精度验证检测点总量。

2）计算每层样本量

在分层抽样过程中，每层样本量通过按每层面积权重进行分配，以保证各个地物类型得到合适的样本点数量。

3）样本布设

当层间样本量分配结束后，由于采样区内的地表覆盖斑块破碎程度影响采样样本的代表性，在破碎程度较低区域内取样，容易造成样本间相似性较高，使样本的代表性和抽样效率都明显降低，最终评定结果产生更大的误差，所以在层间样本量计算完毕后，需要进行层内样本量的二次分配，根据各层样本量 n 与面积权重比值 m，进行层间样本分配，分别在两个区域进行，以减小样本间的相关性，最后将两个区域内的样本进行合并，得到最终布样结果。

4）样本点一致性检验

样本的一致性检验即在样本点布设后，选取样本点周围一定区域，判断区域内该样本点代表地物所占面积比例的过程。具体的检验方法为取得样本点周围 $m×m$（m 根据最小控制图斑面积扩大相应倍数确定）个像素区域面积。本研究在样本一致性检验时首先在样本点周围建立圆形缓冲区，随后在圆形缓冲区外建立外接四边形，得到样本检验区。得到样本检验区后，在 ArcGIS 中，利用分区统计的功能，对样本检验区和产品数据进行分区统计，得到样本区域内地表覆盖类型代码的众数信息，根据得到的信息判断该处检验区域的样本一致性。

5）样本属性确定

对照多光谱影像，结合 Google Earth 高分辨率遥感影像及定量产品数据，主要通过目视解释的方式确定样本点的地表覆盖要素类别。对影像上各类别的光谱特征和空间分布特征进行分析，利用多源数据进行类别判断；水体和人造地表等类别可从专题产品中进行选择及属性的确定，通过多源专题产品数据的一致性分析，对样本进行筛选及属性确定，得到可用的样本；耕、林、灌、草、裸地等随时相变化差异较大的类别，需要结合 NDVI 等定量遥感产品数据进行个别类型的判断。

验证样本类型确定的主要数据来源于以下几个方面：清华大学全球验证点数据；GEE 或谷歌地球、ZY-3 的高分辨率目视判读数据；实地采集样本点数据；其他有精度保障的样本数据，如专题产品数据生成的样本等。实际上，绝大多数验证点是通过目视判读、屏幕交互进行选取的，因此需要实地验证点帮助我们认识不同区域的地物特征，保证选择样本选择的准确性。在此需求下，项目分别于 2017～2018 年在老挝地区进行了遥感解译野外验证工作，于 2021 年在巴基斯坦信德省进行了遥感解译野外验证工作。在老挝验证区共选取野外验证点 196 个，拍摄照片 196 幅，验证内容包括研究区内主要的地表覆盖类型：耕地、林地、水体、人造地表等。本次验证的地表覆盖类型点位中，一级分类的判读精度为 90%。在巴基斯坦信德省验证区共选取野外验证点 543 个，拍摄照片 281 幅，验证的地表覆盖类型包括耕地、林地、水体、人造地表等。本次验证的地表覆盖类型点位中，一级分类的判读精度为 86%。老挝北部示范区野外验证点和部分野外考察照片如图 9.21 所示。

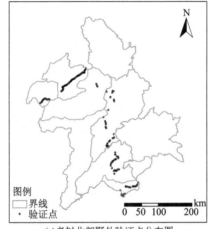

(a)老挝北部野外验证点分布图

(b)老挝北部部分野外考察照片

图 9.21　老挝北部示范区野外验证点和部分野外考察照片

6）计算误差矩阵

通过统计地表覆盖产品所确定的类型与地面真实的地表覆盖类型，根据式（9.13）、（9.14）、（9.15），计算总体精度、用户精度和制图精度等相关精度指标。

精度验证也主要根据上述三大步骤进行，分别进行了精度的自我评价、第三方单位黑龙江（省）测绘地理信息局（下文简称龙江局）和国家测绘产品质量检验测试中心（下文简称国检中心）的精度评价。

自我评价精度：基于地表空间异质性，采用分层抽样的方法，对老挝、埃塞俄比亚和巴基斯坦示范区典型地表覆盖要素进行精度验证。首先，将多种数据产品进行一致性分析，然后分别在一致性和不一致性的图层，将数据集分层，每种地类是一层，单独提取出来；其次，计算每一层（每一种地类）面积占总面积的百分比，确定各个类别的验证点数量。在样本点采集时，共选取 3000 个点，其中约 1500 个作为训练样本，剩下约 1500 个作为验证样本。每类样本数目不能少于 20 个，在复杂区域样本数量可适当增加。在老挝北部、巴基斯坦信德省和埃塞俄比亚阿姆哈拉州示范区域验证点数目分别为：645个、1758 个和 2213 个。结果表明，老挝示范区样本数据的自动提取准确率为 86.5%；巴基斯坦示范区样本数据的自动提取准确率为 87.8%，埃塞俄比亚示范区样本数据的自动提取准确率为 85%（图 9.22）。

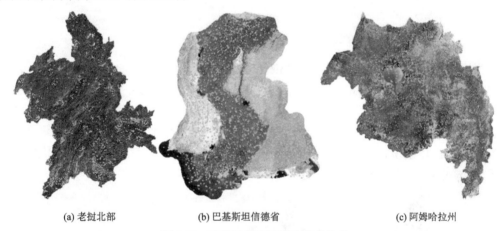

(a) 老挝北部　　　　　　　　　(b) 巴基斯坦信德省　　　　　　　　　(c) 阿姆哈拉州

图 9.22　示范区自我评价验证点分布

第三方单位龙江局评价精度：抽样方法和自我评价类似，共选取 5000 个样本点，其中 2500 个作为训练点，2500 个作为验证点，并设定每种地类最少不低于 30 个，根据各地类面积比随机严格选取相应的样本数，以保证所选取样点具有较高的代表性。基于上述采样原理与方法，对个别地类采样数量适当调整，将样本数不足 30 个的按 30 个采样。对照 GF-1 号卫星影像和 Google、ZY-3 等影像数据，综合判断验证点所在位置的地类信息。验证点选择完毕后，需要将自动解译分类结果和目视解译结果的类别关联到样本点中，可以使用 ArcGIS 中的 Spatial Join 工具将样本点图层关联自动解译试验结果图层，得到带有自动解译试验结果分类字段 Class_name1 和目视解译字段 Class_name2，到此验证点关联属性结束。为了统计每个类别的验证点的数量，需要进行统计分析，得到汇总表。将汇总表复制到 Excel 中，利用 Excel 的透视图功能计算误差矩阵，得到误差矩阵，然后可以根据混淆矩阵计算总体精度和每一个类别的准确率。

在老挝示范区内随机选取精度验证样本点 2520 个，在巴基斯坦示范区内随机选取样本点 2550 个，在埃塞俄比亚示范区内随机选取精度验证样本点 2634 个，样本点分布情况如图 9.23 所示。根据样本点位置，结合 GF-1 卫星影像和 Google 影像数据进行目视解译，确定样本点位置的地物类别，将目视解译的类别作为验证的真实类别。然后根据自动解译的资源环境要素结果和目视解译的真实类别计算混淆矩阵，老挝示范区总体精度为90%、巴基斯坦总体精度为88%，埃塞俄比亚的总体精度为85%。

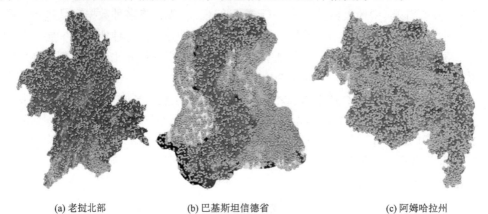

(a) 老挝北部   (b) 巴基斯坦信德省   (c) 阿姆哈拉州

图 9.23　示范区龙江局精度评价验证点分布

国检中心评价精度：对老挝、埃塞俄比亚和巴基斯坦示范区典型地表覆盖要素进行抽样检测，在老挝、巴基斯坦和埃塞俄比亚示范区域验证点数目分别为：10893 个、8329 个和13389 个（图 9.24）。结果表明，老挝示范区样本数据的自动提取准确率为 88.5%，自动化程度为 99.9%；巴基斯坦示范区样本数据的自动提取准确率为 89.9%，自动化程度为 98.1%；埃塞俄比亚示范区样本数据的自动提取准确率为 84.7%，自动化程度为 98.6%（表 9.8～表 9.10）。

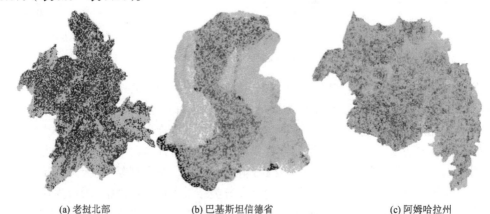

(a) 老挝北部   (b) 巴基斯坦信德省   (c) 阿姆哈拉州

图 9.24　示范区国检中心精度评价验证点分布

表 9.8　典型地表覆盖要素老挝示范区精度验证统计表　　（单位：%）

类别	耕地	林地	灌木林	草地	水体	人造地表	裸地
制图精度	77	92	88	85	97	94	87
用户精度	78	97	79	85	94	81	60
总体精度				88.5			

表 9.9　典型地表覆盖要素巴基斯坦示范区精度验证统计表　（单位：%）

类别	耕地	林地	灌木林	草地	湿地	水体	人造地表	裸地
制图精度	94	85	57	88	75	91	97	95
用户精度	87	71	82	96	79	96	80	72
总体精度				89.9				

表 9.10　典型地表覆盖要素埃塞俄比亚示范区精度验证统计表　（单位：%）

类别	耕地	林地	灌木林	草地	湿地	水体	人造地表	裸地
制图精度	89	85	70	80	89	98	99	75
用户精度	82	76	66	91	70	90	74	80
总体精度				84.7				

9.6　总结与展望

　　本章利用国产高分卫星影像，结合遥感地学知识理解智能提取算法，构建资源环境要素提取系统，在老挝北部、巴基斯坦信德省和埃塞俄比亚阿姆哈拉州三个示范区，开展了典型资源环境要素的提取与测试，可有效提取多种复杂地学背景下的水体、湿地、人造地表、耕地、林地、草地、灌木地、裸地、冰川和永久积雪等要素，提取的总体精度在 85% 及以上，自动化程度高于 80%。

　　由此可见，发展高时空分辨率的遥感信息有效融合的方法，开展空间图谱协同技术方法的研究，对提高地表覆盖自动解译的精度有潜在价值，但仍需继续深入探索地学知识与人工智能技术相结合的智能解译框架，打造普适性、动态性计算平台，实现多端变化下（数据端、样本端、特征端等）实时计算，自动生成信息产品。在计算模型研究方面要具有共享与开放性，便于模型端方法对比、验证、分析。针对机器学习中的样本大数据开展深入研究，如样本采集、尺度变化、样本库管理、样本筛选优化等。此外，遥感地表复杂性度量指标发展、知识空间化表达和图谱构建、地学知识的图谱构建和完备更新仍需进一步深入研究。

参 考 文 献

程鸿. 1983. 我国山地资源的开发. 山地研究, 1(2): 1-7.

程维明, 周成虎, 柴慧霞, 等. 2009. 中国陆地地貌基本形态类型定量提取与分析. 地球信息科学学报, 11(6): 725-736.

杜挺. 2015. Landsat8 OLI 遥感影像融合算法比较及其土地利用分类适应性分析. 西安: 西北大学.

龚明劼, 张鹰, 张芸. 2009. 卫星遥感制图最佳影像空间分辨率与地图比例尺关系探讨. 测绘科学, 34(4): 3.

胡潭高, 朱文泉, 阳小琼, 等. 2009. 高分辨率遥感图像耕地地块提取方法研究. 光谱学与光谱分析, 29(10): 2703-2707.

竞霞, 王锦地, 王纪华, 等. 2008. 基于分区和多时相遥感数据的山区植被分类研究. 遥感技术与应用, (4): 394-397.

郎玲玲, 程维明, 朱启疆, 等. 2007. 多尺度 DEM 提取地势起伏度的对比分析——以福建低山丘陵区为例. 地球信息科学, 9(6): 1-6, 135-136.

李丹, 刘丹丹, 赵金祥. 2014. 基于 DEM 的山区土地利用变化分析. 水土保持研究, (1): 66-70.

李治. 2013. MODIS 时间序列数据辅助下的河北省土地覆被分类研究. 哈尔滨: 东北林业大学.

齐文娟, 杨晓梅, 李治, 等. 2018. 井冈山地形特征与土地利用类型分布相关性研究. 遥感信息, 33(4): 8.

齐文娟, 杨晓梅. 2017. 江西省都昌县山地与平原植被界线提取. 地球信息科学学报, 19(4): 559-569.

王明业, 朱国金, 贺振东, 等. 1998. 中国的山地. 成都: 四川科学技术出版社.

王志华. 2018. 高空间分辨率遥感影像多尺度-等级斑块结构建模研究. 北京: 中国科学院大学.

邬建国. 2007. 景观生态学: 格局, 过程, 尺度与等级. 北京: 高等教育出版社.

吴晓莆, 唐志尧, 崔海亭, 等. 2006. 北京地区不同地形条件下的土地覆盖动态. 植物生态学报, (2): 239-251.

肖克非. 1988. 中国山区经济学. 北京: 大地出版社.

徐涵秋. 2013. 城市遥感生态指数的创建及其应用. 生态学报, 33(24): 7853-7862.

杨小雄, 何志明, 冯小丽. 2006. 基于地块变化对比与地价验证的土地级别更新方法. 资源科学, 28(6): 80-85.

云影. 2013. 高分辨率对地观测系统重大专项首发星——高分一号卫星. 卫星应用, (3): 1.

张晓萍, 焦锋, 李锐. 1999. 地块尺度土地可持续利用评价指标与方法探讨——以陕北安塞纸坊沟为例. 环境科学进展, (5): 29-33.

周成虎. 2006. 地貌学辞典. 北京: 中国水利水电出版社.

Andrew D. 2001. Topographic Position and Landforms Analysis, the Nature Conservancy. www.jennessent. com/ downloads/tpi-poster-tnc_18x22.pdf. [2017-6-18]

Bradley M. 2006. Topography Position Index TPI Landform Slope Classification Standardization Neighborhood Statistics. http://www.jennessent.com.[2017-5-12]

Bradley M, Schaetzl R J. 2014. Digital classification of hillslope position. Soil Science Society of America Journal, 79(1): 132-145.

Chen J, Chen J, Liao A, et al. 2015. Global land cover mapping at 30 m resolution: a POK-based operational approach. Isprs Journal of Photogrammetry & Remote Sensing, 103(5): 7-27.

Clark M L, Aide T M, Riner G. 2012. Land change for all municipalities in latin america and the caribbean assessed from 250-m modis imagery (2001-2010). Remote Sensing of Environment, 126(5): 84-103.

Dizdaroglu D, Yigitcanlar T. 2014. A parcel-scale assessment tool to measure sustainability through urban ecosystem components: the MUSIX model. Ecological Indicators, 41: 115-130.

Esch T, Marconcini M, Felbier A, et al. 2013. Urban footprint processor-fully automated processing chain generating settlement masks from global data of the tanDEM-X mission. IEEE Geoscience and Remote Sensing Letters, 10(6): 1617-1621.

Fan H. 2013. Land-cover mapping in the Nujiang Grand Canyon: integrating spectral, textural, and topographic data in a random forest classifier. International Journal for Remote Sensing, 34(21-22): 7545-7567.

Kraeuchi N, Brang P, Schoenenberg W. 2000. Forest of mountainous regions: gaps in knowledge and research needs. Forest Ecology and Management, 132(1): 73-82.

Messerli B, Ives J D. 1997. Mountains of the World: A global priority. New York and London: The Parthenon

Publishing Group.

Mück M, Klotz M, Felbier A, et al. 2016. Validation of the DLR Global Urban Footprint in rural areas: a case study for Burkina Faso. IEEE Journal of Selected Topics in Applied Earth Observations & Remote Sensing, 3:1-4.

Mosleh M K, Hassan Q K, Chowdhury E H. 2016. Development of a remote sensing-based rice yield forecasting model. Spanish Journal of Agricultural Research, 14(3): e0907.

Melchiorri M, Siragusa A. 2018. Analyzing cities with the global human settlement layer: a methodology to compare urban growth using remote sensing data//Smart and Sustainable Planning for Cities and Regions. Cham: Springer International Publishing: 151-165.

Partap T. 1999. Sustainable land management in marginal mountain areas of the Himalayan Region. Mountain Research and Development, 19(3): 251-260.

Pal N R, Pal S K. 1993. A review on image segmentation techniques. Pattern Recognit, 26(9): 1277-1294.

Pesaresi M, Melchiorri M, Siragusa A, et al. 2016. The atlas of the human planet 2016. Mapping Human Presence on Earth with the Global Human Settlement Layer. Berlin: Springer.

Shrestha D P, Zinck J A. 2001. Land use classification in mountainous areas: integration of image processing, digital elevation data and field knowledge application to Nepal. International Journal of Applied Earth Observation & Geoinformation, 3(1): 78-85.

Tran T V, de Beurs K M, Julian J P. 2016. Monitoring forest disturbances in Southeast Oklahoma using Landsat and MODIS images. International Journal of Applied Earch Observation and Geoinformation, 44: 42-52.

UNEP/WCMC. 2002. Mountain and Mountain Forest. Cambridge: UNEP-WCMC. [2017-5-21].

Yang Q, Song G, Rui L. 1993. Land patch mapping and discussion-taking Changwu experimental area as an example. Bulletin of Soil and Water Conservation, 13(5): 34-38.

第 10 章
基于深度学习的长时间序列土地覆盖分类

本章以整个中国为研究区，以定量遥感产品为输入，结合 DEM、气象数据、经纬度以及海拔数据，使用双向长短期记忆网络（Bi-LSTM）建立提取长时间序列土地覆盖分类模型，尝试获取 1982～2019 年中国 0.05°土地覆盖分类产品。为了探究最佳的训练模型以及最佳的数据组合，本章首先基于随机森林模型探究了不同定量遥感产品对土地覆盖分类的特征重要性评价，以分析不同的定量遥感产品对分类模型的贡献。其次，经过不同模型的训练对比，筛选出最适合的模型用于深度学习土地覆盖分类研究。这项研究为建立高分辨率的长期系列土地覆盖分类产品提供了新思路。

10.1 研 究 背 景

土地覆盖是地球表面最显著的特征之一，是人类活动和自然演化的共同结果。随着人口增长、经济发展和各种因素的影响，土地覆盖信息已被确定为全球变化研究和环境应用的关键数据组成部分之一（Feddema et al.，2005；Wulder et al.，2008）。它是了解人类活动与自然生态变化之间相互关系的重要信息来源，为许多应用提供了研究基础，如碳估算建模、森林管理以及作物产量估算（Bathiany et al.，2010；Jung et al.，2006；武利阳等，2018）等。土地覆盖变化是全球环境变化的原因和结果（Running，2008），可以改变能量平衡和生物地球化学循环（Claussen et al.，2001；De Fries et al.，1999），并进一步影响气候变化和地表属性（Pielke，2005；Reyers et al.，2009）。作为全球环境变化的原因和结果，土地覆盖变化会影响全球能源平衡和生物地球化学循环。因此，对全球土地覆盖进行连续和动态的监控是一项非常重要的工作（Zhu et al.，2019；陈海山等，2015；赵忠明等，2008）。

由于自然物候的影响和人类活动的变化，土地覆盖的变化速度和幅度也在不断变化，因此土地覆盖分类是高度动态变化的（Lambin et al.，2001）。这种特性为土地覆盖制图和监测带来了巨大挑战（Verburg et al.，2009；赵忠明等，2008）。跨度较长一段时间的两幅土地覆盖分类数据会缺少相应的土地覆盖变化过程信息，当前的监测手段和研究方式同样缺乏对全球土地覆盖变化的有效定量分析（Ramankutty et al.，2006）。长时间序列的土地覆盖数据集可以量化这种复杂的地表变化的过程（Lambin et al.，2003）。因此，长时间序列土地覆盖分类数据对于土地变化监测（Lambin et al.，2003）、识别和规划评估（Rogan and Chen，2004）具有非常重要的意义。由于需要大量的劳动力，基于实地研究的传统土地覆盖分类制图方法几乎无法应用于大面积及时更新的土地覆盖分类工作（Gong，2012）。因此，需要一种更加高效的方法进行长时间序列的土地覆盖分类研究。近年来，众多研究人员在土地覆盖分类上开展了大量的研究，提出了许多用于土地覆盖分类的方法（李石华等，2005），其中比较优秀的方法是深度学习算法。深度学习证明了神经网络模型在遥感分类中的出色表现（Chen et al.，2014；Zhang et al.，2016；骆成凤等，2006）。深度学习属于机器学习的一种，具有强大的拟合能力，非常适用于土地覆盖分类研究（党宇等，2017）。

10.2　数据与方法

10.2.1　研究区概况及数据

1. 研究区

由于 0.05°的尺度相对较大，小区域的研究难以满足土地覆盖类别的丰富性和样本量的充足性的需求。因此，本章中 0.05°长时间序列土地覆盖分类的研究区选择了整个中国。中国的土地覆盖类型丰富多样，空间范围为 73°40′～135°2′E，3°52′～53°33′N。土地覆盖类型主要是草地、耕地和林地，其中还夹杂着许多其他类型的土地覆盖。中国东部和西部地区之间的土地覆盖类型差异很大。其中，耕地和林地集中在东部，而西部地区的主要土地覆盖类型是草地和沙漠。不同土地类型的遥感特征非常复杂，时空分布差异很大。因此，中国非常适合大尺度的土地覆盖分类研究。

2. 数据

本章使用的数据主要为土地覆盖分类数据和时间序列定量遥感产品，并以经纬度数据和数字高程模型数据为辅助数据。

1）土地覆盖分类样本集

本章中使用的训练集、验证集和测试集均来自中国科学院地理科学与资源研究所 1 km 的中国多时期土地利用遥感监测（CNLUCC）数据集。

本章对 1km CNLUCC 数据集通过众数重采样方法将数据重采样为 0.05°（Tao et al.，2015）。自 1980 年以来，该数据集每五年有一期产品，并且缺少 1985 年的分类数据。CNLUCC 数据集的精度和众数重采样会导致混合像元问题，为确保样本的可靠性和精度，本章对样本集进行了样本筛选。当一个像元周围的 8 个像元类别相同时，选择中心的像元为可靠性高的样本。经过筛选之后，本章对样本集进行了随机重组构成了 0.05°

的土地覆盖分类的样本集。

2）定量遥感产品

定量遥感是指从对地观测的电磁波信号中来获取地表参数的技术。定量遥感的信息获取过程是先从遥感传感器获取得到电磁波信息，然后将电磁波信息通过数学物理模型转换成对观测目标有效的量化信息，最后根据这些量化信息定量反演出某些地表参数。定量遥感技术获取的地表参数数据在空间上具有宏观性，在时间上具有连续性。

本章中使用的数据主要是基于 AVHRR 数据的 GLASS 时间序列定量遥感产品，GLASS 定量遥感产品是在国家高技术研究发展计划（863 计划）支持下获取的全球定量遥感产品，包括叶面积指数（LAI）、吸收光合有效辐射比（FAPAR）、蒸散指数（ET）、总初级生产力（GPP）和反照率（Albedo）等，空间分辨率为 0.05°，时间分辨率 8 天，时间跨度为 1982~2023 年。LAI 的定义为单位地表面积上植物叶片面积的总和，这是描述植被冠层几何结构的特征参数。FAPAR 是植物吸收的光合活性辐射与入射太阳辐射之比。ET 是指土壤水分蒸发量与植物蒸腾量之和。反照率是指地表的总反射辐射通量与入射辐射通量的比值。GPP 是指每单位时间和单位面积通过绿色植物的光合作用固定的有机碳总量。

3）辅助数据

对于 0.05°的土地覆盖分类研究来说，本章还选择了 MERRA2 （Lim et al.，2016）的温度数据和降水数据。该产品是通过将站点数据和遥感数据同化而获得的再分析数据，分辨率为 0.625°×0.5°，然后重新采样为 0.05°。DMSP-OLS 的夜间灯光数据集（Elvidge et al.，1997）是基于遥感卫星检测到的夜间光信号，该数据来自美国空军国防气象卫星计划（DMSP）。夜间灯光数据来自其可见光和近红外传感器中提供的 DMSP / OLS 夜间灯光产品。它用于提取不透水层类别具有很好的效果（Zhou et al.，2014）。其空间分辨率为 30 arc second，然后重新采样至 0.05°。因为不同的土地覆盖类型与海拔、纬度和经度相关（Fahsi et al.，2000），为了进行分类还需要高程、纬度和经度信息。本章的高程数据使用的是 ASTER GDEM（Tachikawa et al.，2011）的 DEM 数据，并将其同样重采样到 0.05°。

10.2.2　研究方法

本章的实验数据是基于 0.05°的 GLASS 定量遥感产品，然后基于该数据生产两种分辨率（0.05°和 1km）的土地覆盖分类数据。0.05°的土地覆盖分类研究可以通过深度学习的方法直接建立定量遥感产品同土地覆盖的非线性关系，从而搭建深度学习模型。

1. 分类体系

本章的土地覆盖类型主要包括 10 种类型，分别是耕地、林地、草地、灌木、永久性冰雪、湿地、水体、不透水层、裸地和苔原。每种类型的定义见表 10.1。

表 10.1　分类体系

代码	类型	内容
0	耕地	耕地定义为农作物的种植土地,以各种农作物为主并包括其他经济类乔木
1	林地	林地定义为乔木覆盖且植被覆盖度超过 30%的区域,包括多种类型的林地
2	灌木	灌木定义为灌丛覆盖度高于 30%的土地,包括各种类型的灌丛,以及荒漠地区灌丛覆盖度高于 10%的地区
3	草地	草地定义为天然草本植被覆盖,且其植被覆盖度大于 10%
4	水体	水体定义为陆地范围内液态水覆盖的区域
5	湿地	湿地定义为陆地和水域的交界地带,有浅层积水或土壤过湿的地带,多生有沼泽生或湿生植物
6	永久性冰雪	永久性冰雪定义为有永久性冰雪、冰川和冰盖覆盖的土地
7	不透水层	不透水层定义为由人工建设活动造成的地表,不包括建设用地内的绿地和水体
8	裸地	裸地定义为植被覆盖度低于 10%的自然覆盖土地
9	苔原	苔原定义为寒带环境下由地衣、苔藓、多年耐寒植被和灌木覆盖的地表

2. 样本特征获取

本章使用了多种定量遥感产品,主要原因是定量遥感产品可以反映出地表的多种生态和物理特征(Yeom et al., 2018)。地表的类别可以通过精细的地表特征来区分;在这些特征中,LAI 是描述植被冠层几何形状的特征参数,可以反映植被的生长和发育。FAPAR 表征了植被中光合作用的强度。ET 是土壤-植物-大气连续系统中水分运动的重要过程,它的强度与潜在的地表特征和植被密切相关。反照率是描述气候模型和地表能量平衡方程的重要参数。GPP 是指每单位时间和单位面积通过绿色植物的光合作用固定的有机碳总量。

不同的地类在一年内的周期中的地表时间变化特征也是不同的,这是时间序列土地覆盖分类的基础。植被的 NDVI 曲线在时间上首先表现出上升过程,然后由于植被开花、结果、落叶过程,NDVI 时间序列曲线在到达顶峰之后开始下降(Gandhi et al., 2015)。这种生长过程的特征有助于区分植被和非植被。由于人类的活动,耕地每年大多要进行两次或三次耕作。在 NDVI 年时间序列曲线上,农作物表现出两个峰或三个峰(Sakamoto et al., 2005)。并且不同区域的作物曲线特征有助于区分华北、华南和四川的作物与其他植被。反照率反映了地表吸收太阳辐射的能力。通常情况下,冰雪的反照率高于其他类别的反照率,其次是覆盖着废土和砾石的裸地。不透水层的反照率通常高于植被或水体的反照率,因此反照率在区分不透水层和水体方面有很好的效果。草地、林地和灌木的叶面积指数也有一定差异,因此 LAI 在区分不同植被类型方面也具有很好的优势。GPP、ET 和 FAPAR 则从生物学和热学方面解释了不同类型土地类型年际变化的差异。如图 10.1 所示,不同地表类型在定量遥感产品的年内时间序列曲线的表现是不同的,本章以此为基础开展了时间序列土地覆盖分类的研究。

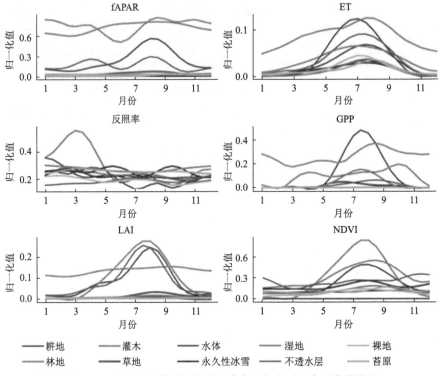

图 10.1　不同地表类型的定量遥感产品年内时间序列曲线特征

3. 长短期记忆网络（LSTM）

长时间序列土地覆盖分类的关键是如何充分利用时间序列定量遥感产品丰富的季节性模式信息和顺序关系来进行土地覆盖分类工作。递归神经网络（recurrent neural network，RNN），特别是 LSTM 可以很好地捕捉时间相关性，并且该方法已经用于医疗、股票、文本分类及语音识别中，证明了其在不同领域中都具有非常良好的效果。

时间序列数据是指在不同时间点上收集到的数据，这类数据反映了某一事物、现象等随时间的变化状态或程度。RNN 就是一类用于处理序列数据的神经网络，它不同于传统的神经网络。一般的神经网络结构包含输入层、隐层、输出层，通过激活函数控制输出，层与层之间通过权连接。激活函数在模型搭建前预先设定，神经网络模型通过训练"学"到的特征信息蕴含在"权值"中。基础的神经网络只在层与层之间建立了权连接，RNN 最大的不同之处就是在层之间的神经元之间也建立了权连接。

目前适用性最广的 RNN 模型是 LSTM 模型，LSTM 是一种特殊的 RNN。RNN 网络存在的问题是难以发现序列中的时间间隔较长的帧之间的关系，因为任一帧的输入对后续隐藏层节点和输出层节点的影响会随着时间越来越小，LSTM 网络可以有效地解决这一问题。LSTM 在隐藏层中加入了状态参数，使得网络对序列中较长时间前的输入有了记忆的能力。典型的 LSTM 单元基本结构图如图 10.2 所示。

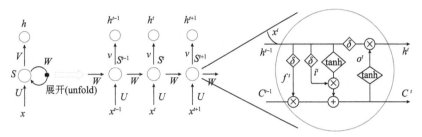

图 10.2　LSTM 单元基本结构图

LSTM 单元由两个单元状态组成，分别是隐藏层的状态层 C^t 及隐藏层的输入层 h^t，同时还有三个不同的门：输入门 i、遗忘门 f 和输出门 o。当序列的第 t 帧输入网络中时，LSTM 隐藏层的输入包括网络的当前输入 x^t，上一时刻的隐藏层输出向量 h^{t-1}，以及隐藏层的状态 C^{t-1}。隐藏层的任务是计算并输出向量 h^t，并更新状态得到 C^t，为此隐藏层加入了遗忘门 f、输入门 i 以及输出门 o。遗忘门 f 决定状态 C 中的哪些信息被丢弃，输入门 i 决定输入由 x^t 和 h^{t-1} 得到的更新信息中有哪些可以用于状态 C 的更新。经过遗忘门和输出门，状态 C 的更新完成。然而，LSTM 中加入隐藏层的状态的目的是使其对隐藏层的输出 h 产生影响，因此输出门 o 用于决定状态 C 中的信息如何作用到 h^t 的计算中。

sigmod（Chen et al.，2004）激活函数在图 10.3 中用 δ 表示，三个状态更新门、隐藏层输出 h^t 和状态更新 C^t 的计算表达式如下：

$$f^t = \delta\left(W_f \times \left[x^t, h^{t-1}\right] + b_f\right) \tag{10.1}$$

$$i^t = \delta\left(W_i \times \left[x^t, h^{t-1}\right] + b_i\right) \tag{10.2}$$

$$o^t = \delta\left(W_o \times \left[x^t, h^{t-1}\right] + b_o\right) \tag{10.3}$$

$$C^t = \tanh\left(W_c \times \left[x^t, h^{t-1}\right] + b_c\right) + f^t \times C^{t-1} \tag{10.4}$$

$$h^t = o^t \times \tanh(C^t) \tag{10.5}$$

三个状态更新门以 x^t 和 h^{t-1} 为输入，并经过相应门的权重和偏移量进行数据在神经元中的传递。神经元中的每个参数在反向传播中进行不停的更新，模型的状态并随之进行调整。

4. 基于 Bi-LSTM 的分类模型

1）基于 Bi-LSTM 的土地覆盖分类模型

本章使用了两个相反方向的多层 LSTM（Sun et al.，2019），通过时空数据处理和多标签土地覆盖进行土地覆盖分类。基于 Bi-LSTM 的土地覆盖分类模型如图 10.3 所示。原来存在于 LSTM 网络中的输出层将被删除。隐藏层中的输出（h^1，h^2，$\cdots$，h^{T-1}，h^T）被输入平均池化层中以获得没有时间信息的向量 h^T。同时，本章使用了 LSTM 的反向版本，称为反向 LSTM。这两个结构基本相同，"反向 LSTM"网络要求输入数据以时间序列的相反顺序输入，并且该层的输出用 h_b 表示。Bi-LSTM 是前向 LSTM 和反向 LSTM 的组合。这种双向信息提取对于分类工作是有帮助的。现有实验表明，Bi-LSTM 的分类效果优于 LSTM 的分类效果。

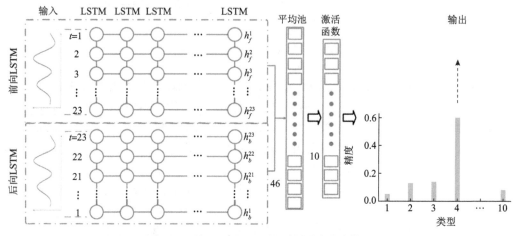

图 10.3　基于 Bi-LSTM 的土地覆盖分类模型

为了执行分类任务，本章构建了一个深层次的神经网络结构。通过将多层 LSTM 堆叠在一起，构建的 Bi-LSTM 模型可以提取遥感时间序列中的高级非线性时间特征。该架构类似于结合了多个卷积层的 CNN 网络。由于 LSTM 本身不执行类别预测的任务，因此本章将一个 softmax 层添加到 LSTM 网络的后面以执行多类别预测。softmax 神经元中的最大值相对应的类别是预测的最终结果。

2）基于 Bi-LSTM 的土地覆盖百分比分级模型

在获得长时间序列土地覆盖分类产品集之后，本章还探究了长时间序列土地覆盖分类百分比的提取。土地覆盖百分比分级模型将多元定量遥感产品时间序列和土地覆盖物分类数据作为输入，其输出是该模型在类别中所占百分比的估计。该模型的结构与基于 LSTM 的土地覆盖分类模型的结构基本相同。其不同之处在于，土地覆盖数据被用作模型输入，模型的输出更改为类别百分比水平的估计值。由于本章需要获取每个像元中不同类别的比例，因此需要为每个类别建立一个百分比分级提取模型，以实现所有类别的百分比分级研究。具体方法是提取该类别所有级别的空间分布。

由于百分比分级值是离散的，因此可以将百分比提取的拟合工作简化为分类任务。也就是说，可以将拟合类别的连续百分比值的工作转换为类别百分比的 6 个离散值级别的分类任务。因此，土地覆盖率分级模型可以直接基于土地覆盖物分类模型的框架，以土地覆盖率分级数据和定量遥感产品为输入，然后建立并训练土地覆盖率百分比分级模型。对于研究的 10 个土地覆盖类别，总共需要建立 10 个土地覆盖百分比分级模型。

5. 样本不均衡优化算法——分层 SMOTE 算法

样本大小不平衡是机器学习分类中一个非常普遍且难以解决的问题。该问题会导致模型/算法不能充分训练所有类别的数据，尤其是样本数量较少的类别。样本数量较少的类别的不充分训练将对验证或测试结果造成影响。样本量均衡的数据集的标签在多类别分类中是均匀分布的，如果某个类别的样本比其他类别具有明显优势，则该数据集可以被认为是不平衡数据集。这种失衡将导致两个问题：①训练效率低下，因为样本失衡会导致某些类别的训练不足；②由于某些类别的训练不足，模型的性能将下降。

　　解决该问题的方法主要有两种：第一种方法是样本欠采样（Lin et al., 2017）。欠采样通过随机删除具有足够样本的类别来消除数据中的类别数量。尽管该方法非常简单，但是删除的数据很可能包含有关预测的重要信息。第二种方法是样本过采样。对于不平衡的类别（样本数量少的类别），过采样（Sáez et al., 2016）随机增加了样本的数量。这些增量仅是现有样本的副本。这种样本的过度复制可能会导致模型过度拟合。两种方法都针对样本集进行操作，尽管这两种方法可以均衡样本大小，但是使用这些方法获取的样本集并不能从根本上解决样本不均衡问题导致的模型精度影响。

　　本章选择通过适当过采样的方法来提升样本的数据量，这种方法称为分层合成少数类过采样技术（SMOTE）算法。它可以对样本不均衡的问题进行改善，注重于通过对样本集进行操作来平衡样本量之间的差异，具体原理如下：

　　上采样增加小样本的数量是一种常见的解决样本不均衡问题的方法。常用的方法是SMOTE 算法（赵锦阳等，2019）。该方法的特点是将小样本的数量级强制增加到与大样本相同的数量级。简而言之，是借助"插值法"为样本量较少的类别生成新样本。该算法的思想可以概括为：对于某类别的每个样本 x，通过欧几里得距离标准来计算该类别样本集 S_{min} 中的所有样本的距离，并获得 K 最近邻。对于每个数量较少类别的样本 x，从它们的 K 个最近邻中随机选择几个样本。假设最近的样本是 x_n，则对于每个 x_n 根据公式（10.6）使用原始样本构造一个新样本。

$$X_{new} = x + rand(0,1)|x - x_n| \qquad (10.6)$$

　　但是，对于土地覆盖分类的样本来说，不同类别的样本规模差异很大。例如，一个耕地类别的样本可以达到 300000 的数量级，而不透水层类别的样本大小仅为 6000。使用 SMOTE 算法时，不透水层类别的样本将从 6000 增加到 300000。通过 SMOTE 算法获得 294000 个新的不透水层类别样本。由于新的样本集中绝大部分的不透水层样本都是通过插值得到的，不透水层类别的原始特征很可能会丢失，从而导致分类结果不准确，影响分类结果（Hu et al., 2015）。

　　为了改善由 SMOTE 算法引起的样本过量增加所导致的分类结果的不准确，本章使用了一种称为分层 SMOTE 算法的抽样方法来对样本进行适当范围内的过采样。本章进行了对比实验，将通过分层 SMOTE 算法获得的样本集和通过传统 SMOTE 算法获得的样本集输入模型进行训练，并对预测结果进行比较。经过对比实验发现，分层 SMOTE 算法比传统的 SMOTE 算法产生了更好的分类结果。样本量较少的类别的样本数量可以在合理范围内增加，该结果将在后文进行讨论。

　　分层 SMOTE 算法的具体操作是首先计算每个类别中的样本数。然后，根据样本的数量级将它们分为三层。第一层是耕地、草地、林地和裸地。第二层是灌木。第三层是湿地、水体、苔原、不透水层以及永久性冰雪。最后，将 SMOTE 算法用于三层中的每一层分层进行样本上采样并获得用于模型训练的样本集。

6. 精度评价方法

本章基于三个方面对分类结果进行验证。第一个方面是筛选用于验证模型精度的样本。本章首先从已有的分类数据集中获取了样本，并将其中的 10% 用来模型的最终测试。其次，本章通过第三方数据获取了 1km 验证点数据集，用于评价分类结果的分类精度。

第二个方面是通过混淆矩阵评估模型及分类结果的精度。混淆矩阵可以计算每个类别的分类精度，并评估不同模型的分类效果。同时本章还使用 $F1$-score（Goutte and Gaussier，2005）作为模型分类能力的一个指标，它同时兼顾了分类模型的用户精度和制图精度，是一种综合的精度评价指标。

$$F1_{\text{type}} = 2 \times P_{\text{pred}} \times P_{\text{user}} / (P_{\text{pred}} + P_{\text{user}}) \qquad (10.7)$$

式中，$F1_{\text{type}}$ 为单个类别的 $F1$-score；P_{pred} 为分类混淆矩阵的制图精度；P_{user} 为分类混淆矩阵的用户精度。本章中使用的 $F1$-score 是对所有类别的 $F1$-score 进行简单平均后得出的平均 $F1$-score。

第三个方面是开展分类结果的时间序列一致性的评估。通过统计不同类别多年的分类精度的标准差进行模型在时间序列上的精度稳定性分析。长时间序列土地覆盖物分类模型的关注点之一是，要确保该模型在不同年份的分类结果下都保持较高且类似的稳定分类精度，而不同时间的模型精度标准偏差较小，表示模型的时间稳定性较好。

10.3　中国区域 0.05°长时间序列土地覆盖分类

10.3.1　定量遥感产品的重要性评估

随机森林可以通过基尼系数（Rodriguez-Galiano et al.，2012）评估分类过程中不同变量的重要性。从图 10.4 中可以看到不同定量遥感产品的特征重要性评估。其中，重要性最高的是 GPP，ET 排名第二，NDVI 排名第三。可以发现，定量遥感产品的重要性要高于 NDVI。

基于随机森林算法，本章在分类过程中进一步探究了每个类别的特征重要性，如图 10.5 所示。首先对于耕地类别来说，ET 和 NDVI 特征重要性相对较高，这主要是由于农作物的周期性 NDVI 特性以及农作物与 ET 之间的强相关性（Dinpashoh，2006）。林地类别主要受 NDVI 和 LAI 影响，主要是林地植被覆盖率较高的缘故。草地的植被覆盖度同林地、灌木和耕地的覆盖度相类似，但是草地的 GPP 量会低于其他几种植被类别，因此 GPP 在草地的特征重要性中分值更高。由于永久性冰雪类别相比较其他类别具有更高的反照率，因此该类别中反照率具有更高的特征重要性。不透水层类别更容易受到 ET 和反照率的影响。裸地类别由于其极低的 GPP 值和较低的 NDVI 值，因此这两种参量对于裸地类别的分类影响更强。这些结果在一定程度上证实了定量遥感参量有助于土地覆盖分类研究的结论。

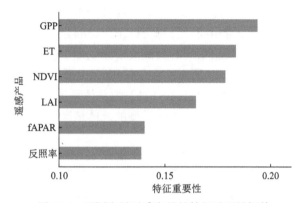

图 10.4　不同定量遥感产品的特征重要性评估

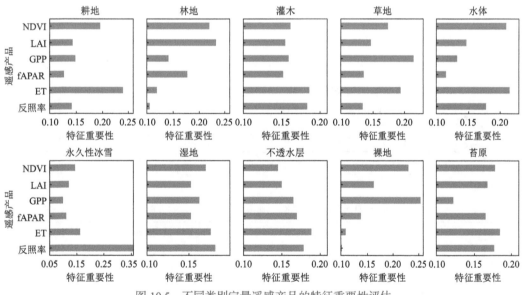

图 10.5　不同类别定量遥感产品的特征重要性评估

10.3.2　模型精度评价

为了证明 Bi-LSTM 模型的性能和精度，本章还对五种类型的机器学习模型（随机森林、SVM、CNN、LSTM 和 Bi-LSTM）的分类能力进行了比较。Bi-LSTM 和 LSTM 之间的区别在于 Bi-LSTM 添加了一层反向输入数据的 LSTM，以提取更多的时间信息（Graves and Schmidhuber，2005）。CNN 是一种擅长处理图像的神经网络，其工作方式是提取二维空间特征，用于空间与光谱领域。为了将时间序列定量遥感产品输入 CNN 模型中训练，从而形成比较试验，本章对数据的存储和输入形式进行了设计。本章使用了 6 种定量遥感变量，每个定量遥感变量的时间长度为 23（相当于每半个月一个数据）。每个样本的 6 个定量遥感变量类别为 X 轴，时间维度为 Y 轴。每个样本的特征变量根据这种形式形成了 6×23 二维数组，然后使用 CNN 模型对该数组进行卷积提取特征，并执行训练和分类任务。本章的三个神经网络（Bi-LSTM、LSTM 及 CNN）都建立了四层网络结构，并且神经元的数量保持相同。当每个训练模型的验证精度开始趋于稳定时，训练结束。本章对这五个模型都使用相同的测试集来测试每个模型的分类精度。该模型的训练过程和最终精度结果如表 10.2 所示。在仅使用 GPP 作为输入的情况下，五个模型（随机森林、SVM、CNN、LSTM 和 Bi-LSTM）的总体精度分别为 78.30%、63.73%、56.40%、79.13% 和 81.86%，其中 Bi-LSTM 模型的总体精度最高。

表 10.2   比较不同模型和不同定量遥感产品之间的分类精度

类型	输入	总体精度/%	平均 F1-score
Bi-LSTM	GPP	81.86	0.819
	NDVI	79.66	0.801
	GPP + ET	83.61	0.835
	GPP + ET + NDVI	84.93	0.848
	GPP + ET + NDVI + LAI	86.34	0.864
	GPP + ET + NDVI + LAI + FAPAR	87.21	0.872
	GPP + ET + LAI + NDVI + FAPAR +反照率	88.04	0.878
	GPP + ET + LAI + FAPAR +反照率	87.39	0.872
LSTM	GPP	79.13	0.793
	NDVI	75.23	0.758
	GPP + ET + LAI + FAPAR +反照率	84.37	0.833
CNN	GPP	56.40	0.553
	NDVI	53.10	0.513
	GPP + ET + LAI + FAPAR +反照率	72.35	0.716
SVM	GPP	63.73	0.611
	NDVI	60.58	0.601
	GPP + ET + LAI + FAPAR +反照率	73.90	0.727
随机森林	GPP	78.30	0.773
	NDVI	72.84	0.72
	GPP + ET + LAI + FAPAR+反照率	79.83	0.793

因此，本章选择 Bi-LSTM 作为长时间序列土地覆盖物分类的训练模型。同时，在此

基础上，本章逐渐增加了定量遥感产品作为输入并观察增加定量遥感产品之后模型的精度变化。研究发现，每增加一种定量遥感产品，分类模型的精度都有一定程度的提高，最终达到 88.04% 的分类精度，其平均 F1-score 也达到 0.878。同时，本章还评估了 NDVI 和定量遥感产品对模型精度的影响。当移除 NDVI 且仅将定量遥感产品用作模型输入时，模型的精度仅降低 0.65%，这表明定量遥感产品在土地覆盖分类模型中可以起到主导作用。

10.3.3　基于 Bi-LSTM 的土地覆盖分类模型评价

本章将训练数据集输入到 Bi-LSTM 模型，该模型通过多次迭代后达到了最佳状态。深度学习模型的训练精度将随着迭代次数的增加而继续提高。当模型的训练超过一定程度，模型可能会出现过度拟合现象（Hawkins，2004）。模型一旦过拟合将会削弱模型的泛化能力，此时模型在训练集上效果虽然很好，但是在测试集上的效果会很差。因此，有必要输入验证集以监测模型的训练。在模型学习曲线中，如果训练精度和验证精度相差较大，则说明模型的方差较大（通常训练精度高于验证精度），此时模型会出现过度拟合现象。在理想情况下，训练集和验证集的两条精度曲线是相近的。一旦验证集的分类精度达到饱和，模型就已经处于最佳状态。本章在模型的训练过程中绘制了模型的训练精度曲线、验证精度曲线和损失曲线，如图 10.6 所示。

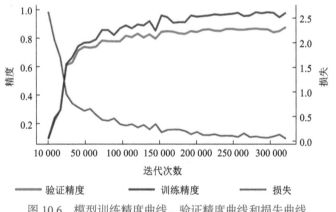

图 10.6　模型训练精度曲线、验证精度曲线和损失曲线

训练样本的样本量的选择也会影响模型的精度。如果训练样本量太少，样本的特征将不具有代表性。如果样本量太大，将会导致训练时间的增加。为了节省训练时间并确保训练效率和训练精度，本章针对不同样本量对模型精度的影响进行了实验。实验后发现，当选择样本量的 80% 作为训练样本时（图 10.7），模型的训练效果可以达到最佳。

在确定了包括数据选择、训练模型及样本量等的全部训练基本条件之后，本章进行了 0.05° 土地覆盖分类研究的模型训练，模型的最终测试精度为 84.2%。将测试集输入模型后，本章绘制了测试集分类结果的混淆矩阵。如表 10.3 所示，每个类别的分类精度达到 80% 以上，其中湿地、水体、永久性冰雪、不透水层和苔原类别的精度达到 90% 以上。

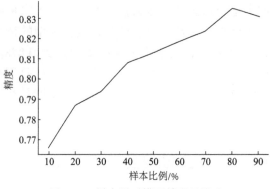

图 10.7 样本量对模型精度的影响

表 10.3 0.05°土地覆盖分类模型精密混淆矩阵（样本个数）

类型	耕地	林地	灌木	草地	水体	永久性冰雪	湿地	不透水层	裸地	苔原	总体精度/%
耕地	43835	3366	814	3497	341	9	139	223	369	2	83.3
林地	3359	47280	2395	3011	43	14	94	42	174	19	83.7
灌木	301	821	7778	544	2	0	10	0	27	2	82.0
草地	3185	3254	1521	72173	212	165	217	32	5467	596	83.1
水体	82	20	0	55	2592	0	20	29	20	0	92.0
永久性冰雪	0	8	0	21	0	1497	0	0	57	6	94.3
湿地	41	22	13	19	7	0	1414	0	19	2	92.1
不透水层	40	13	0	7	8	0	2	860	2	0	92.4
裸地	368	219	107	5787	111	332	88	29	46179	363	86.2
苔原	0	0	0	91	0	5	0	0	35	2332	94.6
总体精度/%											84.2

　　由于本章同样希望获得长时间序列的土地覆盖分类，因此本章对模型随时间推移的泛化能力也有很高的要求。本章从 1980 年、1990 年、1995 年、2000 年、2005 年、2010 年和 2015 年的中国多时期土地利用遥感监测数据集（CNLUCC）分类数据中抽取了 10% 的样本，用来测试模型在这 7 年中每个类别的精度，并统计了这七年中每个类别的精度的标准差。统计结果显示，每个类别在这七年中的分类精度的标准差均不超过 6%，总体精度标准差保持在 0.8% 左右。

　　为了进一步分析模型分类精度的稳定性，本章还对不同年份（1980 年、1990 年、1995 年、2000 年、2005 年、2010 年和 2015 年）的每个类别的最大值和最小值以及中位数进行了统计（图 10.8）。统计发现，每个类别的精度至少保持 80%。单个类别每年的精度偏差相对较小，并且只有林地、灌木和不透水层三个类别在不同年份的分类精度中具有异常值。这三个异常值的精度均大于 80%，处于可接受的范围内。由此证明，该模型在时间序列上也具有很好的推广性和泛化性。

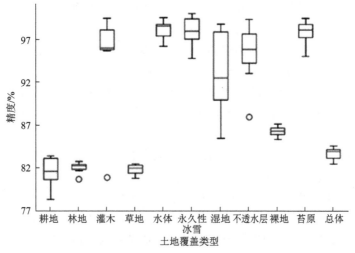

图 10.8　时间序列测试集的每种土地覆盖类型精度的箱型图统计

10.3.4　基于 Bi-LSTM 的土地覆盖百分比分级模型评价

本章在获得 2010 年的土地覆盖分类数据后，将其与 2010 年的定量遥感产品一起作为土地覆盖百分比分级模型的输入。该模型的训练方法和训练过程与土地覆盖分类模型的训练方法和训练过程大致相同。

将测试集输入训练的模型后，可以获得每个类别不同百分比分级的分类精度。据统计，土地覆盖百分比分级模型训练的效果相对较好，如表 10.4 所示，总体精度达到 85%以上，8 个类别的精度达到 90%以上。

表 10.4　0.05°土地覆盖分类分级模型精度表

类型	等级 0	等级 1	等级 2	等级 3	等级 4	等级 5	总体精度/%
耕地	84.4	91.1	92.4	92.7	93.7	92.4	91.1
林地	84.4	91.1	92.4	92.7	93.7	92.4	91.1
灌木	92.6	82.0	85.5	88.7	95.2	96.7	90.1
草地	77.7	90.2	88.1	86.9	85.4	96.7	87.5
水体	94.2	94.4	94.5	97.6	98.4	99.3	96.4
永久性冰雪	99.5	94.5	97.2	97.1	98.0	97.6	97.2
湿地	96.0	94.7	94.5	96.9	98.0	98.6	96.1
不透水层	94.5	91.4	94.8	96.8	96.1	97.6	95.1
裸地	92.9	87.3	89.1	85.3	82.9	97.4	89.2
苔原	99.3	95.5	95.5	96.5	96.9	93.0	96.3

10.3.5 基于分层 SMOTE 算法的分类结果改进

为了解决不同类别样本量差异引起的分类精度问题，本章选择 SMOTE 算法来解决样本量差异问题。但是，这种算法不能直接应用于本章中。样本量最大和最小的类别之间的差异过大会导致样本量少的类别的大多数样本通过插值获取，该类别的样本将会失去其最初的基本特征（Bunkhumpornpat et al.，2009）。

尽管从 SMOTE 算法获得的样本集可以产生较好的训练精度和测试精度，但是通过这种算法获得的中国 2010 年土地覆盖分类产品与中国 2010 年 CNLUCC 分类产品有很大差异，主要差异可见于图 10.9。

（1）在中国的东北地区。在 CNLUCC 土地覆盖分类产品中，该地区的主要土地覆盖类型为耕地和林地，中间有少量水。该结果与该地区的实际土地覆盖类型一致。但是，SMOTE 算法获得的结果显示，中国东北出现了大量水体。

（2）在中国的西部地区。在 CNLUCC 土地覆盖分类产品中，该地区的主要土地覆盖类型为草地和裸地，少量的冻原覆盖在其中。该结果与该地区的实际土地覆盖类型一致。但是，SMOTE 算法获得的结果显示，中国西部出现大量苔原分布。

（3）在中国的西南地区。在 CNLUCC 土地覆盖分类产品中，该地区的主要土地覆盖类型为林地和灌木，其中灌木和林地相交。该结果与该地区的实际土地覆盖类型一致。然而，SMOTE 算法获得的结果显示，中国西南部分布着大量的密集灌木。通过 SMOTE 算法获得的上述三个区域的结果显然与实际的土地覆盖不一致。

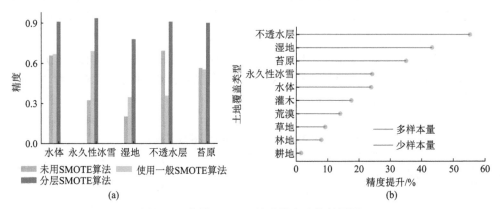

图 10.9　分层 SMOTE 算法精度改善效果图

为了解决这个问题，本章改进了 SMOTE 算法并命名为分层 SMOTE 算法。本章将分层 SMOTE 算法获得的数据集输入模型后，经过多次迭代，发现土地覆盖分类模型的训练精度和测试精度也可以达到较好的效果。为了证明分层 SMOTE 算法对实际分类结果有积极影响，本章使用从该算法获得的数据集来获取 2010 年土地覆盖类产品。将其结果与从 CNLUCC 产品获得的 2010 年产品和从 SMOTE 算法获得的 2010 年产品进行了比较，很好地解决了相应区域中的分类错误。此外，将两种 SMOTE 算法的结果与 CNLUCC 数据进行对比，并对两种算法的 10 类正确分类的单元数进行了统计。统计后的结果列于

表 10.5。对于每个类别来说，分层 SMOTE 算法提高了分类的精度，该方法简单有效。并且灌木、水体、永久性冰雪、湿地、不透水层和苔原这六个样本量较少的类别的精度提升得更高。

表 10.5　SMOTE 算法与分层 SMOTE 算法的精度比较

	原样本	SMOTE 算法预测样本数	分层 SMOTE 算法预测样本数	SMOTE 算法精度/%	分层 SMOTE 算法精度/%	精度变化/%
耕地	75749	63996	65220	84.5	86.1	+1.6
林地	83285	69539	76206	83.5	91.5	+8.0
灌木	13893	9505	11948	68.4	86.0	+17.6
草地	117764	94265	104928	80.0	89.1	+9.1
水体	3911	2619	3555	67.0	90.9	+23.9
永久性冰雪	1336	925	1416	69.2	93.3	+24.1
湿地	2539	882	1978	34.7	77.9	+43.2
不透水层	2238	803	2035	35.9	91.0	+55.1
裸地	81293	64517	75829	79.4	93.3	+13.9
苔原	2201	1217	1983	55.1	90.1	+35.0

10.4　讨　论

　　本章的样本来自中国科学院地理科学与资源研究所的 CNLUCC 中国土地覆盖分类数据集。本研究从该数据集获得了训练集、验证集和测试集。为了确保样本的可靠性，当中心像元周围的八个像元相同时，选择中心像元作为高度可靠的样本。通过这种方法可以获得较高质量的样本集。对于土地覆盖分类研究来说，最佳的测试集通常是实地验证数据，由此检测出的结果最接近实际的土地类别。但是，获取长时间序列的土地覆盖分类研究的 1km 验证点数据集是不现实的，这需要大量的人力和时间，目前还没有相关的样本集。大多数测试集是在给定年份收集的，并不能反映土地覆盖的变化。此外，0.05°分类数据的每个像元覆盖的区域都是比较大的，包含的类别也很多。由于尺度效应，实地验证数据不能反映 0.05°像元的实际类别。本研究使用的筛选样本的方法通常可以确保在有限条件下样本的纯度。在保证样本精度的前提下，使用该样本进行分类研究获得的结果也是可以接受的。

　　本研究对每个类别的不同年份的精度进行了统计分析，本研究发现，对于不同年份的分类精度结果都是可以接受的，不同年份的分类精度具有良好的稳定性。结果表明，每个类别不同年份的精度大致相同。不同年份的精度的标准偏差不超过 6%。但是，湿地的精度具有比其他类别更高的离散性，最大值和最小值之间的差异为 13.3%。精度虽然很高，但对于湿地来说，它在不同年份的稳定性比较差。本研究认为，产生该问题的原因主要有以下两个：首先，湿地类型很多，如沿海湿地、内陆湿地和人工湿地。湿地处于陆地和水生生态系统之间的中间位置，因此涵盖了各种各样的地表类型，这种地类很难定义。其次，湿地中有许多不同类型的生物。因此，湿地的定量遥感特征十分复杂，容易与水体和其他植被类型相混淆。同时，湿地的样本量太小，因此该模型易于将湿地分类为其他类别。湿地和其他类别之间时间序列的相似性可能会给本研究的分类任务带来一定的困难。

10.5 小 结

本研究提出了一种基于 Bi-LSTM 的长期土地覆盖分类深度学习模型。该模型使用 CNLUCC 中国土地覆盖物分类数据形成一组长时间序列的土地覆盖物分类样本。以此为基础，本研究建立了土地覆盖类型与定量遥感产品之间的对应关系，训练了中国 0.05° 长时间序列土地覆盖深度学习的自分类模型，并对该模型的精度进行了评估。

LSTM 模型在处理时间序列数据方面具有优于其他模型的优势，该模型提取了数据的时间信息以进行时间序列分类。本研究使用了同一组数据用于训练和比较三种深度学习模型（CNN、LSTM 和 Bi-LSTM）的精度。在模型参数保持相同的情况下，Bi-LSTM 模型实现了更高的精度。因此，本研究选择了 Bi-LSTM 模型作为长时间序列土地覆盖模型的基本模型。

在模型训练过程中，本研究通过视觉操作监控模型的训练过程。由于深度学习模型可能在训练迭代次数达到一定水平后开始过度拟合，因此有必要监视模型的训练过程。在模型验证精度稳定之后并且在测试精度降低之前，模型的训练结束。最后，本研究获得了一个长时间序列的土地覆盖分类模型，模型的总体精度为 84.2%。

以 1980 年、1990 年、1995 年、2000 年、2005 年、2010 年和 2015 年的 CNLUCC 中国土地覆盖分类数据为基准，本研究还评估了对应年份的土地覆盖分类数据的精度。经过评估之后，本研究发现每个类别的精度都超过 80%，其中 5 个类别的总体精度超过 90%。在确保精度的同时，本研究评估同一类别不同年份的分类精度。结果表明，同一类别不同年份的精度大致相同，标准差不大。每类别的标准差不超过 6%，总体精度标准差保持在 0.8%左右。由于 0.05°分类像元中包含大量混合类别信息，本研究还提取了每个像元的百分比分级信息。每个类别百分比分级的整体精度均达到 85%以上，其中有 8 个类别的精度超过 90%。这些结果证明了 Bi-LSTM 模型用于时间序列土地覆盖分类的可行性和可靠性。

参 考 文 献

陈海山, 李兴, 华文剑. 2015. 近 20 年中国土地利用变化影响区域气候的数值模拟. 大气科学, 39(2):

357-369.

党宇, 张继贤, 邓喀中, 等. 2017. 基于深度学习 AlexNet 的遥感影像地表覆盖分类评价研究. 地球信息科学学报, 19(11): 1530-1537.

李石华, 王金亮, 毕艳, 等. 2005. 遥感图像分类方法研究综述. 国土资源遥感, 17(2): 1-6.

骆成凤, 刘正军, 王长耀, 等. 2006. 基于遗传算法优化的 BP 神经网络遥感数据土地覆盖分类. 农业工程学报, 22(12): 133-137.

武利阳, 左洪超, 冯锦明, 等. 2018. 中国土地利用和植被覆盖度变化对区域气候影响的数值模拟. 兰州大学学报(自然科学版), 54(3): 334-344.

赵锦阳, 卢会国, 蒋娟萍, 等. 2019. 一种非平衡数据分类的过采样随机森林算法. 计算机应用与软件, 36(4): 261-267.

赵忠明, 孟瑜, 岳安志, 等. 2008. 遥感时间序列影像变化检测研究进展. 遥感学报, 20(5): 1110-1125.

Bathiany S, Claussen M, Brovkin V, et al. 2010. Combined biogeophysical and biogeochemical effects of large-scale forest cover changes in the MPI earth system model. Biogeosciences, 7(5): 1383-1399.

Bunkhumpornpat C, Sinapiromsaran K, Lursinsap C. 2009. Safe-level-SMOTE: safe-level-synthetic minority over-sampling technique for handling the class imbalanced problem//Advances in Knowledge Discovery and Data Mining. Berlin, Heidelberg:Springer: 475-482.

Chen J, Jönsson P, Tamura M, et al. 2004. A simple method for reconstructing a high-quality NDVI time-series data set based on the Savitzky-Golay filter. Remote Sensing of Environment, 91(3): 332-344.

Chen Y, Lin Z, Zhao X, et al. 2014. Deep learning-based classification of hyperspectral data. IEEE Journal of Selected Topics in Applied Earth Observations and Remote Sensing, 7(6): 2094-2107.

Claussen M, Brovkin V, Ganopolski A. 2001. Biogeophysical versus biogeochemical feedbacks of large-scale land cover change. Geophysical Research Letters, 28(6): 1011-1014.

De Fries R S, Field C B, Fung I, et al. 1999. Combining satellite data and biogeochemical models to estimate global effects of human-induced land cover change on carbon emissions and primary productivity. Global Biogeochemical Cycles, 13(3): 803-815.

Dinpashoh Y. 2006. Study of reference crop evapotranspiration in I.R. of Iran. Agricultural Water Management, 84(1): 123-129.

Elvidge C, Baugh K E, Kihn E, et al. 1997. Mapping city lights with nighttime data from the DMSP operational linescan system. Photogrammetric Engineering and Remote Sensing, 63: 727-734.

Fahsi A, Tsegaye T, Tadesse W, et al. 2000. Incorporation of digital elevation models with Landsat-TM data to improve land cover classification accuracy. Forest Ecology and Management, 128(1): 57-64.

Feddema J J, Oleson K W, Bonan G B, et al. 2005. The importance of land-cover change in simulating future climates. Science, 310(5754): 1674-1678.

Gandhi G M, Parthiban S, Thummalu N, et al. 2015. Ndvi: vegetation change detection using remote sensing and GIS-a case study of Vellore District. Procedia Computer Science, 57: 1199-1210.

Gong P. 2012. Remote sensing of environmental change over China: a review. Chinese Science Bulletin, 57(22): 2793-2801.

Goutte C, Gaussier E. 2005. A probabilistic interpretation of precision, recall and F-score, with implication for evaluation//European Conference on Information Retrieval.Berlin, Heidelberg: Springer: 345-359.

Graves A, Schmidhuber J. 2005. Framewise phoneme classification with bidirectional LSTM and other neural network architectures. Neural Networks, 18(5): 602-610.

Hawkins D M. 2004. The problem of overfitting. Journal of Chemical Information and Computer Sciences, 44(1): 1-12.

Hu Y, Guo D, Fan Z, et al. 2015. An improved algorithm for imbalanced data and small sample size classification. Journal of Data Analysis and Information Processing, 3(3): 27-33.

Jung M, Henkel K, Herold M, et al. 2006. Exploiting synergies of global land cover products for carbon cycle modeling. Remote Sensing of Environment, 101(4): 534-553.

Lambin E F, Geist H J, Lepers E. 2003. Dynamics of land-use and land-cover change in tropical regions. Annual Review of Environment and Resources, 28(1): 205-241.

Lambin E F, Turner B L, Geist H J, et al. 2001. The causes of land-use and land-cover change: moving beyond the myths. Global Environmental Change, 11(4): 261-269.

Lim Y-K, Schubert S D, Nowicki S M J, et al. 2016. Atmospheric summer teleconnections and Greenland Ice Sheet surface mass variations: insights from MERRA-2. Environmental Research Letters, 11(2): 024002.

Lin W-C, Tsai C-F, Hu Y-H, et al. 2017. Clustering-based undersampling in class-imbalanced data. Information Sciences, 409-410: 17-26.

Ramankutty N, Graumlich L, Achard F, et al. 2006. Global land-cover change: recent progress, remaining challenges//Land-use and Land-cover Change. Berlin, Heidelberg: Springer.

Reyers B, O'farrell P J, Cowling R M, et al. 2009. Ecosystem services, land-cover change, and stakeholders: finding a sustainable foothold for a semiarid biodiversity hotspot. Ecology and Society, 14(1): 38-60.

Rodriguez-Galiano V F, Ghimire B, Rogan J, et al. 2012. An assessment of the effectiveness of a random forest classifier for land-cover classification. ISPRS Journal of Photogrammetry and Remote Sensing, 67: 93-104.

Rogan J, Chen D. 2004. Remote sensing technology for mapping and monitoring land-cover and land-use change. Progress in Planning, 61(4): 301-325.

Roger A, Pielke S R. 2005. Land use and climate change. Science, 310(5754): 1625-1626.

Running S W. 2008. Ecosystem disturbance, carbon, and climate. Science, 321(5889): 652-653.

Sáez J A, Krawczyk B, Woźniak M. 2016. Analyzing the oversampling of different classes and types of examples in multi-class imbalanced datasets. Pattern Recognition, 57: 164-178.

Sakamoto T, Yokozawa M, Toritani H, et al. 2005. A crop phenology detection method using time-series MODIS data. Remote Sensing of Environment, 96(3): 366-374.

Sun Z, Di L, Fang H. 2019. Using long short-term memory recurrent neural network in land cover classification on Landsat and Cropland data layer time series. International Journal of Remote Sensing, 40(2): 593-614.

Tachikawa T, Kaku M, Iwasaki A, et al. 2011. ASTER Global Digital Elevation Model Version 2 - Summary of Validation Results, Washington: NASA.

Tao X, Liang S, Wang D. 2015. Assessment of five global satellite products of fraction of absorbed photosynthetically active radiation: intercomparison and direct validation against ground-based data. Remote Sensing of Environment, 163: 270-285.

Verburg P H, Steeg J V D, Veldkamp A, et al. 2009. From land cover change to land function dynamics: a major challenge to improve land characterization. Journal of Environmental Management, 90(3): 1327-1335.

Wulder M A, White J C, Goward S N, et al. 2008. Landsat continuity : issues and opportunities for land cover monitoring. Remote Sensing of Environment, 112(3): 955-969.

Yeom S, Giacomelli I, Fredrikson M, et al. 2018. Privacy risk in machine learning: analyzing the connection to overfitting//2018 IEEE 31st Computer Security Foundations Symposium (CSF). Oxford, UK: IEEE: 268-282.

Zhang L, Zhang L, Bo D. 2016. Deep learning for remote sensing data: a technical tutorial on the state of the art. IEEE Geoscience & Remote Sensing Magazine, 4(2): 22-40.

Zhou Y, Smith S J, Elvidge C D, et al. 2014. A cluster-based method to map urban area from DMSP/OLS nightlights. Remote Sensing of Environment, 147: 173-185.

Zhu Z, Zhou Y, Seto K C, et al. 2019. Understanding an urbanizing planet: strategic directions for remote sensing. Remote Sensing of Environment, 228: 164-182.

第 11 章

地表覆盖增量更新

地表覆盖遥感产品的研制成功，极大地方便了人们在气候变化研究、生态环境监测和可持续发展规划等领域对地表覆盖信息的应用。20 世纪 80 年代起，国内外研制了一些全球、地区或国家级的 1km、300m、30m 级别分辨率的地表覆盖产品。另外，地表覆盖产品的时间分辨率也是一个关注热点，地表覆盖产品需要持续更新以满足用户的需求。

11.1 引　言

首先回顾全球具有多期的地表覆盖产品情况。

GlobCover 2005 和 GlobCover 2009 产品。300m 分辨率的数据产品 GlobCover 是由欧空局（ESA）发起，JRC、EEA、FAO、UNEP、GOFC-GOLD 和 IGBP 参与研制的（Bontemps et al.，2011）。这些数据产品已经在全球变化研究、国家方针政策制定、环境监测保护等方面扮演着重要的角色。GlobCover 发布了两期产品：GlobCover 2005 和 GlobCover 2009。

值得一提的是，GlobCover 2009 产品分类时主要参考 GlobCover 2005（V2.2）产品。确定类型既考虑时空类的类型，还考虑 GlobCover2005 的类型，行业专家制定了一些规则以帮助确定类型。

GlobCover 2005 和 GlobCover 2009 采用了相同的分类算法和分类体系。但是，Bontemps 等（2011）专门对两期产品进行了对比，发现两期产品类型的空间分布存在着很大不同，如图 11.1 所示。

这些不一致并不都是因为地表覆盖变化引起的，而是分类引起的。GlobCover 2009 地表覆盖产品不能与 GlobCover 2005 产品进行直接对比，也不能用于任何变化检测。地表变化率通常比产品的分类错误率要低，所以不适宜与老的地表覆盖产品对比变化。

MODIS 地表覆盖产品。波士顿大学（BU）利用中低分辨率 MODIS 卫星影像生成的地表覆盖产品 MODIS Land Cover Type（MCD12Q1），简称 MLCT，产品的更新周期为 1 年，采用监督分类算法对每年影像进行分类得到各年产品。由于影像分辨率低，不同年份产品由于受到混合像元的影响，在地物交界地带的分类结果不一致，此外还存在物候变化、火灾及干旱、虫灾等灾害而使得不同年度产品之间可比较性受到影响。MODIS Collection 5 产品开发了一种稳定分类结果的算法，以减少年与年产品间比较时的伪变

图 11.1 GlobCover 2005 和 GlobCover 2009 不一致分类像素的空间分布

化。每个像素加了与基类有关的后验概率（posterior probability）约束值，如果像素分类结果与前一年不同，只有在新类型的后验概率值高于以前的后验概率值时类型才会改变。但这种方式可能造成地表变化区域传递不正确的类型，使得地表不能更新。因此，产品在连续三年的时序数据上进行分析，这样既能准确更新地表变化，还能减少 10% 的伪变化。然而，比较不同年度的地表覆盖产品 MLCT 得到的地表变化还是高于地表真实的变化。因此得出的结论是，获得地表覆盖的变化通过 MLCT 产品直接相减并不适宜（Friedl et al.，2010）。

ESA-CCI（欧洲空间局-气候变化倡议）。气候变化倡议（CCI）的第一个阶段是由三个一致的地表覆盖产品（LC）组成的，这三个地表覆盖产品对应于 1998~2002 年、2003~2007 年和 2008~2012 年。第二个阶段从 2014 年 3 月开始，目前包括全球 1992~2015 年每年的 300m 分辨率地表覆盖图（http://maps.elie.ucl.ac.be/CCI/viewer/index.php）。

CCI_LC 每年的地表覆盖产品不是独立分类生产的，它们都源于一个基准 LC 地图，是由 2003~2012 年整个中分辨率成像光谱仪（MERIS）、全分辨率产品（FR）和降分辨率产品（RR）的影像产生的。以基准地图为基础，结合 1992~1999 年的 AVHRR 数据、1999~2013 年的 SPOT-VGT 数据和 2013~2015 年的 PROBA-V 数据，检测出地表覆盖变化。当使用 PROBA-V 或 MERIS FR 影像时，空间分辨率为 1km。变化检测结果由 1km 再传递到 300m 分辨率。最后一步是更新基准 LC 地图生产出 1992~2015 年每年一期共 24 期的地表覆盖产品。

GlobeLand 30 地表覆盖产品。我国依托于 863 计划重点项目"全球地表覆盖遥感制图与关键技术研究"，研制了分辨率为 30m 的全球地表覆盖遥感数据产品 GlobeLand 30，包括 2000 年、2010 年和 2020 年三期地表覆盖类型产品，数据研制所使用的分类影像主要是 30m 多光谱影像，包括美国陆地资源卫星（Landsat）TM5、ETM 多光谱影像和中国环境减灾卫星（HJ-1）多光谱影像。GlobeLand 30 数据覆盖南北纬 80° 的陆地范围，分类体系中一级类包括耕地、林地、草地、灌木、湿地、水体、苔原、人造地表、裸地、冰川和永久积雪全球十大类地物。GlobeLand 30 产品研制采用逐类型层次提取方法。在每个分类单元内(一景影像为一个分类单元),采用单类型逐一分类然后集成的分类策略,即一次只提取一个地表覆盖类型,该类型提取完成后,对分类影像进行掩膜,然后再开展下一个类型的分类工作。单要素类地表覆盖类型的确定采用"像元-对象-知识"(pixel-object-knowledge,POK)的方法,包括像元法分类、对象化过滤、人机交互检核三个步骤,以充分发挥各种分类算法的优势,充分利用各种知识和人的经验来提高分类质量。共选取 9 类超过 15 万个检验样本进行精度评估,总体精度达到 80%以上(陈军等,2016)。GlobeLand 30 的 2000 年和 2010 年两期产品分别由对影像进行分类获得,两期产品不建议直接比较提取地表的变化。

GlobeLand 30 的 2020 年产品,采用了两期影像提取地表变化再更新产品的方式,即增量更新(incremental updating)的方式对产品进行了更新。增量更新指在进行更新操作时,只对已发生变化的目标区域进行更新,已更新过或者未发生变化的区域则不更新,其具有更新实时快捷、处理数据量少、便于传输的特点。

全球土地覆盖的精细分辨率观测与监测(finer resolution observation and monitoring of global land cover,FROM_GLC)和 FROM_GLC-seg。GlobeLand 30 产品生产和研究的同时,清华大学利用 2006 年后生长季节的多于 6600 景 TM 数据和 2300 景 TM、ETM+数据,采用监督分类的方法生产了 30m 分辨率的地表覆盖产品。通过人工解译收集了 91433 个训练样本和 38664 个测试样本,对比了四种分类方法,包括最大似然法(ML)、J4.8 决策树分类器、随机森林(RF)分类器和支持向量机(SVM)分类器,分类体系与 GlobeLand 30 相似,一级类分为耕地、林地、草地、灌木、湿地、水体、苔原、不透水层、裸地、冰雪十大类。精度验证显示,SVM 分类法精度最高,为 64.9%,RF 精度为 59.8%,J4.8 精度为 57.9%,MLC 精度为 53.9%(Gong et al.,2013)。可以看出,FROM_GLC 采用了自动监督分类的方法,精度不高。之后又对算法进行了改进,结合 MODIS 时间序列数据和生物气候学、DEM、土壤水分状况图等辅助数据,采用基于分割的方法,将总体精度提升为 67.08%(Yu et al.,2013)。目前,FROM_GLC 30 产品已经发布了 2010年、2015 年、2017 年三期具有 10 个一级类和 27 个二级类的产品,每一期产品分别分类研制。

全球土地覆盖精细分类系统(global land cover fine classification system,GLC_FCS)30 包括 2015 年和 2020 年两个年度的产品,具有 30 个精细类型产品,利用 Google Earth Engine 平台,原始数据采用 TM+ETM,分类方法采用随机森林监督分类。9 种基本类型的总体精度为 82.5%,UN-LCCS 1 级类型的总体精度为 71.4%,UN-LCCS 2 级类型(24种精细类型)的总体精度为 68.7%(Zhang et al.,2020)。GLC_FCS 的产品是采用各期影像单独分类完成的。

通过对以上全球或地区范围的地表覆盖产品更新方法的回顾,可以看出,大多数全球地表覆盖产品都采用了不同时期影像直接分类制作成产品的方式。由于分类精度的限制和混合像元的影响,两期产品直接比较获得的地表覆盖的变化会存在大量的伪变化像元。

由于全球地表覆盖产品制图涉及影像范围大、数量庞大,尤其对于 30m 这样较高分辨率的产品来说,增量更新的方法需要获得同一地区相近月份的每年、每五年、每十年两期或多期影像，以满足影像变化检测更新的需要，影像的检索、下载、预处理对于生产来说工作量庞大，所以全球范围的产品多采用分类后变化检测或各期影像分别分类的方法生产不同时间的地表覆盖产品。这类方式对原始影像的要求降低，对影像的辐射预处理要求也降低，使生产流程简化。然而，各自分类没有考虑两期地表的相关性，在地物边界会存在大量伪变化，即使采用后验概率进行辅助，也会因传递不正确的变化信息而导致精度不佳，因此这种方法不适宜采用。

采用增量更新提取两期的变化再更新老的产品的方式更新产品的同时还可获得地表覆盖的变化产品。这种方式依赖于两期影像的质量和可比较的程度，需要相近月份和完善的影像预处理，适合在国家或地区范围有限、方便收集影像的情况下采用。随着遥感卫星影像数据可获得性的增加，影像检索、去云和影像预处理技术自动化程度的提高，未来增量更新方式生产全球产品将逐步取代各期各自分类的方法。

11.2　地表覆盖增量更新的技术流程设计

地表覆盖增量更新主要依靠遥感影像变化检测提取地表增量。基于遥感影像的变化检测方法主要包括基于像素和基于对象两类方法（图 11.2）。基于像素的变化检测方法以像元作为基本单位，利用像元光谱特征判断变化的发生，无法考虑空间特征的变化。使用基于像元的变化检测方法会不可避免地产生"椒盐"噪声，而基于对象变化检测是以图像分割为基础，将同质像元集合作为一个对象，确定最佳分割尺度来进行变化检测。这种形式相对于基于像素的栅格形式来说，有效避免了"椒盐"噪声，由于基于对象方法所产生的对象与各时相的图像特征有关，对象的几何特征会随着时间的推移而改变，所以两个时相对象边界会存在不一致，难以建立多时相对象之间的对应关系。eCognition软件中多期影像联合多尺度分割可提取变化对象，但纹理、几何信息利用较为简单，无法有效的结合。

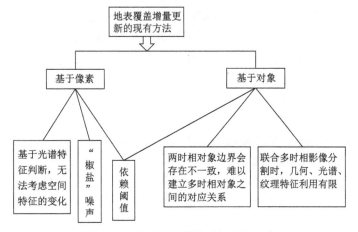

图 11.2　地表覆盖增量更新现有方法

用栅格形式表达图斑，其准确度相较于矢量形式来说更高，更能表达出一些较为微小的变化。基于对象变化检测的图斑结果是以多边形矢量形式表现的，但是对于一些非人工、分布零散的地物如森林、灌木、草地来说，不同时期的多边形图斑叠加往往难以准确反映地表变化范围。而用栅格形式表达图斑更为灵活，其准确度相较于矢量形式来说更高，更能表达出一些较为微小的变化。基于像元和基于对象的方法均需要依赖某一指数或某一特征值的阈值，来作为变化区域与非变化区域的评判标准，阈值的选取会直接影响结果的精度。

协同分割将图像分割转化为能量函数的最小化问题，将不再依赖阈值的选取。同时协同分割的变化检测方法能直接得到边界准确、空间对应的多时相变化对象，解决了多时相对象边界不一致问题。相比于基于像素以及基于对象这两种变化检测方法，协同分割方法的结果和基于像素方法的结果一样是栅格的形式，但由于算法中与周边像素的关系而能够很好地避免"椒盐"噪声的出现，集成了栅格与矢量数据两种类型的特点（图 11.3）。

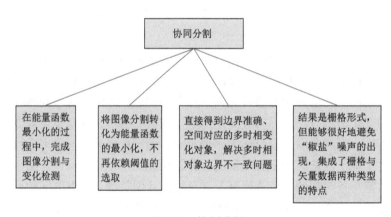

图 11.3　协同分割

以往的地表覆盖分类和变化检测多是从遥感影像出发，分析其光谱、形状、纹理等特征因子，但遥感影像反映的只是地表的瞬时状态，所以存在很多错误及不确定因素。全球范围内复杂多样的地类，存在大量同物异谱和异物同谱的现象，同时由于季候时相的原因，加上国产卫星影像预处理水平的限制，在变化检测的过程中会存在大量的伪变化。生态地理分区由于其全球性、分区内部地类稳定性、地物变化规律性和信息量大等特点，可以用来构建规则库辅助变化检测。此外，近几年发展起来的在线众源数据挖掘技术，利用志愿者的标注辅助实现了地表覆盖产品的生产和验证。本研究在协同分割提取影像变化图斑的基础上，采用离线方式（生态地理分区知识库）和在线方式进一步优化变化图斑，提高变化检测的精度和可靠度。

通过以上分析，项目采用的技术路线如图 11.4 所示，在已有基准年度地表覆盖产品的基础上，最终实现地表覆盖产品增量更新。

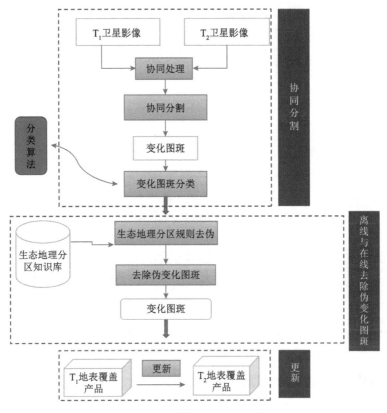

图 11.4 增量更新技术路线

　　地表覆盖增量更新的结果受两方面影响：一是提取的地表覆盖变化信息的精度，二是基准地表覆盖产品的精度。遥感图像反映地表瞬时状态，以及"同物异谱""异物同谱"现象的存在，使分类结果往往出现错分现象，导致分类精度有限。常用的评价分类精度的混淆矩阵只能给出总体精度，并不能反映分类精度的空间变化，提供给地表覆盖产品用户的信息是不完整和不确定的。分类的精度是随空间变化的，定量评估精度分布情况，才能有效修正分类的错误。在常规分类算法获得了地表覆盖分类（以下称为预分类产品）的基础上，研究提出一种耦合生态地理分区数据和马尔可夫链地学统计模拟来评价和改善地表覆盖分类产品精度的方法。收集来源于各个渠道的验证点及人工解译部分的验证点形成样本数据集；将需要进行精度评价和改善的地表覆盖分类产品与生态地理分区数据共同作为辅助数据，进行马尔可夫链协同仿真，来量化分类的不确定性，评价和改善地表覆盖产品分类的准确性。

　　技术流程参见图 11.5。以生态地理分区为单元，利用验证点数据估计每个生态地理分区的一组转移概率图模型，遥感预分类产品、生态地理分区各属性数据作为辅助数据，使用样本数据估计从样本数据到辅助数据集的交叉转移概率矩阵，使用马尔可夫链协同仿真算法进行协同仿真生成最佳分类图和发生概率图。

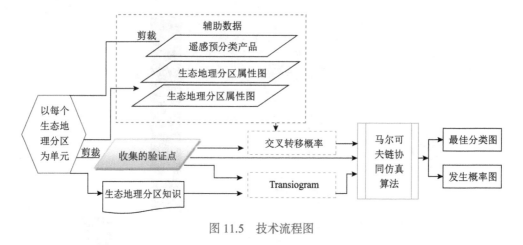

图 11.5　技术流程图

11.3　典型资源环境要素增量更新技术

地表覆盖增量更新完成情况分为如下四方面，结合老挝实验区的处理结果分别介绍。

11.3.1　协同分割提取地表覆盖增量

协同分割是利用两幅或多幅图像之间的联系，把两期影像之间的信息协同起来，使得能量函数中既包含影像自身的信息，又包含变化对象的特征，结合影像共同的特征对目标进行识别和分割，在检测的同时完成分割得到边界准确的变化检测结果。本研究的协同分割算法大致可以分为两部分：一是能量函数的构建，二是通过最小割/最大流方法将能量函数最小化，从而获得最佳的图像分割。协同分割变化检测方法的详细介绍参见朱凌等（2020）。

老挝实验区遥感影像分别为2016年1~3月和2020年1~3月的拼接影像，见图11.6。影像协同分割的参数设置如下：阈值条件；变化特征项的权重为0.005；图像特征项中的光谱特征权重为 0.5，4 个纹理特征的权重值均为 0.25；综合图像特征项的权重设置为 $\lambda_{t1}=0.5$。协同分割变化检测结果见图 11.7。由于原始图像预处理的不完善以及云的影响，变化图斑数量较多，约占整体像素的8.9%，其中存在大量的伪变化。对变化图斑进行了分类，由中国科学院地理科学与资源研究所协助完成。

协同分割变化检测方法存在的缺陷如下：

影像的质量不佳有雾和薄云，导致两期影像的同一类型地物在各个波段的光谱值上差异较大，经过预处理后依然会对分割结果有一定影响。需要进一步提高预处理水平，来提高变化检测精度。本研究后续将采用伪变化识别的方法提升增量提取的精度。

能量函数中变化特征项的构建单纯依靠光谱特征，"同物异谱"和"异物同谱"仍然会对变化检测结果有影响。可以选择更加适合的变化强度图的获取方式，不只是单纯依靠光谱特征作为评判，减少变化信息的过度检测，以此来改善变化检测结果的精度。

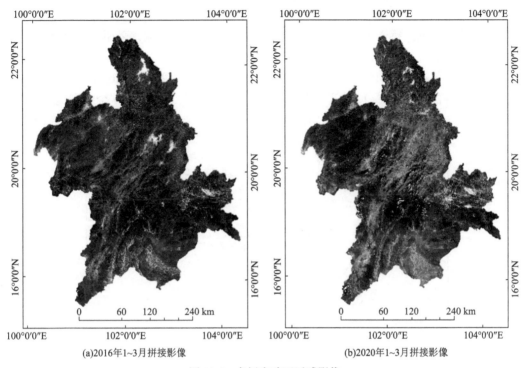

(a)2016年1~3月拼接影像　　　　　　　　(b)2020年1~3月拼接影像

图 11.6　老挝实验区遥感影像

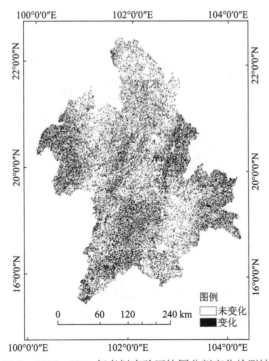

图 11.7　2016~2020 年老挝实验区协同分割变化检测结果

11.3.2 生态地理分区知识库去伪变化

为了辅助实现遥感影像全球地表覆盖更新制图中伪变化检测，采用世界自然基金会（WWF）以自然保护为目的建立的全球生态分区（eco-regions）作为本章全球生态地理分区知识库的基础框架。该生态分区把全球分为 8 个生物地理分区（biogeographic realm）和 14 个生物群落（biomes）。基于这两个基础图层，全球共划分为 867 个生态地理分区，见图 11.8。

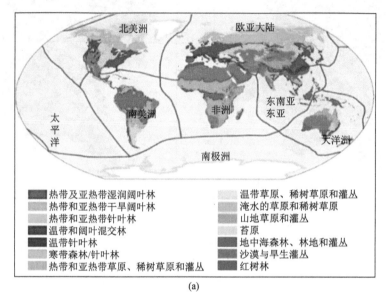

(a)

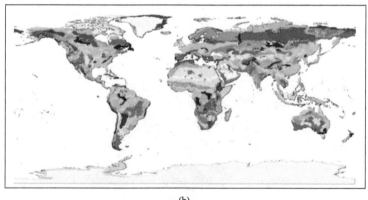

(b)

图 11.8　8 个生物地理分区和 14 个生物群落（a）及 867 个全球生态地理分区矢量图（b）

由于全球共分为 867 个生态地理分区，要搜集和存储每一个分区的伪变化规则，不仅任务量巨大，而且耗费大量的人力物力。设计一种面向对象的四层上下结构，子类可以继承父类中的全部伪变化规则，大大减少了工作量。867 个生态地理分区除其特有的伪变化规则外，可继承 8 个生物地理分区和 14 个生物群落的共有规则。

　　知识库的基本组成部分见图 11.9，在 8 个生物地理分区和 14 个生物群落的基础上，对每一分区考虑了温度、降水量、NDVI、高程、坡度等属性因素；自上而下建立不同层间的派生和继承关系，以此来构造知识库；采用左右两支并行的方式，按照左右分别向下一层展开，前三层左右互不交叉，到最后一层按照各分区对应的地理位置、生物群落和各种自然属性继承其父类的规则。第一层，左支设计为生态地理类，右支设计为自然地理类，本层是顶层，所有其他对象都是它们两个的子类。第二层，左支的 8 个地理分区和 14 个生物群落作为生态地理类的子类，右支设计为海拔、坡度、NDVI、温度、水分。第三层，左支为大生态地理分区，即地理分区和生物群落的交叉继承类，不同分区存在的生物群落种类不同，本层左支一共有 64 个，命名为 IM01，…，PA01 等。右支按照不同生态地理分区的自然条件不同，把海拔（E）、坡度（S）、NDVI（N）、温度（T）和水分（W）分别按照其不同值来划分。由于每一个大生态地理分区范围过大，此处均取生态地理分区的平均值。本层规则库分别存储其相应的伪变化规则。第四层为最底层，由 867 个小生态地理分区组成，分别存储属性信息及本小分区内特有的伪变化规则，以及由第三层继承而来的伪变化规则。

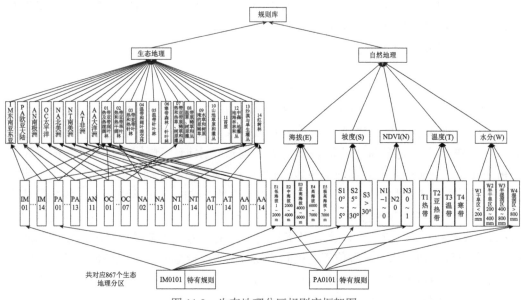

图 11.9　生态地理分区规则库框架图

　　伪变化规则的表达方式采用产生式方式，即前提和结论的形式并映射为数据库中的表格，采用对象-关系型数据库存储。按照生态地理分区知识库框架结构，逐层建立伪变化规则。规则库始于框架模型的第三层，左支 64 个大生态地理分区各分区的伪变化规则主要包括本分区伪变化规则和季节时相造成的伪变化规则。伪变化规则采用 6 位代码 XXXXXX 表示，前 3 位 XXX 为变化前类别代码，后 3 位 XXX 为变化后类别代码，代码采用 GlobeLand 30 地物类型代码表示，耕地为 010、林地为 020、草地为 030、灌木为 040、湿地为 050、水体为 060、苔原为 070、人造地表为 080、裸地为 090、冰川和永久积雪为 100。

第三层右支：表达五种不同属性（海拔、坡度、NDVI、温度和水分）条件下存在的伪变化规则。例如，海拔分为 E1、E2、E3、E4、E5 五个等级，表的设计包括 ID 号、属性名称、属性的取值范围和伪变化规则字段。伪变化规则字段中存储伪变化规则。

伪变化规则的收集采用了两种方法。知识库第三层次存储的伪变化规则为共有规则，按照五种自然属性结合 64 个大生态地理分区，根据行业专家知识以及查找文献资料收集。专家知识包括：①不合理的变化知识，如南极地区苔原不可能变化为林地、草地、灌木、耕地和湿地。南极的低温、大风、缺水和夏季周期短暂，大大限制了植物的生存，南极是地球上唯一完全位于"树线"以外的大陆，不可能出现树木；冰川和永久积雪不可能与林地、草地、灌木、耕地和湿地相互转化；冰川和永久积雪只有在超过某地雪线的情况下存在；冰川和永久积雪主要分布在地球的两极和中、低纬度的高山区；一般情况下，远海地区的林地、草地、灌木和耕地不会转化为水体；水体不可能直接转化为林地、草地和灌木；除两极及高山地区及其低温地区，水体不会转化为冰川和永久积雪。②季候和时相条件下地类的变化知识，如丰水期湿地光谱特征与水体类似；植物生长期湿地光谱特征与林地（或草地）类似；水田的光谱特征与水体类似（实行水生、旱生农作物轮种的耕地随时相呈现出不同的光谱特征）；收割期耕地光谱特征与裸土类似；种植蔬菜等的大棚用地光谱特征显示异常；海涂中耕地的光谱特征与海水类似，但一般有人工标志物；在耕地的灌水期，通常水的高度要盖过秧苗，从影像上看，呈现水体的光谱特征易错分为水体，造成伪变化；掌握水稻的主要分布区域，有助于耕地被错误判断为水体所造成的伪变化的发现（刘吉羽等，2015）；落叶期林地光谱特征与草地（或裸土）类似；湖泊、河流等水域夏季易发生水华，导致光谱特征与植物类似；河流冰冻期光谱曲线特征表现为冰；河流枯水期，滩涂由于自然生长或人为种植，导致光谱曲线表现为草地或耕地；湖泊、坑塘等在落叶期光谱特征与草地（或裸土）类似；芦苇等水草的生长期光谱特征表现为草地（或林地）；沟渠等人工挖掘的地物在无水流时光谱特征表现异常；冻原的植物生长季一般为 2～3 个月，耐寒的北极和北极-高山成分的藓类、地衣、小灌木及多年生草本植物为主组成的植物群落使此期间光谱特征与草地类似；冻原一般位于北极圈内以及温带、寒温带，气温较低，冬季积雪导致光谱特征与极地（冰、雪）的光谱特征类似。

分区规则库模型中的第四层为各小生态地理分区伪变化规则，包括从上层继承的共有规则和本生态地理分区特有规则。特有规则的收集利用现有的地表覆盖产品统计获得。以本研究老挝实验区为例，选用了分辨率为 30m 的全球地表覆盖产品 GlobeLand 30 的 2010 年和 2020 年两期产品。虽然从单个像素来看，由于地表覆盖产品分类精度的限制，分类结果的准确性具有不确定性，但大量像素的统计结果却能反映出每个生态分区内部地物类型之间转化的基本规律。本节统计了各生态地理分区中的地表覆盖类型转换矩阵，表 11.1 以 IM0137 生态地理分区为例，其中红色标记为概率接近于 0 的结果，可看作不可能转换类型，认为是伪变化，其他值为转移的置信度。

表 11.1　IM0137 生态地理分区地表覆盖类型转换概率统计

类型	耕地	森林	草地	灌木林	水体	人造地表
耕地	0.9390	0.0049	0.0316	0.0009	0.0017	0.0219
森林	0.0058	0.9783	0.0139	0.0008	0.0009	0.0003
草地	0.0168	0.1138	0.8578	0.0075	0.0019	0.0022
灌木林	0.0047	0.0563	0.0892	0.8450	0.0048	0
水体	0.0476	0.0053	0	0	0.9471	0
人造地表	0	0	0	0	0	1

老挝实验区跨 5 个生态地理分区，如图 11.10（a）所示。

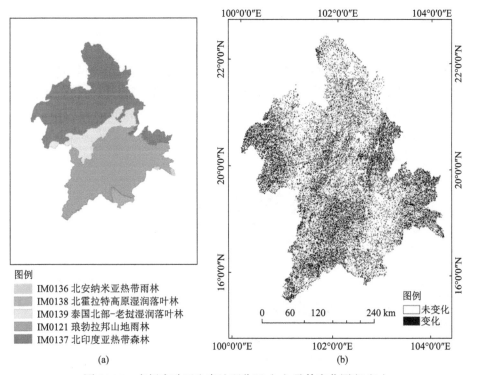

图 11.10　老挝实验区生态地理分区（a）及伪变化图斑（b）

利用研制的生态地理分区知识库检测伪变化图斑，最终离线方式提取的伪变化图斑见图 11.10（b），可以看出，有些生态地理分区检测的变化几乎是伪变化。剔除伪变化后剩余变化图斑约占全体像素的 4%。

11.3.3　在线去伪

将伪变化图斑矢量数据按照开放地理空间信息联盟（Open Geospatial Consortium，

OGC）的标准在网络平台上发布出去后，可以获取众源网络用户的实时评价数据。基于这些众源评价数据，可以建立众源用户与变化图斑之间的伪变化连接关系图（图 11.11）。然后，采用超文本引导的主题搜索算法（HITS）对这样一种二分图数据做进一步计算，就可以得到每个变化图斑的伪变化程度值。

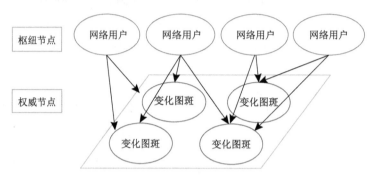

图 11.11　众源用户与变化图斑之间的伪变化连接关系图

　　HITS 算法是与 Web 有关的经典的数据挖掘算法，将其引入二分网络后，网络用户为中心（Hub）点，变化图斑为专家（Authority）点。其算法的计算过程大致如下：在未收敛的一次迭代里，对于每个 Authority 点先计算所有指向它的 Hub 点值的和。接下来再对每个 Hub 点计算所有被它指向 Authority 点值的和。再规范化 Authority 值和 Hub 值，迭代直到算法收敛为止（图 11.12）。

图 11.12　HITS 算法示意图

　　由于收集来的众源评价数据具有海量性的特点，为此对 HITS 算法的实现采用分布式计算的思想，以提高数据挖掘的效率。在研究 Hadoop、Spark 等分布式计算框架的工作原理和运行架构后，以此为基础，实现基于分布式思想的 HITS 算法，提高计算的可扩展性与效率，为众源评价数据的处理提供支持。

　　最后通过相关的测试数据实验表明，HITS 算法的分布式实现提高了计算的性能。从图 11.13 中可以发现，对于 10W 个节点的测试数据，随着迭代次数的增加，Spark 计算的优势逐渐体现。

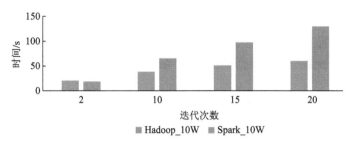

图 11.13　Hadoop 与 Spark 的测试数据实验结果

在线去伪模块中，通过收集到的伪变化图斑在线评价数据去伪，目前其存在一些不足的地方，主要包括以下两个方面：

验证在线去伪的准确性。在线去伪通过收集海量用户的评价数据后，利用知识挖掘的方法给出伪变化图斑的伪变化评分，再结合离线去伪的评分进行综合评判。其中存在的不足有：第一，短期内会由于参与评价的用户数量不够多、单个伪变化图斑的评价记录数少、用户错误评价等因素，影响最终计算出来的伪变化评分的准确性。第二，基于目前的伪变化评价数据指标和知识挖掘技术，还没有设置相应的实验以及真实样本数据去验证在线去伪的准确性。

为此，可以在以下方面进行改进：对于前期缺乏样本数据的情况，主要通过号召更多用户参与评价以及降低在线去伪在最终伪变化图斑去伪计算中所占的权重。此外，选取固定的实验片区以及图斑开展验证实验，以此进一步调整在线去伪的计算方法。

网站首次加载速度过慢。首次用 Chrome 浏览器打开伪变化在线评价系统（http://106.12.19.243:8080/MapProject1/app.html）的用户需要等待 1min 左右才能加载完成。我们通过浏览器自带的工具对网页加载资源消耗的时间进行分析发现，网站开发所使用的前端框架 ExtJs 中包含的静态 js 文件是用户浏览器首次加载过慢的主要原因（图 11.14）。

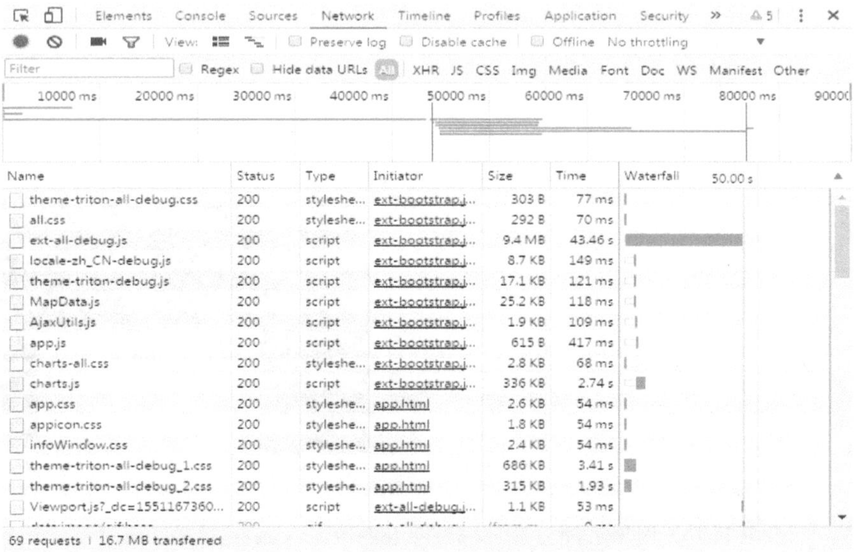

图 11.14　网站首次加载耗时瀑布图

为此,可以通过对相应的 js 文件进行预压缩处理以及简化 js 文件中无用的代码段达到减小文件大小的目的。

伪变化在线评价系统主要页面如图 11.15 所示。

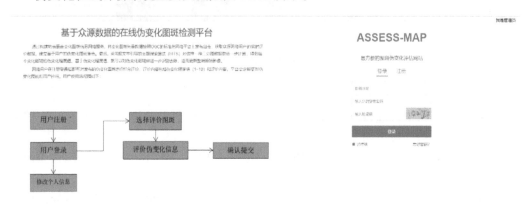

图 11.15　登录、注册页

老挝实验区变化图斑经过生态地理分区去伪后剩余数量超过 50 万个,在线发布选取了其中最可能是伪变化的变化图斑,选取的规则参照各个分区转换矩阵中置信度较低的类型,总共选取的图斑数量约 1 万个,占变化图斑的 2%左右。伪变化标注情况见图 11.16。用户根据影像底图对照变化图斑进行评价。后台实时统计每个变化图斑的伪变化置信度。

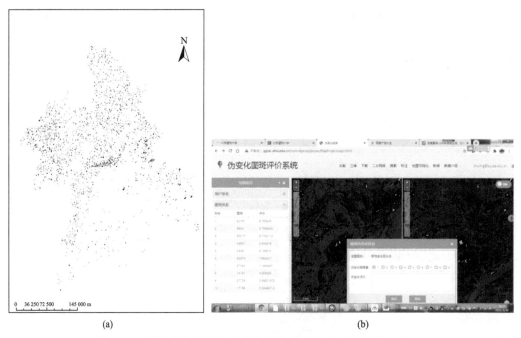

(a)　　　　　　　　　　　　(b)

图 11.16　伪变化标注网上发布的变化图斑 (a) 及标注界面 (b)

经过在线去伪后最终的变化图斑约为原始协同分割变化检测结果的 43.7%，即去除了一半多的变化图斑。精度验证如表 11.2。

表 11.2　增量图斑精度统计表

	变化的	未变化的	总计	制图精度
变化的	418	32	450	0.929
未变化的	81	524	605	0.866
总计	499	556	1055	—
用户精度	0.838	0.942	—	—
		总体精度=0.893		
		Kappa=0.784		

11.3.4　增量更新

将经过生态地理分区知识库和在线去除伪变化后的变化图斑替换基准地表覆盖产品[2016 年地表覆盖产品，中国科学院地理科学与资源研究所提供见图 11.17（a）]的相应像素，从而获得更新后的新一期地表覆盖产品。

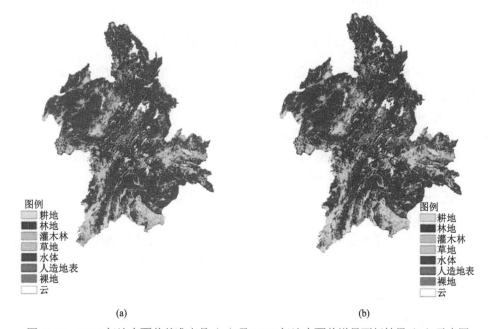

图 11.17　2016 年地表覆盖基准产品（a）及 2020 年地表覆盖增量更新结果（b）示意图

老挝实验区基准地表覆盖产品及更新至 2020 年的结果见图 11.17（b）。地表覆盖总体格局没有变化，细节上可观察到改变，经统计，老挝地区变化像素占总像素的 3.89%。

增量更新只替换变化的部分，结果的精度主要受基准产品精度控制，变化部分占比小，对老挝实验区更新结果精度的影响小于 4%。

11.4 生态地理分区耦合地学统计模拟改善基准地表覆盖数据精度

地表覆盖增量更新结果的精度一方面受到提取的增量精度的影响，另一方面还受到基准产品本身精度的影响。本研究在完成了上述增量更新任务的基础上，对利用生态地理分区耦合地统计学，评价和改善基准地表覆盖产品的精度进行了研究。

11.4.1 算法原理

传统上，常用指示变异图（indicator variogram）描述变量之间的相关性。但指示变异图不能描述地表覆盖类别序贯出现时的方向不对称性，因而无法有效地表达类别间的并行关系。马尔可夫链条件模拟模型需要一个有力的空间异质性指标，以实现对多类型的模拟。Li（2006）提出了转移图（transiogram）的概念，是在距离 h 处的一维转移概率函数（两点间的条件概率）模型，其定义式为

$$P_{ij}(h) = \Pr\left[z(x+h) = j \,|\, z(x) = i\right] \qquad (11.1)$$

式中，$P_{ij}(h)$ 为随机变量 z 从 i 类转化为 j 类的转移概率；当 h 逐渐增加时，$P(h)$ 形成图，即 transiogram。$P_{ij}(h)$ 表示 auto-transiogram，可描述一个类型自身的依赖性；cross-transiogram 描述类型间的依赖性（包括交叉相关、并行关系、方向不对称性等）。交叉转移概率一般是不对称的，所以 $P_{ij}(h) \neq P_{ji}(h)$。

transiogram 可显示数据中空间-步长的依赖关系，包含着丰富的可揭示地表覆盖类型的空间异质性特征。不同空间步长（或称滞后）的转移概率可以构成一个一维连续的转移概率图，transiogram 对于马尔可夫链地统计学的作用与 indicator variogram 对于克里金地统计学的作用类似。

transiogram 要依靠大量可靠的、分布合理的验证点才能获得，适合于验证点丰富可靠的情况，但需要大量人工解译，工作量大、效率低。当样点数量不足时，transiogram 就可能表现出伪波动，不能传达可靠的信息。

为了进行仿真，需要计算：

跨场转移概率图

从主变量到辅助变量的转移概率，可称为跨场（跨域）转移概率。各个辅助变量被认为是相互独立的。跨场转移概率计算公式如下：

$$\hat{q}_{ik} = \frac{f_{ik}}{\sum\limits_{j=1}^{n} f_{ij}} \qquad (11.2)$$

式中，f_{ik} 为主变量空间中的 i 类转化为辅助变量空间中 k 类的频率；n 为辅助变量类的数目。

马尔可夫链协同仿真模型（Co-MCRF）

类似于经典地统计学中的协同克里金模型，Co-MCRF 也可以通过扩展马尔可夫链随机场来建立。基于贝叶斯推理原理，Co-MCRF 模型可以看作是基于辅助数据新证据的马尔可夫链随机场模型的贝叶斯更新。其原理可参考 Li 等（2015）。

假设 X 是待估计目标分类变量，E 是辅助数据集，贝叶斯推理公式可以写作：

$$P(X|E) = \frac{P(E|X)P(X)}{P(E)} = \frac{P(E|X)P(X)}{\sum_{X} P(E|X)P(X)} = C^{-1}P(E|X)P(X) \qquad (11.3)$$

基于贝叶斯原理，将简化的通解等式扩展为 Co-MCRF 模型，通过联合仿真的方式将辅助数据合并进去。辅助变量的贡献可以通过不同的方法来实现。在本章中，辅助变量数据被认为是其他变量空间中未知位置的最近邻，只考虑共定位协同仿真的情况，带有 k 个辅助变量的共定位 Co-MCRF 模型可以写成：

$$
\begin{aligned}
&p\left[i_0(u_0) | i_1(u_1), \cdots, i_m(u_m); \ r_0^{(1)}\left(u_0^{(1)}\right), \cdots, r_0^{(k)}\left(u_0^{(k)}\right) \right] \\
&= \frac{p_{i_1 i_0}(h_{10}) \prod_{g=2}^{m} p_{i_0 i_g}(h_{0g}) \prod_{l=1}^{k} q_{i_0 r_0}(1)}{\sum_{f_0=1}^{n} \left[p_{i_1 f_0}(h_{10}) \prod_{g=2}^{m} p_{f_0 i_g}(h_{0g}) \prod_{l=1}^{k} q_{f_0 r_0}(1) \right]}
\end{aligned} \qquad (11.4)
$$

式中，$r_0^{(k)}$ 代表第 k 个辅助变量在 $u_0^{(k)}$ 处的类别；$q_{i_0 r_0}(k)$ 代表在位置 u_0 处主变量空间中的 i_0 与辅助变量空间中的 r_0 的转移概率函数。在本研究的实验中，选取两个辅助变量：①原始分类产品；②DEM。因此式（11.4）中的 $k=2$。

因为在实际应用中，考虑不同方向上的许多最近的已知邻居是不必要的，也是困难的。对于遥感图像的像素数据，考虑四个主要方向是容易实现的。因此，考虑两个辅助变量、四个主要方向的马尔可夫链协同仿真模型公式如下：

$$
\begin{aligned}
&p\left[i_0(u_0) | i_1(u_1), \cdots, i_m(u_m); \ r_0^{(1)}\left(u_0^{(1)}\right), \cdots, r_0^{(4)}\left(u_0^{(k_2)}\right) \right] \\
&= \frac{p_{i_1 i_0}(h_{10}) \prod_{g=2}^{4} p_{i_0 i_g}(h_{0g}) \prod_{l=1}^{2} q_{i_0 r_0}(1)}{\sum_{f_0=1}^{n} \left[p_{i_1 f_0}(h_{10}) \prod_{g=2}^{4} p_{f_0 i_g}(h_{0g}) \prod_{l=1}^{2} q_{f_0 r_0}(1) \right]}
\end{aligned} \qquad (11.5)
$$

11.4.2　实验结果

选取的研究区为东南亚印度尼西亚地区，其横跨赤道，处在亚洲和澳大利亚之间，濒临印度洋和太平洋。印度尼西亚的生物种类异常丰富，森林覆盖率达到了 67.8%（根据实验区 GlobeLand30 数据 2015 年分类产品统计），地表覆盖斑块细碎、类型复杂，一般的地表覆盖产品往往精度较低，分类精度亟须改善。

搜集的已有验证数据包括：GLC 2000 （GLC2000ref）参考数据、GlobCover 2005（GlobCover2005ref）参考数据、陆地生态系统参数化系统（system for terrestrial ecosystem parameterization，STEP）参考数据、可见光红外成像辐射计套件（visible infrared imaging radiometer suite，VIIRS）参考数据、GLCNMO 2008 参考数据、清华大学全球验证样本集、GlobeLand30 验证点数据等。选取其中分辨率和时相符合要求的验证点，建立实验区所在的生态地理分区中的验证点集。图 11.18（a）为按照验证点来源显示的实验区的验证点分布、图 11.18（b）为按照验证点类型（按照 GlobeLand30-2015 年分类标准）显示实验区的验证点分布。

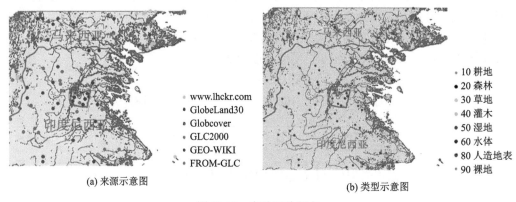

（a）来源示意图　　　　（b）类型示意图

图 11.18　实验区验证点

由于算法本身的运算速度和数据量限制，在考虑地类丰富度、区域面积的基础上，从中选取一小块作为示范区（图 11.18 中红色框）。示范区位于生态地理分区的编号 IM0104 区内。由于只涉及一个分区，后续处理只在本分区范围内统一进行。由于搜集到的验证点数据类别与原始分类产品不一致、分辨率多种多样、分布过于稀疏等，经过筛选之后可用数量较少，不足以满足实验需求，需要人工解译一部分样本点作为补充共同形成样本数据集。图 11.19（a）、图 11.19（b）分别是示范区 GlobeLand30-2015 地表覆盖分类图以及人工解译的样本点分布图。

目视解译验证点与可用的搜集的验证点共 15826 个，共同形成最终的样本数据集。将所有的点一分为二，其中 7913 个用于模型模拟（生成转移概率图模型），另外的用于最终的精度验证。

除了收集样本点数据之外，还需要收集生态地理分区数据。针对示范区域，考虑到数据的可获取性、数据间的独立性、分辨率、年份上要与 2015 年接近及准确性，最终采用的数据源主要为：GDEM 30m 分辨率数字高程数据，如图 11.19（c）所示，其中曲线范围为 IM0104 生态地理分区范围。

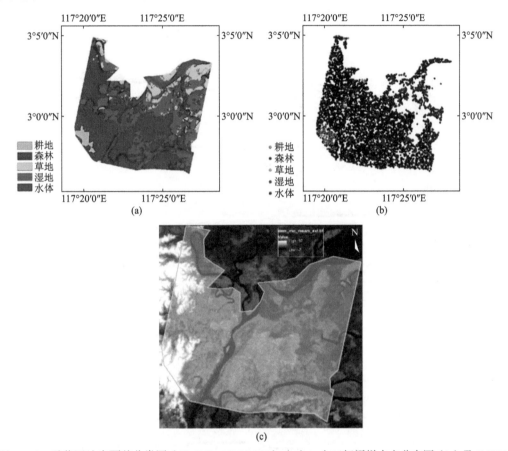

(a)

(b)

(c)

图 11.19　示范区地表覆盖分类图（GlobeLand30-2015）（a）、人工解译样本点分布图（b）及 IM0104 生态地理分区 DEM（c）

　　图 11.20 是各类型自身和交叉转移概率图的结果。其中，地表覆盖类型以编号表示，具体含义见图例。对于耕地，曲线较为曲折，在耕地、林地、草地、湿地、水体这五类当中，和林地的转移概率最高，和湿地的转移概率低于森林，和水体的转移概率低于湿地，和草地的转移概率基本为 0。这是因为草地分布较为零散，与其他四类所有类别的转移概率都不高，而耕地分布集中，与草地距离较远，耕地周围都被林地环绕，转移概率图结果与实际情况是相符的，也与日常的认知相符。森林由于自身所占比例最大，故自身的转移概率较高，远远高于其他四种类别。湿地和水体与森林的转移概率就低于森林的自相关转移概率，而耕地、草地与森林的转移关系几乎不存在，这是因为这两种类别本身的面积就比较小，这也与实际情况相符。由于草地分布零散，转移概率图曲线很曲折，没有其他类别光滑，总体来看和耕地的转移概率几乎为 0，近距离来看和林地、水体、湿地转移概率相差不大，远距离来看和森林转移概率较高，这是因为森林本身占比最大。湿地曲线比较平滑，随着距离的增大，转移为森林的概率逐渐增大，转移为水

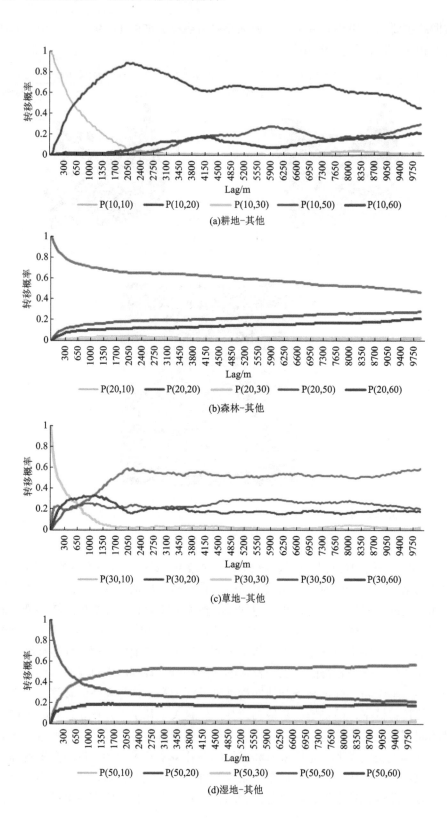

(a)耕地–其他

(b)森林–其他

(c)草地–其他

(d)湿地–其他

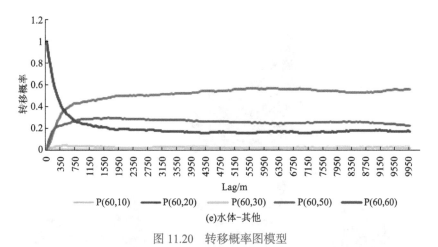

(e)水体-其他

图 11.20 转移概率图模型

体的概率次于森林，与耕地、草地之间几乎不存在转移关系。并且湿地和水体总是伴生出现，这也与我们的认知相符，一般湿地总是出现在水体四周。水体无论是自相关转移概率曲线还是交叉相关转移概率曲线，其形状都与湿地非常类似，曲线都比较平滑，随着距离的增大，转移为森林的概率逐渐增大，转移为湿地的概率次于森林，与耕地、草地之间几乎不存在转移关系。

总体来说，每种类别最终都是转移为森林的概率最高，这是因为森林本身占比比较大。此外，森林、湿地、水体样本点丰富，转移概率图曲线平稳，可信度较高。耕地虽为曲线不够平滑，但因为本身分布比较集中，故也具有一定的可靠性。草地样本点少且分散，转移概率图不够光滑，置信度较低。

结合辅助数据（包括预分类产品数据，即 GlobeLand30-2015 分类产品数据及生态分区 DEM 属性图层），采用联合马尔可夫链序列模拟（Co-Markov chain sequential simulation，Co-MCSS）方法。仿真结果包括每种类别的发生概率图及最佳分类图。

根据样本点得到的模拟结果发生概率图如图 11.21 所示。色调越深表示类别的概率越大，色调越浅表示类别的概率越小，即黑色部分表示类型的置信度为 1，可以认为百分之百确定为此类，白色部分表示类型的置信度为 0，可以认为不可能是此种类型。从图 11.21 中可以明显看出，林地的色调最深，且范围最广，说明大范围是林地的可靠性很高。耕地虽然范围较小，但是色调较深，说明对耕地的模拟比较可靠。草地色调深的位置较少，色调偏灰的部分较多，说明对草地的模拟不够可靠，我们可以将色调比较浅的部分作为错分警示区进行进一步的研究。湿地和水体总是相伴而生，因此二者的色调几乎互补，色调不深不浅的重叠区域较大，说明湿地和水体确实比较容易错分。

结合辅助数据的模拟结果最佳分类图如图 11.22 所示，由模拟结果可以看出，耕地、森林两种类别与原始分类产品变化不大，耕地分布较为集中，森林分布覆盖范围很广，主要的变化是草地、湿地、水体三种类别，湿地和水体总是伴生出现，容易被错分，尤其对草地的模拟和原始分类产品相差很大。其可能的原因有两点：一是确实被错分为草地的像元比较多，二是转移概率图模型不够可靠。

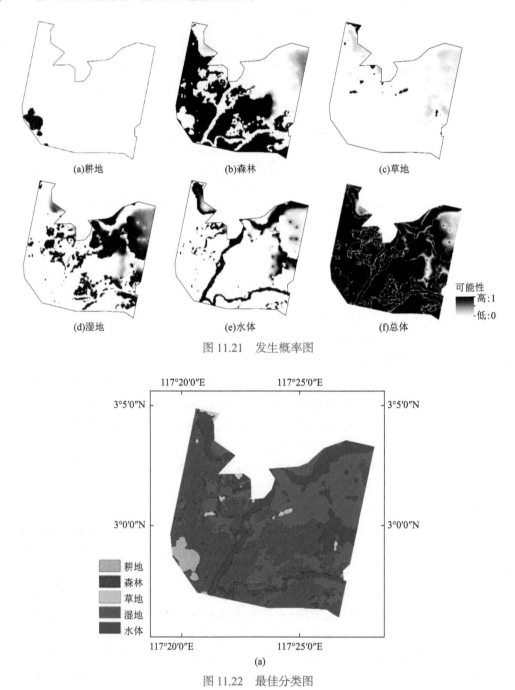

(a)耕地　　　　　　　(b)森林　　　　　　　(c)草地

(d)湿地　　　　　　　(e)水体　　　　　　　(f)总体

可能性
高:1
低:0

图 11.21　发生概率图

图 11.22　最佳分类图

耕地
森林
草地
湿地
水体

(a)

　　精度验证是将原始分类产品、模拟方法获得的最佳分类图结果分别与用于精度验证的验证点集合进行比对，类型匹配则认为模拟结果正确，类型不符则说明模拟结果错误，结果见表 11.3。

表 11.3　精度评价

	与样本点匹配数目	占比/%
原始分类产品	5962	75.34
模拟结果（结合辅助数据）	6843	86.48

　　GlobeLand 30 产品整体精度较高（陈军等，2016），但在东南亚地区某种地物类型的精度不尽相同，经过协同仿真模拟可以看出，原始分类产品与样本点匹配的正确率是 75.34%，结合辅助数据的模拟结果与样本点匹配的正确率达到 86.48%，比原始分类产品的精度提升了 11.14%。从模拟结果中的发生概率图可以看出哪些位置精度较高，哪些位置精度较低，精度较低的区域可以作为错分警示区，为后续的产品改善提供参考。

　　上述小范围实验取得了较好的结果，但协同仿真模拟需要大量的地面验证点支持算法的实施，由于老挝实验区范围大，采用的高分一号影像分辨率高像素数量大，收集的验证点数量密度有限，无法满足 transiogram 计算的要求，老挝实验区对基准地表覆盖产品（2015 年度产品，由中国科学院地理科学与资源研究所提供）的局部精度评价工作未能开展。

<h2 align="center">参 考 文 献</h2>

陈军, 陈晋, 廖安平, 等. 2016. 全球地表覆盖遥感制图. 北京: 科学出版社.

刘吉羽, 彭舒, 陈军, 等. 2015. 基于知识的 GlobeLand30 耕地数据质量检查方法与工程实践. 测绘通报, (4): 42-48.

朱凌, 贾涛, 石若明. 2020. 全球地表覆盖产品更新与整合. 北京: 科学出版社.

Bontemps S, Defourny P, Eric V B, et al. 2011. GLOBCOVER 2009 Products Description and Validation Report.

Friedl M A, Sulla-Menashe D, Tan B, et al. 2010. MODIS Collection 5 global land cover: algorithm refinements and characterization of new datasets. Remote Sensing of Environment, 114: 168-182.

Gong P, Wang J E, Yu L, et al. 2013. Finer resolution observation and monitoring of global land cover: first mapping results with Landsat TM and ETM+ data. International Journal of Remote Sensing, 34: 7, 2607-2654.

Li W D, Zhang C, Willig M R, et al. 2015. Bayesian markov chain random field cosimulation for improving Land Cover classification Accuracy. Mathematical Geosciences, 47(2): 123-148.

Li W. 2006. Transiogram: a spatial relationship measure for categorical data. International Journal of Remote Sensing, 20(6): 693-699.

Yu L, Wang J, Gong P. 2013. Improving 30 m global land-cover map FROM_GLC with time series MODIS and auxiliary data sets: a segmentation-based approach. International Journal of Remote Sensing, 34:16, 5851-5867.

Zhang X, Liu L, Chen X, et al. 2020. GLC_FCS30: Global land-cover product with fine classification system at 30 m using time-series Landsat imagery. Earth System Science Data, 13(6): 2753-2776.

第12章

基于LAI分析我国三北地区植被生态变化趋势

12.1 研 究 背 景

　　干旱和半干旱地区的荒漠化和土地退化是非常严重的环境问题，了解生态脆弱地区的植被动态变化过程对于制定相关土地利用政策和环境管理至关重要。因此，评估植被状况有利于当前和未来的环境决策。遥感技术已被广泛应用于地表荒漠化或植被动态评估。例如，Mason 等（2008）研究发现，在中国北方沙丘地区植被恢复已经普遍出现。此外，遥感反演的 NDVI 产品可用于植被覆盖度的长期监测，同时还可用于土地退化的监测。

　　由于土地退化、水土流失和其他因素的影响，中国的三北地区（东北、华北和西北）是一个典型的生态脆弱地区。自古以来，连接中国与中亚部分地区的三北地区一直是重要的经济桥梁地区，作为"一带一路"的重要组成部分，三北防护林地区的环境问题引起研究学者越来越多的关注。过度放牧和不当耕种使该地区土地变得更加脆弱（Li et al.，2018），为了解决该地区环境退化问题并有效控制沙尘暴，1979 年中国实施了三北防护林工程（TNSFP），以恢复植被覆盖并改善生态环境（Xie et al.，2015），总计有 13 个省份参与了该项目，规划面积超过 400 万 km²，占中国总面积的近 42.4%（Jiang et al.，2015）。三北防护林工程的主要目的是通过植树造林或退耕还林来恢复并保护三北地区的植被，此外三北防护林工程是一项由多个政府部门和行政部门合作开展的长期国家森林项目（Zheng and Zhu，2017）。由于该地区主要气候类型是干旱或半干旱气候，年平均降水量少于 400mm，大规模造林或再造林运动引起了一些争议。例如，Cao（2008）研究指出，在降水有限、潜在蒸散量高的地区进行不适当的植树造林活动实际上可能加剧环境退化、生态系统恶化和风蚀，这一有争议的想法引发广泛探讨（Cao，2008；Liu，2008）。大尺度空间范围的遥感数据和长期遥感记录作为评估三北地区环境状况的有力工具，尤其在生态脆弱区域进行大规模植被恢复工作效果评估方面有着重要作用。Piao 等（2005）使用来自 GIMMS 数据集的 NDVI 数据发现，荒漠化趋势在 20 世纪最后 20 年有所下降，具体而言，三北地区东部和天山北部山麓绿洲的植被覆盖普遍增加，而新疆西北部和呼伦贝尔高原的植被覆盖减少。植被覆盖度（FVC）数据集表明，在 2000 年之后，三北防护林地区的植被覆盖度缓慢增加，此外，通过使用长期土地利用/土地覆盖数据集，可以识别出不同土地覆盖变化情况。

选择合适的遥感产品对于分析地表植被动态变化以及生长状况至关重要。尽管 NDVI 已被广泛用作评估地表绿色植被变化的指标，但它在遥感方面的应用仍存在一定的局限性。例如，NDVI 适用于像素场景中植被具有中等植被覆盖条件的土壤元素的土壤-植被系统，而对于茂密的植被覆盖，NDVI 趋于饱和并且对植被的生长较不敏感。LAI 指单位土地面积上植物叶片单面面积与土地面积之比，与地面植被的生长条件直接相关，具有良好生长条件的植被一般具有更高的 LAI 值。利用长期 LAI 监测数据集对全球植被状况进行调查发现，中国和印度对世界的绿化程度贡献最大（Chen et al.，2019）。因此，本章主要使用 LAI 来评估三北防护林地区的植被生长状况，同时还进行了 LAI 和 NDVI 两个数据集之间的比较。

大型的生态恢复计划需要大量的资金投入，有了足够的资金支持，便可以维持并发展三北防护林工程。由图 12.1 可以发现，2000 年左右中国的 GDP 迅速增长到超过 1 万亿元人民币（约合 1400 亿美元）。三北防护林工程已分为三个阶段：第一阶段（1979～2000 年）、第二阶段（2000～2020 年）、第三阶段（2020～2050 年）。研究主要关注中国经济快速发展时期第二阶段的植被动态变化。由于空间分辨率为 1 km 的 GLASS LAI 数据集仅从 2000 年开始获取（与 MODIS LAI 数据集相同），2000 年以前的数据具有不同的数据来源且空间分辨率不一致，这会在分析中产生一些问题。因此，研究使用 LAI 研究三北防护林地区的植被动态，并将其与通过 NDVI 数据集得到的结果进行了对比。本研究采用 2000～2015 年的 1km 分辨率土地覆盖数据和 GLASS LAI 产品。首先，基于土地覆盖数据集分析了森林和草地的时空变化，以此评估三北防护林工程对生态脆弱地区的影响；其次，提出并讨论了通过森林和草地的年最大 LAI 进行地表植被生长状态的

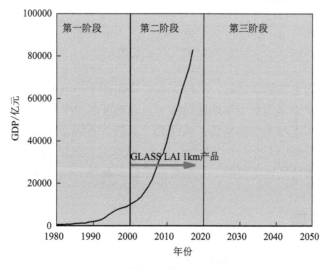

图 12.1　三北防护林周期和可用的遥感产品

附加评估；最后，分析了 LAI 和 NDVI 获取的植被变化趋势之间的差异。本研究的结果可用于未来的生态工程规划和决策。

12.2　数据和方法

12.2.1　研究区概况

　　三北防护林工程是于 1978 年经中华人民共和国国务院批准，在中国西北、华北和东北地区建设的大型防护林系统。三北地区（73°26′E～127°50′E，33°30′N～50°12′N）包括中国的 13 个省（自治区），覆盖面积超过 400 万 km²，如图 12.2。三北防护林工程是中国规模最大、持续时间最长的生态恢复项目（1979～2050 年超过 70 年），其主要目的是通过大规模植树造林来缓解沙尘暴破坏和土壤侵蚀而引起的生态恶化，预计三北防护林体系全面建成时，森林总覆盖率将由 5%提高到 14.95%。

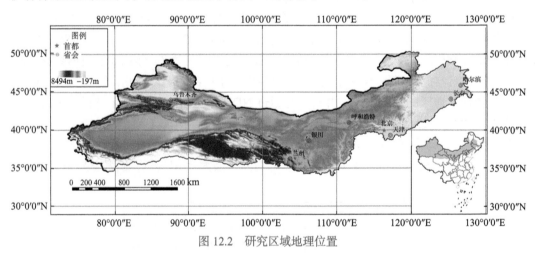

图 12.2　研究区域地理位置

　　研究区位于中国生态脆弱地区，气候类型主要包括干旱气候、半干旱气候以及半干旱半湿润气候，其中干旱和半干旱地区覆盖了三北地区的 2/3 以上。该地区降水量呈现从西到东、从北到南逐渐递增的趋势，从西北（新疆）不到 20mm 到东部（中国东北）不到 800mm 不等。此外，该地区年均温变化很大，从东北地区的−10℃到南部地区的 14℃不等。该地区的地形特征也很复杂，主要包括平原、高原、山脉和盆地等多种地形。

12.2.2　研究数据

　　研究需要获取三北地区的土地覆盖类型，考虑到较高的时空覆盖范围和准确性，选择自 1980 年以来由中国科学院提取的 1 km 分辨率的土地覆盖数据。Landsat TM / ETM +

是由中国科学院获取的土地覆盖数据集的主要数据源，本研究用分级分类系统将这些遥感数据划分为 25 个地表类别，然后将其分为 6 个汇总类，如表 12.1 所示。中国科学院土地覆盖数据集包括 7 个时间序列的数据（1980 年、1990 年、1995 年、2000 年、2005 年、2010 年和 2015 年）。在这项研究中，以 2000 年的数据作为基准土地利用数据，使用 2005 年、2010 年和 2015 年的数据确定造林和再造林区域。图 12.3 显示了 2015 年不同土地覆盖物的空间分布。

表 12.1　本研究中使用的土地覆盖数据系统

土地利用类型	二级类	特征
耕地	水田	指有水源保证和灌溉设施，在一般年景能正常灌溉，用以种植水稻、莲藕等水生农作物的耕地，包括实行水稻和旱地作物轮种的耕地
	旱地	指无灌溉水源及设施，靠天然水源生长作物的耕地；有水源和浇灌设施，在一般年景下能正常灌溉的旱作物耕地；以种菜为主的耕地；正常轮作的休闲地和轮歇地
林地	有林地	指郁闭度＞30%的天然林和人工林，包括用材林、经济林、防护林等成片林地
	灌木林	指郁闭度＞40%、高度在 2m 以下的矮林地和灌丛林地
	疏林地	指林木郁闭度为 10%～30%的林地
	其他林地	指未成林造林地、迹地、苗圃及各类园地（果园、桑园、茶园、热作林园等）
草地	高覆盖度草地	指覆盖度＞50%的天然草地、改良草地和割草地。此类草地一般水分条件较好，草被生长茂密
	中覆盖度草地	指覆盖度在 20%～50%的天然草地和改良草地，此类草地一般水分不足，草被较稀疏
	低覆盖度草地	指覆盖度在 5%～20%的天然草地。此类草地水分缺乏，草被稀疏，牧业利用条件差
水体	河流 湖泊	河流、湖泊
	冰雪	指常年被冰川和积雪所覆盖的土地
	滩涂	指沿海大潮高潮位与低潮位之间的潮浸地带
	滩地	指河、湖水域平水期水位与洪水期水位之间的土地
建设用地	城镇用地	指大、中、小城市及县镇以上建成区用地
	农村居民地	指独立于城镇以外的农村居民地
	其他建设用地	指厂矿、大型工业区、油田、盐场、采石场等用地以及交通道路、机场及特殊用地
未利用地	沙地	指地表为沙覆盖，植被覆盖度在 5%以下的土地，包括沙漠，不包括水系中的沙漠
	戈壁	指地表以碎砾石为主，植被覆盖度在 5%以下的土地
	盐碱地	指地表盐碱聚集，植被稀少，只能生长强耐盐碱植物的土地
	沼泽地	指地势平坦低洼，排水不畅，长期潮湿，季节性积水或常年积水，表层生长湿生植物的土地
	裸土地	指地表土质覆盖，植被覆盖度在 5%以下的土地
	裸岩石质地	指地表为岩石或石砾，其覆盖面积＞5%的土地
	其他	指其他未利用土地，包括高寒荒漠、苔原等

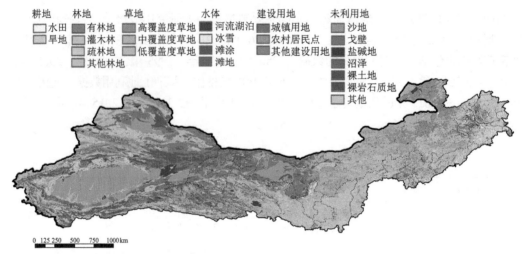

图 12.3　2015 年三北防护林地区不同土地覆盖物的空间分布

研究使用 GLASS LAI 数据集来监测三北防护林地区的植被生长状态，该数据集时间分辨率为 8 天，时间序列为 1981～2016 年。其中，1981～1999 年 GLASS LAI 数据集是基于超高分辨率辐射计（AVHARR）的地表反射率生产的，空间分辨率为 5km；2000年以后，GLASS LAI 数据集是基于 MODIS（中等分辨率图像光谱仪）的地表反射率生产的，空间分辨率为 1 km。为匹配土地覆盖数据集的空间分辨率，研究选择了 2000 年以后的空间分辨率为 1 km 的 GLASS LAL 数据集用以反映三北地区森林和草原的生长状况。同时，为了比较基于 LAI 和 NDVI 数据分析的植被动态变化之间的差异，研究使用2000～2015 年的基于 MODIS 传感器的空间分辨率为 1 km 的 NDVI 植被指数数据（MOD13A2）来匹配 GLASS LAI 数据。

研究使用的气象数据来自国家气象科学数据中心（http://data.cma.cn/），目前该网站能够提供全国 2400 多个气象监测站点的逐日观测数据。研究使用 2000～2015 年全国2400 个站点的逐日观测数据（气温和降水），计算了各站点年均温和年均降水量，然后利用克里金插值法对监测站点数据进行 1 km 分辨率插值分析，从而获得三北地区的气温和降水的空间分布。

12.2.3　分析方法

LAI 被广泛应用于作物生长监测、陆面过程模拟和全球气候变化研究。目前，大多数研究都会使用 NDVI 或 FVC 作为植被分析的工具，而较少使用 LAI 数据进行分析，考虑到 LAI 存在明显的季节性变化特征，因此使用年最大 LAI 值来代表植被的生长状况。

考虑到森林和草地的植被生长状况可能有所不同，因此有必要比较它们在过去 15年中的差异。本研究选择了稳定的土地覆盖像元来分析森林和草地的 LAI 变化趋势，由于草地被定义为稳定草地，2000 年、2005 年、2010 年和 2015 年具有土地覆盖值的像元保持稳定，因此用相同的方法提取稳定的森林像元。

研究在分析植被覆盖的时空变化时，使用 Python 计算了每个日期的区域中每个像元的线性变化。线性变化通过最小二乘法模拟如下：

$$\theta_{slope} = \frac{n \times \sum\limits_{i=1}^{n} i \times LAI_i - \sum\limits_{i=1}^{n} i \sum\limits_{i=1}^{n} LAI_i}{n \times \sum\limits_{i=1}^{n} i^2 - \left(\sum\limits_{i=1}^{n} i\right)^2} \tag{12.1}$$

式中，θ_{slope} 为每个像元的年度最大 LAI 的变化斜率，$\theta_{slope} > 0$ 表示 LAI 呈上升趋势，而 $\theta_{slope} < 0$ 表示 LAI 呈下降趋势；n 为年数（本研究中 $n = 16$）；LAI_i 为第 i 年的最大 LAI。

皮尔逊相关系数用于计算 LAI 与气候因子之间的空间相关模式，如式（12.2）所示：

$$r = \frac{n \sum\limits_{i=1}^{n} x_i y_i - \sum\limits_{i=1}^{n} x_i \times \sum\limits_{i=1}^{n} y_i}{\sqrt{n \sum\limits_{i=1}^{n} x_i^2 - (\sum\limits_{i=1}^{n} x_i)^2} \times \sqrt{n \sum\limits_{i=1}^{n} y_i^2 - (\sum\limits_{i=1}^{n} y_i)^2}} \tag{12.2}$$

式中，r 为皮尔逊相关系数；i 为年数；n 为总年数；x_i 为第 i 年的气候因子；y_i 为第 i 年的 LAI。

12.3　结　　果

12.3.1　2000～2015 年的森林和草地分布

如图 12.4 所示，LAI（LAI＞2.0）高值地区主要位于中国东北、河北北部、北京、山西、陕西南部、甘肃东南部、祁连山和天山地区；而 LAI（LAI＜0.5）低值地区主要位于三北防护林西部地区大部，包括戈壁沙漠的大部分地区。图 12.5 显示了森林（包括茂密森林、灌木林、稀疏森林和其他森林类别）和草地的空间分布情况，各土地类型覆盖状况在 2000 年、2005 年、2010 年和 2015 年有着相似的分布模式。大部分森林分布在三北防护林地区的东部，主要包括内蒙古东部、辽宁、吉林、黑龙江、河北、北京和山西。在三北防护林地区的西部，如新疆、甘肃和内蒙古西部，森林分布则较为分散。在三北防护林地区中部和西部，草地是其最主要的植被覆盖类型。三北地区森林总覆盖面积在 2000 年、2005 年、2010 年和 2015 年分别为 228014 km^2、230031 km^2、230180 km^2 和 229625 km^2（表 12.2），这表明该地区森林总覆盖面积约为 230000 km^2，随着时间推移，面积增长速度较为缓慢。表 12.2 还显示了自 2000 年以来草地覆盖面积有所减少。

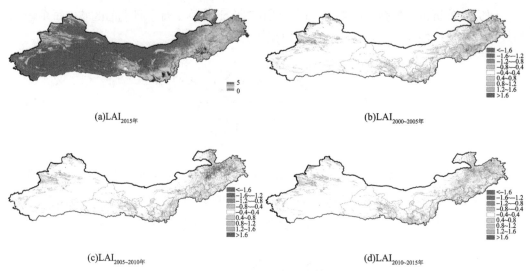

(a)LAI$_{2015年}$

(b)LAI$_{2000\sim2005年}$

(c)LAI$_{2005\sim2010年}$

(d)LAI$_{2010\sim2015年}$

图 12.4 三北防护林地区 2015 年最大年度 LAI 的空间分布以及 2005 年、
2010 年和 2015 年最大 LAI 的年度变化

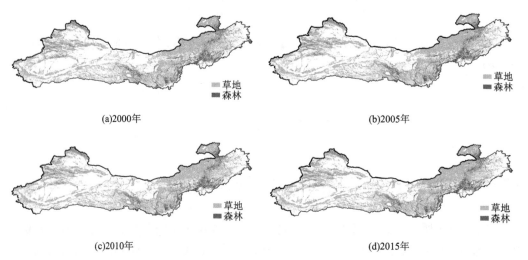

(a)2000年

(b)2005年

(c)2010年

(d)2015年

图 12.5 三北防护林地区 2000 年、2005 年、2010 年和 2015 年森林和草地的空间分布

表 12.2 **2000 年、2005 年、2010 年、2015 年三北防护林区域森林和草地覆盖面积**（单位：km^2）

年份	森林					草地
	总面积	茂密森林	灌木林	稀疏森林	其他森林	
2000	228014	102223	83140	38400	4251	1357263
2005	230031	102759	83256	38272	5744	1350086
2010	230180	102699	83137	38127	6217	1349886
2015	229625	102852	82653	37954	6166	1342236

随着时间的推移，茂密森林面积（植被覆盖率超过 30%）明显增加。此外，其他森林类型的面积（主要是新的造林区）也有所增加，但稀疏森林面积（植被覆盖率为 10%～30%）已大大减少。表 12.3 展示了 2005 年与 2000 年相比、2010 年与 2005 年相比以及 2015 年与 2010 年相比的造林（再造林）和砍伐状况。如表 12.3 所示，2010 年之前，造林（再造林）面积大于砍伐面积，从而导致森林面积净增加。但是在 2010 年之后，森林砍伐面积大于造林（再造林）面积，从而导致森林面积净损失。

表 12.3　2005 年、2010 年、2015 年三北防护林地区造林和森林砍伐面积　（单位：km²）

	造林面积	砍伐面积
2005 年（与 2000 年相比）	3880	1863
2010 年（与 2005 年相比）	761	612
2015 年（与 2010 年相比）	1227	1782

12.3.2　三北防护林地区 LAI 的空间趋势

由于受到气候条件（降水量少）影响，研究区域大部分地区几乎没有植被覆盖。虽然三北防护林的目标是改善整个地区的植被覆盖，但大多数地区几乎无植被覆盖。这也可以从图 12.4 三北防护林地区 2000～2015 年最大年度 LAI 变化的空间分布中看出，三北防护林地区中、西部大面积区域，LAI 值较低且波动较小，几乎可以忽略 LAI 的变化。总体而言，东部三北防护林大部分地区 LAI 呈上升趋势。2000～2005 年，东部三北防护林地区的 LAI 有明显的增加趋势（>+0.8）。相比之下，三北防护林中部地区 LAI 呈现较小的增加趋势（+0.4～+0.8），且天山部分地区 LAI 明显下降。2005～2010 年，三北防护林东部大部分地区 LAI 呈下降趋势（<-1.2），中部地区 LAI 呈微弱上升趋势。2010～2015 年，东部三北防护林地区的 LAI 再次上升。

图 12.6 显示了三北防护林区域及其 8 个子区域的 LAI 变化趋势。这 8 个子区域是 LAI 值较高且人为干扰广泛的区域。大部分三北防护林地区的 LAI 呈增加趋势，如陕西、山西、河北和内蒙古东部。但部分地区 LAI 呈下降趋势，主要集中在天山、陕南、京津冀地区。图 12.6 还显示了 8 个区域的 LAI 变化趋势。图 12.6（a）和图 12.6（b）展示了新疆地区的情况。其中，天山、阿尔泰山等山地的 LAI 值显著下降，而山脚下的绿洲区 LAI 值显著增加。图 12.6（c）为祁连山周边地区 LAI 变化情况，祁连山北麓（甘肃境内）LAI 呈增加趋势，南麓 LAI 随时间变化呈现较为复杂的变化。图 12.6（d）以宁夏平原为中心，值得注意的是，银川平原中部（城市群）的 LAI 显著下降，而周边地区 LAI 显著上升。图 12.6（e）和图 12.6（f）显示了陕西和山西两个省份的 LAI 情况，虽然这两个省份经历了水土流失和沙尘暴，但这两个地区的 LAI 在 2000～2015 年有着明显的增长趋势。然而，陕南部分地区[图 12.6（e）]呈下降趋势，这些地区是渭河沿岸城市，城市建设活动频繁。图 12.6（g）为京津冀地区 LAI 变化趋势，在该区域的北部，LAI 呈上升趋势，这些区域是保护首都北京免受强沙尘暴影响的规划生态保护区。图 12.6

（h）为内蒙古东部 LAI 变化趋势，总体上讲，除部分城市和草原地区外，该地区的 LAI 也呈上升趋势。

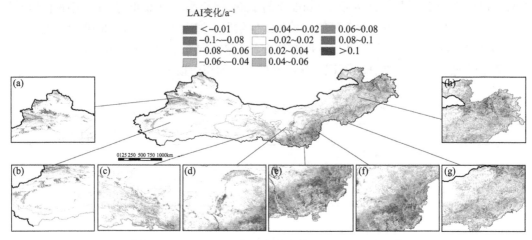

图 12.6　2000～2015 年三北防护林地区 LAI 变化趋势
（a）新疆北部；（b）新疆南部；（c）祁连山地区；（d）宁夏平原；（e）陕西；（f）山西；
（g）京津冀；（h）内蒙古东部

12.3.3　NDVI 与从 LAI 得出的植被动态比较

为了对比由 NDVI 和 LAI 数据分析得到的三北防护林地区植被时空动态变化情况，图 12.7 展示了 2000～2015 年基于 MODIS NDVI 数据（MOD13A2）的三北防护林区域 NDVI 变化趋势，NDVI 的基本空间格局与 LAI 的基本空间格局相似。基于 NDVI 的植被动态变化也表明，三北防护林地区东南部植被在近 15 年呈好转趋势。然而，通过两个数据集得到的结果存在一定的差异，基于 NDVI 反映的植被减少面积比 LAI 反映的减少面积要少很多。表 12.4 为整个三北防护林区域及 3 个典型区域 LAI 和 NDVI 的增减趋势

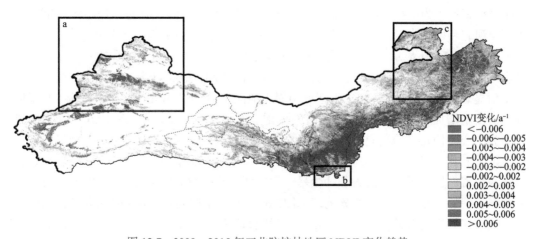

图 12.7　2000～2015 年三北防护林地区 NDVI 变化趋势

表 12.4　统计整个三北防护林区域和 3 个典型区域 LAI 和 NDVI 的增减趋势（单位：%）

区域	LAI 增长	NDVI 增长	无明显 LAI 变化	无明显 NDVI 变化	LAI 降低	NDVI 降低
整体三北防护林地区	45.59	37.63	36.21	61.02	18.30	1.35
区域 a	5.15	21.84	89.04	75.97	5.81	2.19
区域 b	72.47	81.26	2.13	14.45	25.40	4.31
区域 c	70.08	68.43	5.71	29.74	24.21	1.83

统计结果。如图 12.7 中 a 区域（新疆）呈上升趋势，而在图 12.6 中呈下降趋势。对于图 12.7 中的 b 区域（陕西南部），NDVI 的下降趋势不如 LAI 的下降趋势明显，这在图 12.7 的区域 c 中也可以发现类似的差异。此外，三北防护林地区东南部 NDVI 的增加趋势都非常大，难以区分差异。

12.4　讨　　论

12.4.1　草地和森林不同的生长趋势

目前三北地区已经实施了几个生态项目，但总体效果尚不清楚，因此需要对这些项目进行植被恢复评价。由于这些项目的现场验证费时、费力，且精度较低，所以迫切需要对该地区植被动态进行遥感评估。土地利用覆盖数据是一种常用的遥感产品，能够用于评价三北地区的生态恢复情况（Jia et al.，2015；Liu et al.，2003）。然而，土地覆盖数据虽然可以提供地表分类，但难以提供关于植被生长状况的更多信息。NDVI 产品由于能够直接反映绿色植被的光谱信息，在目前植被动态研究中得到了广泛的应用。例如，根据长期 NDVI 数据，Xu 等（2018）分析了毛乌素沙地 1981～2013 年的植被变化，发现荒漠呈现出返青趋势。

LAI 是描述植被生长状况的直接变量，考虑到植被结构是反演 LAI 的重要参数，于是分析了草地和森林的不同 LAI 变化趋势，如图 12.7 所示。LAI 增加或减少的森林面积很小，然而大面积草原呈现出 LAI 增大趋势。基于 MODIS LAI 产品，Liu 等（2012）发现，2000～2010 年，中国北方许多地区的森林 LAI 呈较低的增长趋势，与此研究结果相似，结合 2000～2015 年的 LAI 数据，图 12.8 展示了草地和森林生长的空间分布。Liu 等（2016）从 LAI 产品中发现，在过去三四十年中，由于植树造林，中国大多数地区的植被绿化水平有所提高。研究发现，近 15 年来，约 397663 km^2 的草地 LAI 呈下降趋势，830972 km^2 的草地 LAI 呈上升趋势，森林呈下降趋势和上升趋势的面积则分别为 70568 km^2 和 150616 km^2。这里只分析图 12.8 中稳定地表覆盖（随着时间的推移，剩下的森林或草地）的像元，不包括从草地或森林转换的像元。结果表明，草地退化主要发生在新疆和内蒙古东部，森林退化主要发生在新疆、河北和内蒙古东部。然而，三北防护林地区大多数草地在过去 15 年里都经历了 LAI 的增加，三北防护林东南边界的森林 LAI 也有明显的增加。这些趋势表明，在 LAI 增加的区域，植被覆盖状况比 21 世纪初更好。北京和天津周边地区的 LAI 显著下降，表明在经济快速发展时期，植被生长受到大规模城市建设活动的影响。

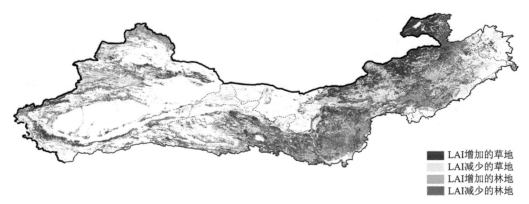

图 12.8　2000～2015 年三北防护林地区草地和森林 LAI 变化趋势

12.4.2　LAI 与气象参数的空间相关模式

气候因子（主要是降水和气温）被广泛认为是影响生态脆弱地区植被生长的主要因素（Wang et al.，2019）。Hao 等（2019）发现，黄土高原植被生长与降水和气温均具有相关性，且在降水和气温的影响下 NDVI 呈缓慢增长趋势。虽然三北防护林工程进行大规模的造林和再造林项目，但这些森林的总面积（～23 万 km²）仍远低于三北防护林地区的总面积（～400 万 km²），且降水和气温是制约植被生长的两个主要因素。图 12.9 显示了三北防护林地区 LAI 与降水的相关性，大部分地区 LAI 与降水呈正相关，特别是在三北防护林东部呈显著正相关（>0.6），表明降水可能是这些地区的主要制约因素。

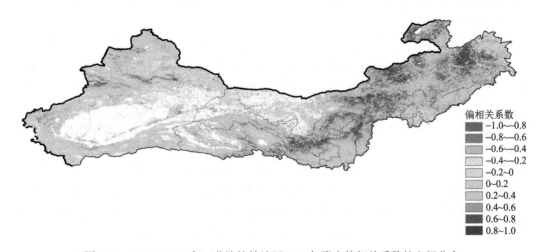

图 12.9　2000～2015 年三北防护林地区 LAI 与降水偏相关系数的空间分布

　　图 12.10 显示了三北防护林地区 LAI 与气温的相关性。与图 12.9 的结果不同，LAI 与气温的相关性在整个区域都比较低。这一结果表明，气温可能不是该生态脆弱地区植被生长的主要制约因素。

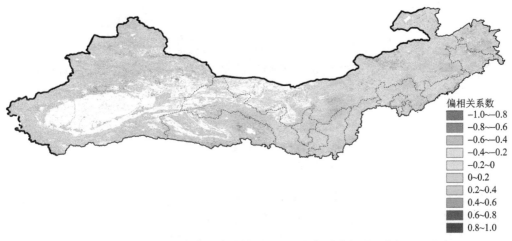

图 12.10　2000～2015 年三北防护林地区 LAI 与气温偏相关系数的空间分布

　　由于降水可能是该地区植被生长的主要制约因素，因此在 LAI 与降水相关性空间分布图中叠加了 2000 年、2005 年、2010 年和 2015 年的 400 mm 等降水量线，如图 12.11 所示。近 15 年来，400 mm 等降水量线具有明显的时空变化特征，这条线传统意义上也控制着森林的分布，是区分半湿润和半干旱气候的重要界限。从图 12.11 可以看出，400 m 等降水量线在西南部变化不大，东北部变化较大，说明内蒙古东部降水年际变化较大。

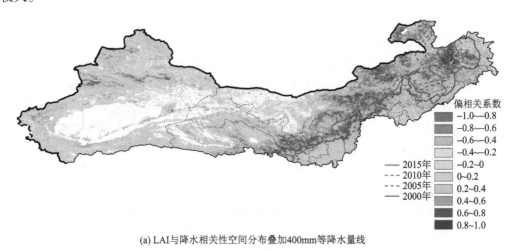

(a) LAI 与降水相关性空间分布叠加 400mm 等降水量线

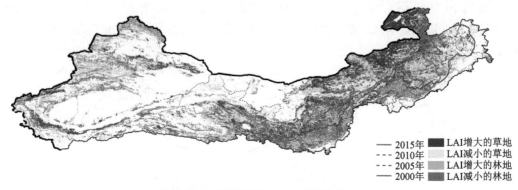

—— 2015年	▉ LAI增大的草地
--- 2010年	▉ LAI减小的草地
--- 2005年	▉ LAI增大的林地
—— 2000年	▉ LAI减小的林地

（b）森林和草地生长状况叠加400mm 等降水量线

图 12.11　三北防护林地区植被生长状况和中国 400 mm 等降水量线

（a）和（b）中的 4 条线为 400 mm 等降水量线

图 12.11（a）显示 LAI 与降水和 400 mm 等降水量线的相关关系。结果表明，LAI 与降水高相关性区域主要分布在 400mm 等降水量线附近，距离 400mm 等降水量线越远，LAI 与降水相关性越小。然而，另一个问题也出现了，从相关性来看，草地和森林的 LAI 是否存在差异？结果如图 12.11（b）所示。LAI 增大的森林主要分布在 400 mm 等降水量线的东南部，LAI 减小的森林主要分布在 400 mm 等降水量线附近和新疆山区。这一结果表明，在半湿润地区造林和再造林比较成功，而在半干旱和干旱地区情况不同。在 400 mm 等降水量线的西北部也出现了 LAI 下降的草地，这表明半干旱和干旱地区的植被恢复具有很大的挑战性。

12.4.3　潜在的局限性

虽然 LAI 是描述植被覆盖度生长状况的重要参数，但考虑到其生产过程，它仍然具有一定的局限性（Liu et al.，2018），特别是对于遥感反演的 LAI 产品。Asner 等（2003）研究了不同生物群落的 LAI，包括耕地、森林、沙漠以及其他生物群落。结果发现，LAI 在沙漠、灌木地、冻土带和湿地代表性较差。Huang 等（2006）也提出遥感 LAI 产品需要一些现场测量参考来修正误差。虽然目前多幅遥感影像已经生产出很多产品，但遥感 LAI 产品仍存在一定的局限性。首先，不同 LAI 产品之间仍然存在差异，一些研究将多个 LAI 数据进行同化以减少不确定性（Qu et al.，2015）；其次，遥感 LAI 产品的验证需要进行现场测量，但由于人力、物力和财力的限制，无法大面积现场勘测（Yan et al.，2019）。此外，LAI 的尺度效应在一定程度上影响了遥感 LAI 产品的验证和应用。尽管存在一些局限性，遥感 LAI 产品仍然是目前评价生态脆弱地区长期植被动态的一种实用性工具。Chen 等（2019）利用全球遥感 LAI 产品对 2000 年以来全球植被动态变化进行监测。另外，其他研究也表明，LAI 在大规模植被或土地监测中是非常有效的（Niu et al.，2019）。因此，LAI 数据产品在局部、区域或全球尺度上评价植被动态变化仍然是合适的。

目前大多数研究常假设植被变化是线性的，因此本研究采用最小二乘法计算植被变化趋势（Sun et al.，2020）。然而，也有一些研究关注植被的非线性变化，发现由于人为和自然因素，植被格局呈现出非线性格局（Lanckriet et al.，2015）。非线性变化趋势实际上是一个值得关注的问题，因为变化点前后的趋势可能不同。此外，在本研究中，我们分析了稳定草地和森林的 LAI 变化趋势，忽略了有土地覆被转换的草地和森林。

12.5　结　　论

本研究以 2000～2015 年中国三北防护林地区的植被生长状况为研究对象，利用 GLASS LAI 和中国科学院土地覆被数据进行了时空变化分析。结果表明，森林覆盖面积增长缓慢，但仍保持每年 23 万 km^2 左右的增长速度，与此同时，草地总面积略有下降。三北防护林区大部分地区 LAI 呈上升趋势，LAI 增加的区域主要集中在年降水量超过 400mm 的区域。森林和草地 LAI 减少的区域主要分布在年降水量小于 400 mm 的区域。气候因子与叶面积指数的相关性分析表明，该地区植被生长对降水的敏感性要大于对气温的敏感性。年降水量在 400 mm 左右的区域，LAI 与降水相关性较高，且随着距离 400 mm 等降水量线距离的增加呈减小趋势。利用 LAI 和 NDVI 得出的三北防护林地区植被动态变化具有相似的时空变化趋势，但在新疆、陕西南部和内蒙古东部存在一定的差异。通过分析 LAI 发现，新疆 18.30% 的区域植被呈减少趋势，而 NDVI 仅为 1.35%。通过分析 LAI 表明，陕西南部 25.40% 的地区植被呈减少趋势，而 NDVI 仅为 4.30%，这在内蒙古东部也存在着类似的情况。总体来看，草地增加是半干旱和干旱地区植被覆盖增加的主要原因，而在降水充足的地区，森林占主导地位。这项研究的结果能够为三北防护林地区的科学决策和环境管理提供科学依据。

参 考 文 献

Asner G P, Scurlock J M O, Hicke J A. 2003. Global synthesis of leaf area index observations: implications for ecological and remote sensing studies. Global Ecology and Biogeography, 12(3): 191-205.

Barchyn T E, Hugenholtz C H. 2015. Predictability of dune activity in real dune fields under Unidirectional Wind Regimes. Journal of Geophysical Research-Earth Surface, 120(2): 159-182.

Cao S. 2008. Why Large-Scale afforestation efforts in China have failed to solve the desertification problem. Environmental Science & Technology, 42(6): 1826-1831.

Chen C, Park T, Wang X, et al. 2019. China and India lead in greening of the world through land-use management. Nature Sustainability, 2(2): 122-129.

Hao H G, Li Y Y, Zhang H Y, et al. 2019. Spatiotemporal variations of vegetation and its determinants in the national key ecological function area on loess plateau between 2000 and 2015. Ecology and Evolution, 9(10): 5810-5820.

Huang D, Yang W Z, Tan B, et al. 2006. The importance of measurement errors for deriving accurate reference leaf area index maps for validation of moderate-resolution satellite lai products. IEEE

Transactions on Geoscience and Remote Sensing, 44(7): 1866-1871.

Jia K, Liang S L, Liu J Y, et al. 2015. Forest cover changes in the Three-North shelter forest region of China during 1990 to 2005. Journal of Environmental Informatics, 26(2): 112-120.

Lanckriet S, Rucina S, Frankl A, et al. 2015. Nonlinear vegetation cover changes in the north ethiopian highlands: evidence from the lake ashenge closed basin. Science of the Total Environment, 536: 996-1006.

Liu J Y, Liu M L, Zhuang D F, et al. 2003. Study on spatial pattern of land-use change in China during 1995-2000. Science in China Series D-Earth Sciences, 46(4): 373-384.

Liu Y, Xiao J, Ju W, et al. 2018. Satellite-derived lai products exhibit large discrepancies and can lead to substantial uncertainty in simulated carbon and water fluxes. Remote Sensing of Environment, 206: 174-188.

Liu Y B, Ju W M, Chen J M, et al. 2012. Spatial and temporal variations of forest lai in China during 2000-2010. Chinese Science Bulletin, 57(22): 2846-2856.

Liu Y B, Xiao J F, Ju W M, et al. 2016. Recent trends in vegetation greenness in China significantly altered annual evapotranspiration and water yield. Environmental Research Letters, 11(9): 14.

Mason J A, Swinehart J B, Lu H Y, et al. 2008. Limited change in dune mobility in response to a large decrease in wind power in Semi-Arid Northern China since the 1970s. Geomorphology, 102(3-4): 351-363.

Niu Q F, Xiao X M, Zhang Y, et al. 2019. Ecological engineering projects increased vegetation cover, production, and biomass in semiarid and subhumid Northern China. Land Degradation & Development, 30(13): 1620-1631.

Piao S L, Fang J Y, Liu H Y, et al. 2005. Ndvi-indicated decline in desertification in China in the past two decades. Geophysical Research Letters, 32(6): L06402.

Qu Y, Han W, Ma M. 2015. Retrieval of a temporal high-resolution leaf area index (lai) by combining modis lai and aster reflectance data. Remote Sensing, 7(1): 195-210.

Sun Y-L, Shan M, Pei X-R, et al. 2020. Assessment of the impacts of climate change and human activities on vegetation cover change in the Haihe River Basin, China. Physics and Chemistry of the Earth, Parts A/B/C, 115: 102834.

Wang W, Sun L, Luo Y. 2019. Changes in vegetation greenness in the upper and middle reaches of the Yellow River basin over 2000-2015. Sustainability, 11(7).

Xu Z W, Hu R, Wang K X, et al. 2018. Recent greening (1981-2013) in the mu us dune field, North-Central China, and its potential causes. Land Degradation & Development, 29(5): 1509-1520.

Yan G J, Hu R H, Luo J H, et al. 2019. Review of indirect optical measurements of leaf area index: recent advances, challenges, and perspectives. Agricultural and Forest Meteorology, 265: 390-411.

第 13 章

融合多源数据的自然保护区监测
与评估应用

13.1　基于多源遥感数据的自然保护区人类活动用地监测

　　自然保护区能为人类提供生态系统的天然"本底"，是各类自然生态系统和野生生物物种的天然存储库，对于保护自然环境、物种和维护生态平衡具有重要意义，在国民经济建设和未来社会发展中具有战略地位，因此加强和发展自然保护区事业也是当前我国环境保护工作的一项重要而紧迫的任务（王智等，2011）。然而，自然灾害以及人类活动对自然保护区造成了严重的影响，其中人类活动是自然保护区生态平衡遭受破坏的重要原因（魏建兵等，2006；Xu et al.，2009）。随着遥感技术的快速发展，遥感技术为自然保护区监测提供了新手段。传统的以光谱分析特征为基础的监督分类和非监督分类在自然保护区识别人类活动中应用比较广泛，但基于监督分类和非监督分类的传统分类方法的分类精度在很大程度上取决于影像质量和时相选取（Hansen and De Fries，2005）。因此，基于监督分类和非监督分类的传统分类方法得到的分类结果存在很大的不确定性（余凌翔等，2013；李亚飞等，2011）。而时间序列分析方法则强调在一段时间内对同一区域进行连续遥感监测，提取地物随时相变化的有关特征，并分析地物变化特性，如可以通过分析经济作物的多时相特征（NDVI 时间序列）来识别人工林、人工作物。然而，针对低纬地区多云多雾、地形复杂等特征，采用单一遥感数据源进行地物精细识别具有局限性，如空间分辨率不足，或时间分辨率较低。为此，许多研究者利用多源遥感数据基于时间序列进行地物时相信息的提取，进而有效地实现地物识别精度的提高。目前，基于时间序列遥感观测的自然保护区变化监测多采用高时间、低空间分辨数据（刘旭颖等，2016；朴英超等，2016；聂勇等，2012），或高空间、低时间分辨率遥感观测数据（Breiman，2001；Zhang et al.，2017；Yan et al.，2018）。这两者在保护区土地利用或保护区人类活动监测上均有不足，前者有利于保护区内人类活动的动态变化识别，但是低空间分辨率数据存在大量混合像元，不利于对地表覆被变化的精细分析，无法实现面积较小的人类活动提取；后者能够更精细地捕捉地物空间纹理及结构特征，但是中国西南热带地区植被覆盖度高、地形复杂，导致不同类型植被的空间纹理及结构特征存在混淆，因此，当利用单一时相高空间分辨率数据进行植被分类识别时，由于这些数据的空间结构及光谱特征往往不足以准确区分不同类型的植被，从而导致分类精度不高。如何兼具遥感影像观测中地物的时间、空间特征，获取高时空分辨率数据，是实现基于可见光遥感数据的热带地区复杂环境下高精度地物分类识别的重要途径。

本章在低纬度热带地区多云雾天气对光学遥感成像产生严重干扰的条件下，实现基于多源遥感数据构建高时间、高空间分辨率遥感数据，监测复杂地形及气候环境下的热带雨林环境自然保护区土地利用变化，进而分析保护区人类活动，这对自然保护区监管和时间序列遥感观测技术在自然保护区人类活动动态监测应用具有重要价值。[①]

13.1.1 研究区概况

纳板河流域国家级自然保护区位于中国云南省西双版纳傣族自治州境内，该保护区是由 1991 年建立的省级自然保护区，于 2000 年 4 月晋升为国家级自然保护区。保护区距离景洪市大约 40 km，其地理坐标为：22°04′N～22°17′N，100°32′E～100°44′E（图13.1）。保护区内热量充足、气候湿润，年平均气温 18～22℃，年降水量 1100～1600 mm，充沛的降雨和充足的热量条件造就了该保护区内丰富的生物多样性。纳板河流域国家级自然保护区自然林覆盖率为 67.74%，属于自然生态系统中的森林生态系统（晁增华，2010）。纳板河流域国家级自然保护区的主要保护对象是热带雨林以及珍贵的动植物，但

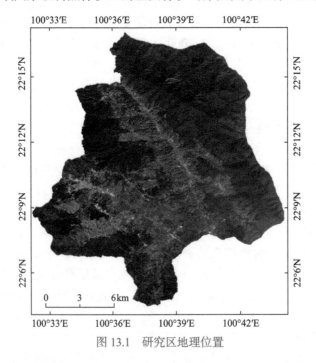

图 13.1 研究区地理位置

① 本节内容已在《农业工程学报》上发表，论文信息为：刘晓龙，徐瑞，付卓，等. 基于多源遥感数据的纳板河国家级自然保护区人类活动用地监测[J]. 农业工程学报，2018，34（19）：266-275.

是随着橡胶市场的价格抬升，加上西双版纳得天独厚的气候条件，村民在自然保护区内大面积种植橡胶林，许多轮歇地变成了橡胶林种植地，甚至砍伐大面积的热带雨林后种植橡胶林，严重威胁保护区内的生物多样性，因此受到人们的广泛关注。

13.1.2　数据介绍

自然保护区人类活动遥感监测可为及时发现违法违规行为提供线索，为保护区监管提供技术支持。多源遥感数据结合可以实现复杂地形环境下的高精度地物识别，为自然保护区人类活动用地的监测提供数据支撑，数据多采用 Landsat、MODIS 等产品。

1. Landsat 数据

Landsat 数据一级产品可从美国地质勘探局（USGS）（https://glovis.usgs.gov/）下载，数据成像周期为 16 天。选取在研究区内无云的 2000 年、2004 年、2010 年、2015 年 4 个年份的 Landsat TM/ETM+/OLI 数据。各年份所用 MODIS 与 Landsat 数据具有相同的时相，但由于不同年份之间可用的 Landsat 数据和成像时间不同，所以各年份之间的数据时相存在差别，但是每个时期内，都具有前文所述的不同类型植被覆盖度的变化特征。美国国家航空航天局在发布 Landsat 数据之前已经对其进行系统校正，属于一级产品，研究需要用到地表反射率数据，因此本书使用 LEDAPS 大气校正模型对其进行大气校正。LEDAPS 是基于 6S 辐射传输模型的大气校正软件，由戈达德航空中心提供相应的参数数据（Masek et al.，2006）。由于 Landsat 7 ETM +传感器的扫描线校正器（scan line corrector，SLC）出现故障，导致大约 22% 的像素未被扫描，存在信息缺失。因此，在使用 Landsat 7 ETM+数据之前要对其进行条带填充，使用地统计邻域相似像元插值方法（GNSPI）对 Landsat 7 ETM+数据进行条带填充处理（Zhu et al.，2012）。

2. MODIS 数据

MODIS 数据采用与 Landsat 数据同一时期的 MOD09GQ 数据（MODIS 地表反射率产品，属于陆地标准数据，地面分辨率为 250 m，重访周期为 1 天）。MODIS 数据源自 NASA 数据共享平台。MODIS 发布产品为 HDF 格式，投影类型为正弦曲线投影（等面积伪圆柱投影），与 Landsat 数据不同，所以本书选用 MODIS 重投影工具（MRT）对其进行投影转换批处理，将 MODIS 数据投影转换为基于 WGS-84 椭球体的 UTM 投影，与 Landsat 数据坐标系保持一致。

3. SPOT 数据和 Google Earth 数据

SPOT 数据和 Google Earth 数据用于地物识别的精度验证，研究区 2000 年的分类结果使用 SPOT 数据（空间分辨率 10 m）进行精度评定，2004 年、2010 年、2015 年的分类结果分别采用 Google Earth 数据（空间分辨率 4 m）进行精度验证。

13.1.3　方法介绍

Landsat 数据的空间分辨率为 30 m，能够以较高的精度识别地物，但时间分辨率较低（重访周期 16 天），且易受到云雾天气的影响，导致部分数据缺失，限制了 Landsat 数据对地表植被覆盖变化的监测能力。MODIS 数据的空间分辨率较低，可应用于种植面积较大、结构单一的作物识别和监测（Xiao et al.，2006；庄喜阳，2017），但不适用于地表覆盖类型破碎、空间异质性强烈的复杂地物识别。受限于传感器技术，当前尚不存在高时间、高空间分辨率的卫星遥感数据。但是通过多源数据融合技术，能够获取可见光波段的地表反射率融合数据，可以融合得到每日 30 m 空间分辨率的地表反射率数据，综合 Landsat 数据和 MODIS 数据的优点，能够有效地监测不同植被随时间的生长变化情况（刘建波等，2016）。Zhu 等（2010）提出时空数据融合算法 ESTARFM，该算法通过指定大小窗口内前后两个时期的低分辨率和高分辨率像元对，以及待融合时相的低分辨率影像像元，建立待融合像元与前后时期像元之间的空间关系，估算当前高分辨率像元值。因该模型应用普遍、可靠程度高、容易实现等，本书采用时空数据融合算法 ESTARFM，融合获得高时空分辨率数据。

获取融合数据后，对融合的结果进行精度验证。本书用融合得到的数据与当日卫星观测数据进行相关性分析，如验证 2015 年第 35 天（DOY035）的融合精度，是用融合得到的数据（DOY035 红光和近红外波段反射率）计算 NDVI，建立该 NDVI 与当日 Landsat 数据计算所得 NDVI 之间的相关系数，根据该相关系数分析融合精度（Huang and Song，2012）。运用此方法分别验证 2000 年、2004 年、2010 年和 2015 年融合的 NDVI 数据，决定系数 R^2 分别为：0.8213、0.8181、0.9420 和 0.9012，决定系数 R^2 均高于 0.8（$P<0.01$），说明融合结果与观测结果显著相关，表明融合产品的精度可靠，可在一定程度上代表同时相观测影像的光谱信息。

在基于融合得到的高时空分辨率数据的研究区地类分类中，首先用融合得到的数据构建 NDVI 时间序列，由于 NDVI 时间序列上存在噪声，因此本书使用 SG 滤波对其进行滤波处理（Savitzky and Golay，1964）。获取的 NDVI 时间序列数据集属于高维数据，含有大量的植被变化信息，而过高的数据维度会造成数据冗余及分类精度下降问题（Jonsson and Eklundh，2002；Hughes，1968）。因此，本书提取 NDVI 时间序列曲线上对分类贡献较大的 6 个分类特征：每年 12 月至次年 3 月的 NDVI 的最大值和最小值、时间序列曲线导数取值最小时对应的 NDVI 值（不同类型植被 NDVI 这 3 个值不同，区分度高）、总体时间序列 NDVI 曲线积分（曲线积分表达不同类型植被生长情况的不同）、每年第 1 天与每年第 43 天之间的 NDVI 曲线积分（这一时期曲线积分表达橡胶林生长的累积量）、NDVI 最大值与 NDVI 曲线积分的比值（Liu et al.，2015；高书鹏等，2018）。

分类中运用随机森林（RF）分类器，并利用上述 6 个分类特征对保护区内建筑用地、耕地、橡胶林、水体和自然林进行分类识别。分类中，训练样本的选取直接关系到分类结果，所以为了保证选取样本的代表性以及随机性，本书根据 2000 年 10 m 分辨率的

SPOT 数据和 2004～2015 年的 Google Earth 高清影像,大致估算各地类的面积比例,然后根据各年份各地类比例选取相应的样本点。样本选取中,各年份的样本总数均为 400个。分类中随机选取 200 个样本作为训练样本,用于训练分类器,其余的 200 个(1/2)用于分类结果的精度评价。本研究采用分类误差矩阵进行精度评价(Congalton and Green,1989)。研究区土地利用变化分析中,采用转移矩阵分析各年份间土地利用变化。整体方法流程见图 13.2。

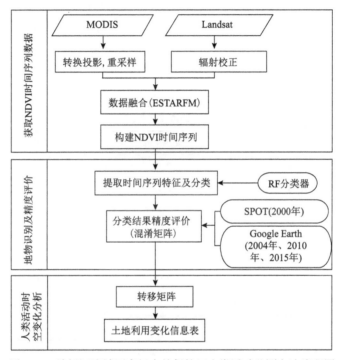

图 13.2　纳板河流域国家级自然保护区人类活动监测方法流程图

13.1.4　结果与分析

1. 土地利用变化分析

土地利用转移矩阵可以很好地描述并分析研究区内土地利用类型的面积变化情况,所以被广泛应用于土地利用变化分析中。以 2000 年、2004 年、2010 年和 2015年的纳板河流域国家级自然保护区土地利用分类结果为输入数据,利用 ENVI 5.3 软件计算得到纳板河流域国家级自然保护区 3 个时间段的土地利用转移矩阵(表 13.1)。根据表 13.1,计算得到 2000～2015 年 3 个时间段各地类的变化情况(表 13.1)。对2000～2015 年纳板河流域国家级自然保护区的土地利用情况进行分析可以得出以下结论。

表 13.1　纳板河流域国家级自然保护区 2000～2015 年土地利用转移矩阵　（单位：%）

地类		2004 年					总计	减少
		橡胶林	自然林	建筑用地	耕地	水体		
2000 年	橡胶林	3.92	1.00	0.00	0.62	0.00	5.54	1.62
	自然林	1.28	85.22	0.01	1.75	0.00	88.26	3.04
	建筑用地	0.00	0.01	0.04	0.02	0.01	0.08	0.04
	耕地	1.33	0.00	0.04	4.43	0.06	5.86	1.43
	水体	0.00	0.00	0.00	0.01	0.25	0.26	0.01
	总计	6.53	86.23	0.09	6.83	0.32	100.00	
	新增	2.61	1.01	0.05	2.40	0.07		

地类		2010 年					总计	减少
		橡胶林	自然林	建筑用地	耕地	水体		
2004 年	橡胶林	6.35	0.00	0.01	0.00	0.17	6.53	0.18
	自然林	1.74	80.42	0.01	3.47	0.62	86.23	5.84
	建筑用地	0.00	0.02	0.03	0.02	0.01	0.09	0.05
	耕地	0.58	0.18	0.05	5.87	0.14	6.83	0.95
	水体	0.00	0.00	0.00	0.00	0.31	0.31	0.00
	总计	8.67	80.62	0.10	9.36	1.25	100.00	
	新增	2.32	0.20	0.07	3.49	0.94		

地类		2015 年					总计	减少
		橡胶林	自然林	建筑用地	耕地	水体		
2010 年	橡胶林	8.53	0.00	0.05	0.08	0.01	8.67	0.15
	自然林	0.60	75.89	0.01	4.10	0.01	80.62	4.73
	建筑用地	0.01	0.00	0.03	0.06	0.01	0.10	0.07
	耕地	0.94	0.00	0.05	8.33	0.04	9.36	1.04
	水体	0.00	0.01	0.01	0.01	1.22	1.25	0.03
	总计	10.08	75.9	0.15	12.58	1.29	100.00	
	新增	1.55	0.01	0.12	4.25	0.07		

2000～2004 年保护区内各地类变化中：

（1）保护区内增加的水体面积主要来源于耕地和建筑用地，转变成水体的耕地和建筑用地分别占研究区面积的 0.06% 和 0.01%；

（2）扩张的耕地大部分由自然林转变而来（占整个研究区 1.75% 的自然林转变成耕地），其次是橡胶林（占整个研究区面积 0.62% 的橡胶林转变成耕地）；

（3）自然林和耕地对建筑用地的贡献率分别达到了 0.01% 和 0.04%，耕地成为建筑用地的主要来源；

（4）橡胶林的种植范围在快速扩张，扩张的橡胶林主要来源于自然林和耕地（占整个研究区面积 1.28%的自然林转变成橡胶林，占研究区面积 1.33%的耕地变为橡胶林）。

2004～2010 年保护区内各地类变化中：

（1）增加的水体面积主要来源于自然林和橡胶林，分别为研究区总面积的 0.62%和 0.17%；

（2）增加的建筑用地主要由耕地转变而来（占整个研究区面积 0.05%的耕地成为建筑用地），而增加的耕地面积主要来源于自然林，占整个研究区面积 3.47%的自然林转变成耕地；

（3）扩张的橡胶林主要由自然林用地转变而来，转变成橡胶林的自然林面积占整个研究区面积的 1.74%，其次是耕地，占研究区面积的 0.58%。

2010～2015 年保护区内各地类变化中：

（1）增加的水体面积主要来源于耕地，占整个研究区面积 0.04%的耕地转变成水体，其次分别是橡胶林、自然林和建筑用地，对水体的贡献率均为 0.01%；

（2）自然林对耕地的贡献率最大，增加的耕地面积中有 96.47%来自于自然林（2010～2015 年转变成耕地的自然林占整个研究区面积的比值为 4.10%，2010～2015 年新增的耕地面积占整个研究区面积的比值为 4.25%，4.10%÷4.25% ≈ 96.47%）；

（3）扩张的建筑用地面积有 76.92%来自耕地和橡胶林（2010～2015 年转变为建筑用地的耕地与橡胶林的面积占整个研究区面积的百分比均为 0.05%，0.12%是 2010～2015 年新增的建筑用地面积占整个研究区面积的比值，（0.05%＋0.05%）÷0.12% ≈ 83.33%）；分别占整个研究区总面积 0.94%和 0.60%的耕地和自然林转变成橡胶林种植地。

综上所述，研究区内 2000～2015 年减少的自然林用地主要转变成耕地、建筑用地、橡胶林种植地。扩张的建筑用地主要来源于耕地，其次是自然林和橡胶林；扩张的耕地主要由自然林和橡胶林转变而来。2000～2004 年、2004～2010 年、2010～2015 年，每个时间段都有 0.60%及以上的自然林转变成橡胶林。

根据表 13.2 对纳板河流域国家级自然保护区进行 2000～2015 年土地利用变化统计分析，分析结果如下：

表 13.2　纳板河流域国家级自然保护区 2000～2015 年土地利用变化统计　　（单位：%）

时间段	地类	新增量	减少量	总变化量	相对变化量
2000～2004 年	橡胶林	2.61	1.62	4.23	+0.99
	自然林	1.01	3.04	4.05	−2.03
	建筑用地	0.05	0.04	0.09	+0.01
	耕地	2.40	1.43	3.83	+0.97
	水体	0.07	0.01	0.08	+0.06

续表

时间段	地类	新增量	减少量	总变化量	相对变化量
	橡胶林	2.32	0.18	2.50	+2.14
	自然林	0.20	5.84	6.04	−5.64
2004～2010 年	建筑用地	0.07	0.05	0.12	+0.02
	耕地	3.49	0.95	4.44	+2.54
	水体	0.94	0.00	0.94	+0.94
	橡胶林	1.55	0.15	1.70	+1.40
	自然林	0.01	4.73	4.74	−4.72
2010～2015 年	建筑用地	0.12	0.07	0.19	+0.05
	耕地	4.25	1.04	5.29	+3.21
	水体	0.07	0.03	0.10	+0.04

（1）2000～2004 年纳板河流域国家级自然保护区内橡胶林的总变化量最大，占研究区土地总面积的 4.23%，其次是自然林和耕地，分别占 4.05% 和 3.83%，建筑用地和水体相对较小，分别占 0.09% 和 0.08%。自然林的相对变化量达到−2.03%，其次是橡胶林和耕地，分别为+0.99% 和+0.97%。

（2）2004～2010 年纳板河流域国家级自然保护区内自然林的总变化量最大（6.04%），其次是耕地和橡胶林，总变化量分别为 4.44% 和 2.50%。但是橡胶林和自然林的相对变化量刚好相反，自然林的相对变化量为−5.64%，占总变化量的 93.38%（−5.64% 为自然林的相对变化量，6.04 为自然林的总变化量，|−5.64%|÷6.04 %≈93.38%），橡胶林的相对变化量为+2.14%，占总变化量的 85.60%（+2.14% 为橡胶林的相对变化量，2.50% 为橡胶林的总变化量，2.14%÷2.50%≈85.60%）。建筑用地的相对变化量为+0.02%，占总变化量的 16.67%（+0.02% 为建筑用地的相对变化量，0.12% 为建筑用地的总变化量，0.02%÷0.12%≈16.67%），耕地的相对变化量为+2.54%，水体的相对变化量为+0.94%。从表 13.2 可以看出，橡胶林、耕地、建筑用地和水体的面积在增加，自然林的范围在逐渐缩小。

（3）2010～2015 年耕地的总变化量最大（5.29%），其次是自然林和橡胶林，总变化量分别为 4.74% 和 1.70%，相对变化量较大的是自然林和耕地，分别为−4.72% 和+3.21%。橡胶林的总变化量和相对变化量相对较小（分别为 1.70% 和+1.40%），建筑用地和水体的总变化量和相对变化量较小（建筑用地分别为 0.19% 和+0.05%，水体分别为 0.10% 和+0.04%）。水体、耕地、建筑用地、橡胶林、自然林的相对变化量占总变化量的比值分别为 40%、60.68%、26.32%、82.35%、99.58%，

综上所述，2000～2015 年，该自然保护区内水体、耕地、建筑用地、橡胶林面积在增加，自然林面积在减少。

2000 年、2004 年、2010 年和 2015 年保护区内各地类分类结果获取的各个地类面积

及其变化如图 13.3 所示，不难发现纳板河流域国家级自然保护区内各地类变化明显：

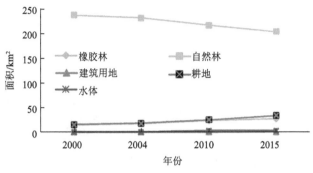

图 13.3　2000～2015 年各地类变化趋势

（1）2000～2015 年水体面积整体上在增加，但是 2004～2010 年水体面积增加较大，这是华能景洪水电厂的建立使得河道变宽。

（2）2000～2015 年耕地面积逐渐增加。2000～2004 年、2004～2010 年、2010～2015 年，各时间段的耕地增长率分别为 16.40%、37.43%、34.35%。研究区内耕地面积整体上在增加，对比 3 个时间段内耕地的面积增长率，可知 2004～2010 年的增长率最大。

（3）根据图 13.3 结果，建筑用地和水体的面积都在增加，但相对于橡胶林和耕地而言，建筑用地和水体的面积变化较小。

（4）图 13.3 表明，保护区内橡胶林种植面积在 2000～2015 年持续增加，并且 2004～2015 年增长最迅速（增长率为 32.81%）。

（5）2000～2015 年，保护区内自然林面积在持续减少。2000～2004 年、2004～2010 年、2010～2015 年，各时间段的自然林减少率分别为 2.30%、6.56%、5.86%。对比 3 个时间段内自然林减少率，可知 2004～2010 年的减少率最大。结合表 13.1 结果可知，减少的自然林用地转变成水体、建筑用地、耕地和橡胶林，其中减少的自然林大部分转变成橡胶林和耕地，有 2.62% 的自然林转变成橡胶林（1.28% + 1.74% + 0.6% −1% = 2.62%，1.28%、1.74%、0.6% 分别为 2000～2004 年、2004～2010 年、2010～2015 年转变为橡胶林的自然林面积与整个研究区面积的比值，1% 为 2000～2004 年转变成自然林的橡胶林面积与整个研究区面积的比值），有 9.14% 的自然林转变成耕地（1.75% + 3.47% + 4.10% − 0.18% = 9.14%，1.75%、3.47%、4.10% 分别为 2000～2004 年、2004～2010 年、2010～2015 年转变为耕地的自然林面积与整个研究区面积的百分比，0.18% 为 2004～2010 年转变成自然林的耕地面积与整个研究区面积的百分比）。总的来看，2000～2015 年减少的橡胶林主要转变为耕地。

2. 人类活动随地形分布特征

结合纳板河流域国家级自然保护区的坡度图，对橡胶林、耕地、建筑用地的变化情况进行分析，如图 13.4、图 13.5 所示。

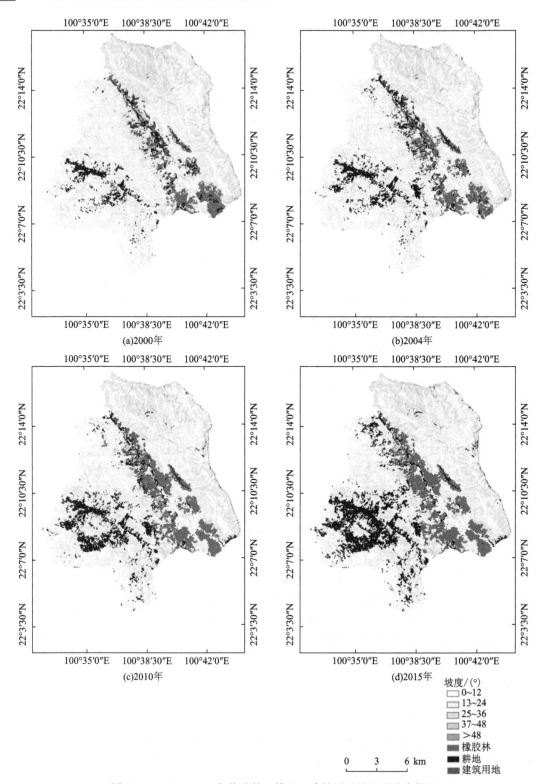

图 13.4　2000～2015 年橡胶林、耕地、建筑用地随地形分布情况

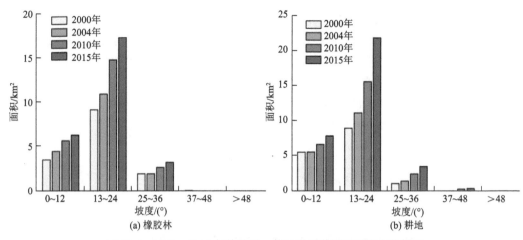

图 13.5　2000～2015 年橡胶林、耕地种植范围随坡度变化情况

根据图 13.4 的结果，建筑用地的分布位置总体上没发生变化，但是面积增加，建筑用地的变化趋势不如耕地和橡胶林明显。可以看出，2000～2015 年橡胶林的种植范围在扩大，橡胶林的种植范围主要在地势平缓地区，种植区比较集中，如图 13.5（a）所示。橡胶林首先在坡度 0°～12°扩张，随后从坡度 0°～12°递增到 13°～24°，再逐渐扩大到坡度为 25°～36°、37°～48°，坡度大于 36°的区域不种植橡胶，坡度 25°～36°的橡胶林较少，坡度 0°～12°的橡胶林比较多，大部分橡胶林种植在 13°～24°的坡度。

根据图 13.4、图 13.5（b）的结果，可以看出耕地的面积在增大，首先在坡度 0°～12°扩张，随后从坡度 0°～12°递增到 13°～24°，再逐渐扩大到坡度为 37°～48°。坡度大于 48°的地区不存在耕地，较少的耕地分布在 37°～48°的坡度，一部分耕地分布在坡度 25°～36°，分布在坡度 0°～12°的耕地比较多，大部分耕地分布在坡度 13°～24°。耕地变化最明显的地区位于研究区的西南部，在这一片区，耕地大面积扩张。

总体上，2000～2015 年纳板河流域国家级自然保护区内建筑物面积变化最小，面积变化较大的是橡胶林、耕地、自然林。橡胶林的种植范围在逐渐扩大，耕地的面积也在增加，而自然林的面积持续减少，减少的自然林以转换为橡胶林和耕地为主。纳板河流域国家级自然保护区内人工用地变化较大，人类活动的增加必然导致自然保护区内的自然林面积减少。

13.1.5　结论与讨论

针对受天气条件干扰严重、卫星观测数据不足的低纬热带地区，利用时空数据融合算法获取了纳板河流域国家级自然保护区的高时空分辨率数据，并基于该数据对研究区内代表人类活动强度的土地利用进行分类识别，基于识别结果分析了该区域内 2000～2015 年人类活动的时空变化规律。主要结论如下：

（1）时空数据融合技术能够实现复杂的地形以及多云多雾天气条件下的时间序列数据构建，实现基于时间序列数据的土地利用高精度识别；

（2）基于时间序列数据的分类结果，对研究区人类生产活动用地变化分析表明，2000～2015年自然林的面积在持续减少，橡胶林、耕地及建筑用地的面积在持续增加；

（3）橡胶林及耕地范围在向坡度较大的地区扩张，大部分橡胶林种植在坡度 13°～24°，耕地也在向坡度较大的地区逐步扩张。

综合分析可知，在纳板河流域国家级自然保护区内人类的种植活动活跃，对区域内用地类型影响最大，导致自然保护区内自然林的面积在持续减少。

13.2   基于高分遥感数据的自然保护区生态环境评估

自然保护区的设立对于保护区域内环境、物种多样性，提升生态环境稳定性有着重要意义，但气候变化和人类活动的影响，往往会对自然保护区生态环境质量造成影响（冯建皓，2021）。由于自然保护区地域广阔、环境复杂难以进行人工实地调查监测（UN Environment，1964）。因此，结合卫星遥感或者航空遥感数据进行监测，可以丰富数据源，更加快速有效地评价人类活动和气候变化下自然保护区生态环境的状况，这对自然保护区生态环境保护具有重要的意义（李继红和胡庆磊，2013；王玮等，2013；刘晓曼等，2011；常学礼等，2010）。相关学者专家从不同角度出发，对自然保护区生态环境评价进行了研究。随着遥感技术的不断发展，多源遥感影像数据为开展保护区生态健康评价、承载力评价、保护成效评价等方面的研究提供了技术支撑。自然保护区生态环境是由众多因素组成的，决定生态环境评价涉及的指标多而复杂，针对不同的评价角度、保护区类型以及区域，其指标选择会有很大差别，指标体系构建是否恰当直接影响评价的结果。评价指标体系逐步由原来的考虑单一自然因素向多因素多角度的综合方向发展，涵盖了经济、社会、自然等多方面、多角度。

本研究利用多源遥感数据及其他辅助数据，综合考虑自然保护区中的生态系统格局、植被状况、人类活动及气候情况，构建自然保护区生态环境评价指标体系与方法，并在我国江西凌云山省级自然保护区进行应用。

13.2.1   研究区概况

江西凌云山省级自然保护区位于江西省宁都县西北部，雩山山脉中段，经纬度范围为 26°50′42″N～27°02′11″N，115°50′16″E～116°01′40″E（图13.6）。其气候属中亚热带季风湿润气候区，气候温和，降水充沛。区域内植物多样性程度较高，具有典型的中亚热带森林生态系统，属于森林生态类型自然保护区，以森林植被及其生境所形成的自然生态系统为保护对象。该自然保护区总面积为 113.43km^2，以山地为主，最高海拔 1454.9m，海拔 1000m 以上山峰 22 座，自然保护区内地质构造复杂，成土母岩多样，土壤的水平和垂直分布规律性相当明显。

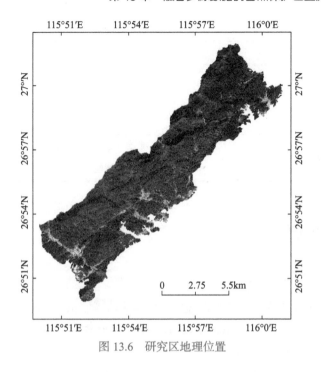

图 13.6　研究区地理位置

13.2.2　生态环境评价指标体系的建立

　　自然保护区是自然资源和生物多样性的载体，面临着气候环境和人类活动的压力，又是人与生态共存的综合体。同时，作为森林生态类型自然保护区，其区域内植被覆被情况和生态系统格局是表征区域生态环境质量的重要指标。因此，研究选用生态系统格局（白军红等，2008）、植被（Fennessy et al.，2007）、气候响应系统（王荣军，2012）、人类活动生态胁迫（赵国松等，2014）4 个一级指标，共同反映区域生态环境质量。生态系统格局方面选取景观多样性指数、景观聚集度指数、景观连接度指数、生态系统面积占比 4 个二级指标，反映区域生态系统基本情况。植被方面选取植被覆盖度作为 1 个二级指标，反映地表植被状况。气候响应系统选取年均降水量、年均气温作为 2 个二级指标，反映区域气候环境状况。人类活动生态胁迫选取综合人类扰动指数、NO_2 浓度 2 个二级指标。NO_2 浓度进一步反映人类生产生活强度，综合人类扰动指数反映人类对自然环境改造的强度。这些指标共同作为自然保护区生态环境质量评价的指标，如表 13.3 所示。

表 13.3　自然保护区生态环境评价指标体系

一级指标	二级指标
	景观多样性指数
	景观聚集度指数
生态系统格局	景观连接度指数
	生态系统面积占比

一级指标	二级指标
气候响应系统	年均降水量/mm
	年均气温/℃
植被	植被覆盖度
人类活动生态胁迫	综合人类扰动指数
	NO$_2$浓度/（10^{13}molec/cm^2）

注：1 molec=0.001 mol。

13.2.3　数据与预处理

1. 高空间分辨率卫星遥感影像数据

为了精细化提取生态系统、植被覆盖度、人类活动等信息，本研究获取了2006～2019年多时相的高空间分辨率卫星遥感影像数据，包括2006年和2011年的SPOT-5、2014年和2018年的GF-1、2015年的GF-2、2019年的GF-6等，具体影像信息如表13.4所示。同时，对以上遥感影像数据进行辐射定标、大气校正、融合、镶嵌、裁剪等一系列预处理。

表13.4　自然保护区卫星遥感数据

卫星	传感器	日期	分辨率
SPOT-5	2.5m 全色波段/10m 分辨率多光谱波段	20061225	5.8m
		20111123	3m
GF-1	2m 全色波段/8m 多光谱/16m 宽幅多光谱波段	20140202	2m
		20181006	2m
GF-2	1m 全色波段/4m 多光谱波段	20151006	1m
GF-6	2m 全色波段/8m 多光谱/16m 宽幅多光谱波段	20190204	2m

2. 气温数据

本研究选用了1901～2020年中国1km分辨率逐月平均气温数据集进行自然保护区的气温数值提取。数据集空间分辨率均为1km×1km，数据集地理空间范围是中国主要陆地（不含南海岛礁等区域），温度单位为℃，精度为0.1℃。由于评价指标采用的是年平均气温数据，因此本研究下载了2006年、2011年、2012年和2014～2019年逐年共12个月的气温数据，数据下载来自国家地球系统科学数据中心（http://www.geodata.cn/data/datadetails.html）。

3. 降水量数据

本研究选用了1901～2020年中国1km分辨率逐月降水量数据集进行自然保护区的

降水量数值提取。数据集空间分辨率均为 1km×1km，数据集地理空间范围是中国主要陆地（不含南海岛礁等区域），降水量单位为 mm，精度为 0.1mm。由于评价指标采用的是年降水量数据，因此本研究下载了 2006 年、2011 年、2012 年和 2014～2019 年逐年共 12 个月降水量数据，数据下载来自国家地球系统科学数据中心（http://www.geodata.cn/data/ datadetails.html）。

4. NO_2 浓度数据

本研究下载了最新版臭氧监测仪（OMI）对流层 NO_2 垂直柱浓度月均值产品数据，空间分辨率为 0.125°×0.125°，由于 NO_2 浓度数据可用来计算年平均 NO_2 浓度值，从而作为数据处理结果，因此本研究下载了 2006 年、2011 年和 2014～2019 年逐年共 12 个月 NO_2 浓度数据，来源于荷兰皇家气象研究所的 TEMIS 网站：http://www.temis.nl。

13.2.4　研究方法

1. 评价指标提取方法

1）生态系统格局指标

利用多期高空间分辨率遥感影像数据生成土地利用分类数据，在此基础上，进行景观多样性指数、景观聚集度指数、景观连接度指数和生态系统面积占比 4 个生态系统格局指标的计算与分析。

利用高分遥感卫星影像，采用面向对象分类方法并结合人工目视解译的方法，将自然保护区土地利用类型分为林地、灌木林地、耕地、住宅用地、交通用地、坑塘水面、裸土地、工矿用地和河流沟渠共 9 类，最终得到该区域各年土地利用分类结果。

A. 景观多样性指数

景观多样性指数指景观元素在结构、功能以及随时间变化方面的多样性，它能够反映景观类型的丰富度和复杂度。Shannon 多样性指数计算公式如下：

$$H = -\sum_{i=1}^{m} P_i \times \ln P_i \qquad (13.1)$$

式中，H 为多样性指数；P_i 为景观类型 i 所占面积的比例；m 为景观类型总数。H 值的大小反映景观要素的多少和各景观要素所占比例的变化。H 值越大，表示景观多样性越大。随着景观多样性指数的增加，景观结构组成成分的复杂性越大，景观类型越多，占地比例越均匀，生态结构越稳定。

B. 景观聚集度指数

景观聚集度指数（AI）反映景观中不同斑块类型的非随机性或聚集程度。其计算公式如下：

$$AI = \left[1 + \frac{\sum_{i=1}^{m}\sum_{k=1}^{m}\left[P_i \times \left(\dfrac{g_{ik}}{\sum_{k=1}^{m} g_{ik}}\right)\right] \times \left[\ln P_i \times \left(\dfrac{g_{ik}}{\sum_{k=1}^{m} g_{ik}}\right)\right]}{2\ln m}\right](100) \qquad （13.2）$$

式中，P_i 为景观中 i 类斑块所占比例；g_{ik} 为斑块 i 与斑块 k 相邻的多边形数目（由双计数方法计算而来）；m 为景观中斑块类型总数，包括景观边界。AI 取值范围为：$0 <$ $AI \leqslant 100$。AI 的取值大，则代表景观由少数团聚的大斑块组成，$AI=100$，表明景观类型高度聚集，景观由单一类型组成；AI 取值小，代表景观由许多小斑块组成，$AI=0$，表明景观类型高度分散。

C. 生态系统面积占比

通过选择自然保护区内提供生态系统服务较高的自然地类并计算其总面积，得到其总面积所占自然保护区总面积的比例。其计算公式如下：

$$P_i = \frac{S_1 + S_2 + S_3 + \cdots + S_n}{S_{总}} \qquad （13.3）$$

式中，P_i 为自然保护区的生态系统面积占比；S_1，$\cdots$，S_n 为自然保护区中提供生态系统服务较高的自然地类的面积；$S_{总}$ 为自然保护区总面积。江西凌云山省级自然保护区自然生态系统类型包括林地、灌木林地、坑塘水面和河流沟渠。

D. 景观连接度指数

景观连接度是景观空间结构单元间连续性的度量。结合基于图论的景观指数法和距离阈值法，国内三个保护区生态环境评价研究选取保护区最佳距离阈值下的整体连接度指数（integral index of connectivity，IIC）作为景观连接度指数。其中，最佳距离阈值通过阈值综合取值方法获取。主要步骤为①提取生态源地：提取保护区大于 10hm^2 的生态斑块面积作为生态源地，凌云山省级自然保护区选取林地为生态源地；②设定距离阈值：分别将 10m、25m、50m、100m、150m、200m、250m、300m、400m 和 500m 作为阈值；③选取最佳阈值区间：使用 Conefor Sensinode 2.6 软件，计算上述阈值下的斑块间链接数（NL）和组分数（NC）判断最佳阈值区间；④确定最佳距离阈值和 IIC：在 Conefor Sensinode 2.6 软件中，计算斑块重要性指数 d_I（选择 IIC、可能性连接度指数（PC）和景观巧合概率指数（LCP）用于计算 d_I），分析最佳阈值区间内重要斑块的重要性指数变化趋势，确定最佳距离阈值并得到 IIC。其中各指标的计算公式如下：

$$d_I = \frac{I - I'}{I} \times 100\% \qquad （13.4）$$

式中，I 为景观中所有斑块的整体指数值；I' 为去除单个斑块后剩余斑块的整体指数值。

d_l 值越大，表示该斑块在景观连通中的重要性越高，也意味着 d_l 值越大的斑块，在生态源地的核心地位越明显。

$$I_{\text{IIC}} = \frac{\sum\limits_{i=1}^{n}\sum\limits_{j=1}^{n}\dfrac{a_i \cdot a_j}{1 + nl_{ij}}}{A_L^{2}} \qquad (13.5)$$

式中，n 为景观中绿地斑块总数；a_i 和 a_j 分别为绿地斑块 i 和斑块 j 的面积；nl_{ij} 为斑块 i 和斑块 j 之间的连接数；A_L 为研究区总面积。

$$I_{\text{PC}} = \frac{\sum\limits_{i=1}^{n}\sum\limits_{j=1}^{n} a_i \cdot a_j \cdot P_{ij}^{*}}{A_L^{2}} \qquad (13.6)$$

式中，n 为景观中斑块总数；P_{ij}^{*} 为物种在斑块 i 和斑块 j 直接扩散的概率；a_i 和 a_j 分别为斑块 i 和斑块 j 的面积；A_L 为研究区总面积。I_{PC} 取值为 0～1。

$$I_{\text{LCP}} = \sum_{i=1}^{\text{NC}} \left(\frac{C_i}{A_L} \right) \qquad (13.7)$$

式中，NC 为研究区内连接斑块区域集个数；C_i 为连接区域的面积总和；A_L 为研究区域的面积总和。当 $I_{\text{LCP}}=1$ 时，表示研究区面积与生态源地斑块面积相等。

2）植被指标

植被覆盖度是衡量地表植被状况的一个重要指标，是描述生态系统的重要基础数据，也是区域生态系统环境变化的重要指示，因此，本研究中选择了植被覆盖度作为植被的二级指标。

在植被遥感中，常常利用 NDVI 指数计算植被覆盖度，计算公式为

$$F = \frac{\text{NDVI} - \text{NDVI}_S}{\text{NDVI}_V - \text{NDVI}_S} \qquad (13.8)$$

其中，NDVI 计算公式为

$$\text{NDVI} = \frac{\rho_{\text{NIR}} - \rho_{\text{R}}}{\rho_{\text{NIR}} + \rho_{\text{R}}} \qquad (13.9)$$

式中，ρ_{NIR} 为近红外波段的反射率值；ρ_{R} 为红光波段的反射率值。式（13.8）中 NDVI_V 和 NDVI_S 分别为纯植被和土壤的植被指数值，本研究 NDVI_V 作为 NDVI 数据中 95%百分位对应的 NDVI 值，NDVI_S 作为 NDVI 数据中 5%百分位对应的 NDVI 值。当 NDVI ≤NDVI_S 时，植被覆盖度为 0；当 NDVI≥NDVI_V 时，植被覆盖度为 1。

3）气候响应系统指标

气候响应系统选择年平均气温和年降水量作为二级指标。年均气温和年均降水量作为区域气候特征的重要指示因子。

A. 年均气温

本研究中利用逐月的平均气温数据产品，通过累加求均值的方式，结合保护区边界，统计得到保护区的年均气温数据，通过克里金插值方法得到保护区的年均气温空间分布数据。

B. 年均降水量

本研究利用已发布的成熟的逐月降水量产品，通过对各月降水量数据进行累加求和的方式计算像元尺度的年降水量，接着结合保护区边界进行区域统计，得到保护区的年均降水量数据，通过克里金插值方法得到保护区年均降水量空间分布数据。

4）人类活动生态胁迫指标

A. 综合人类扰动指数

综合人类扰动指数值的大小综合反映了某一地区人类对生态系统的扰动程度（赵国松等，2014），计算公式如下：

$$D = (\sum_{i=0}^{3} A_i \times P_i) / 3 / \sum_{i=0}^{3} P_i \qquad (13.10)$$

式中，A_i 表示第 i 级土地覆盖类型的人类扰动程度分级指数；P_i 表示第 i 级土地覆盖类型面积所占百分比；D 为综合人类扰动指数，范围为 0～1。综合人类扰动指数值越高，代表人类对该评价单元的扰动程度越高。不同土地覆盖类型的综合人类扰动指数分级表见表 13.5。

表 13.5　综合人类扰动指数分级表

类型	自然未利用	自然再生利用	人为再生利用	人为非再生利用
土地覆盖类型	永久湿地、雪和冰	水、常绿针叶林、常绿阔叶林、落叶针叶林、落叶阔叶林、混交林、稠密灌丛、稀疏灌丛、木本热带稀树草原、热带稀树草原、草地、稀疏植被	农用地、农用地/自然植被拼接	城市和建筑区
扰动分级指数	0	1	2	3

B. NO$_2$ 浓度

NO$_2$ 是一种重要的大气衡量气体，它不仅是臭氧的重要前体物，也是形成硝酸性酸雨、酸雾和光化学烟雾的主要污染物之一。基于本研究选择的 OMI 对流层 NO$_2$ 垂直柱浓度月均值产品数据，通过对各月 NO$_2$ 浓度均值累加再除以 12，计算像元尺度的年平均 NO$_2$ 浓度，接着利用保护区边界进行区域统计得到保护区的年平均 NO$_2$ 浓度数据。为了使数据分辨率与其他数据分辨率一致，采用重采样方法对 NO$_2$ 浓度数据进行处理，获得保护区年平均 NO$_2$ 浓度的空间分布数据。

2. 自然保护区生态环境评价流程与方法

1）自然保护区生态环境评价流程

在自然保护区生态环境评价指标提取的基础上，对二级指标进行数值归一化，然后采用层次分析法（AHP）多因子加权平均模型得到生态环境质量得分，在此基础上，对保护区生态环境进行评价。具体流程如图 13.7 所示。

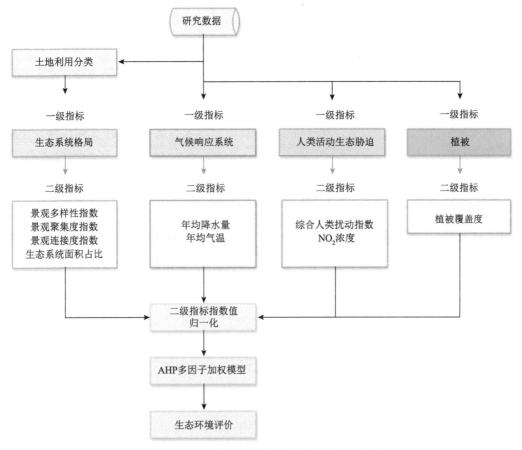

图 13.7　自然保护区生态环境评价流程示意图

2）自然保护区生态环境评价方法

在自然保护区生态环境评价指标提取的基础上，采用基于 AHP 多因子加权模型计算的生态环境质量得分进行自然保护区生态环境质量评价。在多因子加权模型中，各评价因子的标准化包括指标分级赋分和极差标准化两种方法。由于保护区所处的地理位置和区域环境不同，不同保护区之间各指标数值差异较大，部分指标的值变化区间较小，使用同一分级赋分标准进行指标的标准化难以反映保护区生态环境状况的变化。因此，采用分级赋分对评价指标进行标准化不适用于独立的自然保护区生态安全评价，本研究采用极差标准化方法对各评价指标进行标准化，最后通过指标权重与指标标准化值相乘的方式进行多因子加权求和。结合选择的生态环境评价一级指标和二级指标，生态环境质量得分计算主要包括三个步骤：AHP 确定各二级指标权重，基于极差标准化方法进行二级指标标准化，采用多因子加权模型计算生态环境质量得分。

A. AHP 确定各二级指标权重

采用 AHP 确定各二级指标权重，具体包括 4 个步骤：首先，建立问题的递阶层次结构，确定目标层、中间层和指标层；其次，构造两两比较判断矩阵，并计算判断矩阵的特征根与特征向量，得到本层次因子与上一层次某因子相互之间的权重；再次，计算单一准则下元素的相对权重及一致性检验；最后，计算各层元素的组合权重并进行一致性检验。由于二级指标是一级指标不同方面的描述，故每个二级指标权重之和等于一级指标。

B. 二级指标标准化

研究采用极差标准化方法，统一各二级指标指数结果的量纲。对于正向指标，计算公式如下：

$$B_i = \frac{X_i - \min X_i}{\max X_i - \min X_i} \tag{13.11}$$

式中，B_i 为第 i 个指标的指数归一化结果；X_i 为第 i 个指标的指数值；$\min X_i$ 为第 i 个指标的指数最小值；$\max X_i$ 为第 i 个指标的指数最大值。对于负向指标，计算公式为

$$B_i = 1 - \frac{X_i - \min X_i}{\max X_i - \min X_i} \tag{13.12}$$

C. 多因子加权模型

基于各指标计算结果，采用多因子加权模型计算自然保护区历年生态环境质量得分，总分为 1。评价模型计算公式为

$$S = \sum_{i=1}^{n} B_i W_i \tag{13.13}$$

式中，P_i 为各评价因子的标准化值；W_i 为各因子权重，且 $W_1 + W_2 + \cdots + W_i = 1$；$S$ 为各系统评价值（$S \leqslant 1$）。

13.2.5　结果与分析

1. 生态系统格局

生态系统格局各二级指标的历年数据如表 13.6 所示。由表 13.6 可知，景观多样性指数和生态系统面积占比波动较小，趋势相对平稳；景观聚集度指数波动较大，存在 2011 年和 2019 年两个低值年份；景观连接度指数呈现下降趋势，下降幅度达 0.2。结合保护区土地利用变化（图 13.8）可知，自然保护区土地利用斑块（林地和灌木林地等）的破碎化程度逐渐提高，造成景观聚集度和连接度下降。虽然林地和灌木林地存在破碎化趋势，但两者均属于生态系统用地，因此生态系统面积占比变化不大。

表 13.6　江西凌云山省级自然保护区生态系统格局各二级指标的历年数据

年份	景观多样性指数	景观聚集度指数	景观连接度指数	生态系统面积占比
2006	0.993	91.823	0.907	0.915
2011	1.081	86.89	0.914	0.923
2014	0.867	95.208	0.699	0.913
2015	0.809	94.218	0.771	0.926
2018	0.806	94.369	0.7	0.939
2019	1.185	84.064	0.703	0.919

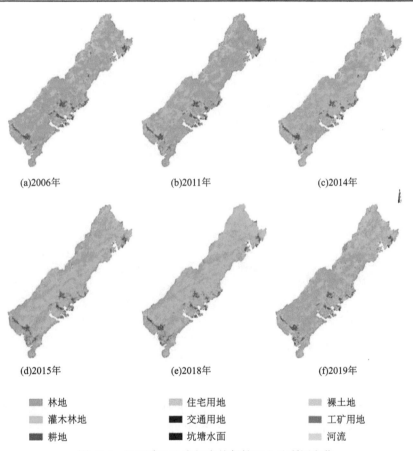

(a)2006年　　　(b)2011年　　　(c)2014年

(d)2015年　　　(e)2018年　　　(f)2019年

■ 林地　　　■ 住宅用地　　　■ 裸土地
■ 灌木林地　　■ 交通用地　　　■ 工矿用地
■ 耕地　　　■ 坑塘水面　　　■ 河流

图 13.8　江西凌云山省级自然保护区土地利用变化

2. 气候响应系统

　　气候响应系统二级指标的空间分布如图 13.9 和图 13.10 所示。如图 13.9 可知，自然保护区的年均气温整体较高，空间分布上由西北部向东南部逐渐升高。由图 13.10 可知，年均降水量整体较多，各年份间波动较大，其空间分布格局与年均气温相反。

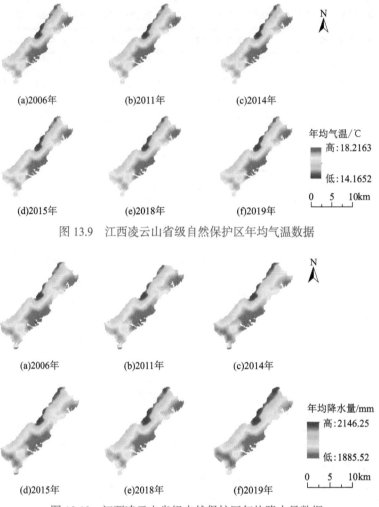

图 13.9 江西凌云山省级自然保护区年均气温数据

图 13.10 江西凌云山省级自然保护区年均降水量数据

3. 植被

自然保护区植被覆盖度整体呈下降趋势，均值由 2006 年的 0.66 下降到 2019 年的 0.59，变化趋势如图 13.11 所示。植被覆盖度的空间分布如图 13.12 所示，由图 13.12 可

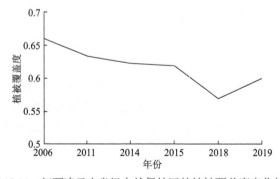

图 13.11 江西凌云山省级自然保护区的植被覆盖度变化趋势

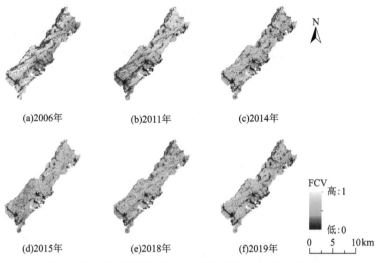

图 13.12　江西凌云山省级自然保护区的植被覆盖度数据

知，空间分布上中部较高，四周较低。其中，南部经历了先降低后升高的过程，西北部经历了由低变高的过程。

4. 人类活动生态胁迫

在人类活动生态胁迫方面，由图 13.13、图 13.14 可知，自然保护区综合人类扰动指数整体呈现上升的趋势，表明人类扰动逐渐增强。NO_2 浓度波动较大，呈现先上升后下

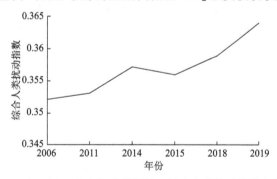

图 13.13　江西凌云山省级自然保护区综合人类扰动指数变化趋势

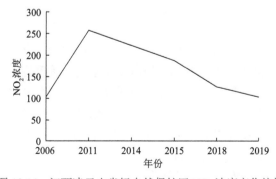

图 13.14　江西凌云山省级自然保护区 NO_2 浓度变化趋势

降的趋势。综合人类扰动指数得分从 2006 年的 0.352 上升到 2019 年的 0.364，表明区域人类活动干扰呈增强趋势（表 13.7）。结合土地利用分类图发现，2006～2019 年，约有 294hm² 生态用地被侵占，其中主要是林地和灌木林地转化为住宅用地以及交通用地。

表 13.7　江西凌云山省级自然保护区人类活动生态胁迫历年数据

	2006 年	2011 年	2014 年	2015 年	2018 年	2019 年
综合人类扰动指数	0.352	0.353	0.357	0.356	0.359	0.364
NO₂浓度/（10¹³molec/cm²）	103.945	258.097	220.59	187.045	126.082	103.946

注：1 molec=0.001 mol

5. 生态环境评价结果与分析

从江西凌云山省级自然保护区历年数据的生态环境评价得分变化趋势（图 13.15）看，该保护区在 2006～2014 年生态环境评价得分呈现持续下降趋势；2014～2019 年生态环境评价得分总体稳定，略有波动。结合评价因子分析发现，该区域气温条件趋于平稳，降水量在 2006～2014 年存在较大波动。在生态系统格局方面，景观多样性指数和景观聚集度指数得分在 2006～2019 年保持相对平稳态势，景观连接度指数和生态系统面积占比的得分波动较大。在植被方面，结合植被覆盖度的下降趋势和区域土地利用变化可知，植被覆盖度的下降可能主要与覆盖度较高的林地面积减少有关。在人类活动生态胁迫方面，综合人类扰动指数得分呈上升趋势。从气候响应系统方面看，年均降水量得分变化幅度小，年平均气温得分变化幅度较大，整体呈上升趋势。

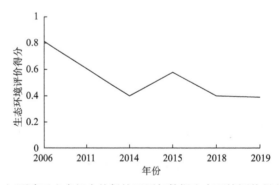

图 13.15　江西凌云山省级自然保护区历年数据生态环境评价得分变化趋势

其中，2006～2014 年生态环境评价总得分由 0.8103 下降至 0.4013。在这期间，区域内生态系统斑块景观多样性、生态系统面积占比及景观连接度均有所降低，破碎程度增加以及植被覆盖存在一定幅度下降，同时人类活动生态胁迫得分呈上升趋势。通过土地利用的变化可知，在这期间随着区域经济的发展，保护区内住宅用地、交通用地等都有不同程度的扩展，对生态系统产生一定压力。同时，降水量在 2006～2014 年存在较大波动，也对区域内植被质量产生一定负面影响。

在 2014～2019 年生态环境评价得分总体稳定，略有波动。其中，2014～2015 年生态环境评价得分由 0.4013 上涨至 0.5739，呈小幅上升趋势，其间区域生态系统面积占比增加，人类活动扰动程度略有减少。随后，2015～2019 年生态环境评价得分由 0.5739 下降至 0.3921，其间区域生态系统面积占比减小，人类活动扰动有所增加。

13.2.6　结论与讨论

本章节融合高空间分辨率遥感影像、年均气温、年均降水量和 NO_2 浓度等多源数据，对江西凌云山省级自然保护区的生态环境进行评价。结果表明，江西凌云山省级自然保护区生态环境评价得分在 2006～2014 年呈现持续下降趋势；2014～2019 年总体稳定，略有波动。通过分析发现，除了降水量的影响外，自然保护区内人类活动，包括保护区内交通用地、住宅用地等人类活动的扩展，会导致景观破碎化有所加剧，对生态环境产生一定压力。

本研究从植被、生态系统格局、气候响应系统和人类活动生态胁迫 4 个方面建立了自然保护区生态环境评价指标体系，同时以江西凌云山省级自然保护区为例，开展了自然保护区生态环境评价，从而为掌握自然保护区生态环境状况提供支撑。同时，本研究也存在一定的局限性。首先，本研究使用的年均气温、年均降水量及 NO_2 浓度的数据分辨率低，虽然能反映保护区整体的变化趋势，但无法充分表征细节信息；其次，本研究中，由于数据源的限制，污染气体仅使用 NO_2 浓度的数据产品，对于其他污染气体对生态环境质量的影响未考虑，在后续研究中应进一步增加其他污染气体参数；最后，本研究在人类活动生态胁迫的指标探索中，未考虑人口密度、经济社会发展等方面的因素，在后续研究中应进一步考虑。

参 考 文 献

白军红, 欧阳华, 崔保山, 等. 2008. 近 40 年来若尔盖高原高寒湿地景观格局变化. 生态学报, 28(5): 2245-2252.

常学礼, 吕世海, 叶生星, 等. 2010. 辉河湿地国家自然保护区生态系统健康评价. 环境科学学报, 30(9): 1905-1911.

晁增华. 2010. 纳板河流域国家级自然保护区森林资源现状及发展对策. 山东林业科技, 40(3): 104-106.

戴科伟. 2007. 江苏盐城湿地珍禽国家级自然保护区生态安全研究. 南京: 南京师范大学.

冯建皓. 2021. 加强自然保护区发展探析. 广东蚕业, 55(2): 42-43.

高书鹏, 史正涛, 刘晓龙, 等. 2018. 基于高时空分辨率可见光遥感数据的热带山地橡胶林识别. 遥感技术与应用, 33(6): 1122-1131.

华能澜沧江水电有限公司. 2009. 华能景洪水电厂日发电超过 3000 万 kW·h. 水力发电, 35(9): 4.

李继红, 胡庆磊. 2013. 基于生态干扰度的宝清县湿地景观动态分析. 西北林学院学报, 28(5): 154-159, 194.

李亚飞, 刘高焕, 黄翀. 2011. 基于 HJ-1CCD 数据的西双版纳地区橡胶林分布特征. 中国科学: 信息科学, 41(S1): 166-176.

刘建波, 马勇, 武易天, 等. 2016. 遥感高时空融合方法的研究进展及应用现状. 遥感学报, 20(5): 1038-1049.

刘晓曼, 王桥, 孙中平, 等. 2011. 基于环境一号卫星的自然保护区生态系统健康评价. 中国环境科学, 31(5): 863-870.

刘旭颖, 关燕宁, 郭杉, 等. 2016. 基于时间序列谐波分析的鄱阳湖湿地植被分布与水位变化响应. 湖泊科学, 28(1): 195-206.

路春燕, 王宗明, 刘明月, 等. 2015. 松嫩平原西部湿地自然保护区保护有效性遥感分析. 中国环境科学, 35(2): 599-609.

聂勇, 刘林山, 张镱锂, 等. 2012. 1982-2009 年珠穆朗玛峰自然保护区植被指数变化. 地理科学进展, 31(7): 895-903.

朴英超, 关燕宁, 张春燕, 等. 2016. 基于小波变换的卧龙国家级自然保护区植被时空变化分析. 生态学报, 36(9): 2656-2668.

邱新华, 宋辛森, 廖东保. 2011. 宁都县凌云山自然保护区植物种类和区系特征. 江西林业科技, (S1): 1-3, 12.

王荣军. 2012. 基于 GIS 和 RS 的张掖北郊湿地生态环境质量评价研究. 兰州: 兰州大学.

王士远. 2017. 长白山自然保护区生态环境评价及风灾区森林恢复监测. 北京: 北京林业大学.

王玮, 常学礼, 吕世海, 等. 2013. 高寒草原湿地自然保护区生态系统健康评价. 生态学杂志, 32(10): 2780-2787.

王智, 柏成寿, 徐网谷, 等. 2011. 我国自然保护区建设管理现状及挑战. 环境保护, 39(4): 18-20.

魏建兵, 肖笃宁, 解伏菊. 2006. 人类活动对生态环境的影响评价与调控原则. 地理科学进展, (2): 36-45.

余凌翔, 朱勇, 鲁韦坤, 等. 2013. 基于HJ-1 CCD 遥感影像的西双版纳橡胶种植区提取. 中国农业气象, 34(4): 493-497.

赵国松, 刘纪远, 匡文慧, 等. 2014. 1990-2010 年中国土地利用变化对生物多样性保护重点区域的扰动. 地理学报, 69(11): 1640-1650.

庄喜阳. 2017. 基于 Landsat 8 OLI 与 MODIS 的时空数据融合方法研究. 南京: 南京大学.

Breiman L. 2001. Random forests. Machine Learning, 45(1): 5-32.

Congalton R G, Green K. 1989. Assessing the Accuracy of Remotely Sensed Data: Principles and Practices. Boca Raton: Lewis Publishers.

Fennessy M S, Jacobs A D, Kentula M E. 2007. An evaluation of rapid methods for assessing the ecological condition of wetlands. Wetlands, 27(3): 543-560.

Hansen A J, De Fries R S. 2005. Land use Intensification around nature reserves in mountains: implications for biodiversity// Global Change and Mountain Regions. Dordrecht: Springer Netherlands: 563-571.

Huang B, Song H. 2012. Spatiotemporal reflectance fusion via sparse representation. IEEE Transactions on Geoscience and Remote Sensing, 50(10): 3707-3716.

Hughes G. 1968. On the mean accuracy of statistical pattern recognizers. IEEE Transactions on Information Theory, 14(1): 55-63.

Jonsson P, Eklundh L. 2002. Seasonality extraction by function fitting to time-series of satellite sensor data. IEEE Transactions on Geoscience and Remote Sensing, 40(8): 1824-1832.

Lehrer D, Becker N, Bar P. 2019. The drivers behind nature conservation cost. Land Use Policy, 89(c): 10422.

Liu X, Bo Y, Zhang J, et al. 2015. Classification of C3 and C4 vegetation types using MODIS and ETM+ blended high spatio-temporal resolution data. Remote Sensing, 7(11): 15244-15268.

Masek J G, Vermote E F, Saleous N E, et al. 2006. A Landsat surface reflectance dataset for North America, 1990-2000. IEEE Geoscience and Remote Sensing Letters, 3(1): 68-72.

Savitzky A, Golay M J E. 1964. Smoothing and differentiation ofdata by simplified least squares procedures. Analytical Chemistry, 36(8): 1627-1639.

UN Environment. 1964. Land Management Milestones. https: //knowledge. unccd. int/publications/landmanagement-milestones. [2020-09-22] .

Xiao X, Boles S, Frolking S, et al. 2006. Mapping paddy rice agriculture in South and Southeast Asia using multi-temporal MODIS images. Remote Sensing of Environment, 100(1): 95-113.

Xu H, Tang X, Liu J, et al. 2009. China's progress toward the significant reduction of the rate of biodiversity loss. Bioscience, 59(10): 843-852.

Yan G, Lou H, Liang K, et al. 2018. Dynamics and driving forces of bojiang lake area in erdos larus relictus national nature reserve, China. Quaternary International, 475: 16-27.

Zhang F, Kung H, Johnson V C. 2017. Assessment of land-cover/land-use change and landscape patterns in the two national nature reserves of Ebinur Lake Watershed, Xinjiang, China. Sustainability, 9(5): 724.

Zhu X, Chen J, Gao F, et al. 2010. An enhanced spatial and temporal adaptive reflectance fusion model for complex heterogeneous regions. Remote Sensing of Environment, 114(11): 2610-2623.

Zhu X, Liu D, Chen J. 2012. A new geostatistical approach for filling gaps in Landsat ETM+ SLC-off images. Remote Sensing of Environment, 124: 49-60.